Materialwirtschaft mit SAP® – 100 Tipps & Tricks

SAP PRESS ist eine gemeinschaftliche Initiative von SAP SE und der Rheinwerk Verlag GmbH. Ziel ist es, Anwendern qualifiziertes SAP-Wissen zur Verfügung zu stellen. SAP PRESS vereint das fachliche Know-How der SAP und die verlegerische Kompetenz von Rheinwerk. Die Bücher bieten Expertenwissen zu technischen wie auch zu betriebswirtschaftlichen SAP-Themen.

Ernst Greiner
SAP-Materialwirtschaft – Customizing
3. Auflage 2016, 686 S., geb.
ISBN 978-3-8362-4184-7

Lange, Bauer, Persich, Dalm, Sanchez, Adler
Warehouse Management mit SAP EWM
3. Auflage 2016, 1125 S., geb.
ISBN 978-3-8362-3968-4

Canuto, Daum, Rödel
SAP Product Lifecycle Management
2016, 713 S., geb.
ISBN 978-3-8362-3949-3

Yvonne Lorenz
Qualitätsmanagement mit SAP
2. Auflage 2016, 762 S., geb.
ISBN 978-3-8362-3786-4

Gau, Bröse
Transport und Versand mit SAP LES
3. Auflage 2016, 726 S., geb.
ISBN 978-3-8362-3807-6

Aktuelle Angaben zum gesamten SAP PRESS-Programm finden Sie unter *www.sap-press.de*.

Stefan Bäumler

Materialwirtschaft mit SAP® – 100 Tipps & Tricks

Liebe Leserin, lieber Leser,

als Lektor arbeite ich größtenteils am PC. Nicht selten frage ich mich dabei, warum manche Aufgaben so kompliziert sein müssen. Sollten die technischen Möglichkeiten uns nicht das Leben erleichtern?

Falls Sie mit MM arbeiten und auch manchmal dieses Gefühl haben, ist dieses Buch wie für Sie gemacht. Mit Akribie hat Stefan Bäumler 100 Tipps für Sie gesammelt und getestet, die Ihnen bei Ihrer Arbeit in der SAP-Materialwirtschaft wirklich weiterhelfen. Ob Einkauf, Disposition, Bestandsführung oder Rechnungsprüfung: Lernen Sie Abkürzungen für alltägliche Aufgaben kennen, die sich im Nu umsetzen lassen. Ich bin mir sicher, dass auch Ihnen an der einen oder anderen Stelle ein Licht aufgehen wird.

Hat Ihnen das Buch gefallen? Wir freuen uns stets über Lob, aber auch über kritische Anmerkungen und Anregungen, die uns helfen, unsere Bücher zu verbessern. Falls Sie nach der Lektüre dieses Buches Fragen, Wünsche oder konstruktive Kritik haben, freue ich mich, wenn Sie mir schreiben.

Ihr Martin Angenendt
Lektorat SAP PRESS

Rheinwerk Verlag
Rheinwerkallee 4
53227 Bonn

martin.angenendt@rheinwerk-verlag.de
www.rheinwerk-verlag.de

Auf einen Blick

Lektorat Martin Angenendt
Korrektorat Roman Lehnhof, Köln
Herstellung Melanie Zinsler
Typografie und Layout Vera Brauner
Einbandgestaltung Julia Schuster
Satz III-satz, Husby
Druck und Bindung Beltz Bad Langensalza GmbH, Bad Langensalza

Gerne stehen wir Ihnen mit Rat und Tat zur Seite:
martin.angenendt@rheinwerk-verlag.de bei Fragen und Anmerkungen zum Inhalt des Buches
service@rheinwerk-verlag.de für versandkostenfreie Bestellungen und Reklamationen
hauke.drefke@rheinwerk-verlag.de für Rezensionsexemplare

Bibliografische Information der Deutschen Nationalbibliothek
Die Deutsche Nationalbibliothek verzeichnet diese Publikation in der Deutschen Nationalbibliografie; detaillierte bibliografische Daten sind im Internet über *http://dnb.d-nb.de* abrufbar.

ISBN 978-3-8362-4047-5

1. Auflage 2017

Inhalt

»Der Unterschied zwischen Theorie und Praxis ist in der Praxis größer als in der Theorie.«

Einleitung

Oft sind es die kleinen Dinge im Leben, die einem am meisten weiterhelfen. Diese Erfahrung habe ich in den letzten zwanzig Jahren in vielen MM- und Stammdatenprojekten gemacht.

Nach der Einführung von SAP ist das Gröbste erledigt: Die Hauptprozesse laufen, es kann produziert werden und auch der Jahresabschluss kann erstellt werden. Da das System aber noch viel mehr bietet, um den Arbeitsablauf einfacher und produktiver zu gestalten, beginnt anschließend die Optimierungsphase. Gerade in dieser Phase wird in den Unternehmen jedoch viel Potential verschenkt. Als mich die Anfrage erreichte, ob ich mir vorstellen könne, ein Buch zur SAP-Materialwirtschaft zu schreiben, war mir daher sofort klar, dass ich an dieser Stelle ansetzen würde.

Längst haben die Unternehmen erkannt, dass die optimale Nutzung der Instrumente in der Materialwirtschaft Mehrwerte im strategischen und operativen Bereich mit sich bringen. Als Reaktion darauf wird dabei zwar häufig die Organisation der Unternehmen angepasst, die Software wird jedoch meist außer Acht gelassen. Um dies zu ändern, habe ich in diesem Buch 100 Tipps für Mitarbeiter in der IT, für Key User und für SAP-Berater zusammengetragen, die die Arbeit mit dem System erleichtern.

Dieses Buch ist ein praxisorientiertes Werk und soll Ihnen ein zuverlässiger Ratgeber sein: Alle Tipps wurden in der Praxis erprobt – unabhängig davon, ob sie in die Rubriken »einfacher Tipp« oder »komplexe Angelegenheit« fallen. Die zu Papier gebrachten Tipps richten sich an ambitionierte Anwender, an Mitarbeiter, die Erfahrung im Customizing haben und auch an Mitarbeiter, die einen Überblick über das Thema SAP-Materialwirtschaft in seiner Gänze erhalten wollen. Auch »Geheimtipps« werden Sie hier finden, wie z.B. die Transaktion NACE (Tipp 95) oder den Einsatz der Konditionsart NAVS (Tipp 21).

Zum Aufbau

Das Buch gliedert sich in neun Teile, die jeweils Tipps zu einem bestimmten Bereich enthalten. So finden Sie Tipps für die Bereiche Einkauf, Genehmigung, Disposition, Bestandsführung, Rechnungsprüfung, Dienstleistungen und Stammdaten. Außerdem gebe ich Ihnen einige Tipps für die vereinfachte Bedienung von SAP mit auf den Weg.

In manchen Tipps ist die Integration in angrenzende betriebswirtschaftliche Abläufe und systemtechnische Prozesse – soweit vorhanden und notwendig – beschrieben. In der Regel können Sie die Tipps unabhängig voneinander lesen und sich diejenigen heraussuchen, die Sie am meisten interessieren. Lediglich in Teil 2, »Einkaufsbelege«, werden Sie einige Tipps finden, für die Sie Vorwissen aus anderen Tipps benötigen.

Die verwendeten Stammdaten-, Beleg- und Organisationseinheitennummern sind frei erfundene Beispiele. Wenn Sie die Beispiele nachstellen möchten, wird Ihr System eigene Nummern und Nummernkreise verwenden.

Systemvoraussetzungen

Für die Beispiele habe ich ein System mit dem Release SAP ERP 6.0 EHP 7 verwendet. Die Neuinstallation wurde mit einem Grund-Customizing versehen. Für einige Tipps müssen Business Functions aktiviert werden. Bitten Sie in diesen Fällen Ihre Basisadministration um Unterstützung.

Danksagung

So wie ich Ihnen mit den Tipps das Leben ein wenig leichter machen möchte, wurde auch mir in der Entstehungsphase dieses Buches das Leben erleichtert. Insbesondere möchte ich meinen Lieben danken: Karin, Mara und Anea. (Wie Sie sehen, hat mich SAP auch bei den Namen meiner Kinder nicht unberührt gelassen.)

Nun wünsche ich Ihnen viel Spaß bei der Umsetzung der kleinen Dinge, die Ihnen das Leben leichter machen.

Stefan Bäumler

TEIL 1

Komfortabler mit MM arbeiten

In diesem Teil habe ich Funktionen zusammengestellt, die die Bedienung und Handhabung der SAP-Transaktionen in der Materialwirtschaft vereinfachen. Ich zeige Ihnen zum Beispiel, wie Sie das Sachkonto abhängig von der Warengruppe vorschlagen lassen können. Auch andere nützliche Werkzeuge wie Set-/Get-Parameter oder Vorschlagswerte in den MM-Transaktionen lernen Sie in diesem Teil kennen.

› Tipps in diesem Teil

Tipp 1

Suchbereich in der Bestellung festlegen

Mit vordefinierten Suchbereichen in der Bestellerfassung finden Sie Ihre Bestellungen leichter. In diesem Tipp erfahren Sie, wie Sie Suchbereiche definieren und vorbelegen können.

Sie können in der Bestelltransaktion Ihre individuellen Selektionen im Bereich **Belegübersicht** vorbelegen. Diese werden dann beim Start automatisch geladen. Es entfallen unnötige Klicks und Parametereingaben. Achten Sie jedoch darauf, dass die Ergebnisliste nicht zu umfangreich ist. Das Starten der Bestelltransaktion könnte sich sonst unnötig verzögern.

› Und so geht's

Starten Sie Transaktion ME21N, ME22N oder ME23N (in diesem Beispiel verwende ich Transaktion ME21N). Gegebenenfalls müssen Sie mit einem Klick auf die Schaltfläche **Belegübersicht Ein** die Belegübersicht im linken Bereich der Transaktion aktivieren.

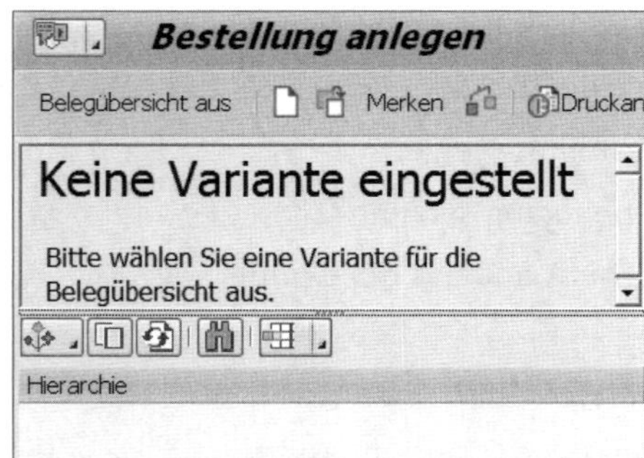

Transaktion ME21N mit aktiver Bestellübersicht

Klicken Sie nun auf die Schaltfläche (**Selektionsvariante**) und wählen Sie die Variante **Bestellungen** aus.

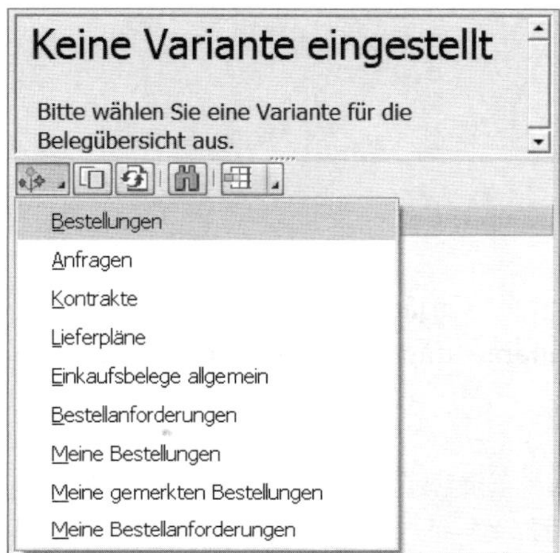

Selektionsvariante Bestellungen

In der angezeigten Selektionsmaske erfassen Sie die gewünschten Selektionsparameter.

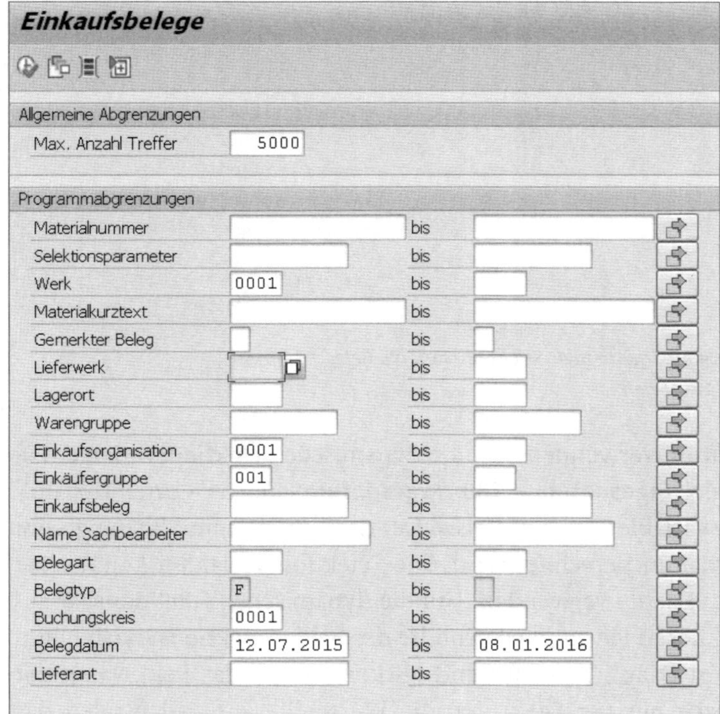

Selektionsparameter

Oft verwendete Beispiele sind:

- Einkäufergruppe
- Einkaufsorganisation
- Werk
- Buchungskreis
- Belegdatum

Speichern Sie nun die Selektionskriterien als Variante. In der angezeigten Eingabemaske erfassen Sie den **Variantenname** und eine sprechende Bezeichnung im Feld **Bedeutung**.

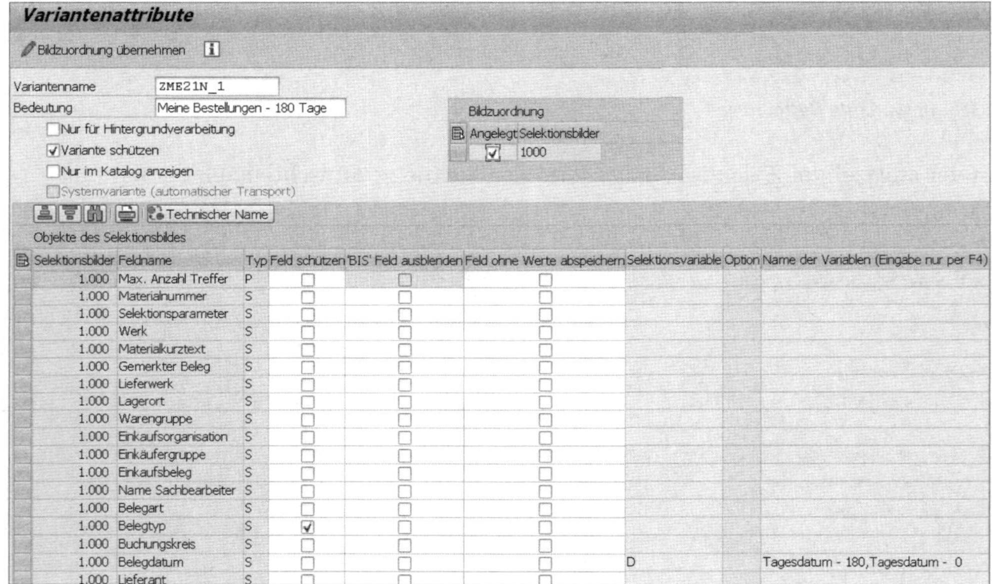

Speichern der Selektionsvariante inkl. Selektionsvariable Belegdatum (aktuelles Datum – 180 Tage)

Für das **Belegdatum** verwenden Sie eine dynamische **Selektionsvariable** (D), in diesem Beispiel **Tagesdatum – 180, Tagesdatum – 0**. Ein Vorteil dynamischer Selektionsvariablen ist beispielsweise, dass das Datum abhängig vom aktuellen Tagesdatum berechnet wird. Die Selektionsvarianten können Sie bei jeder Reportvariante verwenden. Um die dynamischen Selektionsvariablen zu pflegen, klicken Sie auf die Suchhilfe des Felds **Selektionsvariable** und wählen den Wert **D** aus. Anschließend klicken Sie auf das Feld **Name der Variablen (Eingabe nur per F4)**, rufen die Wertehilfe auf und wählen das

Attribut **Tagesdatum – xxx, Tagesdatum + yyy** aus. Zuletzt speichern Sie die Variantenattribute.

Sie gelangen zurück in die Selektionsmaske und starten die Selektion mit [F8]. In der Belegübersicht werden die Bestellungen und Bestellpositionen angezeigt, die die erfassten Kriterien erfüllen.

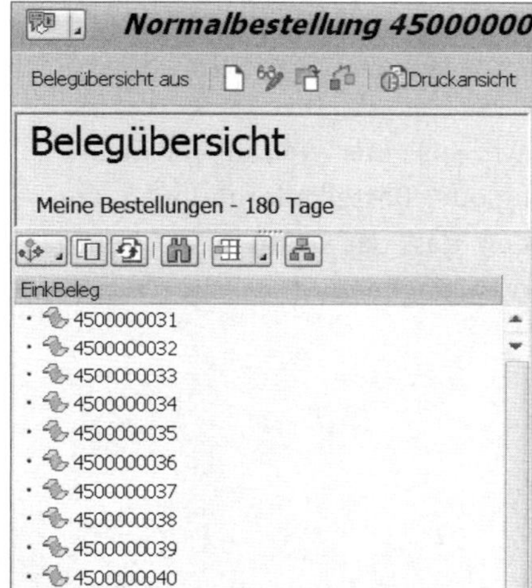

Belegübersicht mit Bestellbelegen

Die erfasste Selektionsvariante wird Ihnen nun in der Übersicht der Selektionsvarianten angezeigt. Mit einem Klick auf die Schaltfläche [Icon] (**Selektionsvariante**) können Sie die Variante auswählen und anzeigen.

Anzeige der neu angelegten Selektionsvariante

Tipp 2

Kontierung abhängig von der Warengruppe vorschlagen lassen

Es ist für den Anforderer nicht immer einfach, aus einer Vielzahl von Sachkonten das richtige Konto für die Bestellung oder Bestellanforderung auszuwählen. Im Customizing können Sie festlegen, dass das korrekte Sachkonto anhand der Warengruppe automatisch vorgeschlagen wird.

Anforderer, die kontierte Bestellanforderungen erfassen, haben oft Schwierigkeiten, die richtigen Sachkonten auszuwählen. Daher ist es hilfreich, die Warengruppen mit einem Vorschlagssachkonto zu verknüpfen. Dadurch entfällt die Doppelerfassung der Warengruppe und des Sachkontos. Die Anzahl der Falschkontierungen wird reduziert.

› Und so geht's

Im Customizing können Warengruppen indirekt mithilfe der Bewertungsklasse einem Sachkonto zugeordnet werden. In diesem Beispiel soll die Warengruppe 24000000 (Büromaterial) dem Konto 400099 (Verbrauch Büromaterial) zugeordnet werden.

Rufen Sie folgenden Customizing-Pfad auf:

Materialwirtschaft ▸ Einkauf ▸ Materialstamm ▸ Erfassungshilfe für Positionen ohne Materialstammsatz

In dieser Einstellung ordnen Sie den Warengruppen Bewertungsklassen zu. In diesem Fall wird die Warengruppe 24000000 (Feld **Warengrp**) der Bewertungsklasse 9000 (Feld **BewKl**) zugeordnet.

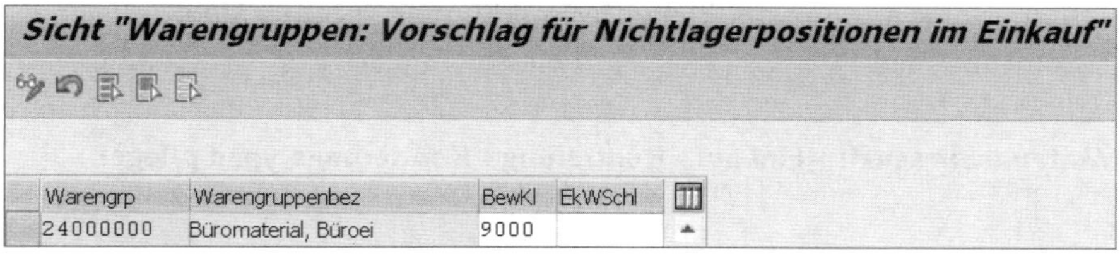

Sicht "Warengruppen: Vorschlag für Nichtlagerpositionen im Einkauf"

Warengrp	Warengruppenbez	BewKl	EkWSchl
24000000	Büromaterial, Büroei	9000	

Zuordnung Warengruppe – Bewertungsklasse

Wenn Sie weitere Sachkonten anderen Warengruppen zuordnen möchten, legen Sie je Sachkonto eine eigene Bewertungsklasse an. Ordnen Sie anschließend die Bewertungsklassen den gewünschten Warengruppen zu.

Um weitere Bewertungsklassen anzulegen, rufen Sie folgenden Customizing-Pfad auf:

Materialwirtschaft ▸ Bewertung und Kontierung ▸ Kontenfindung ▸ Kontenfindung ohne Assistent ▸ Bewertungsklassen festlegen

Klicken Sie anschließend auf die Schaltfläche **Bewertungsklasse**.

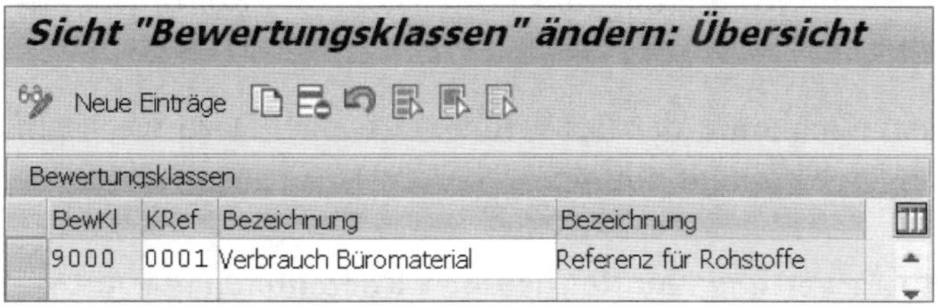

Sicht "Bewertungsklassen" ändern: Übersicht

Neue Einträge

Bewertungsklassen

BewKl	KRef	Bezeichnung	Bezeichnung
9000	0001	Verbrauch Büromaterial	Referenz für Rohstoffe

Bewertungsklasse mit Zuordnung zur Kontenklassenreferenz

Bewertungsklassen werden einer Kontenklassenreferenz (Spalte **KRef**) zugeordnet. Die Kontenklassenreferenz kann zur Gruppierung der Bewertungsklassen verwendet werden.

Sie können eine eigene Kontenklassenreferenz für Bewertungsklassen anlegen, die ausschließlich für die Findung von Sachkonten mithilfe der Warengruppe verwendet werden. Dadurch erreichen Sie eine Aufteilung in Bewertungsklassen für die Sachkontenfindung mithilfe der Warengruppe und z.B. für die Sachkontenfindung auf Basis des Materialstamms.

Anschließend prüfen Sie die Kontomodifikation je Kontierungstyp. Notieren Sie sich die verwendete Kontomodifikation. Diese benötigen Sie bei der späteren Customizing-Einstellung **Automatische Buchungen einstellen**.

Sie finden die Kontomodifikation je Kontierungstyp unter dem folgenden Customizing-Pfad:

Materialwirtschaft ▸ Einkauf ▸ Kontierung ▸ Kontierungstypen pflegen

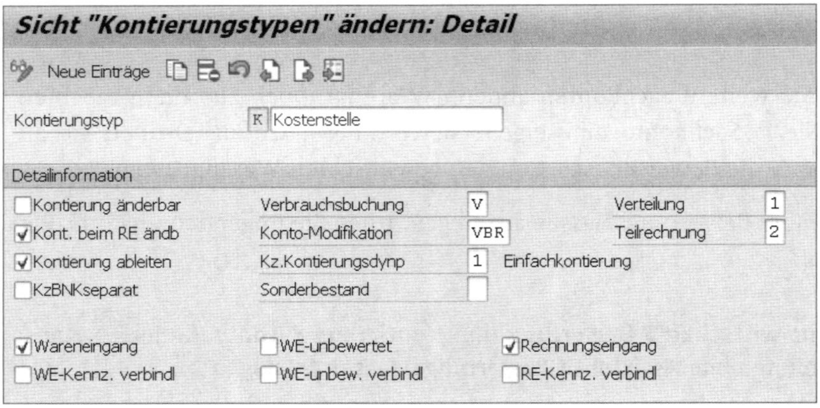

Kostenstelle mit Konto-Modifikation VBR

In diesem Beispiel ist beim **Kontierungstyp** Kostenstelle die **Konto-Modifikation** VBR eingestellt.

Zuletzt ordnen Sie das Sachkonto der Bewertungsklasse zu. Dazu wechseln Sie in das Customizing der Kontenfindung:

Materialwirtschaft ▸ Bewertung und Kontierung ▸ Kontenfindung ▸ Automatische Buchungen einstellen

Sie wählen in der Funktionsleiste die Schaltfläche **Kontierung** und selektieren anschließend per Doppelklick die Zeile **Gegenbuchung zur Bestandsbuchung**.

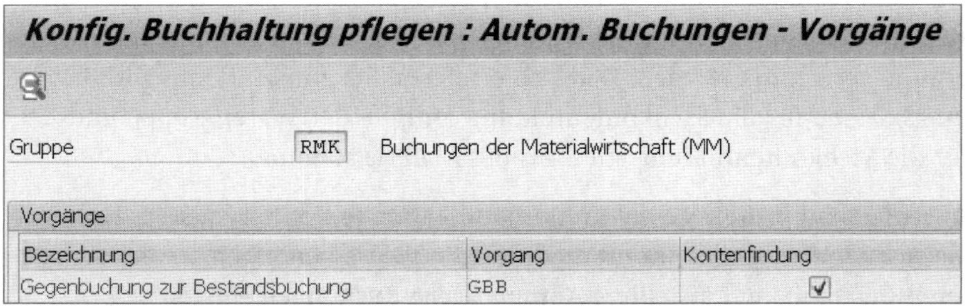

Gegenbuchung zur Bestandsbuchung

Im angezeigten Dialogfenster geben Sie den gültigen **Kontenplan** ein. In diesem Fall ist das INT **(Muster-Kontenplan)**. In der nun angezeigten Liste erfassen Sie das gewünschte Sachkonto zur Kontenklassenreferenz (Feld **Bewertungsmodif**), sowie die **Bewertungsklasse** und Konto-Modifikation (Feld **Allg. Modifikation**), die sie in den vorigen Schritten angelegt bzw. ermittelt haben.

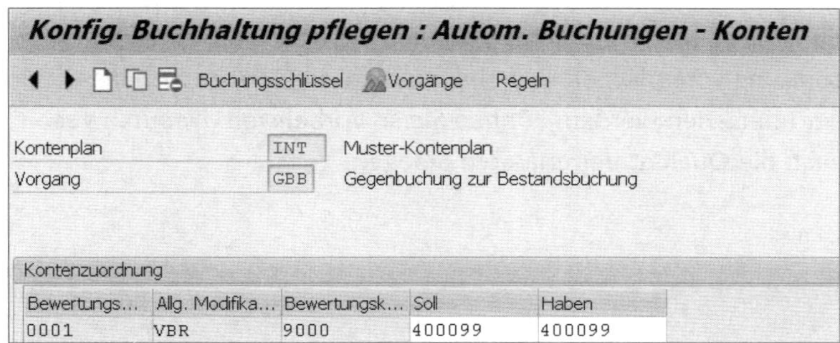

Zuordnung Sachkonto

Um die Einstellung zu testen, erfassen Sie in Transaktion ME21N eine kontierte Bestellung mit Kontierungstyp K und der jeweiligen verwendeten Warengruppe.

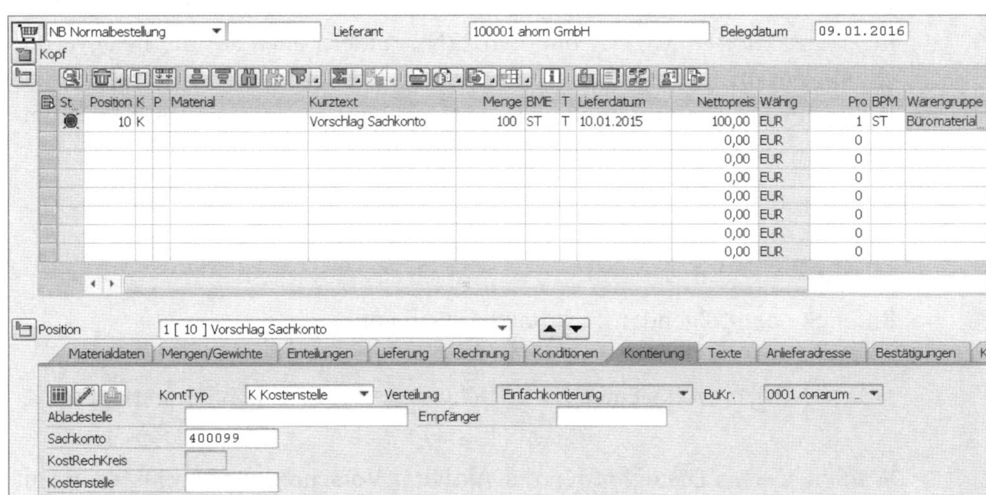

Transaktion ME21N: Kontierte Bestellung mit Sachkontenvorschlag

Wie Sie sehen, wird das eingestellte Sachkonto automatisch in der Bestellposition in der Registerkarte **Kontierung** vorgeschlagen.

Tipp 3

Vorschlagswerte im Einkauf setzen

Die Verwendung der Einkaufsfunktionen können Sie über Voreinstellungen im MM-Customizing vereinfachen und beschleunigen. Kennzeichen, die oft vergessen oder übersehen werden, können Sie so vorbelegen. Dadurch verbessern Sie auch die Qualität der erfassten Belege.

Im Customizing der Materialwirtschaft können Sie eine Reihe von Vorschlagswerten hinterlegen, die Sie unterschiedlichen Benutzergruppen zuordnen können. Gesteuert wird dies mithilfe des Set-/Get-Parameters EVO.

Diese Vorschlagswerte haben nicht nur Einfluss auf das Verhalten der Dialog-Transaktionen ME21N oder ME22N, sondern auch auf die Belegverbuchung, die im Hintergrund z.B. durch einen externen BAPI-Aufruf erfolgt. Dies erreichen Sie, indem Sie dem Service-Benutzer, der die BAPI-Verarbeitung durchführt, den Parameter EVO zuordnen.

› Und so geht's

Rufen Sie den folgenden Customizing-Pfad auf:

Materialwirtschaft ▸ Einkauf ▸ Vorschlagswerte für Einkäufer festlegen

Wählen Sie im Dialogfenster die Aktivität **Vorschlagswerte einstellen** mit einem Doppelklick aus. Erfassen Sie in der Sicht **Vorschlagswerte für die Einkaufsabwicklung** einen neuen Eintrag, indem Sie auf die Schaltfläche **Neue Einträge** klicken. Der **Vorschlagswert** bündelt die eingestellten Werte und Felder.

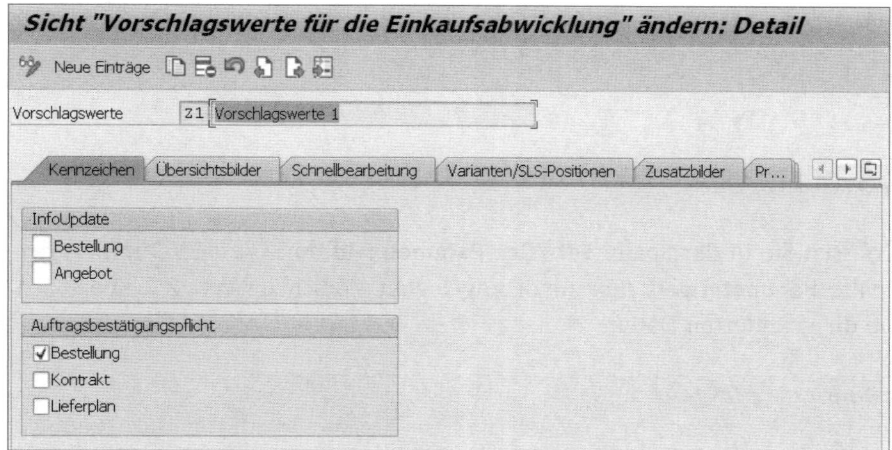

Erfassen eines neuen Vorschlagswertes

Nun können Sie verschiedene Werte zu dem festgelegten Vorschlagswert hinterlegen. Aktivieren Sie für dieses Beispiel das Kennzeichen **Bestellung** im Bereich **Auftragsbestätigungspflicht**. Dadurch belegen Sie das Bestellbestätigungskennzeichen (Kennzeichen **BestätPflicht**) in der Bestellposition vor. Wenn in Ihrem Unternehmen grundsätzlich eine Bestellbestätigung erwartet wird, kann diese Einstellung dazu verwendet werden.

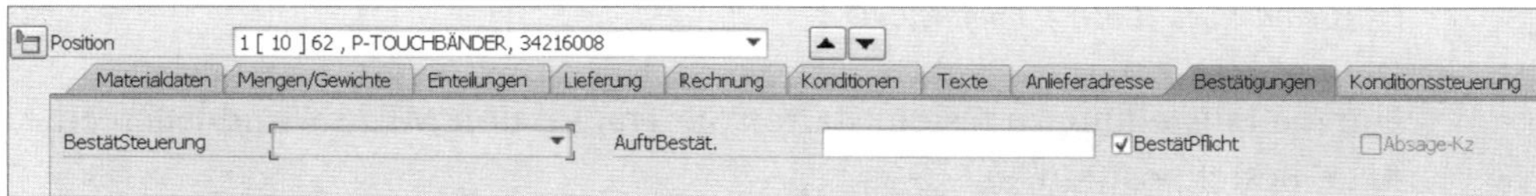

Transaktion ME21N: Vorbelegtes Kennzeichen »BestätPflicht« in der Bestellung

Sichern Sie Ihren Vorschlagswert Z1 und wählen Sie die Aktion **Pflege Benutzer** aus, um den Parameter EVO im Benutzerstamm zu pflegen.

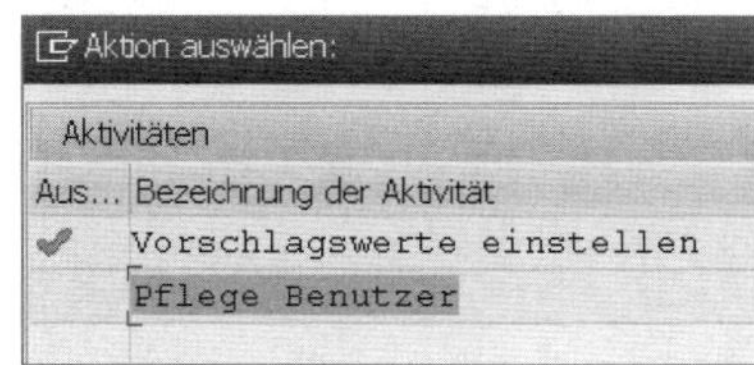

Pflege der Benutzer

Anschließend wählen Sie Ihren Testbenutzer (im Beispiel C00002) aus und klicken auf die Schaltfläche **Ändern**.

Selektion des Benutzers

Erfassen Sie in der Spalte **Set-/Get-Parameter-Id** den Wert EVO und in der Spalte **Parameterwert** den zuvor angelegten Vorschlagswert Z1. Speichern Sie die geänderten Daten.

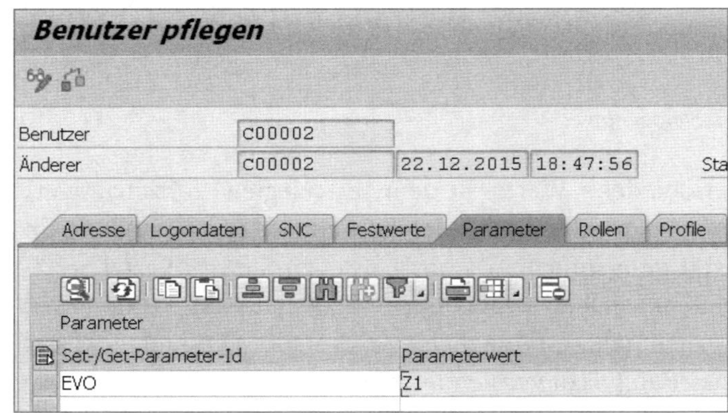

Erfassen des Set-/Get-Parameters EVO

Um die Einstellung zu testen, starten Sie Transaktion ME21N und legen eine neue Bestellposition an.

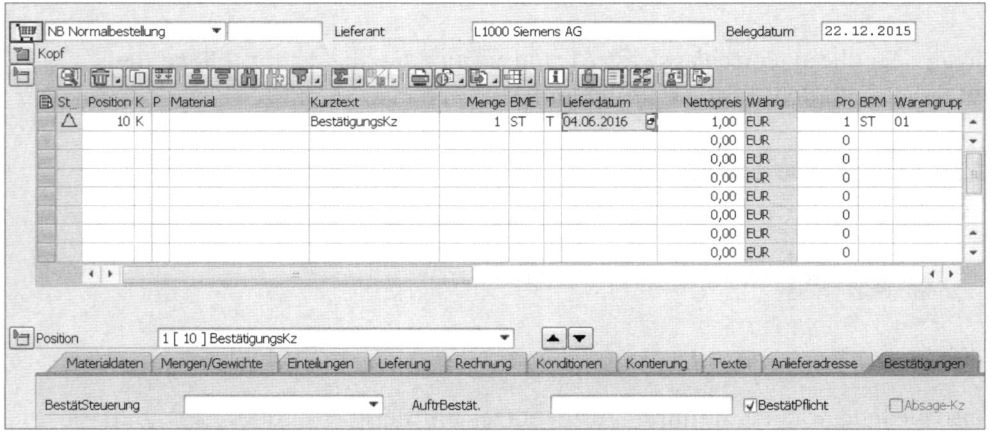

Transaktion ME21N: Bestellung mit aktiver Bestätigungspflicht

Das Kennzeichen **BestätPflicht** wird nun unabhängig von Einstellungen im Lieferantenstamm oder im Kontrakt vorbelegt.

In der Regel haben Sie keine Berechtigung, die Benutzerparameter anderer Benutzer zu pflegen. Dies könnte entweder durch Ihr SAP-Basisteam zentral erfolgen oder eigenverantwortlich durch jeden Benutzer selbst. Der Benutzer kann im Menüpunkt unter **System ▸ Benutzervorgaben ▸ Eigene Daten** die **Set-/Get-Parameter-Id** EVO entsprechend setzen.

Tipp 4

Vorschlagsparameter in der Bestellung setzen

Vorschlagswerte und feste Einstellungen können die Handhabung von SAP stark vereinfachen. In der Bestelltransaktion ME21N haben Sie die Möglichkeit, transaktionsabhängig Werte vorzubelegen.

In der Bestelltransaktion ME21N können Sie mit Vorschlagswerten arbeiten. Sie reduzieren dadurch den Eingabeaufwand und beschleunigen die Belegerfassung.

› Und so geht's

Starten Sie Transaktion ME21N. In der Funktionsleiste klicken Sie auf die Schaltfläche **Pers. Einstellung**. Anschließend erscheint das Dialogfenster **Persönliche Einstellungen** mit den zwei Registerkarten **Grundeinstellungen** und **Vorschlagswerte**.

Nehmen Sie zunächst einige Einstellungen in der Registerkarte **Grundeinstellungen** vor. Im Bereich **Belegübersicht** legen Sie den Selektionszeitraum (Feld **Selektionszeitraum meiner Belege**) der Selektionsvarianten **Meine Bestellungen** und **Meine gemerkten Bestellungen** fest. Außerdem bestimmen Sie, ob die Belegübersicht beim Start der Transaktion ME21N automatisch aufgebaut werden soll.

In diesem Beispiel werden Bestellungen der letzten sieben Tage (Option **-7 eine Woche**) in der Belegübersicht unter der Selektionsvariante **Meine Bestellungen** angezeigt. Die Selektion erfolgt automatisch beim Start der Transaktion (Kennzeichen **Belegübersicht automatisch aufbauen**).

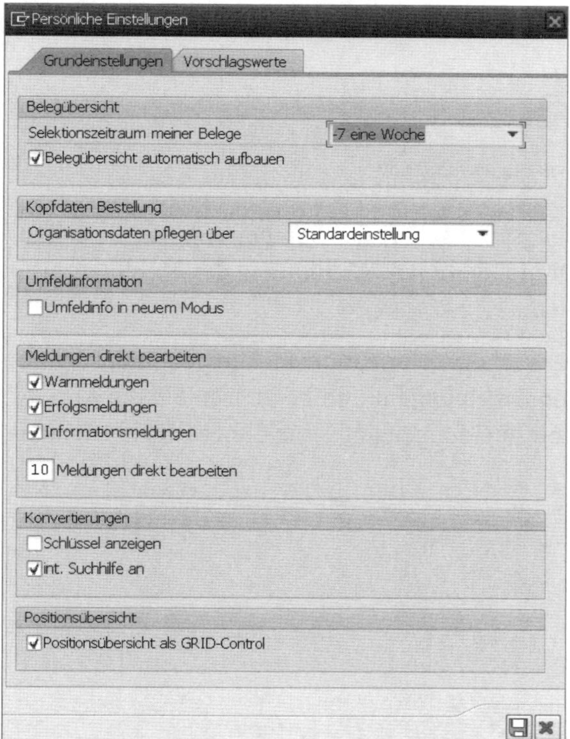

Persönliche Einstellungen in Transaktion ME21N

Transaktion ME21N: Selektionsvariante »Meine Bestellungen«

Im Bereich **Meldungen direkt bearbeiten** können Sie steuern, welche Art von Meldungen und wie viele Meldungen Sie bei der Anlage oder Bearbeitung einer Bestellung in Transaktion ME21N oder ME22N direkt in der Meldungsleiste sehen wollen.

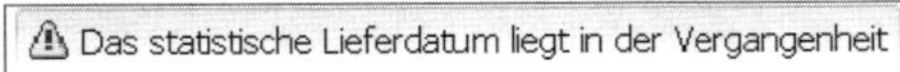

Transaktion ME21N: Warnmeldung in der Meldungsleiste

Oftmals ist gerade die Meldungsanzeige bei der Bearbeitung von Bestellungen mit vielen Positionen störend, denn jede Meldung in der Meldungsleiste muss mit [↵] bestätigt werden.

Deaktivieren Sie für dieses Beispiel die Informationsmeldungen in der Menüleiste (Kennzeichen **Informationsmeldungen**) und begrenzen Sie die Anzeige der sonstigen Warn- und Erfolgsmeldungen auf 5 Meldungen (Feld **Meldungen direkt bearbeiten**).

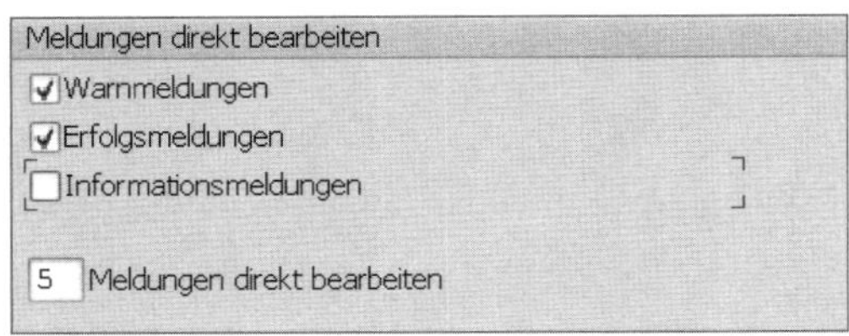

Deaktivierung von Informationsmeldungen

Die Meldungen werden nun nicht mehr direkt angezeigt, aber weiterhin im Fehlerprotokoll fortgeschrieben. Einsehen können Sie das Fehlerprotokoll mit einem Klick auf die Schaltfläche (**Meldungen anzeigen**).

Wenn Sie das Kennzeichen **Schlüssel anzeigen** im Bereich **Konvertierungen** setzen, dann werden in den Feldern **Warengruppe**, **Werk** und **Lagerort** die Schlüssel und nicht die Bezeichnungen angezeigt.

Warengruppe	Werk
01	0001

Warengruppe	Werk
Werkstattausstattung	conarum - St-Leon-Rot

Links: Darstellung »Schlüssel anzeigen aktiv« – Rechts: Darstellung »Schlüssel anzeigen inaktiv«

Mit dem Kennzeichen **int. Suchilfe an** aktivieren Sie für das Feld **Materialnummer** und **Lieferant** eine intelligente Suche. Setzen Sie das Häkchen und wechseln Sie zurück in die Positionsübersicht der Bestellung. In der Spalte **Material** erfassen Sie den Eintrag »Test« und drücken [↵]. Das System sucht im Kurztext des Materialstamms nach »Test« und zeigt Ihnen eine entsprechende Trefferliste an. Beachten Sie, dass diese intelligente Suche bei einer großen Anzahl von Materialien im System zu Performance-Problemen in der Anwendung führen kann.

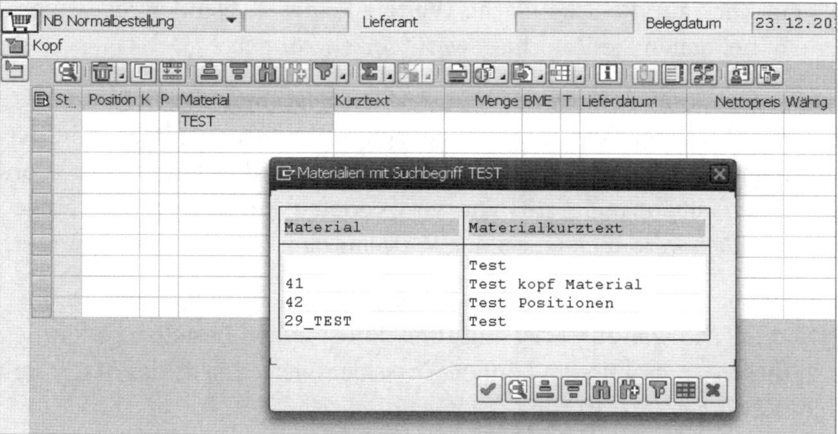

Transaktion ME21N: Intelligente Suche im Feld »Material«

Wechseln Sie nun auf die Registerkarte **Vorschlagswerte**. Hier können Sie für eine Reihe von Feldern Vorschlagswerte für die Bestelltransaktion im **Bestellkopf** oder der **Bestellposition** hinterlegen. Sie können bei Vorschlagswerten für Bestellpositionen entweder Vorschlagswerte für einen aktuellen Bestellvorgang hinterlegen (gerade bei der Erfassung von Bestellungen mit vielen Positionen kann dies hilfreich sein), durch Aktivieren des Kennzeichens **Immer vorschlagen** können Sie Vorschlagswerte aber auch bei jedem Start der Bestelltransaktion erzeugen lassen.

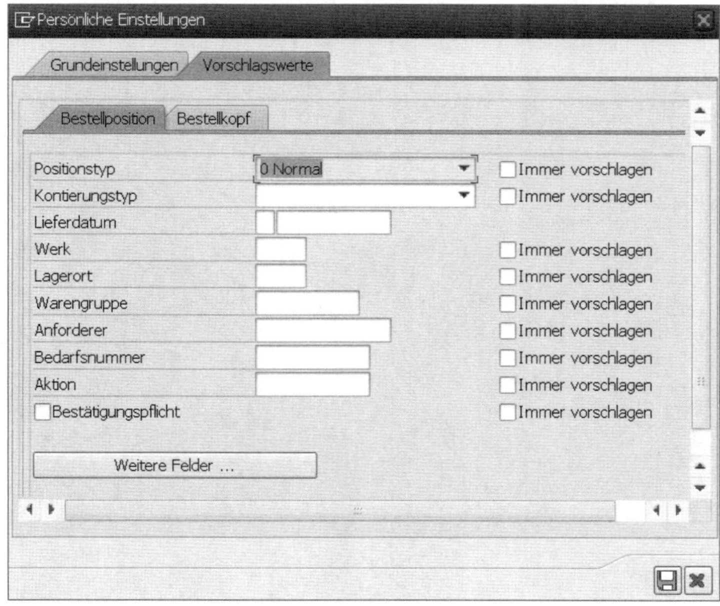

Vorschlagswerte in der Bestelltransaktion

Mit einem Klick auf die Schaltfläche **Weitere Felder ...** blenden Sie weitere Felder ein, bei denen Sie Vorschlagswerte setzen können.

Setzen Sie für dieses Beispiel das Kennzeichen **Bestätigungspflicht** und lassen Sie es sich immer vorschlagen (Kennzeichen **Immer vorschlagen** in der entsprechenden Zeile). Das Kennzeichen wird nun in der Bestelltransaktion vorgeschlagen, unabhängig z.B. von verwendeten Kontrakten. Der eingestellte Vorschlagswert übersteuert den Wert aus dem verwendeten Kontrakt.

Sie finden die Funktion **Pers. Einstellungen** auch in den Transaktionen ME51N oder ME52N zur Erfassung und Pflege einer Bestellanforderung. Auch in diesen Transaktionen können Vorschlagswerte für Felder in der Bestellanforderung gesetzt werden.

Tipp 5

Vorschlagsparameter im Wareneingang setzen

Es ist mühsam, das »OK« in der Transaktion jedes Mal manuell zu setzen – vor allem dann, wenn die Bestellung in der Regel vollständig geliefert wird. Verwenden Sie daher die Vorschlagswerte in der Transaktion MIGO! Sie erleichtern und beschleunigen dadurch die Erfassung des Wareneingangs.

Mithilfe der Vorschlagswerte in Transaktion MIGO können Sie z.B. die Erfassung des Wareneingangs vereinfachen und zugleich an Ihre Unternehmensprozesse anpassen.

› Und so geht's

Starten Sie Transaktion MIGO. Die Vorschlagswerte finden Sie unter Menüpunkt **Einstellungen ▸ Vorschlagswerte**. Im angezeigten Dialogfenster können Sie unterschiedliche Vorschlagswerte pflegen.

Häufig verwendete Vorschlagswerte sind u.a. folgende:

- **Lagerort** und **in Werk**: Wenn in der Bestellung kein Wert für den Lagerort vorgegeben ist, wird der eingegebene Vorschlagswert verwendet.
- **Bewegungsart**, **Sonderbestand** und **Bestandsart**: Abhängig von der Aktion und dem Referenzdokument werden die Bewegungsart, der Sonderbestand und die Bestandsart vorgeschlagen. Dies ist insbesondere hilfreich, wenn Sie kundeneigene Bewegungsarten verwenden.
- **OK in Zukunft vorschlagen**: Wenn Sie dieses Kennzeichen setzen, wird Ihnen das Bestätigungskennzeichen bei der Warenbewegungserfassung (Feld **OK**) in Transaktion MIGO automatisch für alle Positionen gesetzt. Dies ist z.B. hilfreich, wenn Sie in der Regel zu einer Bestellung eine Lieferung erhalten und dazu einen Wareneingang erfassen.

- **Alle Positionen vorschlagen**: Wenn dieses Feld gesetzt ist, werden in Transaktion MIGO z.B. im Fall »Wareneingang zur Bestellung« alle Positionen (alle offenen Positionen sowie alle Positionen, zu denen der Wareneingang schon erfasst wurde) angezeigt.

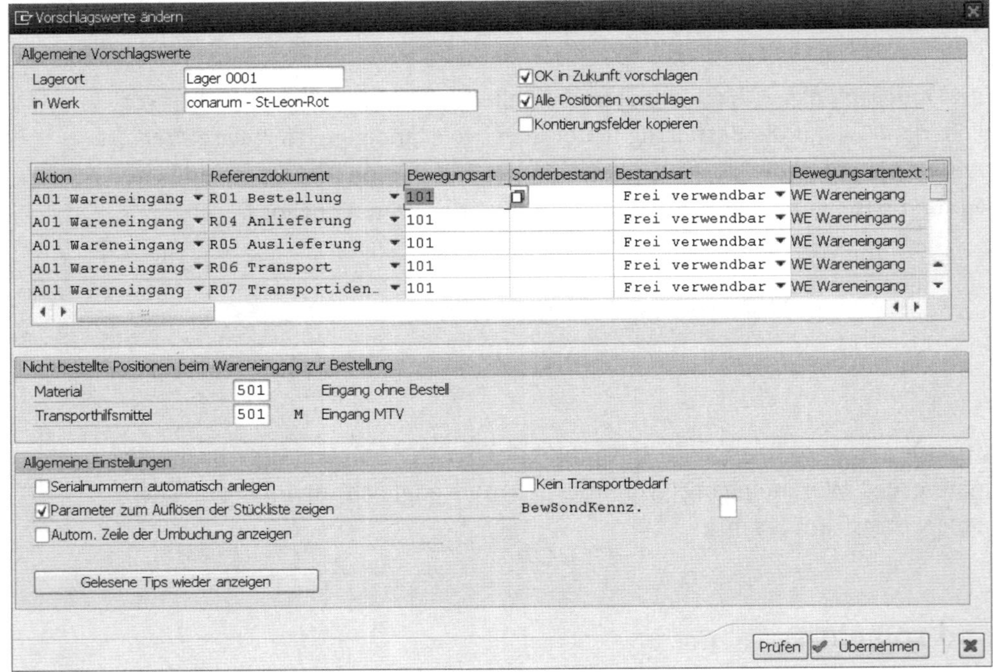

Vorschlagswerte in Transaktion MIGO

Zeile	Materialkurztext	OK	Menge in EME	EME	Lagerort	Charge	Bewertungsart	B...	R	Bestandsart	Werk	S...	Kunde
1	P-TOUCHBÄNDER, 34216008	☐	0	ST	Lager 0002			101	+	Frei verwe..	conarum - St-L..		
2	P-TOUCHBÄNDER, 213211716008	☑	50	ST	Lager 0001			101	+	Frei verwe..	conarum - St-L..		

Transaktion MIGO: In Zeile 1 wurde der Wareneingang bereits erfasst

Wenn Sie Lieferpläne mit Abrufdokumentation verwenden, kann das Kennzeichen **Alle Positionen vorschlagen** für den Wareneingangsprozess sehr hilfreich sein. Ein Beispiel: Sie erhalten eine Lieferung vor einer im Abruf festgelegten Einteilung. In Transaktion MIGO erscheint die Meldung »Beleg [...] enthält keine wählbare Position«. Mit aktiviertem Kennzeichen **Alle Positionen vorschlagen** wird Ihnen die Positionszeile angezeigt und Sie können einen Wareneingang buchen.

Tipp 6

Vorbelegung des WE-Kennzeichens anhand der Kontierung steuern

Sie erwarten zu kontierten Bestellungen keinen Wareneingang? Das Kennzeichen jedes Mal manuell aus der Bestellposition zu entfernen, ist fehleranfällig. Steuern Sie es stattdessen mithilfe des Kontierungstyps, ob das Kennzeichen gesetzt wird oder nicht.

Es gibt Beschaffungsprozesse, zu denen Sie keinen Wareneingang erwarten oder bei denen Sie eine wareneingangsbezogene Rechnungsprüfung durchführen wollen. Sie können sich bei kontierten Bestellungen das Wareneingangskennzeichen vorschlagen lassen bzw. nicht vorschlagen lassen.

Im Folgenden zeige ich Ihnen anhand eines Beispiels, wie Sie festlegen, dass zum Kontierungstyp K (Kostenstelle) das Wareneingangskennzeichen bei Anlage einer neuen Bestellposition nicht mehr vorschlagen wird.

› Und so geht's

Rufen Sie das Customizing der Kontierungstypen auf:

Materialwirtschaft ▸ Einkauf ▸ Kontierung ▸ Kontierungstypen pflegen

Wählen Sie nun den **Kontierungstyp** K (Kostenstelle) aus und klicken Sie auf die Schaltfläche (**Details**).

Deaktivieren Sie das Kennzeichen **Wareneingang**. Zusätzlich können Sie auch festlegen, ob die Felder **WE-unbewertet** (unbewerteter Wareneingang) oder **Rechnungseingang** in der Bestellposition für den Kontierungstyp K (Kostenstelle) vorgeschlagen werden sollen.

Details Customizing Kontierungstyp – Detailinformationen

In bestimmten Fällen möchten Sie, dass ein Wareneingang verbindlich gebucht werden soll. Dazu können Sie das Kennzeichen **WE-Kennz. verbindl** aktivieren. Mit dieser Einstellung lässt sich das Wareneingangskennzeichen in der Bestellposition nicht mehr ändern.

Für dieses Beispiel deaktivieren Sie das Kennzeichen **Wareneingang**. Sichern Sie nun die Einstellung.

Sie testen die Einstellung, indem Sie Transaktion ME21N starten und eine Bestellposition mit dem Kontierungstyp K anlegen. In den Positionsdetails und in der Registerkarte **Lieferung** finden Sie das deaktivierte Kennzeichen **Wareneingang**.

Bestellposition ohne vorgeschlagenes Wareneingangskennzeichen

Wenn Sie in Ihrem Unternehmen Prozesse ohne Wareneingang haben, empfehle ich Ihnen, immer eigene Kontierungstypen anzulegen, sodass Sie eine Abgrenzung gegenüber den Standardeinstellungen haben. Beachten Sie dabei jedoch, dass das Feld **Kontierungstyp** nur ein Zeichen lang ist. Das heißt, Sie können nur eine begrenzte Anzahl von Kontierungstypen anlegen und verwenden.

Tipp 7

Rückverfolgbarkeit automatisch generierter Belege in MM

Das SAP-System schreibt sehr viele Informationen fort, die eine Rückverfolgbarkeit ermöglichen. Wenn Sie Prozesse nachverfolgen oder analysieren wollen, ist das eine große Erleichterung. Die Herausforderung besteht darin, herauszufinden, wo genau die Informationen zu finden sind.

Wenn in der Materialwirtschaft Belege automatisch per IDoc (Intermediate Document) angelegt werden oder Belege IDocs erzeugen, ist es hilfreich zu wissen, welches IDoc diesen Beleg angelegt hat.

IDocs werden unter anderem im elektronischen Datenaustausch (EDI) eingesetzt und gehören zu den wichtigsten offenen Schnittstellen von SAP. Belege wie Bestellungen, Lieferavise oder Rechnungen werden auf diesem Weg mit Lieferanten ausgetauscht.

Das folgende Beispiel geht davon aus, dass Sie eine Bestellung angelegt haben, die als IDoc an den Lieferanten versendet werden soll. Ich zeige Ihnen, wie Sie aus der Bestellung in das IDoc bzw. vom IDoc in die Bestellung verzweigen können.

› Und so geht's

Sie haben eine Bestellung mithilfe von Transaktion ME21N angelegt, zu der ein IDoc erzeugt wurde. Nun möchten Sie sich das IDoc im Detail ansehen. Starten Sie dazu Transaktion ME23N mit der zuvor angelegten Bestellung.

Transaktion ME23N: Bestellung anzeigen

Klicken Sie nun auf die Schaltfläche (**Dienste zum Objekt**). Diese Schaltfläche befindet sich immer oben links. Sie wird in vielen Transaktionen eingeblendet und kann dort im jeweiligen Kontext verwendet werden.

Menü »Dienste zum Objekt«

Im Menü klicken Sie auf die Schaltfläche (**Verknüpfungen**). Im angezeigten Dialogfenster wird Ihnen nun das erzeugte Ausgangs-IDoc vom Nachrichtentyp ORDERS (Bestellung) angezeigt.

Verknüpfungen

Mit einem Doppelklick auf die angezeigte Zeile verzweigen Sie in die IDoc-Anzeigetransaktion WE02. Umgekehrt können Sie aus dem angezeigten IDoc in den jeweiligen Anwendungsbeleg navigieren, indem Sie wiederum die Schaltfläche (**Dienste zum Objekt**) verwenden. Im angezeigten Menü klicken Sie ebenfalls auf die Schaltfläche (**Verknüpfungen**).

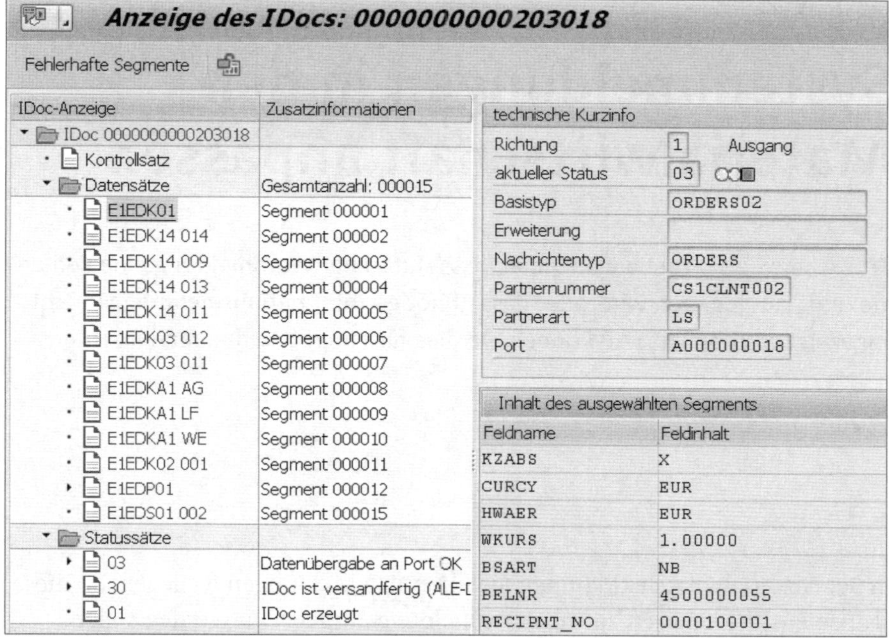

IDoc zur angelegten Bestellung

Jetzt wird Ihnen in der Übersicht die verknüpfte Bestellung angezeigt, auf deren Basis das IDoc erzeugt wurde.

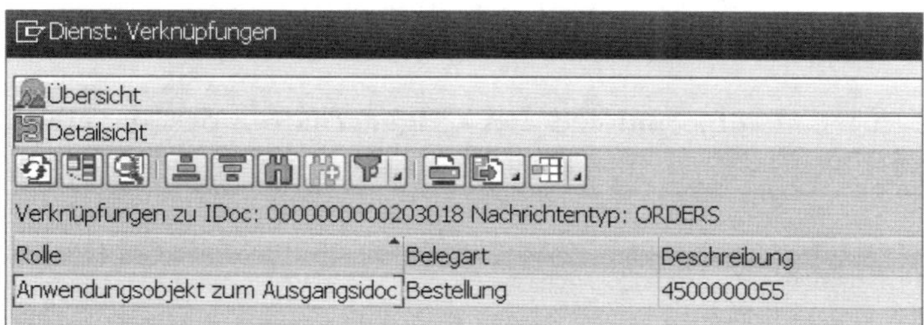

Verknüpfung zur Bestellung

Die Navigation zwischen IDoc und Anwendungsobjekt können Sie sowohl für ausgehende als auch für eingehende IDocs verwenden.

Tipp 8

Systemmeldungen in der Materialwirtschaft anpassen

Wünschen Sie sich auch manchmal, dass statt einer Warnmeldung eine Fehlermeldung ausgegeben wird oder dass unnötige Informationsmeldungen nicht angezeigt werden? In SAP können Sie dies für einige Meldungen einstellen.

In der Materialwirtschaft können Sie für einige Meldungen festlegen, ob diese als Fehler-, Warn- oder Informationsmeldung ausgegeben werden sollen.

› Und so geht's

Sie finden das Customizing unter den jeweiligen Punkten.

Einkauf:

Materialwirtschaft ▸ Einkauf ▸ Umfelddaten ▸ Eigenschaften der Systemmeldungen festlegen

Einkauf Dienstleistungen:

Materialwirtschaft ▸ Dienstleistung ▸ Eigenschaften der Systemmeldungen festlegen

Bestandsführung:

Materialwirtschaft ▸ Bestandsführung und Inventur ▸ Eigenschaften der Systemmeldungen festlegen

Logistik Rechnungsprüfung:

Materialwirtschaft ▸ Logistik-Rechnungsprüfung ▸ Eigenschaften der Systemmeldungen festlegen

Am Beispiel der Fehlermeldung im Einkauf »Bitte beim festen Lieferanten Infosatz eingeben« (Meldungsnummer 06 334) möchte ich Ihnen die Einstellung kurz vorstellen.

Im SAP-Standard ist diese Meldung eine Fehlermeldung. Sie erscheint, wenn Sie in Transaktion ME51N oder ME52N einer kontierten Bestellanforderung ohne Materialnummer manuell einen festen Lieferanten zuordnen wollen, jedoch kein Warengruppen-Einkaufsinfosatz oder Kontrakt zur Warengruppe existiert.

Starten Sie Transaktion ME52N und wechseln Sie in die Registerkarte **Bezugsquelle**. In der Bestellanforderungsposition erfassen Sie im Feld **Fst. Lieferant** (Fester Lieferant) einen Lieferanten. Zum Lieferanten und der erfassten Warengruppe existiert kein Einkaufsinfosatz. Es erscheint die beschriebene Meldung »Bitte beim festen Lieferanten Infosatz eingeben« als Fehlermeldung.

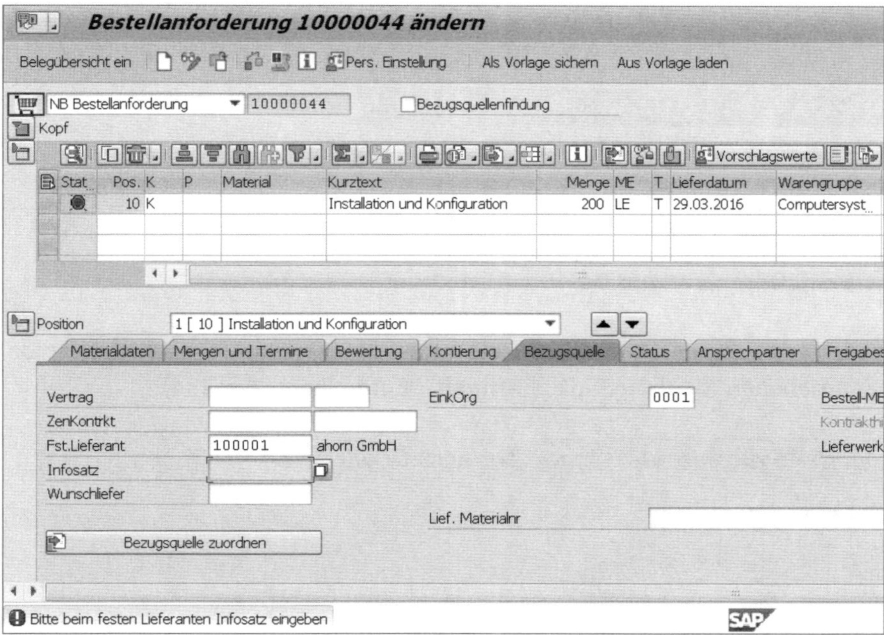

Fehlermeldung

Diese Meldung soll stattdessen als Warnmeldung ausgegeben werden. Für die spätere Einstellung im Customizing benötigen Sie die Meldungsnummer.

Diese finden Sie, wenn Sie doppelt auf die Meldung klicken. Es wird ein Dialogfenster mit der Meldungsbeschreibung und **Meldungsnr.** angezeigt.

Details zur Meldung

In diesem Beispiel lautet die Meldungsnummer 06334. Die Meldungsnummer setzt sich zusammen aus dem Arbeitsgebiet 06 (auch Nachrichtenklasse genannt) und einer dreistelligen numerischen Nummer (hier 334).

Wechseln Sie nun in das Customizing des Einkaufs:

Materialwirtschaft ▸ Einkauf ▸ Umfelddaten ▸ Eigenschaften der Systemmeldungen festlegen

Im angezeigten Dialogfenster wählen Sie die Aktivität **Systemmeldungen** mit einem Doppelklick aus.

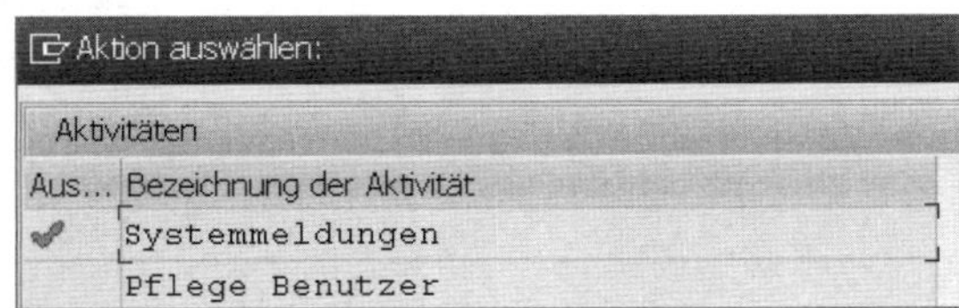

Systemmeldungen im Einkauf

In der angezeigten Liste suchen Sie unter der **Version** 00 nach der zuvor beschriebenen Meldung (Spalte **Arbgeb.** 06 und Spalte **Nr.** 334).

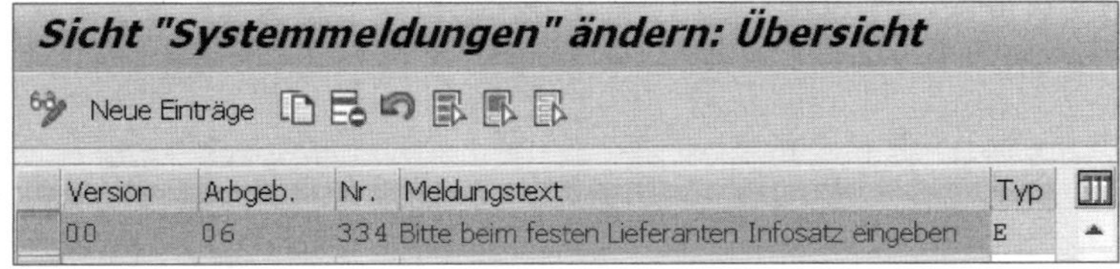

Meldung 06 334, Version 00, Einstellung E (Fehler)

Am besten kopieren Sie die Zeile und verwenden eine neue Versionsnummer. Damit verändern Sie nicht die von SAP ausgelieferten Standardeinstellungen. Markieren Sie dazu die Zeile und klicken Sie auf die Schaltfläche **Kopieren**.

Sicht "Systemmeldungen" ändern: Übersicht Auswahlmenge

Version	Arbgeb.	Nr.	Meldungstext	Typ
Z1	06	334	Bitte beim festen Lieferanten Infosatz eingeben	W

Systemmeldung mit neuer Versionsnummer Z1 und Typ W

Erfassen Sie die **Version** Z1 und ändern Sie den **Typ** der Meldung von E (Fehler) in W (Warnung). Speichern Sie anschließend die Daten.

Um die Customizing-Einstellung zu aktivieren, müssen Sie noch die neu angelegte Version Z1 dem Set/Get-Benutzerparameter MSV in Ihrem Benutzerstamm zuordnen. Dazu wechseln Sie über **System ▸ Benutzervorgaben ▸ Eigene Daten** in die Benutzervorgaben.

Im angezeigten Fenster **Pflege eigener Benutzervorgaben** wählen Sie die Registerkarte **Parameter**. In der Tabelle erfassen Sie in der Spalte **Set-/Get-Parameter-Id** den Wert MSV und in der Spalte **Parameterwert** die Versionsnummer Z1. Zuletzt speichern Sie die Einstellungen.

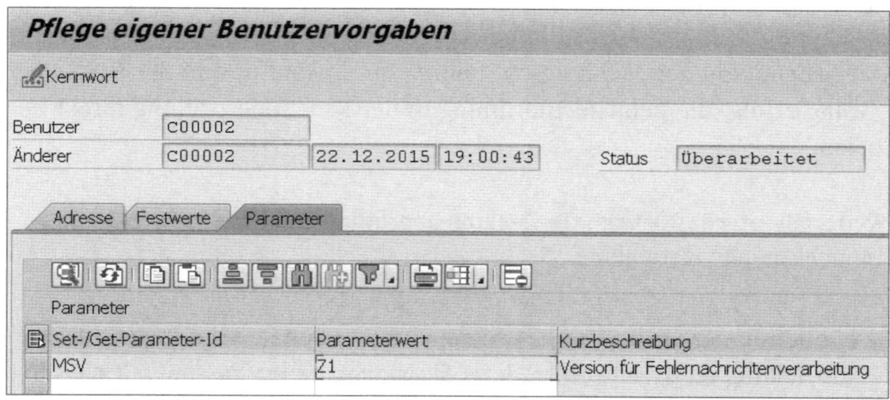

Parameterwert MSV mit der neu angelegten Version Z1

Mithilfe der Version und des Benutzerparameters Z1 können Sie unterschiedlichen Benutzergruppen jeweils eine eigene Meldungssteuerung zuordnen. Benutzer können gewöhnliche Dialogbenutzer, Hintergrundbenutzer oder Service-Benutzer (die in den RFC-Verbindungen eingesetzt werden) sein.

Um die Einstellung zu testen, starten Sie nochmals Transaktion ME52N und erfassen den festen Lieferanten. Nun erscheint die Meldung »Bitte beim festen Lieferanten Infosatz eingeben« als Warnmeldung.

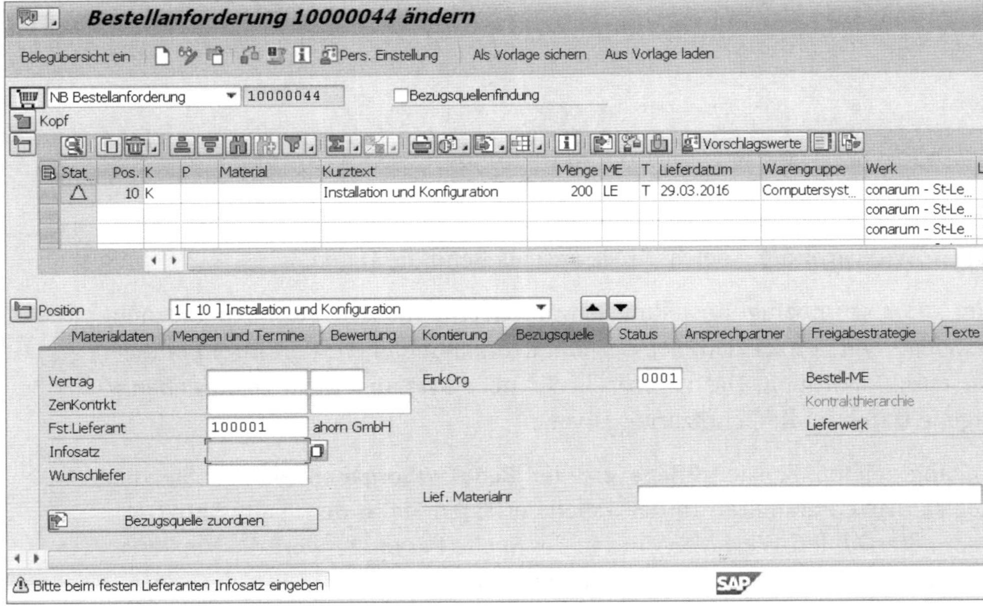

Warnmeldung in Transaktion ME52N

Abweichend von der Meldungseinstellung im Einkauf und in der Bestandsführung erfolgt die Benutzerzuordnung in der Rechnungsprüfung direkt im Customizing:

Materialwirtschaft ▸ Logistik-Rechnungsprüfung ▸ Eigenschaften der Systemmeldungen festlegen

Sie können in der Spalte **Benutzername** einzelne Benutzer eintragen, für die die Einstellung gültig sein soll. Wenn Sie die Spalte leer lassen, gilt die Einstellung für alle Benutzer im System.

Arbeitsgebiet M8 ...chnungsprüfung / Bewertung

Steuerung der Nachrichten durch den Anwender

MsgNr	Nachrichtentext	Benutzername	Dialog	Batchl	Standard
039	Zahlungsbedingungen der Bestellung & weichen von...		E	W	W
070	Eingegebene Menge ist kleiner als die offene zu ber...	C00002	E	I	W

Meldungen in der Rechnungsprüfung

In diesem Beispiel ist die Meldung 039 (Feld **MsgNr**) im **Arbeitsgebiet** M8 für alle Benutzer im **Dialog** auf E (Fehler) eingestellt. Im Fall der Hintergrundverarbeitung von Rechnungen (Feld **Batchl**) wird die Meldung als Warnmeldung (W) ausgegeben. Die Hintergrundverarbeitung ohne Dialog erfolgt, wenn beispielsweise Rechnungen per EDI/IDoc in das System eingespielt werden sollen.

Die Meldung 070 im Arbeitsgebiet M8 ist ausschließlich für den Benutzer C00002 als Fehlermeldung (E) eingestellt. Alle anderen Benutzer erhalten den in der Spalte **Standard** eingetragenen Meldungstyp Warnung (W).

Tipp 9

Set-/Get-Parameter in der Materialwirtschaft

Ärgert es Sie nicht auch, dass Sie einige Felder immer wieder mit denselben Daten füllen müssen? Mithilfe von Set-/Get-Parametern können Sie sich die Arbeit erleichtern.

Es ist lästig, Felder zu erfassen, die in der Regel immer gleich gefüllt werden. Das ist beispielsweise dann der Fall, wenn Sie nur in einem Buchungskreis oder einer Einkaufsorganisation arbeiten. Legen Sie Set-/Get-Parameter an, um sich unnötige Arbeit dieser Sorte zu sparen.

› Und so geht's

Set-/Get-Parameter können Sie unter dem Menüpunkt **System › Benutzervorgaben › Eigene Daten** erfassen. Öffnen Sie die Registerkarte **Parameter**. In der angezeigten Liste können Sie Ihre Parameter erfassen.

Set-/Get-Parameter EKO (= Einkaufsorganisation)

Für dieses Beispiel setzen Sie die **Set-/Get-Parameter-Id** EKO (Einkaufsorganisation) auf den Wert 0001. In sehr vielen Transaktionen und Reports der Materialwirtschaft wird ab sofort beim Aufruf das Feld **Einkaufsorganisation** mit 0001 vorbelegt.

In der Materialwirtschaft gibt es eine Reihe von Set-/Get-Parametern, die Sie verwenden können:

Set-/Get-Parameter	Beschreibung
EKO	Einkaufsorganisation
EKG	Einkäufergruppe
BUK	Buchungskreis
WRK	Werk
LAG	Lagerort
DGR	Dispogruppe
BFC	Freigabecode Bestellanforderungen
FAB	Freigabecode Bestellungen und Einkaufsbelege
KNT	Kontierungstyp
VSA	Belegart Kontrakt
NDR	Druck über Nachrichtensteuerung in MM – Bestandsführung
MSV	Zuordnung der Systemmeldungen in Bestandsführung, Dienstleistungen und Einkauf zu einem Benutzer
ND9	Benutzergruppe für die Druckerfindung in der Bestandsführung Der Parameter kann verwendet werden, wenn im Customizing der Nachrichtenart der Druckparameter auf S (Druckerfindung nach Werk/Lagerort/Benutzergruppe) gesetzt ist.
ESO	Einkaufs-Sonderkennzeichen
EVO	Vorschlagswerte für Einkaufsabwicklung Die Werte werden im Customizing hinterlegt.

Set-/Get-Parametern in der Materialwirtschaft

Set-/Get-Parameter	Beschreibung
EFB	Feldauswahlschlüssel: Funktionsberechtigung/Freigabezustand Der Parameter steuert, ob zum Beispiel die Konditionen angezeigt werden dürfen. Sie können dem Anwender auch verbieten, dass er Bestellungen mit Bezug zu einer Bestellanforderung anlegen darf. Die Funktionsberechtigung stellen Sie im Customizing unter **Materialwirtschaft ▸ Einkauf ▸ Berechtigungsverwaltung ▸ Funktionsberechtigungen für Einkäufer festlegen** ein. Anschließend ordnen Sie die Funktionsberechtigung dem Parameter EFB im Benutzerstamm zu.
VNR	Vorbelegung der Anzeigeversion beim Aufruf von Transaktion MMBE – Bestandsübersicht
TCV	Mit dem Parameter TCV (Erfassungsvariante beim Leistungsübersichtsbild) kann benutzerspezifisch die Reihenfolge der Datenfelder in den Leistungszeilen gesteuert werden. Mögliche Werte sind: ▪ 1 – Zeiterfassungsfelder an erster Stelle ▪ 2 – Felder des StLV an erster Stelle ▪ 3 – Formelfelder ▪ 4 – Kurztextfeld zur Bezeichnung der Leistung entfällt ▪ 5 – Benutzerfelder
MSP	Vorbelegung mit Nummer eines Musterleistungsverzeichnisses
LBL	Vorbelegung mit Nummer eines Leistungserfassungsblatts
BES	Vorbelegung Bestellnummer
BAN	Vorbelegung Bestellanforderungsnummer
BAP	Vorbelegung Bestellanforderungsposition
BSP	Vorbelegung Bestellposition

Set-/Get-Parametern in der Materialwirtschaft (Forts.)

Um die Parameter der einzelnen Felder zu ermitteln, klicken Sie auf das gewünschte Feld und rufen mit [F1] die Feldhilfe auf. Klicken Sie anschließend in der Funktionsleiste auf das Feld **Technische Informationen**. Sie sehen ein Dialogfenster über die technischen Informationen des Felds. Im Feld **Parameter-Id** wird der jeweilige Set-/Get-Parameter angezeigt.

Set-/Get-Parameter NDR

Ob ein Set-/Get-Parameter funktioniert, hängt auch von der Transaktion oder dem Report ab. Manche Transaktionen und Reports unterstützen diese Funktionalität leider nicht oder nur zum Teil.

Tipp 10

Mit einem Klick den Beschaffungsprozess überblicken

Sie wollen mit einem Klick einen Überblick über den gesamten Beschaffungsprozess bekommen? Für den Einkäufer ist das sehr hilfreich! SAP bietet in der Bestellung dazu eine Business Function an.

Aus der Bestellung heraus können Sie direkt in den erweiterten Belegfluss zur Position abspringen. Dieser gibt Ihnen einen Überblick über den gesamten Beschaffungsprozess. Von der Bestellanforderung über die Anlieferung bis zur Rechnung sehen Sie die Belege in der Übersicht und können von dort in die einzelnen Belege verzweigen.

› Und so geht's

Voraussetzung für die Funktion ist die Aktivierung der Business Function LOG_MM_CI_3 in Transaktion SFW5. Sie können die Funktion ab SAP ERP 6.0 EHP 5 verwenden. Wenn die Business Function aktiviert ist, sehen Sie in Transaktion ME22N oder ME23N im Bereich **Positionsübersicht** die Schaltfläche (**Erweiterter Belegfluss**).

Transaktion ME23N: Erweiterten Belegfluss anzeigen

Markieren Sie eine Position und klicken Sie auf die Schaltfläche. In einem neuen Modus startet die Anzeige des erweiterten Belegflusses.

Belegübersicht für Materialbeschaffung

Dokumenten Hierarchie	Beleg	Position	Menge	Einheit	Status	Am	Vorgänger	Vorg.Pos
Bestellanforderung	0010000077	10	10	ST	Aktiv	07.01.2016		
Bestellung	4500000069	10	10	ST	Aktiv	07.01.2016	0010000077	10
Anlieferung/Lieferavis	0180000053	10	10	ST	erledigt	08.01.2016	4500000069	10
Warenbewegung	5000000026	1	10	ST	erledigt	08.01.2016	0180000053	10
Bestellung/Wareneingang	5000000024	1	10	ST		08.01.2016	4500000069	10
Bestellung/Wareneingang	5000000025	1	10	ST		08.01.2016	4500000069	10
Bestellung/Rechnungseingang	5105600752	1	10	ST		08.01.2016	4500000069	10
Einteilung	4500000069	10	10	ST		08.01.2016	4500000069	10

Transaktion ME22N: Erweiterter Belegfluss

Die Darstellung erfolgt im Vergleich zur Bestellentwicklung hierarchisch und gestaltet sich dadurch übersichtlicher. Durch Doppelklick auf die Belegnummer in der Spalte **Beleg** können Sie sich die Details zum jeweiligen Beleg anzeigen lassen.

TEIL 2

Einkaufsbelege

Der Einkauf ist verantwortlich dafür, dass fremdbeschaffte Materialien und Leistungen zum gewünschten Zeitpunkt mit ausreichender Qualität, mit entsprechender Kontinuität und zu einem möglichst niedrigen Preis beschafft werden.

In diesem Teil zeige ich Ihnen unter anderem, wie Sie im Einkauf mit Belegversionen arbeiten können, wie Sie die Nachrichtensteuerung konfigurieren und Bestellungen per E-Mail versenden. Außerdem erkläre ich, wie Sie Lieferpläne mit Abruf verwenden und welcher Vorteil Ihnen daraus entsteht.

› Tipps in diesem Teil

Tipp 11

Versionierung im Einkauf aktivieren

Oftmals will der Einkäufer in Einkaufsbelegen nachvollziehen können, welche Änderungen zu welchem Stand gültig waren und warum die Änderungen durchgeführt wurden. In SAP steht Ihnen für Einkaufsbelege und Bestellanforderungen eine Versionsverwaltung zur Verfügung. Gerade im Gespräch mit dem Lieferanten erleichtern Versionsnummern die Arbeit.

Die Versionsverwaltung ermöglicht beispielsweise bei Investitionsbeschaffung oder Beschaffungsvorgängen, die über einen längeren Zeitraum abgewickelt werden, eine bessere Transparenz und Kommunikation mit dem Lieferanten. In der Kommunikation mit dem Lieferanten kann der Einkauf sich auf eine bestimmte Version beziehen. Es ist für Ihn auch einfacher, nachzuvollziehen, welcher Versionsstand an den Lieferanten ausgegeben wurde.

Des Weiteren werden bei aktivierter Versionsverwaltung Änderungen an Langtexten dokumentiert. Auf diese Weise können die jeweiligen Textfassungen der Versionen verglichen werden. Die Versionsverwaltung kann für folgende Einkaufsbelege verwendet werden:

- Bestellung
- Kontrakt
- Anfrage
- Lieferplan

› Und so geht's

Sie möchten für Bestellungen mit der Belegart NB (Normalbestellung) die Versionierung in der Einkaufsorganisation 0001 aktivieren.

Im Customizing des Einkaufs aktivieren Sie die Versionsverwaltung für die Bestellung und/oder Bestellanforderung:

Materialwirtschaft ▸ Einkauf ▸ Versionsverwaltung ▸ Versionsverwaltung für Bestellanforderungen einstellen ▸ Versionsverwaltung für Einkaufsbelege einstellen

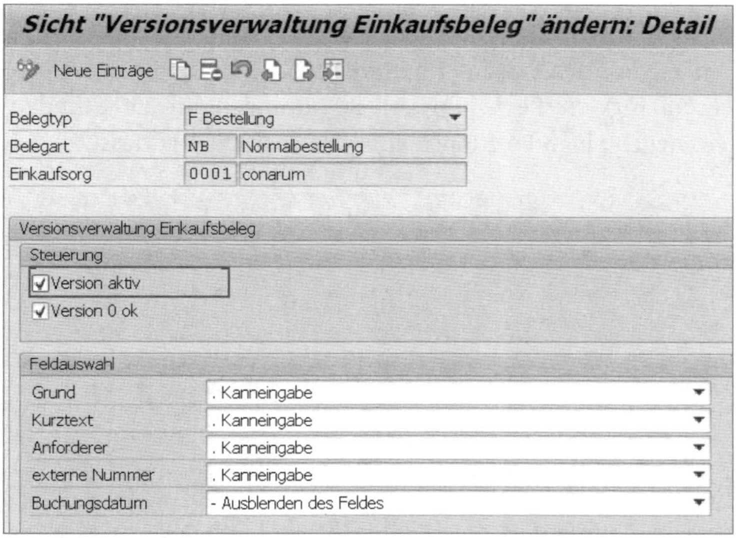

Aktivierung der Versionsverwaltung für Bestellart NB und Einkaufsorganisation 0001 – Detailsicht

Über das Kennzeichen **Version aktiv** wird die Versionsverwaltung eingeschaltet. Folgende Einstellungen können Sie zusätzlich vornehmen:

- Bildbereich **Steuerung**: Wenn Sie eine Bestellung anlegen, erhält diese die Versionsnummer 0. Wenn im Customizing das Kennzeichen **Version 0 ok** aktiv ist, wird die Version automatisch als fertiggestellt markiert.
- Bildbereich **Feldauswahl**: Für bestimmte Felder in der Versionsverwaltung haben Sie eine einfache Feldsteuerung zur Auswahl. Beispielsweise wird das Feld **Grund** (Änderungsgrund) häufig als Mussfeld festgelegt. Bei einer Bestelländerung muss der Einkäufer einen Änderungsgrund auswählen, um die Version abzuschließen. Änderungsgründe definieren Sie im Customizing der Versionsverwaltung unter **Änderungsgründe festlegen**.

Nachdem Sie die Versionsverwaltung aktiviert haben, wird in den Bestelltransaktionen ME21N und ME22N eine weitere Registerkarte im Kopfbereich mit der Bezeichnung **Versionen** angezeigt. Nach Anlage einer Bestellung mit den zuvor eingestellten Parametern wird für die Version 0 das Kennzeichen in der Spalte **Fertig** gesetzt.

Transaktion ME21N und ME22N: Version 0

Nehmen wir nun an, dass der Einkäufer beispielsweise aufgrund einer Änderung des Projektumfangs die Bestellung von 200 Stunden auf 250 Stunden erweitert und zusätzlich einen Positionstext in der Position 10 erfasst.

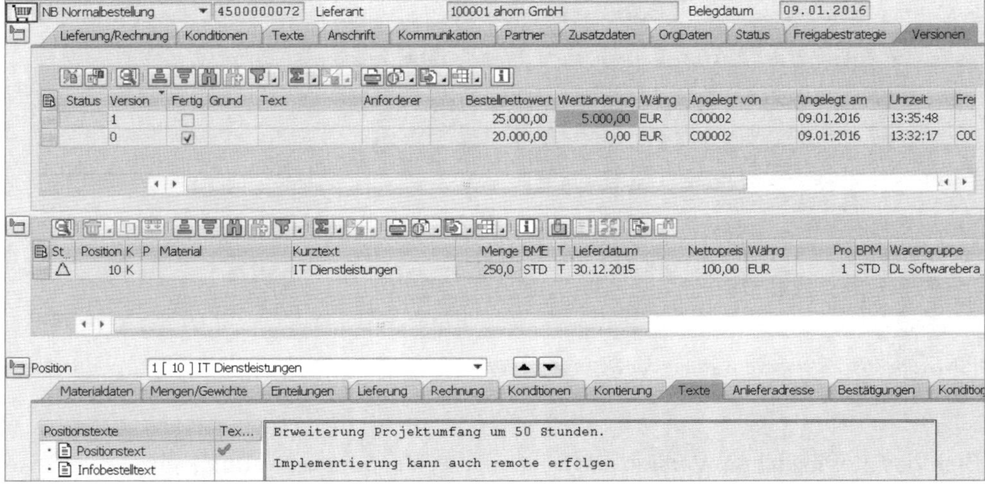

Transaktion ME22N: Bestelländerung Menge und Langtext

In der Versionsverwaltung sehen Sie nun eine neue Zeile mit **Version** 1 mit der Höhe der **Wertänderung**. Sie können zusätzlich einen **Grund** der Änderung, einen beschreibenden **Text** sowie den **Anforderer** der Änderung erfassen.

Die Details zu den Änderungen können Sie mithilfe der folgenden Schaltflächen anzeigen:

- **(Änderungen anzeigen)**
  Für die markierte Version werden alle Änderungen im Vergleich zur Vorgängerversion gesammelt angezeigt.

- (**Langtexte zu Versionen anzeigen**)
  Für jede Version können Sie sich den jeweils gültigen Stand der Langtexte anzeigen lassen und vergleichen.

Zunächst wird bei der Bestellanlage die Version 0 erzeugt und die Version wird automatisch abgeschlossen (Kennzeichen **Fertig** in Registerkarte **Versionen** im Bereich **Bestellkopf** ist gesetzt). Aufgrund der Einstellungen in der Nachrichtensteuerung wird die erzeugte **Nachrichtenart** NEU sofort verarbeitet und der Beleg wird versendet (**Medium** »5 externes Senden«). Der **Status** der Nachricht wird auf Grün (verarbeitet) gesetzt. Dies können Sie prüfen, indem Sie in der Transaktion ME22N auf die Schaltfläche **Nachrichten** klicken. Es wird Ihnen die Sicht **Bestellung ändern: Nachrichten** angezeigt.

Bestellung ändern :: Nachrichten

Kommunikationsmittel | Verarbeitungsprotokoll | Zusatzangaben | Nachricht

Bestellung.......... 4500000072

Nachrichten

Status	Nachrichtenart	Beschreibung	Medium	Rolle	Partner	S..	Änderung
	NEU	Bestellung	5 externes Senden	LF	100001	DE	☑
	NEU	Bestellung	5 externes Senden	LF	100001	DE	☐

Transaktion ME22N: Nachrichten nach Anlage der Version 1 mit Fertig = leer

Der Einkäufer ändert nun die Bestellung und speichert diese. Dadurch wird eine neue Version 1 erzeugt. Die erzeugte Änderungsnachricht NEU (Kennzeichen **Änderung** ist gesetzt) bleibt jedoch auf dem **Status** Gelb (nicht verarbeitet).

Die Nachricht wird erst dann ausgegeben, wenn Version 1 abgeschlossen wird. Sie schließen die Version ab, indem Sie das Kennzeichen in der Spalte **Fertig** setzen.

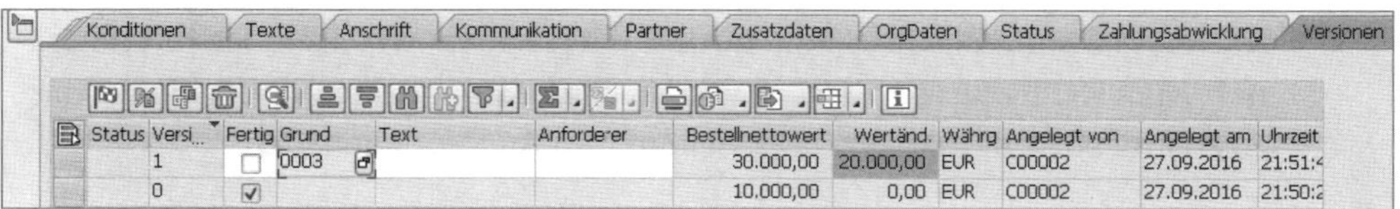

Konditionen | Texte | Anschrift | Kommunikation | Partner | Zusatzdaten | OrgDaten | Status | Zahlungsabwicklung | Versionen

Status	Versi..	Fertig	Grund	Text	Anforderer	Bestellnettowert	Wertänd.	Währg	Angelegt von	Angelegt am	Uhrzeit
	1	☐	0003			30.000,00	20.000,00	EUR	C00002	27.09.2016	21:51:4
	0	☑				10.000,00	0,00	EUR	C00002	27.09.2016	21:50:2

Transaktion ME22N: Version 1 ist abgeschlossen

Auf dem Bestelldruck wird im Fall einer Bestelländerung zusätzlich die Versionsnummer als Suffix im Standard ausgegeben.

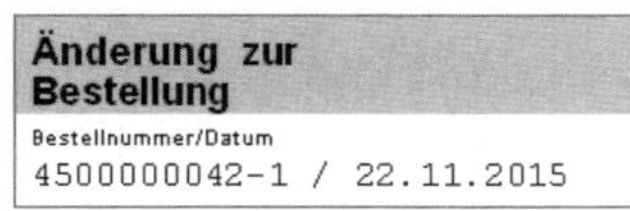

Änderung zur Bestellung

Bestellnummer/Datum

4500000042-1 / 22.11.2015

Bestellung mit Version 1

Tipp 12

Bestellanforderungen und Bestellungen über Vorlagen anlegen

Vorlagen für Bestellanforderungen und Bestellungen in SAP zu verwalten, war lange eine lästige Aufgabe. Es wurden Hilfskonstrukte wie die Verwendung eigener Belegarten oder gemerkte Bestellungen verwendet. Seit SAP ERP 6.0 EHP 5 können Sie einfach persönliche Vorlagen und Standardvorlagen in den Transaktionen ME21N und ME51N verwalten und verwenden.

Seit SAP ERP 6.0 EHP 5 können Sie in den Transaktionen ME21N und ME51N Vorlagen verwenden. Voraussetzung für die Verwendung ist, dass die Business Function LOG_MM_CI_3 aktiviert ist. Dies geschieht mithilfe von Transaktion SFW5. Markieren Sie dazu die Business Function und klicken Sie auf die Schaltfläche **Änderungen aktivieren**.

› Und so geht's

Nachdem Sie die Business Function aktiviert haben, wechseln Sie in Transaktion ME21N. Es werden nun zwei zusätzliche Funktionen in der Funktionsleiste eingeblendet: **Als Vorlage sichern** und **Aus Vorlage laden**.

Transaktion ME21N: Funktionsleiste mit Schaltfläche »Als Vorlage sichern« und »Aus Vorlage laden«

Erfassen Sie eine neue Bestellung mit mehreren Positionen und klicken Sie anschließend auf die Schaltfläche **Als Vorlage sichern**. Es erscheint ein Dialogfenster, in dem Sie einen Titel der Vorlage im Feld **Name** und einen beschreibenden Langtext im Feld **Bezeichnung** erfassen können.

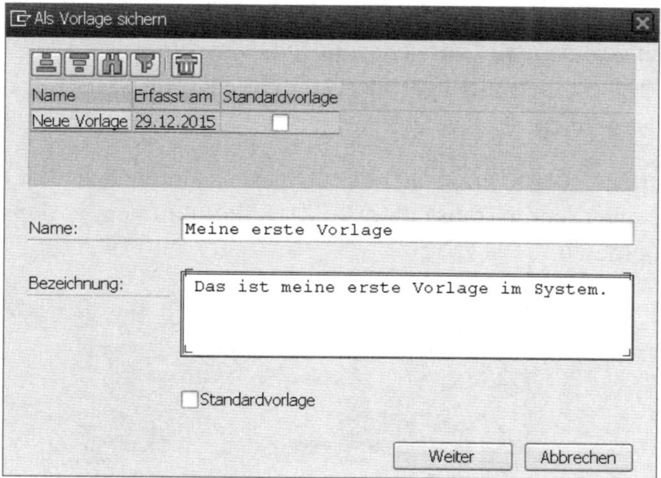

Transaktion ME21N: Bestellung als Vorlage sichern

Außerdem können Sie eine Vorlage als **Standardvorlage** festlegen, indem Sie das gleichnamige Kennzeichen setzen. Standardvorlagen sind für alle Benutzer im System sichtbar und verwendbar. Um Standardvorlagen anlegen zu können, benötigen Sie eine Berechtigung vom Berechtigungsobjekt M_TEMPLATE.

Klicken Sie anschließend auf die Schaltfläche **Weiter** und bestätigen Sie zuletzt die angezeigte Informationsmeldung. Sie können nun die Vorlage verwenden, indem Sie nochmals Transaktion ME21N starten und auf die Schaltfläche **Aus Vorlage laden** klicken.

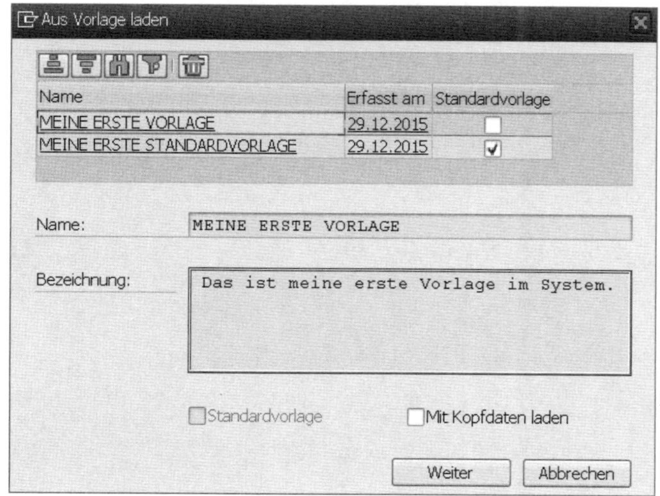

Transaktion ME21N: Aus Vorlage laden

Wählen Sie nun die zuvor angelegte Vorlage aus. Mithilfe des Kennzeichens **Mit Kopfdaten laden** können Sie entweder nur die Positionsdaten der Bestellvorlage laden (Häkchen ist nicht gesetzt) oder die gesamte Bestellvorlage laden (Häkchen ist gesetzt).

Die Daten aus der Vorlage übernehmen Sie mit einem Klick auf die Schaltfläche **Weiter**. Die Daten werden in Transaktion ME21N übernommen, in diesem Beispiel ohne Kopfdaten.

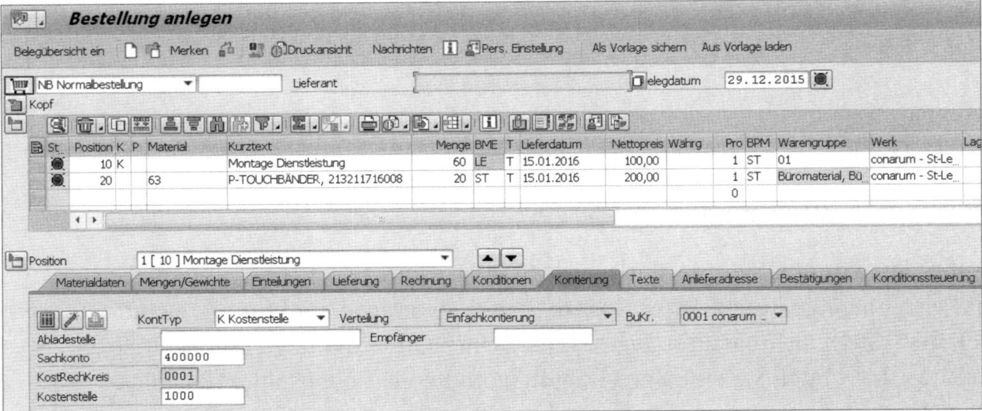

Transaktion ME21N: Übernommene Daten aus Bestellvorlage

Tipp 13

Wertmäßige Verteilung in der Mehrfachkontierung

Lange Zeit konnten Sie Positionen in den Einkaufsbelegen und Materialbelegen nur mengenmäßig und prozentual auf die Kontierungen verteilen. Seit dem Release von SAP ERP 6 EHP 4 können Sie endlich auch eine wertmäßige Verteilung der Kontierung vornehmen.

Mit SAP ERP 6 EHP 4 und der Aktivierung der Business Function LOG_MM_MAA_1 können Sie die Belegposition wertmäßig auf die jeweiligen einzelnen Kontierungen verteilen. Dies vereinfacht die Erfassung des jeweiligen Einkaufsbelegs. Die Aktivierung der Business Function erfolgt in Transaktion SFW5.

› Und so geht's

Als Beispiel möchten Sie eine Bestellposition wertmäßig auf unterschiedliche Kostenstellen verteilen. Starten Sie dazu Transaktion ME21N und erfassen Sie eine Beispielposition, die auf Kostenstelle kontiert ist. Wechseln Sie im Bereich **Position** in die Registerkarte **Kontierung** und wählen Sie mithilfe der Schaltfläche [Symbol] die Sicht **Mehrfachkontierung** aus. Danach wählen Sie aus der Dropdown-Liste **Verteilung** den Wert **3 Wertmäßige Verteilung** aus.

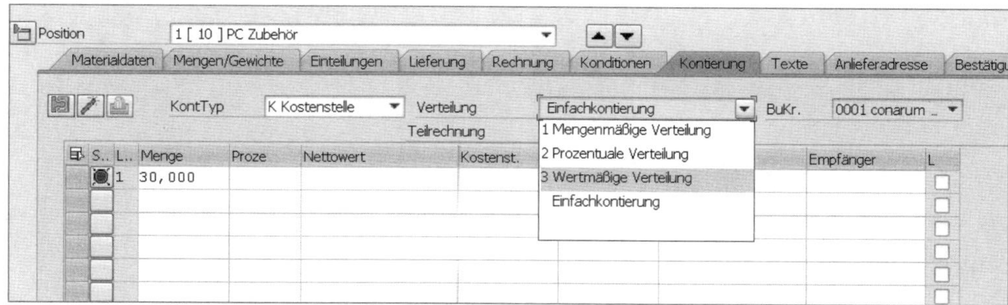

Transaktion ME21N: Verteiltyp »3 Wertmäßige Verteilung« auswählen

Sie erfassen nun in der Spalte **Nettowert** die Werte, die Sie auf die jeweiligen Kostenstellen verteilen möchten. Das System zeigt zusätzlich die mengenmäßige Verteilung (Spalte **Menge**) und die prozentuale Verteilung (Spalte **Proze**) der Belegposition an.

S..	L..	Menge	Proze	Nettowert	Kostenst.	Sachkonto	Abladestelle	Empfänger	L
	1	10,000	33,3	1.000,00	1000	400000			
	2	15,000	50,0	1.500,00	1001	400000			
	3	5,000	16,7	500,00	1002	400000			

Transaktion ME21N: Sicht wertmäßige Verteilung

Im Fall der Mehrfachkontierung verändert sich das verwendete Sachkonto in der Regel nicht. Um die Erfassung zu beschleunigen, machen Sie sich die Wiederholungsfunktion zunutze.

Erfassen Sie eine Zeile in der Tabelle der Mehrfachkontierung, markieren Sie diese und klicken Sie auf die Schaltfläche (**Wiederholung ein**). Wenn Sie nun die zweite Zeile erfassen, wird Ihnen das zuvor in der ersten Zeile erfasste Sachkonto automatisch vorgeschlagen. Es entfällt somit die erneute manuelle Eingabe des Sachkontos.

Tipp 14

Nachrichtensteuerung im Einkauf richtig einstellen

Vielleicht wundern auch Sie sich, dass bei gewissen Änderungen Bestelländerungen ausgegeben werden und bei anderen nicht. Im Tipp zeige ich Ihnen die wichtigsten Einstellungen, die für den Änderungsdruck relevant sind. Vielleicht helfen die Erklärungen, das Mysterium Bestelländerung besser zu verstehen.

Wenn Bestellungen geändert werden, werden in der Regel Bestelländerungen erzeugt. Im Fall des Ausdrucks wird auch im Standardbestellausdruck als Text vermerkt, was an der Bestellung geändert wurde. Im Tipp will ich auf folgende Punkte näher eingehen:

- Customizing-Einstellung zur Erzeugung einer Änderungsnachricht
- Bestelländerungen: Welche Änderungen werden grundsätzlich gedruckt?
- Bestelländerungen: Customizing-Einstellung zur Steuerung der änderungsrelevanten Felder
- Beschreibende Texte in der Bestelländerung

Ich setze bei diesem Tipp voraus, dass bei der Bestellneuanlage ein Nachrichtensatz erzeugt wird. In diesem Beispiel ist es eine Nachricht mit der Nachrichtenart NEU. Überprüfen können Sie die Konditionstabellen in der Nachrichtenfindung mithilfe von Transaktion MN06 oder MN05.

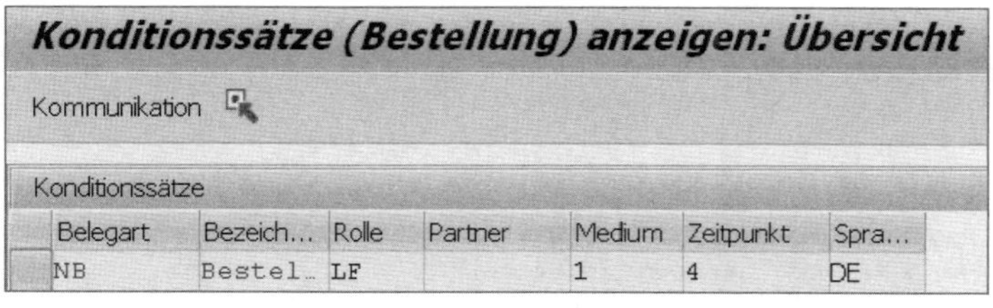

Konditionssätze (Bestellung) anzeigen: Übersicht

Kommunikation

Konditionssätze

Belegart	Bezeich...	Rolle	Partner	Medium	Zeitpunkt	Spra...
NB	Bestel..	LF		1	4	DE

Transaktion MD06: Konditionssatz zur Nachrichtenart NEU

In diesem Beispiel wird anhand der **Belegart** NB die Nachrichtenart NEU gefunden und per Ausdruck (**Medium** 1) ausgegeben. Die Ausgabe erfolgt unmittelbar nach dem Sichern des Belegs (**Zeitpunkt** 4)

› Und so geht's

Um Bestelländerungsnachrichten erzeugen zu lassen bzw. auch zu deaktivieren, rufen Sie das Customizing des Einkaufs auf:

Materialwirtschaft ▸ Einkauf ▸ Nachrichten ▸ Ausgabesteuerung ▸ Nachrichtenarten ▸ Nachrichtenarten für Bestellung festlegen

Im angezeigten Dialogfenster wählen Sie die Aktivität **Feinsteuerung Bestellung** aus.

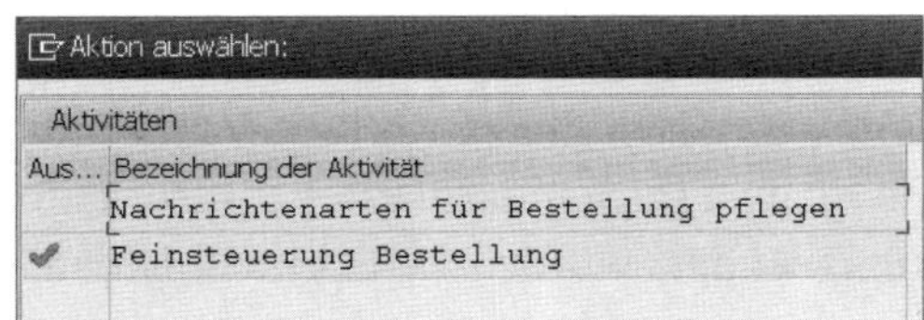

Feinsteuerung Bestellung auswählen

Es wird die Sicht **Feinsteuerung Nachrichten Einkauf** angezeigt. Mithilfe des Vorgangs in der gleichnamigen Spalte können Sie steuern, ob Bestelländerungen ausgegeben werden:

- **Vorgang** 1: Bestellneuanlage
- **Vorgang** 2: Bestelländerung

Sicht "Feinsteuerung Nachrichten Einkauf" ändern: Übersicht

Neue Einträge

Verwendung: B
Applikation: EF

Zuordnung Druckvorgänge zu den Nachrichtenarten

Vorgang	KArt	Bezeichnung	Kurzbeschreibung	A
1	ACE1	Importmeldung	Neu	☐
1	NEU	Bestellung	Neu	☐
1	RICH		Neu	☐
1	WEZL	WE-Zählliste	Neu	☐
2	NEU	Bestellung	Änderung	☐

Customizing: Feinsteuerung Nachrichten Einkauf

Geben Sie eine Bestelländerung für die Nachrichtenart NEU aus, indem Sie eine neue Zeile mit **Vorgang** 2 und Nachrichtenart NEU (Spalte **KArt**) einfügen. Speichern Sie anschließend die Daten.

Um zu prüfen, ob Bestelländerungen zu einer Bestellung ausgegeben werden, starten Sie Transaktion ME22N. Wählen Sie die gewünschte Bestellung aus, ändern Sie beispielsweise das Lieferdatum und klicken Sie anschließend auf die Schaltfläche **Nachrichten**.

Bestellung ändern :: Nachrichten

Kommunikationsmittel | Verarbeitungsprotokoll | Zusatzangaben | Nachricht wiederholen | Änderungsnachricht

Bestellung.......... 4500000059

Nachrichten

Status	Nachrichtenart	Beschreibung	Medium	Rolle	Partner	Spr...	Änderung	Verart
	NEU	Bestellung	1 Druckausgabe	LF	100001	DE	☑	
	NEU	Bestellung	1 Druckausgabe	LF	100001	DE	☐	30.12.
							☐	

Transaktion ME22N: Erzeugte Änderungsnachricht in der Bestellung

In der angezeigten Übersicht sehen Sie eine Zeile mit dem **Status** Gelb (nicht verarbeitet) und mit einem gesetzten Änderungskennzeichen (Spalte **Änderung**).

Die Ermittlung der Änderungen erfolgt immer auf Basis des letzten erfolgreich versendeten Nachrichtensatzes. Alle Änderungen, die nach der letzten erfolgreichen Nachrichtenausgabe durchgeführt wurden, werden in der nächsten Bestelländerungsausgabe berücksichtigt.

Im Customizing der Nachrichtensteuerung können Sie zusätzlich festlegen, welche Felder im Fall einer Änderung eine Änderungsnachricht auslösen:

Materialwirtschaft ▸ Einkauf ▸ Nachrichten ▸ Änderungsdruckrelevante Felder

Sicht "Druckrelevante Einkaufsbelegänderungen" ändern: Übersicht

Neue Einträge

Tabellenname	Name des Referenzfeldes	B	A	K	L	Textnummer	Routine
EKPO	BPUMN	☑	☑	☑	☑	P6	
EKPO	BPUMZ	☑	☑	☑	☑	P6	
EKPO	CHG_SRV	☑	☑	☑	☑	KIE	
EKPO	ELIKZ	☐	☐	☐	☑	P11	
EKPO	EMLIF	☑	☑	☑	☑	P10	4

Customizing: Druckrelevante Einkaufsbelegänderungen

Sie möchten nun beispielsweise keine Bestelländerung erzeugen, wenn das Endlieferkennzeichen in der Bestellposition gesetzt wird. Dazu deaktivieren Sie in der Zeile mit den Werten **Tabellenname** EKPO und **Name des Referenzfeldes** ELIKZ das Kennzeichen in der Spalte **B**. Die Spalten **B**, **A**, **K**, **L** steuern die folgenden Einkaufsbelege:

- B: änderungsdruckrelevantes Feld in der Bestellung
- A: änderungsdruckrelevantes Feld in der Anfrage
- K: änderungsdruckrelevantes Feld im Kontrakt
- L: änderungsdruckrelevantes Feld im Lieferplan

Wenn Sie anschließend in Transaktion ME22N (Bestellung ändern) in der Bestellposition der Registerkarte **Lieferung** das Endlieferkennzeichen (Feld **Endlieferung**) setzen, wird kein Nachrichtensatz mit dem Kennzeichen **Änderung** mehr erzeugt. Das bedeutet, es wird kein Änderungsdruck mehr angestoßen, wenn das Endlieferkennzeichen im Beleg geändert wird.

Die Felder werden in der Customizing-Tabelle leider nur als technische Namen angezeigt. Mit Transaktion SE11 können Sie sich jedoch die Bezeichnungen der jeweiligen Felder anzeigen lassen. Starten Sie Transaktion SE11, aktivieren Sie den Auswahlknopf vor dem Feld **Datenbanktabelle** und geben Sie im Feld den Wert EKPO ein, um sich zum technischen Feldnamen die Bezeichnung anzeigen zu lassen.

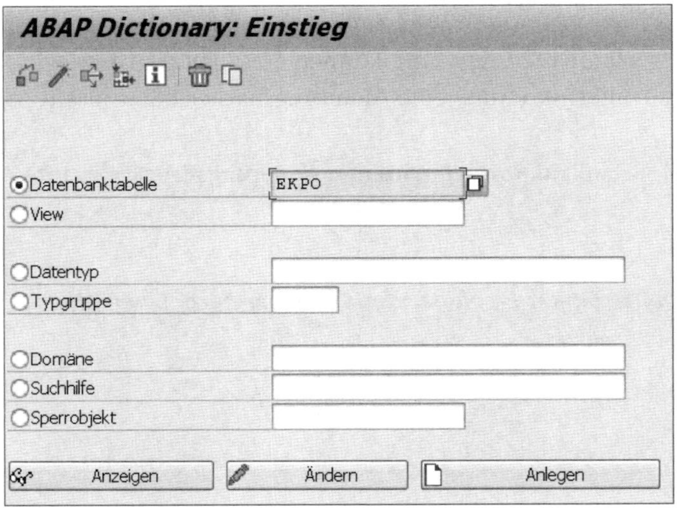

Transaktion SE11: Anzeige der Tabelle EKPO

Klicken Sie anschließend auf die Schaltfläche **Anzeigen**. Suchen Sie nun in der Spalte **Feld** nach **ELIKZ**. Die Bezeichnung des Felds finden Sie in der Spalte **Kurzbeschreibung**.

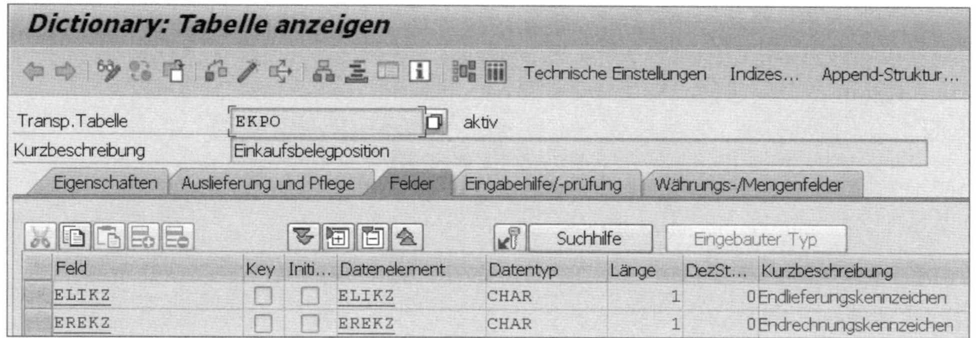

Transaktion SE11: Feld »ELIKZ« mit Kurzbezeichnung

Im Customizing-Schritt **Änderungsdruckrelevante Felder** sehen Sie außerdem die Spalte **Textnummer**. Über die Nummern in dieser Spalte bestimmen Sie die Änderungstexte, die ausgegeben werden sollen.

```
                                                               Währung EUR
Für die folgenden Positionen erwarten wir Ihre Auftragsbestätigung

Pos.   Material                Bezeichnung
   Bestellmenge         Einheit           Preis pro Einheit          Nettowert

00010 63                       P-TOUCHBÄNDER, 213211716008
                20 Stück                  200,00                      4.000,00
      Liefertermin Tag 15.02.2016
*** Endlieferungskennz. geändert ***
*** Liefertermin geändert ***

                   Gesamtnettowert ohne Mwst EUR                       4.000,00
```

Änderungstexte, eingestellt in der Spalte »Textnummer«

Diese Texte können Sie im Customizing der Nachrichtensteuerung pflegen:

Materialwirtschaft ▸ Einkauf ▸ Nachrichten ▸ Texte für Nachrichten ▸ Änderungstexte festlegen

Hier können Sie die neue Textnummer anlegen. Wenn Sie vorhandene Textnummern ändern möchten, kopieren Sie die Standardtextnummer **Textnummer** in den Z- oder Y-Kundennamensraum (Beispiel: Z01 oder YEL). Sie vermeiden somit Änderungen an der Originalauslieferung und können sehr leicht in den SAP-Standard zurückkehren. Mithilfe des Z- und Y-Namensraums erkennen Sie auch, welche Einstellungen SAP-Standard sind und welche von Ihnen vorgenommen wurden.

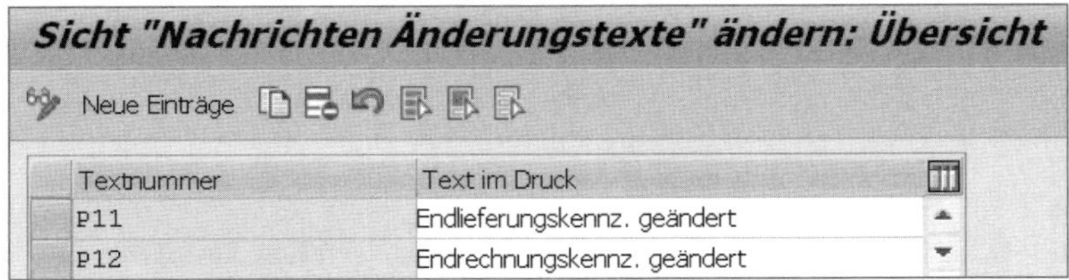

Customizing: Textnummern pflegen

Tipp 15

Einkaufsbelege per E-Mail ausgeben

Heutzutage ist es üblich, Bestellungen per E-Mail zu versenden. Wie aber funktioniert das in SAP? In diesem Tipp zeige ich Ihnen, welche Einstellungen sie dafür vornehmen müssen.

E-Mails sind aus dem heutigen Geschäftsleben genauso wenig wegzudenken wie Telefon oder Fax. Um E-Mails via SAP ERP zu versenden, muss das System mit einem Mailserver verbunden wurde. Der Austausch findet über das Standardprotokoll SMTP statt.

Zur Konfiguration und Überwachung der Schnittstelle verwenden Sie Transaktion SCOT. In der Transaktion muss ein SMTP-Knoten definiert sein. Im Knoten wird u.a. eingestellt, dass die Ausgabe von SAPscript- bzw. Smart-Forms-Dokumenten als PDF erfolgen soll. Die Konten in Transaktion SCOT konfiguriert in der Regel Ihr SAP-Basis-Team.

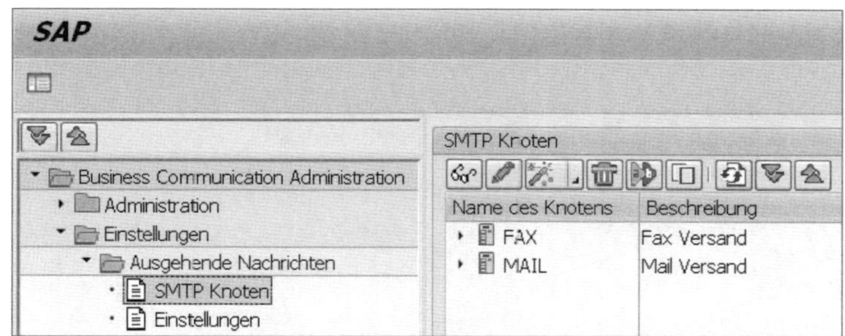

Transaktion SCOT: SMTP-Knoten für Mail- und Fax- Kommunikation

Zur Überwachung der ausgehenden E-Mails starten Sie Transaktion SOST. Diese werden Sie später im Beispiel auch verwenden. Prüfen Sie außerdem, ob in Ihrem Benutzerstamm eine E-Mail-Adresse hinterlegt ist. Dazu können Sie Transaktion SU01D verwenden.

Grundsätzlich benötigt der Benutzer, der die Nachrichtensätze verarbeitet, eine E-Mail-Adresse im Benutzerstamm – auch dann, wenn die Abarbeitung der Nachrichtensätze mithilfe eines Hintergrundjobs und eines Service-Benutzers erfolgt.

› Und so geht's

Um die E-Mail-Ausgabe zu aktivieren, müssen Sie im Customizing der Nachrichtensteuerung zunächst eine Kommunikationsstrategie festlegen:

Application Server ▸ Basis-Services ▸ Nachrichtensteuerung ▸ Kommunikationsstrategie festlegen

Ich habe dazu beispielhaft eine neue **Strategie** ZS01 angelegt.

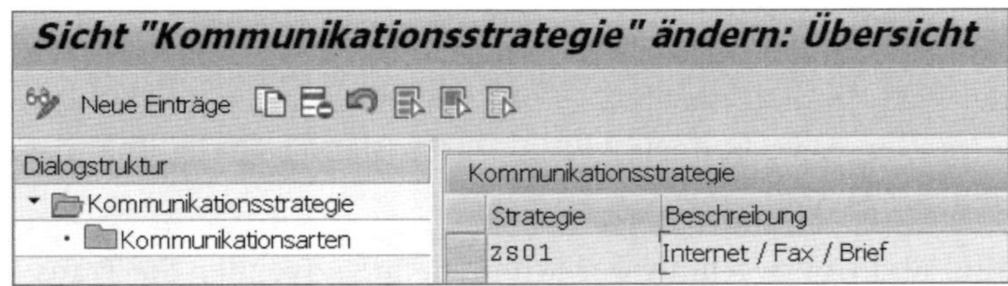

Customizing: Kommunikationsstrategie ZS01

Rufen Sie nun den Ordner **Kommunikationsarten** auf. In der Spalte **Komm.art** pflegen Sie die drei Kommunikationsarten E-Mail bzw. Internet (INT), Faxversand (FAX) und Ausdruck bzw. Brief (LET), die in der angegebenen Reihenfolge durchlaufen werden.

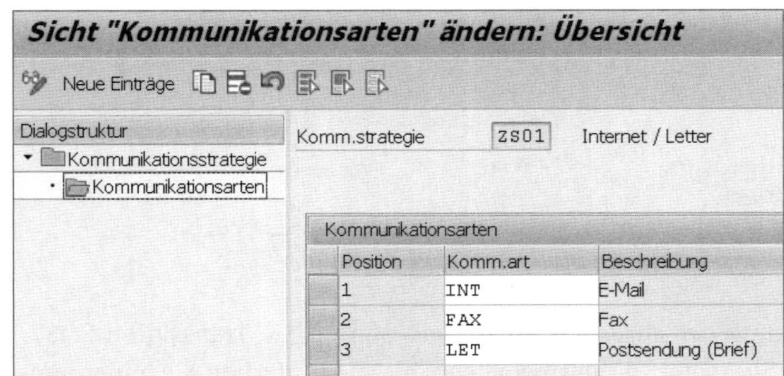

Customizing: Kommunikationsarten

In diesem Beispiel soll zuerst versucht werden, den Einkaufsbeleg per E-Mail (Feldwert INT) zu versenden. Wenn beispielsweise die E-Mail-Adresse im Lieferantenstamm nicht gepflegt ist und folglich die E-Mail nicht versendet werden kann, wird anschließend versucht, den Einkaufsbeleg per Fax (Feldwert FAX) zu versenden. Wenn hier wiederum – beispielsweise aufgrund einer fehlenden Faxnummer im Lieferantenstamm – ein Fehler auftritt, erfolgt die Ausgabe als Ausdruck auf dem Drucker (Feldwert LET).

Die angelegte Kommunikationsstrategie ZS01 können Sie nun in der Nachrichtensteuerung verwenden. Pflegen Sie einen Konditionssatz für die Nachrichtenart NEU mittels Transaktion MN04. Wählen Sie die erste Schlüsselkombination **Nachrichtenfindung Einkauf: Einkaufsorg./Lieferant für EDI**.

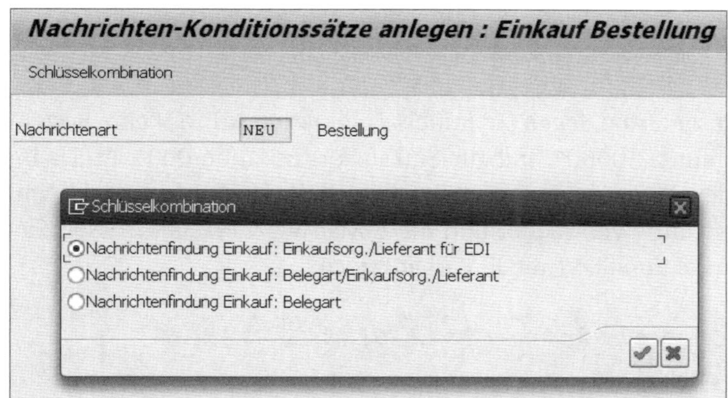

Transaktion MN04: Schlüsselkombination Einkaufsorganisation/Lieferant

Zu Ihrer Einkauforganisation 0001 und dem Lieferanten 100001 pflegen Sie das **Medium** 5 (externes Senden) und den **Zeitpunkt** 4 (sofort beim Sichern versenden).

Transaktion MN04: Neu angelegter Konditionssatz

Danach markieren Sie den eingetragenen Datensatz und klicken auf die Schaltfläche **Kommunikation**. In der angezeigten Sicht **Konditionssätze (Be-**

stellung) anlegen: Kommunikation erfassen Sie die zuvor angelegte Kommunikationsstrategie ZS01 im Feld **Komm.strategie**. Zuletzt sichern Sie die erfassten Daten.

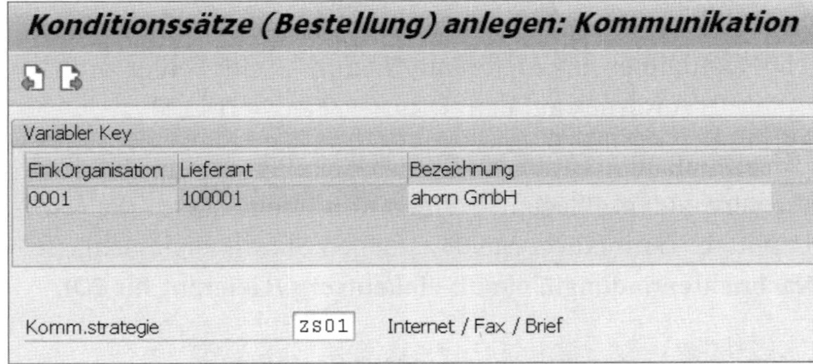

Transaktion MN04: Kommunikationsstrategie zum Konditionssatz pflegen

Um die Einträge zu testen, legen Sie mittels Transaktion ME21N eine Bestellung zum Lieferanten 100001 und zur Einkaufsorganisation 0001 an. Da in der Nachricht der Zeitpunkt 4 eingestellt ist, wird die Nachricht sofort beim Sichern der Bestellung verarbeitet und die E-Mail wird erzeugt. Lassen Sie sich mittels Transaktion SOST die E-Mail anzeigen.

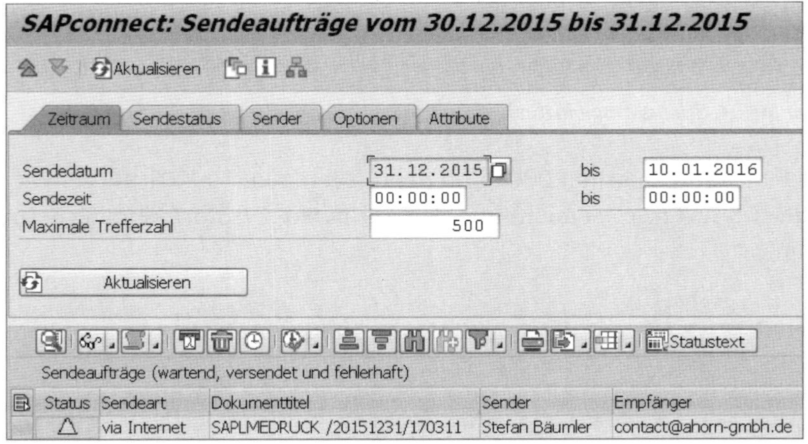

Transaktion SOST

In der Übersicht der Sendeaufträge wird Ihnen die erzeugte E-Mail angezeigt. Mit einem Klick auf die Schaltfläche (**Dokument anzeigen**) können Sie sich zusätzlich die ausgegebene Bestellung anzeigen lassen.

Tipp 16

E-Mail-Ausgabetext anpassen

Die Betreffzeile der erzeugten E-Mail-Bestellausgabe erscheint Ihnen kryptisch? Mit nur wenig Aufwand können Sie eigene Texte und automatische Werte einfügen.

In Tipp 15 haben Sie gelernt, wie Sie die Erzeugung der Bestellausgabe als E-Mail grundsätzlich aktivieren. Der Bestelldruck wird dabei als PDF-Anhang versendet. In der Nachrichtensteuerung können Sie nun auch die Betreffzeile nach Ihren Wünschen gestalten.

› Und so geht's

Aufgrund der Einstellungen, die Sie im letzten Tipp vorgenommen haben, sehen Sie in Transaktion SOST, dass eine E-Mail erzeugt wurde. Der **Dokumenttitel**, der später in der E-Mail zur Betreffzeile wird, enthält aber nur technische Informationen und kann so nicht verwendet werden.

	Status	Sendeart	Dokumenttitel	Sender
	△	via Internet	SAPLMEDRUCK /20151231/110749	Stefan Bäumler

Transaktion SOST: Dokumenttitel mit technischen Informationen

Um dies zu ändern, öffnen Sie zuerst das Customizing der Nachrichtensteuerung:

Materialwirtschaft ▸ Einkauf ▸ Nachrichten ▸ Ausgabesteuerung ▸ Nachrichtenarten ▸ Nachrichtenarten für Bestellung festlegen

Im Dialogfenster wählen Sie die Aktivität **Nachrichtenarten für Bestellung pflegen** per Doppelklick aus. In der Sicht **Nachrichtenarten ändern: Übersicht** markieren Sie die Nachrichtenart NEU. Diese Nachrichtenart verwenden Sie im System für die Bestellausgabe per E-Mail. Klicken Sie anschließend auf die Schaltfläche (**Detail**).

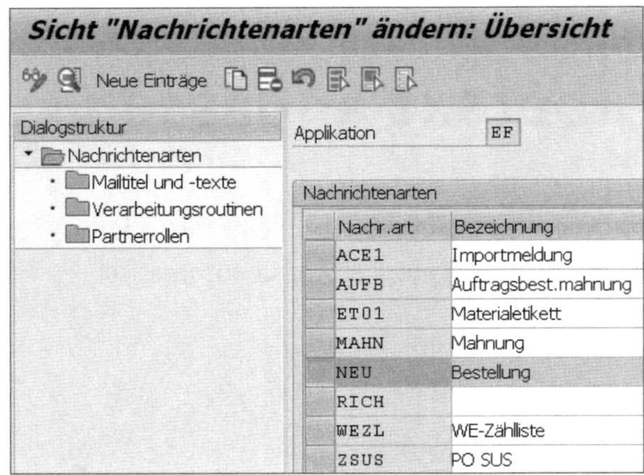

Customizing: Nachrichtensteuerung Nachrichtenart NEU

Prüfen Sie, ob die Werte für die Felder **Programm** und **Form-Routine** im Bildbereich **Ersetzung der Textsymbole** wie folgt gesetzt sind:

- Programm: SAPMM06E
- Form-Routine: TEXT_SYMBOL_REPLACE

Falls diese Felder leer sind, tragen Sie die Daten entsprechend ein und speichern Sie diese. Diese Programmroutine steuert die Aufbereitung des Betrefftextes in der E-Mail.

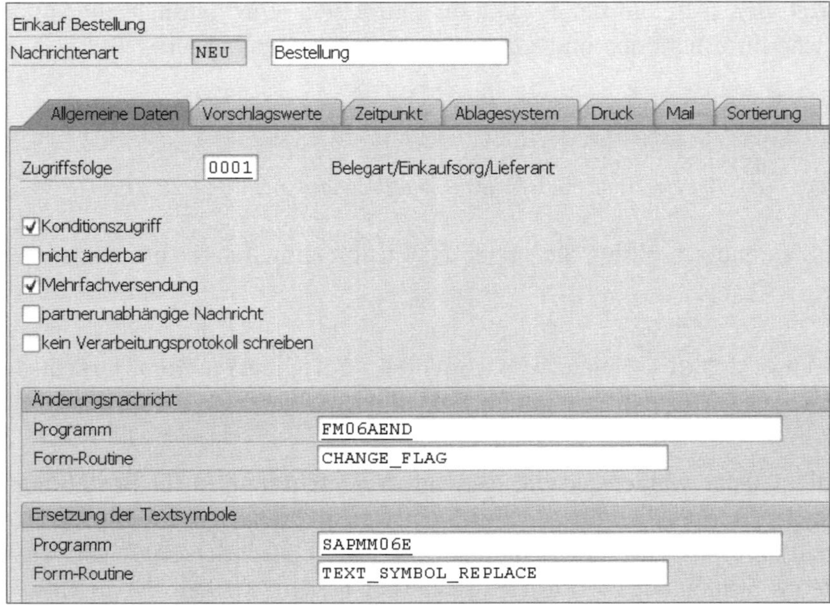

Customizing: Ersetzung der Textsymbole

Anschließend starten Sie Transaktion MN05, um die Konditionssätze zur E-Mail-Ausgabe anzupassen. Erfassen Sie Ihre Nachrichtenart NEU, drücken Sie [↵] und wählen Sie die Schlüsselkombination **Nachrichtenfindung Einkauf: Einkaufsorg./Lieferant für EDI** aus. In der angezeigten Selektionsmaske starten Sie die Selektion mit [F8]. Den nun angezeigten Konditionssatz haben Sie bereits in Tipp 15 angelegt.

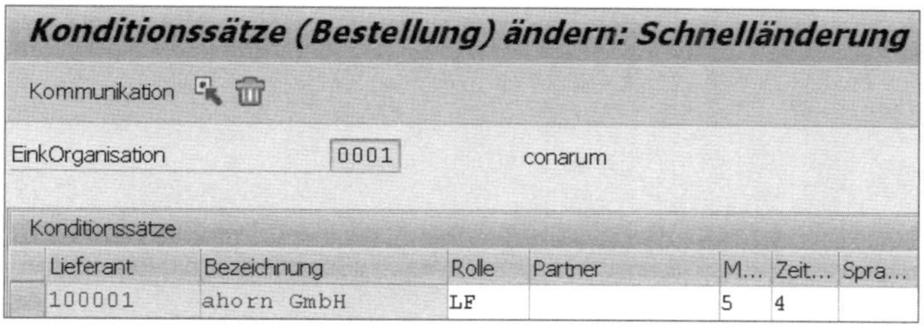

Transaktion MN05: Konditionssatz externes Senden Medium 5

Markieren Sie den Konditionssatz und klicken Sie auf die Schaltfläche **Kommunikation**. In der angezeigten Sicht **Konditionssätze (Bestellung) ändern: Kommunikation** im Bereich **Druckausgabe** erfassen Sie das Feld **Text für Deckblatt**.

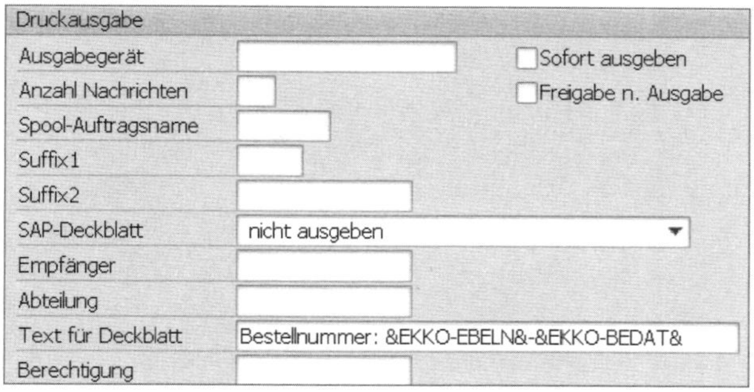

Transaktion MN05: Text für Deckblatt

Im Feld können Sie sowohl einen festen Text als auch Felder aus der Datenbanktabelle EKKO verwenden, die später durch die Werte aus der Bestellung ersetzt werden. Die möglichen Felder und deren Bedeutung können Sie in Transaktion SE11 einsehen. Die Felder müssen mit einem »&«-Zeichen beginnen und enden.

Für dieses Beispiel geben Sie in der Betreffzeile der E-Mail den Text »Bestellnummer: «, die Bestellnummer (EKKO-EBELN) und das Bestelldatum (EKKO-BEDAT), getrennt durch einen Strich, aus. In Transaktion SOST wird nun der Dokumenttitel wie gewünscht angezeigt.

	Status	Sendeart	Dokumenttitel	Sender
	△	via Internet	Bestellnummer: 4500000074-10.01.2016	Stefan Bäumler

Transaktion SOST: Ausgabe mit sprechendem Titel

Beachten Sie, dass dabei kein Mailinhalt erzeugt wird. Es wird lediglich der Betreff der E-Mail erzeugt. Der Bestellausdruck wird als PDF-Dokument an die E-Mail angefügt.

Trick 17

Lieferpläne mit Abrufdokumentation verwenden

Sie möchten Ihrem Lieferanten Prognosebedarfe über eine bestimmte Zeitspanne periodisch zukommen lassen. Dadurch kann der Lieferant besser planen, was sich wiederum positiv auf den Preis oder auf die Termintreue auswirken kann. Mithilfe des Lieferplans können Sie dem Lieferanten Prognosebedarfe für seine Disposition zur Verfügung stellen.

Lieferpläne stellen eine besondere Form eines Rahmenvertrags mit einem Lieferanten dar, der auf Werksebene festlegt wird. In der Regel verwenden Sie Lieferpläne für disponierte Materialien, die für die Produktion oder gegebenenfalls für die Instandhaltung benötigt werden. Lieferpläne werden in der Regel für Materialien eingesetzt, die eine Bedarfsprognose bis zu einem gewissen Grad erlauben. Für Materialien, die nur sporadisch benötigt oder verbrauchsgesteuert disponiert werden, sind Lieferpläne ungeeignet.

Der Lieferplan legt fest, welche Menge eines bestimmten Materials innerhalb einer festgelegten Zeitspanne geliefert werden sollen. Die Bedarfsprognosen, die erzeugt werden und an den Lieferanten versendet werden, nennt man *Lieferplanabruf*.

Der Vorteil eines Lieferplans mit Abruf ist, dass eine Abrufhistorie vorhanden ist. Diese dokumentiert, welcher Abruf mit welchen Einteilungen wann an den Lieferanten versendet wurde. Eine Rückverfolgbarkeit ist somit gewährleistet.

Im Folgenden wird die grundsätzliche Funktionsweise des Lieferplans und Lieferplanabrufs aufgezeigt. Die Steuerung der Erzeugung der Abrufe, die Unterscheidung in Fein- und Grobabrufe sowie die Integration in die Bedarfsplanung lernen Sie in den anschließenden Tipps kennen.

› Und so geht's

SAP liefert im Standard die Belegart LPA aus, die die Funktion der Abrufdokumentation unterstützt. Die Steuerung erfolgt anhand des aktiven Kennzeichens **Abruf-Doku** im Customizing des Lieferplans. Rufen Sie den folgenden Customizing-Pfad auf, um zu prüfen, ob das Kennzeichen aktiv ist:

Materialwirtschaft ▸ Einkauf ▸ Lieferplan ▸ Belegarten einstellen

Belegarten Lieferplan ändern

Neue Einträge

Dialogstruktur
- Belegarten
  - Zulässige Positionstypen
    - Verknüpfung Banf - Beleg

Art	NumkrInt.	NumKr.ext	FortGr...	Feldausw.	Steu...	UPosI	zeitabh. K	Abruf-Doku	Variante
LP	55	56	SAP	LPL			☑	☐	
LPA	55	56	SAP	LPL			☑	☑	
LU	55	56	SAP	LUL	T		☑	☐	

Customizing: Belegart LPA mit aktivem Kennzeichen »Abruf-Doku«

Um einen Lieferplan mit Abrufdokumentation anzulegen, starten Sie Transaktion ME31L und geben die Belegart LPA im Feld **Vertragsart** ein und drücken Sie [↵]. Erfassen Sie anschließend im Lieferplan u.a. die folgenden Daten und bestätigen Sie mit [↵]:

- Laufzeitbeginn und -ende (Kopfbereich)
- Materialnummer
- Werk
- Nettopreis

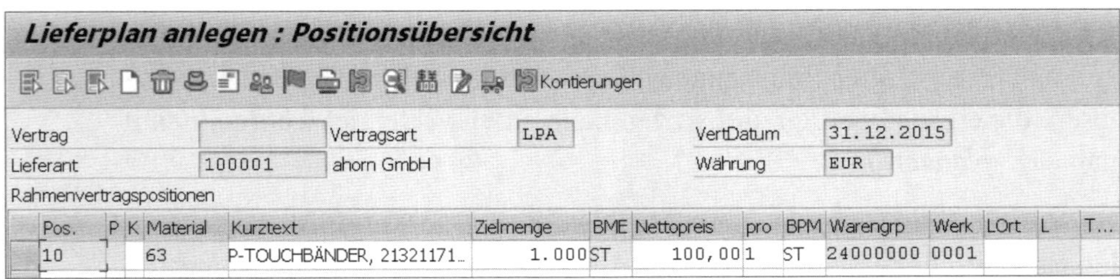

Transaktion ME31L: Positionsübersicht

Wenn Sie EDI einsetzen, ist es ratsam, dass Sie je Materialnummer einen eigenen Lieferplan anlegen. Die Erfahrung zeigt, dass die Systeme des Lieferanten mitunter nur eine Position verarbeiten können und es bei der Verwendung von mehreren Materialien in einem Lieferplan zu Problemen kommen kann. Speichern Sie nun den Lieferplan.

In diesem Tipp zeige ich Ihnen, wie Sie manuell Lieferplaneinteilungen anlegen und einen Abruf erzeugen. Auf die Integration in die Produktions- und Bedarfsplanung sowie die automatische Anlage von Anrufen gehe ich in Tipp 18 bzw. Tipp 19 näher ein.

Um die Einteilungen zu erfassen, starten Sie Transaktion ME38 und geben die zuvor angelegte Lieferscheinnummer ein. Bestätigen Sie mit [↵]. In der angezeigten Positionsübersicht klicken Sie auf die Schaltfläche (**Einteilungen**). In der Übersicht erfassen Sie mehrere Einteilungen.

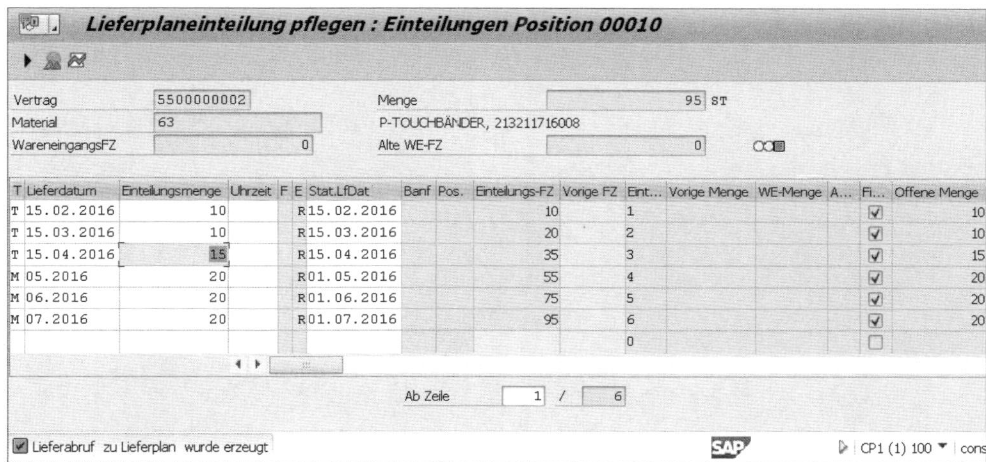

Transaktion ME31L: Erfassen der Lieferplaneinteilungen

Rufen Sie abschließend den Menüpunkt **Bearbeiten ▸ LAB erzeugen** auf oder drücken Sie [F6], um den Lieferplanabruf zu erzeugen. Den erzeugten Abruf sehen Sie in der Abrufdokumentation. Dazu rufen Sie den Menüpunkt **Position ▸ LP-Abrufdoku** auf oder drücken [F7].

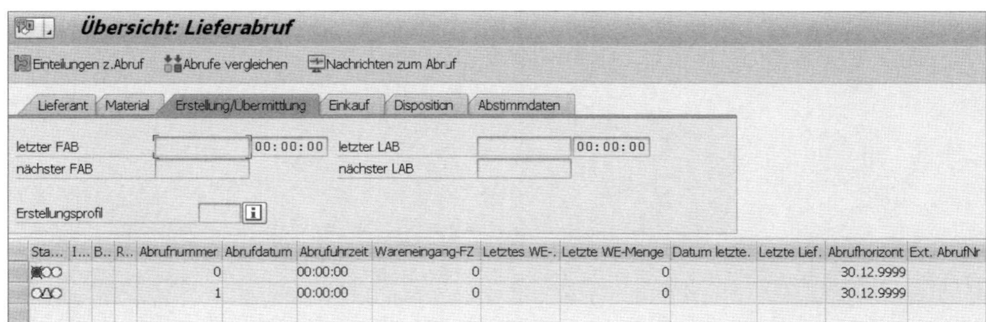

Transaktion ME38: Übersicht erzeugte Lieferabrufe

In dieser Sicht haben Sie einen guten Überblick über die bereits erzeugten Abrufe. Sie können sich die Abrufe im Detail anzeigen lassen, in die Nachrichtensteuerung je Abruf verzweigen oder auch Abrufe vergleichen.

Tipp 18

Lieferplanabwicklung in die Disposition integrieren

Lieferplaneinteilungen von Hand zu erfassen ist umständlich und im Alltag wenig sinnvoll. Die Einteilungen sollten stattdessen einfach auf Basis der Daten aus der Bedarfsplanung automatisch erzeugt werden und lediglich in Ausnahmefällen manuell erfasst werden.

Lieferplaneinteilungen können in SAP direkt erzeugt werden, wenn der Bedarfsplanungslauf durchgeführt wird. Im Fall von fremdbeschafftem Material werden keine Bestellanforderungen generiert, sondern direkt Einteilungen im Lieferplan. Dazu sind nur wenige Einstellungen notwendig.

› Und so geht's

Anhand eines einfachen Beispiels zeige ich Ihnen, wie Sie Einteilungen zu einem Material erzeugen, dessen Kennzeichen **Beschaffungsart** im Materialstamm auf F (Fremdbeschaffung) gesetzt ist. Das Kennzeichen **Beschaffungsart** pflegen Sie im Materialstamm mithilfe der Transaktionen MM01 oder MM02 in der Sicht **Disposition 2** auf Werksebene.

Das Material ist ein Halbfabrikat und kann sowohl verkauft als auch eingekauft werden. Zu diesem Material legen Sie mittels Transaktion VA01 mehrere Kundenaufträge mit der **Auftragsart** TA an.

In Transaktion MD04 werden Ihnen die Kundenaufträge mit den Bedarfsmengen und Terminen aufgelistet, die Sie zuvor angelegt haben.

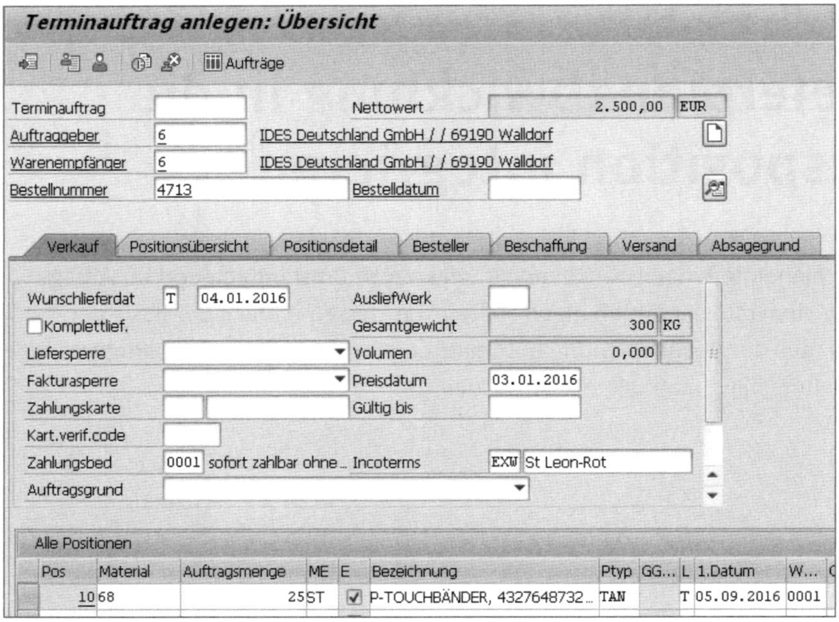

Terminauftrag anlegen: Übersicht

Aufträge

Terminauftrag		Nettowert	2.500,00 EUR
Auftraggeber	6	IDES Deutschland GmbH / / 69190 Walldorf	
Warenempfänger	6	IDES Deutschland GmbH / / 69190 Walldorf	
Bestellnummer	4713	Bestelldatum	

Verkauf | Positionsübersicht | Positionsdetail | Besteller | Beschaffung | Versand | Absagegrund

Wunschlieferdat	T 04.01.2016	AusliefWerk	
Komplettlief.		Gesamtgewicht	300 KG
Liefersperre		Volumen	0,000
Fakturasperre		Preisdatum	03.01.2016
Zahlungskarte		Gültig bis	
Kart.verif.code			
Zahlungsbed	0001 sofort zahlbar ohne...	Incoterms	EXW St Leon-Rot
Auftragsgrund			

Alle Positionen

Pos	Material	Auftragsmenge	ME	E	Bezeichnung	Ptyp	GG...	L	1.Datum	W...
10	68	25	ST	☑	P-TOUCHBÄNDER, 4327648732...	TAN		T	05.09.2016	0001

Transaktion VA01: Beispielkundenauftrag

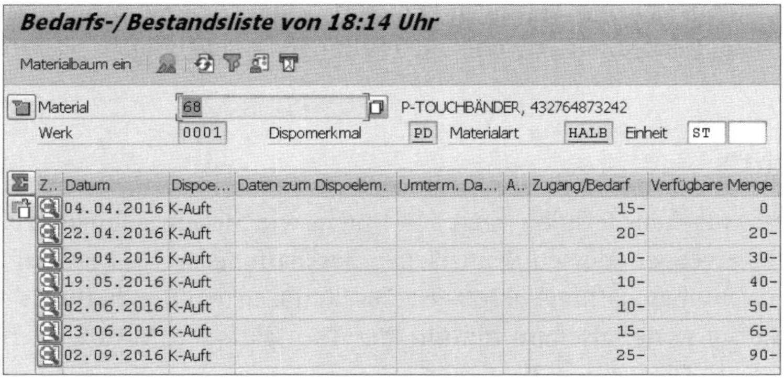

Bedarfs-/Bestandsliste von 18:14 Uhr

Materialbaum ein

Material	68	P-TOUCHBÄNDER, 432764873242					
Werk	0001	Dispomerkmal	PD	Materialart	HALB	Einheit	ST

Z..	Datum	Dispoe...	Daten zum Dispoelem.	Umterm. Da...	A..	Zugang/Bedarf	Verfügbare Menge
	04.04.2016	K-Auft				15-	0
	22.04.2016	K-Auft				20-	20-
	29.04.2016	K-Auft				10-	30-
	19.05.2016	K-Auft				10-	40-
	02.06.2016	K-Auft				10-	50-
	23.06.2016	K-Auft				15-	65-
	02.09.2016	K-Auft				25-	90-

Transaktion MD04: Bedarfs-/Bestandsliste

Bevor Sie nun den Bedarfsplanungslauf starten, pflegen Sie zum Material und zum Lieferanten im Orderbuch einen Eintrag, der die Verknüpfung zwischen Disposition und Beschaffung steuert.

Die Orderbuchpflege starten Sie mit Transaktion ME01. In der Sicht **Orderbuch pflegen: Einstieg** geben Sie die Materialnummer 68 und das Werk 0001 ein. Anschließend klicken Sie auf [↵]. Im Übersichtsbild des Orderbuchs erfassen Sie eine Zeile mit Bezug zum Lieferplan (Spalte **Vertrag**) und zur Lieferplanposition.

Wichtig für die Erzeugung von Einteilungen im Lieferplan ist das Kennzeichen »Verwendung in der Disposition« (Spalte **Dis**). Setzen Sie dieses Kennzeichen auf 2. Dies bedeutet, dass der Satz dispositionsrelevant ist und dass automatische Lieferplaneinteilungen erfolgen sollen. Zuletzt speichern Sie die erfassten Daten.

Orderbuch pflegen: Übersichtsbild

Material 68 P-TOUCHBÄNDER, 432764873242
Werk 0001 conarum - St-Leon-Rot

Orderbuchsätze

Gültig ab	Gültig bis	Lieferant	EkOr	BWk	BME	Vertrag	Pos.	Zentralkontrakt	Pos. Zentralk...	Fix	Gsp	Dis	Dispobereich
01.01.2016	31.12.2016	100001	0001		ST	5500000003	20					2	

Transaktion ME01: Orderbuchpflege

Anschließend starten Sie Transaktion MD02, um die Bedarfsplanung für dieses Material durchzuführen. Dabei geben Sie im Feld **Lieferplaneinteilungen** den Wert 3 (Grundsätzlich Lieferplaneinteilungen) ein. Alternativ können Sie den Wert 2 verwenden, wenn nur Einteilungen im festgelegten Eröffnungshorizont erstellt werden sollen.

Einzelplanung -mehrstufig-

Material 68
Werk 0001

Planungsumfang
Produktgruppe

Steuerungsparameter Disposition

Verarbeitungsschlüssel	NETCH	Net-Change im gesamten Horizont
Bestellanf. erstellen	1	Grundsätzlich Bestellanforderungen
Lieferplaneinteilungen	3	Grundsätzlich Lieferplaneinteilungen
Dispoliste erstellen	1	Grundsätzlich Dispositionsliste
Planungsmodus	1	Planungsdaten anpassen (Normalmodus)
Terminierung	1	Eckterminbestimmung für Planaufträge

Transaktion MD02: Bedarfsplanungslauf für das Beispielmaterial

Starten Sie den Bedarfsplanungslauf, indem Sie zweimal [↵] drücken. In der Folge werden mehrere Lieferplaneinteilungen erzeugt. Mithilfe von Transaktion MD04 können Sie sich das Ergebnis am besten anzeigen lassen.

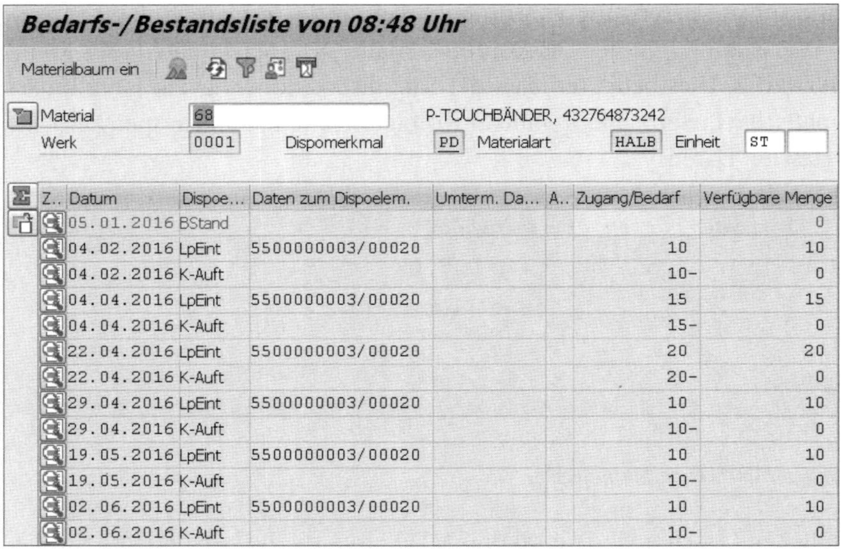

Bedarfs-/Bestandsliste von 08:48 Uhr

Materialbaum ein

Material 68 P-TOUCHBÄNDER, 432764873242
Werk 0001 Dispomerkmal PD Materialart HALB Einheit ST

Z..	Datum	Dispoe...	Daten zum Dispoelem.	Umterm. Da...	A..	Zugang/Bedarf	Verfügbare Menge
	05.01.2016	BStand					0
	04.02.2016	LpEint	5500000003/00020			10	10
	04.02.2016	K-Auft				10-	0
	04.04.2016	LpEint	5500000003/00020			15	15
	04.04.2016	K-Auft				15-	0
	22.04.2016	LpEint	5500000003/00020			20	20
	22.04.2016	K-Auft				20-	0
	29.04.2016	LpEint	5500000003/00020			10	10
	29.04.2016	K-Auft				10-	0
	19.05.2016	LpEint	5500000003/00020			10	10
	19.05.2016	K-Auft				10-	0
	02.06.2016	LpEint	5500000003/00020			10	10
	02.06.2016	K-Auft				10-	0

Transaktion MD04: Erzeugte Lieferplaneinteilungen

Um die Abrufe im Lieferplan anzuzeigen, starten Sie Transaktion ME38. Anschließend markieren Sie die Position und klicken auf die Schaltfläche (**Einteilungen**).

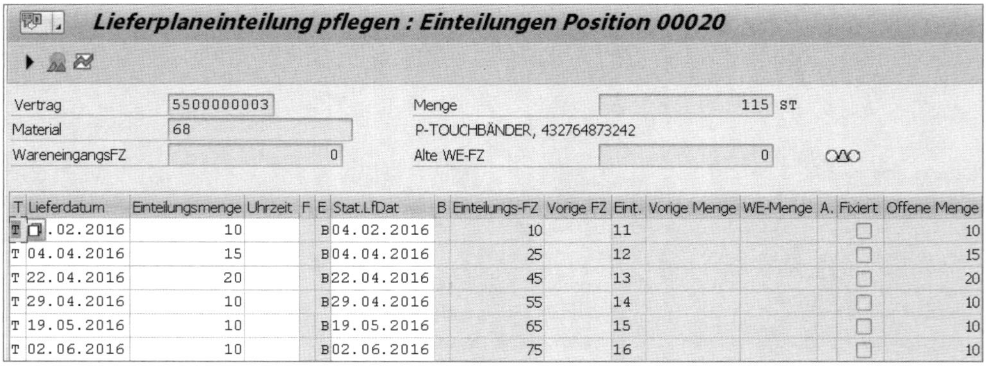

Lieferplaneinteilung pflegen : Einteilungen Position 00020

Vertrag 5500000003 Menge 115 ST
Material 68 P-TOUCHBÄNDER, 432764873242
WareneingangsFZ 0 Alte WE-FZ 0

T	Lieferdatum	Einteilungsmenge	Uhrzeit	F	E	Stat.LfDat	B	Einteilungs-FZ	Vorige FZ	Eint.	Vorige Menge	WE-Menge	A.	Fixiert	Offene Menge
T	.02.2016	10			B	04.02.2016		10		11				☐	10
T	04.04.2016	15			B	04.04.2016		25		12				☐	15
T	22.04.2016	20			B	22.04.2016		45		13				☐	20
T	29.04.2016	10			B	29.04.2016		55		14				☐	10
T	19.05.2016	10			B	19.05.2016		65		15				☐	10
T	02.06.2016	10			B	02.06.2016		75		16				☐	10

Transaktion ME38: Lieferplaneinteilungen

Im Gegensatz zu den manuell angelegten oder manuell geänderten Einteilungen wird das Fixierungskennzeichen nicht gesetzt (Spalte **Fixiert**). Das bedeutet, die Bedarfsplanung kann die Einteilungen weiterhin ändern und anpassen.

Sie haben erfolgreich Lieferplaneinteilungen direkt aus der Disposition erzeugt. Im nächsten Tipp zeige ich, wie Sie aus den erzeugten Einteilungen automatisch einen kriterienabhängigen Abruf generieren.

Tipp 19

Lieferplanabrufe automatisch erzeugen

Sie möchten Lieferplanabrufe automatisch erzeugen lassen, um den manuellen Aufwand zu reduzieren. Vermeiden möchten Sie dabei aber, dass beispielsweise jeden Tag ein Abruf erzeugt wird, obwohl sich weder die Bedarfsmenge noch der Termin geändert hat. Auch soll kein neuer Abruf erzeugt werden, wenn sich ein Bedarf geringfügig ändert, der in ferner Zukunft liegt.

SAP bietet im Standard an, Lieferplanabrufe automatisch zu erzeugen. Mit einem *Erstellungsprofil* können Sie steuern, wann und wie ein Abruf erzeugt werden soll. Das Erstellungsprofil legen Sie je Werk an.

Neben den Lieferabrufen können auch *Feinabrufe* erzeugt werden. Feinabrufe dienen dazu, dem Lieferanten die zeitnahen Abrufe mitzuteilen. In manchen Geschäftsbeziehungen wird beispielsweise festgelegt, dass der Feinabruf rechtlich bindend ist. Das heißt, die im Feinabruf festgelegte Menge muss abgenommen werden. Im Gegensatz dazu dient der Lieferabruf als Planungs- und Prognoseinstrument und ist rechtlich nicht bindend.

Im Erstellungsprofil werden folgende Kriterien berücksichtigt:

- Steuerung des Fein- und Lieferabrufs
- Erstellungsrhythmus
- Aggregation der Einteilungen
- Terminliche Abweichungen und Mengenabweichungen

› Und so geht's

Das Erstellungsprofil für Lieferabrufe pflegen Sie im Customizing:

Materialwirtschaft ▸ Einkauf ▸ Lieferplan ▸ Abruferstellungsprofil für Lieferplan mit Abrufdoku pflegen

Als Beispiel legen Sie ein Erstellungsprofil Z001 für Lieferplanabrufe an. Feinabrufe sollen nicht berücksichtigt werden. Klicken Sie dazu auf die Schaltfläche **Neue Einträge** und wechseln Sie anschließend in die Registerkarte **Erstellungsrhythmus**.

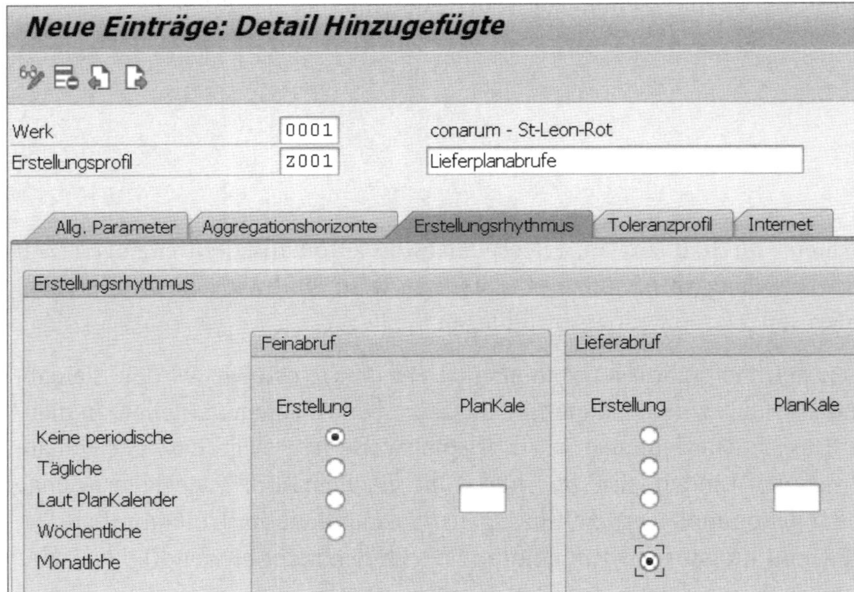

Customizing: Erstellungsprofil Registerkarte »Erstellungsrhythmus«

Hier legen Sie fest, ob ein Abruf grundsätzlich periodisch erzeugt werden kann:

- Wenn ein Abruf nur bei Änderungen erzeugt werden soll, dann markieren Sie im Bereich **Lieferabruf**, Spalte **Erstellung**, die Zeile **Keine periodische**.
- Wenn Lieferabrufe auch periodisch erzeugt werden sollen, wählen Sie die Zeilen **Tägliche**, **Laut PlanKalender**, **Wöchentliche** oder **Monatliche**.

Für dieses Beispiel markieren Sie die Zeile **Monatliche**. Danach wechseln Sie in die Registerkarte **Allg. Parameter**.

Customizing: Erstellungsprofil Registerkarte »Allgemeine Parameter«

Hier tragen Sie ein, wann ein Abruf erzeugt werden soll:

- **Geändert oder nächstes Datum**
  Ein Abruf wird erzeugt, wenn eine relevante Einteilungsänderung vorliegt oder das nächste Datum erreicht wird. Aufgrund der Einstellung in der Registerkarte **Erstellungsrhythmus** (dort ist **Monatliche** aktiv) wird mindestens ein Abruf pro Monat erzeugt, unabhängig davon, ob eine relevante Änderung vorhanden ist.

- **Nur geändert**
  In diesem Fall werden Abrufe erzeugt, wenn relevante Änderungen vorhanden sind. Der Erstellungsrhythmus wird nicht berücksichtigt.

- **Nur nächstes Datum**
  In diesem Fall werden nur Abrufe erzeugt, wenn das nächste Datum erreicht wird, das im Erstellungsrhythmus festgelegt wurde. Im Beispiel würde dann nur einmal im Monat ein Abruf erzeugt werden, unabhängig von Einteilungsänderungen.

- **Geändert und nächstes Datum**
  Es werden nur Abrufe erzeugt, wenn aufgrund des Erstellungsrhythmus das nächste Erzeugungsdatum für einen Abruf erreicht wurde und eine relevante Änderung der Einteilungen vorliegt.

Darüber hinaus haben Sie noch weitere Optionen. Das Kennzeichen **Rückst./Sofortbed. ermitteln** steuert, ob Rückstände und Sofortbedarfe im Abruf zusätzlich markiert und hervorgehoben werden. Wenn Sie das Kennzeichen **Rückstand erstellungsrelevant** aktivieren, wird die Toleranzprüfung im Fall von Rückstand nicht berücksichtigt.

Im Feld **Aggregation** können Sie festlegen, dass bestimmte Einteilungen nicht auf einen Anliefertag im Abruf aggregiert werden sollen. Sie können manuelle oder fixierte Einteilungen von der Aggregation ausschließen (Wert 1 oder Wert 2 in der Wertehilfe). Mit dem Wert 3 können Sie sich die Aggregation in Transaktion ME38 auch anzeigen lassen. In diesem Beispiel erfolgt die Aggregation monatsbezogen.

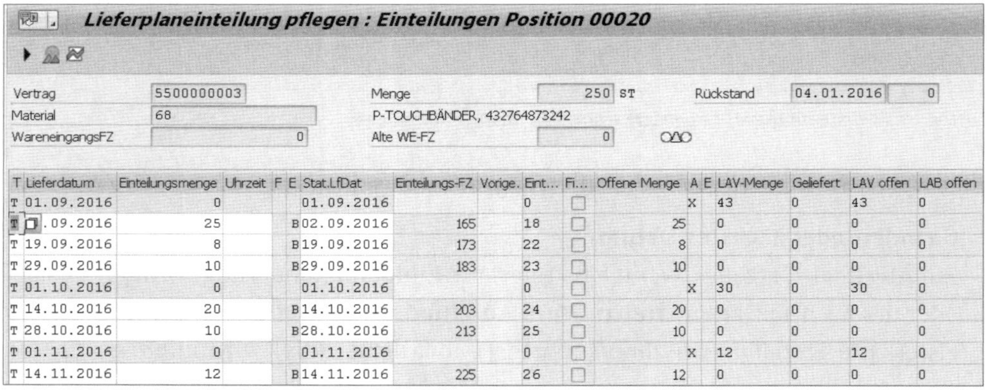

Lieferplaneinteilung pflegen : Einteilungen Position 00020

Vertrag	5500000003	Menge	250 ST	Rückstand	04.01.2016 0
Material	68	P-TOUCHBÄNDER, 432764873242			
WareneingangsFZ	0	Alte WE-FZ	0		

T	Lieferdatum	Einteilungsmenge	Uhrzeit	F	E	Stat.LfDat	Einteilungs-FZ	Vorige.	Eint...	Fi...	Offene Menge	A	E	LAV-Menge	Geliefert	LAV offen	LAB offen
T	01.09.2016	0				01.09.2016			0	☐		X		43	0	43	0
T	[illegible].09.2016	25			B	02.09.2016	165		18	☐	25			0	0	0	0
T	19.09.2016	8			B	19.09.2016	173		22	☐	8			0	0	0	0
T	29.09.2016	10			B	29.09.2016	183		23	☐	10			0	0	0	0
T	01.10.2016	0				01.10.2016			0	☐		X		30	0	30	0
T	14.10.2016	20			B	14.10.2016	203		24	☐	20			0	0	0	0
T	28.10.2016	10			B	28.10.2016	213		25	☐	10			0	0	0	0
T	01.11.2016	0				01.11.2016			0	☐		X		12	0	12	0
T	14.11.2016	12			B	14.11.2016	225		26	☐	12			0	0	0	0

Transaktion ME38: Beispieldarstellung Aggregation monatsbezogen

Wechseln Sie in die Registerkarte **Aggregationshorizonte**, um die Einstellungen für die Aggregation vorzunehmen. In der Regel ist es unnötig, die Einteilungen einzeln über einen sehr langen Zeitraum zu erzeugen und per Abruf an den Lieferanten zu übertragen. Sie würden nur unnötig Daten erzeugen und die übertragenen Abrufe per Druck, Fax oder EDI würden groß und unübersichtlich sein. Im Bereich **Aggregationshorizonte** können Sie daher Perioden festlegen, in denen die Einteilungen aggregiert werden.

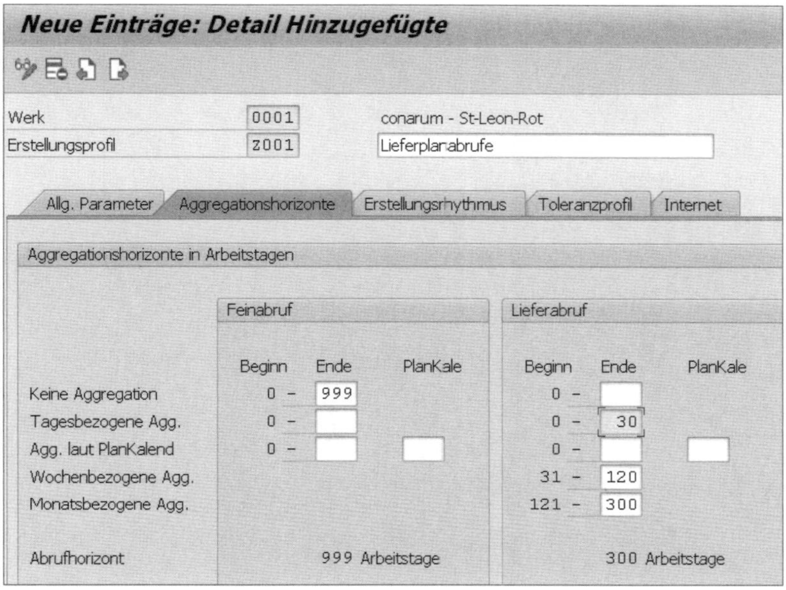

Neue Einträge: Detail Hinzugefügte

Werk 0001 conarum - St-Leon-Rot
Erstellungsprofil Z001 Lieferplanabrufe

Allg. Parameter | Aggregationshorizonte | Erstellungsrhythmus | Toleranzprofil | Internet

Aggregationshorizonte in Arbeitstagen

	Feinabruf			Lieferabruf		
	Beginn	Ende	PlanKale	Beginn	Ende	PlanKale
Keine Aggregation	0 -	999		0 -		
Tagesbezogene Agg.	0 -			0 -	30	
Agg. laut PlanKalend	0 -			0 -		
Wochenbezogene Agg.				31 -	120	
Monatsbezogene Agg.				121 -	300	
Abrufhorizont	999 Arbeitstage			300 Arbeitstage		

Customizing: Erstellungsprofil Registerkarte »Aggregationshorizonte«

In diesem Beispiel ist für die ersten 30 Tage eine tagesbezogene Aggregation eingestellt. Es werden also alle Einteilungen eines Tages zu einer Position zusammengefasst. Im Zeitraum 31 bis 120 Tage sollen die Einteilungen wochenbezogen zusammengefasst werden. Dabei werden alle Einteilungen zu einer Zeile im Abruf zusammengefasst. Ab dem 121. Tag bis zum Ende des Abrufhorizonts von 300 Tagen erfolgt die Aggregation monatsbezogen.

Zuletzt wählen Sie die Registerkarte **Toleranzprofil** aus. In dieser Registerkarte legen Sie fest, wann eine Änderung der Einteilungsmenge relevant ist.

In der Zeile **Länge in Arbeitstagen** legen Sie die jeweiligen Prüfperioden fest, in der die Toleranzgrenzen geprüft werden sollen. In diesem Beispiel habe ich die Werte in der Zeile **Länge in Arbeitstagen** gleich den Aggregationshorizonten gewählt.

In der **Periode1** (0–30 Tage) soll jede Änderung an einer Einteilung relevant sein. Setzen Sie die Wertgrenzen jeweils auf 0%. In der Zeile **Einzel-/Gesamtprüfung** erfassen Sie zur **Periode1** den Wert 1 (Einzelprüfung). Dadurch erreichen Sie, dass die Toleranzgrenzen für jede Einteilung geprüft werden. Im Fall der Gesamtprüfung (Wert 2) würde das System die Einteilungen pro Periode summieren und die Toleranzgrenzen mit der ermittelten Summe vergleichen.

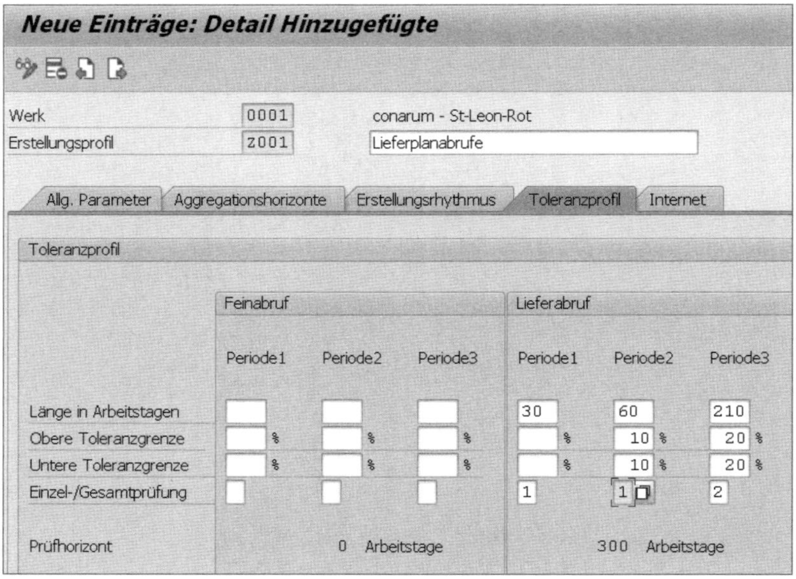

Customizing: Erstellungsprofil, Registerkarte »Toleranzprofil«

In der **Periode2** (31–60 Tage) soll ein Abruf nur dann erfolgen, wenn eine Änderung mindestens um 10% vom alten Wert abweicht. Setzen Sie die Wertgrenzen jeweils auf 10%.

In der **Periode3** (61–210 Tage) soll ein Abruf nur dann erfolgen, wenn die Summe aller Einteilungen in dieser Periode um 20% vom alten Wert abweicht.

Zuletzt speichern Sie die Daten und starten anschließend Transaktion ME32L, um das Erstellungsprofil im Lieferplan einzutragen. Im Bildbereich **Lieferplan ändern: Positionsübersicht** markieren Sie die Position und rufen über **Position ▸ Weitere Funktionen ▸ Zusatzdaten** deren Zusatzdaten auf.

Im Bildbereich **Ausgabesteuerung** erfassen Sie das zuvor angelegte **Erstellungsprofil** und speichern anschließend der Lieferplan.

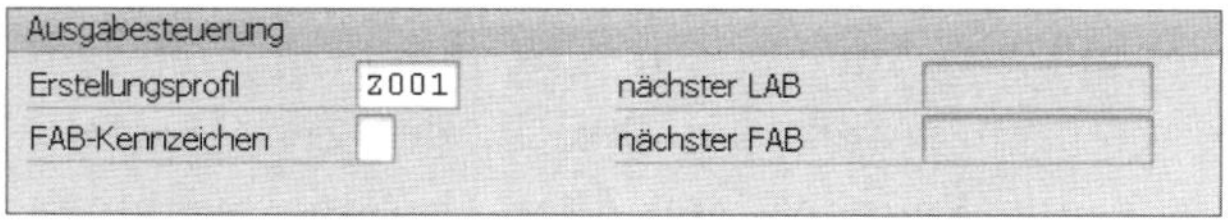

Transaktion ME32L: Zusatzdaten zur Position

Mithilfe von Transaktion ME84 oder des Reports RM06EFLB erzeugen Sie nun einen Abruf zum Lieferplan. Bitte beachten Sie, dass das Kennzeichen **Testlauf** automatisch vorgeschlagen wird. Um einen Abruf zu erzeugen, müssen Sie das Kennzeichen deaktivieren.

Abrufe erstellen

- ○ Lieferabrufe und Feinabrufe
- ○ Nur Feinabrufe
- ◉ Nur Lieferabrufe

Lieferpläne selektieren

Werk	0001		
Disponent		bis	
Material		bis	
Lieferant		bis	
Lieferplan	5500000003	bis	
Selektionsumfang		Geändert oder nächstes Datum	

Erstellung

Feinabrufe

Lieferabrufe

- ◉ Gemäß Strategie im Profil
- ○ Ohne Prüfung der Strategie im Profil
- ☐ Toleranzprüfung ausschalten

☐ Abrufe ohne Einteilungen

Zusatzfunktionen

☐ Testlauf

Anzeigeoptionen

- ◉ Alle Positionen
- ○ Alle Fehler
- ○ Schwere Fehler

Transaktion ME84: Selektionsmaske

Wenn Sie die Transaktion mit F8 ausführen, erhalten Sie eine Ergebnisliste mit dem erzeugten Abruf sowie Informationen darüber, weshalb der Abruf erzeugt wurde (Felder **Grund** und **Begründung**).

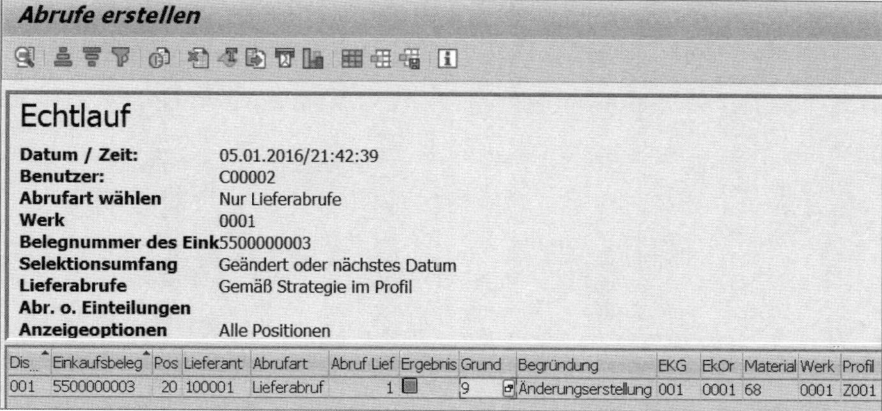

Abrufe erstellen

Echtlauf

Datum / Zeit:	05.01.2016/21:42:39
Benutzer:	C00002
Abrufart wählen	Nur Lieferabrufe
Werk	0001
Belegnummer des Eink	5500000003
Selektionsumfang	Geändert oder nächstes Datum
Lieferabrufe	Gemäß Strategie im Profil
Abr. o. Einteilungen	
Anzeigeoptionen	Alle Positionen

Dis...	Einkaufsbeleg	Pos	Lieferant	Abrufart	Abruf Lief	Ergebnis	Grund	Begründung	EKG	EkOr	Material	Werk	Profil
001	5500000003	20	100001	Lieferabruf	1		9	Änderungserstellung	001	0001	68	0001	Z001

Transaktion ME84: Ergebnisliste

Starten Sie nun Transaktion ME38, um den erzeugten Abruf anzeigen zu lassen. In der Sicht **Lieferplaneinteilung pflegen: Positionsübersicht** markieren Sie die Position und drücken [F7] (LP-Abrufdoku im Menü Position). In der Abrufliste wird der soeben erzeugte Abruf mit Detailinformationen aufgelistet.

Übersicht: Lieferabruf

Einteilungen z.Abruf | Abrufe vergleichen | Nachrichten zum Abruf

Lieferant | Material | Erstellung/Übermittlung | Einkauf | Disposition | Abstimmdaten

letzter FAB	00:00:00	letzter LAB	05.01.2016 21:42:32
nächster FAB		nächster LAB	01.02.2016
Erstellungsprofil	Z001		

Sta...	I.	B.	R..	Abrufnummer	Abrufdatum	Abrufuhrzeit	Wareneingang-FZ	Letztes WE-.	Letzte WE-Menge	Datum letzte.	Letzte Lief.	Abrufhorizont	Ext. AbrufNr
			1	0		00:00:00	0		0			31.03.2017	
			1	1	05.01.2016	21:42:32	0		0			31.03.2017	

Transaktion ME84: Erzeugter Abruf in der Abrufliste

Markieren Sie die Abrufzeile und klicken Sie auf die Schaltfläche **Einteilungen z.Abruf**. Es werden die Einteilungen des Abrufs angezeigt. Abhängig von den Einstellungen in der Aggregation wurden tages-, wochen- oder monatsbezogene Einteilungen erzeugt (Spalte **Datumstyp**).

Einteilungen zum Lieferabruf (Material 68)

Abrufe | Nachrichten zum Abruf

Abrufnummer	1	Erstellt am	05.01.2016
Wareneingang-FZ	0		21:42:32
Datum letzte Lief.		Übermittlung	05.01.2016
Letzte LiefSchNr			21:42:32
Letzter WE		Ende FertFreigabe	
Letzte WE-Menge	0	Ende MatFreigabe	
Bestell-ME	ST	Abstimm-FZ	0

Datumstyp	LiefDatum	Uhrzeit	EinteilMenge	Einteilungs-FZ	EintArt	Seriennr.	Erstellung
T	04.02.2016	00:00:00	10	10			B
W	14.2016	00:00:00	28	38			B
W	16.2016	00:00:00	20	58			B
W	17.2016	00:00:00	10	68			B
W	20.2016	00:00:00	10	78			B
W	22.2016	00:00:00	10	88			B
W	25.2016	00:00:00	15	103			B
M	07.2016	00:00:00	12	115			B
M	08.2016	00:00:00	25	140			B
M	09.2016	00:00:00	43	183			B
M	10.2016	00:00:00	30	213			B
M	11.2016	00:00:00	12	225			B
M	12.2016	00:00:00	25	250			B

Transaktion ME38: Einteilungen zum Abruf

Ein neuer Abruf würde mit dem gezeigten Erstellungsprofil beispielsweise erzeugt werden, wenn sich der Termin der Einteilung am 04.02.16 ändert. Im Toleranzprofil ist für die ersten 30 Tage 0% Toleranz eingestellt.

Es wird kein neuer Abruf erzeugt, wenn sich beispielsweise die Menge in der Periode 12.2016 um 10 St erhöht. Im Toleranzprofil ist ab dem 61. Tag eine Abweichung von 20% möglich, und zwar gerechnet auf die Summe der eingestellten Periode (Gesamtprüfung ist im Customizing für diese Periode aktiv).

Tipp 20

Preisinformationen in Lieferplan und Kontrakt trennen

Sie haben eine strategische und eine operative Einkaufsabteilung. Der strategische Einkauf ist für die Preisverhandlung zuständig, der operative Einkauf für die eigentliche Beschaffung. In diesem Tipp erfahren Sie, wie Sie die organisatorische Trennung auch beim Einsatz von Lieferplänen beibehalten.

Häufig obliegt die Preisverhandlung dem strategischen Einkauf, der auf Ebene der Einkaufsorganisation angesiedelt ist. Dieser verhandelt unter anderem Preise und Rahmenbedingungen und legt diese als Rahmenverträge im System ab.

Der operative Einkauf greift auf die verhandelten Preise zu und führt die operative Beschaffung anhand einer Bestellung oder eines Lieferplans auf Werksebene aus. Er stellt sicher, dass die fremdbeschafften Materialien und Leistungen rechtzeitig vor Ort sind.

Diese Trennung zwischen operativem und strategischem Einkauf können Sie in SAP anhand von Lieferplänen und Kontrakten abbilden. Die Preispflege erfolgt zentral im Kontrakt. Der Lieferplan referenziert nur auf den Kontrakt und die darin enthaltenen Preisinformationen. Es werden keine Preise in den Lieferplan kopiert. Mithilfe von Berechtigungen können Sie den Zugriff und die Pflege auf die jeweilige Abteilung beschränken.

› Und so geht's

Um die Trennung umsetzen zu können, muss die Einkaufsorganisation für das Werk des Lieferplans zuständig sein. Alternativ muss der Kontrakt als Zentralkontrakt in einer Referenzeinkaufsorganisation angelegt sein und die für das Werk verantwortliche Einkaufsorganisation der Referenzeinkaufsorganisation im Customizing zugeordnet sein:

Unternehmensstruktur ▸ Zuordnung ▸ Materialwirtschaft ▸ Referenzeinkaufsorganisation ▸ Einkaufsorganisation zuordnen

Für dieses Beispiel habe ich einen Kontrakt angelegt, dessen Position keinem Werk zugeordnet ist. Diesen werden Sie im Folgenden als Referenz für den Lieferplan verwenden.

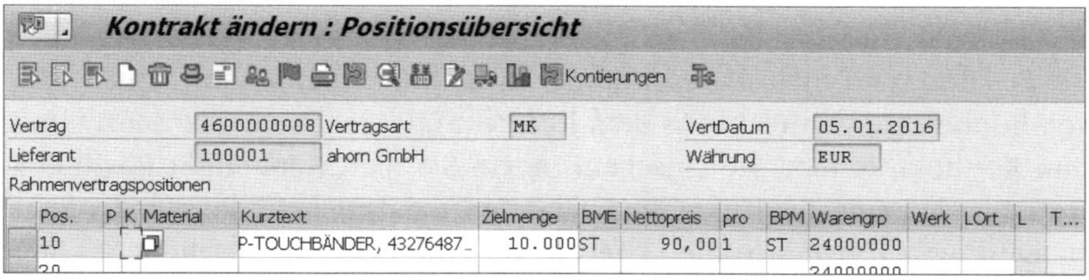

Transaktion ME32K: Positionsübersicht Kontrakt

Legen Sie nun den Lieferplan mittels Transaktion ME31L an. Im Einstiegsbild geben Sie die Vertragsart LPA (Lieferplan mit Abruf) an und klicken anschließend auf die Schaltfläche **Bezug zum Kontrakt**. Es erscheint das Pop-up-Fenster **Kontraktabruf**. Erfassen Sie hier im Feld **Rahmenvertrag** Ihren Beispielkontrakt und im Feld **Von Vertragspos** die gewünschte Positionsnummer aus dem Beispielkontrakt. Drücken Sie anschließend [↵].

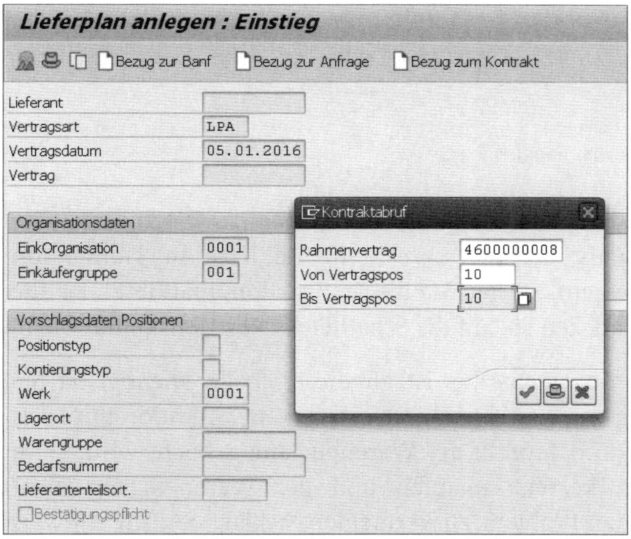

Transaktion ME31L: Lieferplan mit Bezug zum Kontrakt anlegen

Im folgenden Bild erfassen Sie die Zielmenge, markieren die Zeile und klicken zuletzt auf die Schaltfläche [Übernehmen-Symbol] (**Übernehmen**).

Lieferplan anlegen : Kopfdaten

Übernehmen+Detail

Rahmenvertrag	4600000008	Vertragsart	MK	VertDatum	05.01.2016
Lieferant	100001	ahorn GmbH		Währung	EUR

Kontraktpositionen

Pos.	Material	Kurztext	Zielmenge	BME	Banf	Pos.	Werk	LOrt	P	K	Offene Zielmenge	Bestgef.Material
10		P-TOUCHBÄNDER, 43276487_	1000	ST			0001				10.000	

Transaktion ME31L: Anlegen mit Bezug zum Kontrakt

Die Position wird inklusive Nettopreis in den Lieferplan übernommen. Die Konditionen werden nicht aus dem Kontrakt übernommen. Die Zuordnung zum Kontrakt können Sie einsehen, indem Sie den Menüpunkt **Position ▸ Statistik ▸ Allgemein** aufrufen. Im Feld **Rahmenvertrag** befindet sich der Rahmenvertrag, auf den sich die Lieferplanposition bezieht. Speichern Sie den Lieferplan.

Lieferplan anlegen : Statistik Position 00010

Kontierungen

Position	10				
Material	68	P-TOUCHBÄNDER, 432764873242			
Werk	0001	conarum - St-Leon-Rot			
Lagerort					
Positionstyp		Normal			
Kontierungstyp					
Infosatz					
Banf		0	Aufteiler		0
Rahmenvertrag	4600000008	10	EAN/UPC		
Anfrage		0	Maximale MFZ	0	ST
Änderungsdatum	05.01.2016		Maximale FFZ	0	ST

Transaktion ME31L: Referenz zum Rahmenvertrag

Um den Zugriff auf die Preisinformationen im Kontrakt zu testen, lassen Sie sich die Konditionsdetails anzeigen. Wechseln Sie dazu in Transaktion ME33L (Lieferplan anzeigen). Starten Sie die Transaktion, markieren Sie die Lieferplanposition und klicken Sie auf die Schaltfläche **Positionskonditionen**.

Das Wechseln in den Anzeigemodus ist an dieser Stelle wichtig, da Sie ansonsten im Änderungsmodus automatisch eine lokale Kondition mit Preis 0 anlegen würden. Wenn daraufhin der Wareneingang gebucht wird, kann die Preisfindung nicht korrekt ablaufen und der Wareneingang nicht gebucht werden. Um das Problem zu vermeiden, schlägt SAP in Hinweis 431460 die Lösung vor, die Berechtigung entsprechend anzupassen. Es handelt sich hierbei um das Berechtigungsobjekt M_RAHM_BSA (Belegart im Lieferplan). Hier müssen Sie die Aktivität 09 (Preisanzeige) entfernen.

Tipp 21

Steuerkennzeichen in der Bestellung vorbelegen

Importe aus einem EU-Land erfordern andere Steuerkennzeichen in der Bestellung als Importe aus einem Nicht-EU-Land oder halbe Steuersätze für bestimmte Materialien. Mit der Konditionstechnik bietet SAP eine Möglichkeit, dies flexibel einzustellen.

Verschiedene Geschäftsprozesse im Einkauf erfordern unterschiedliche Steuerkennzeichen in der Bestellung. Abhängig von Material, Herkunft oder Region sind andere Steuerkennzeichen notwendig. Das Setzen des Steuerkennzeichens in der Bestellung ist z. B. bei der automatischen Wareneingangsabrechnung (*ERS-Verfahren* oder häufig *Gutschriftsverfahren* genannt) wichtig. Hier müssen Sie das Steuerkennzeichen in der Bestellung setzen, damit der Rechnungsbeleg automatisch erzeugt werden kann.

› Und so geht's

Mithilfe der Konditionsart NAVS können Sie das Steuerkennzeichen vorbelegen. Wenn Sie nicht die Standardkonditionsart verändern möchten, kopieren Sie sich die Konditionsart in den Z- oder Y-Kundennamensraum und tragen Sie diese Konditionsart in das gültige Konditionsschema ein.

In der Standardauslieferung ist der Konditionsart NAVS keine Zugriffsfolge zugeordnet. Rufen Sie daher das Customizing der Konditionsarten auf und wählen Sie im angezeigten Dialogfenster **Aktion auswählen** die Aktivität **Konditionsart definieren** aus.

Materialwirtschaft ▸ Einkauf ▸ Konditionen ▸ Preisfindung festlegen ▸ Konditionsarten festlegen

Anschließend markieren Sie die Zeile mit der Konditionsart NAVS (Spalte **KArt**) und springen mit der Schaltfläche (**Details**) in die Details der Konditionsart. In der Sicht **»Konditionen: Konditionsarten« ändern: Detail** erfassen Sie im Feld **Zugriffsfolge** den Wert 0003 (Steuerkennzeichen). Die Zugriffsfolge 0003 umfasst Steuertabellen mit den Feldausprägungen Material, Werk, Kontierung, Herkunft oder Region.

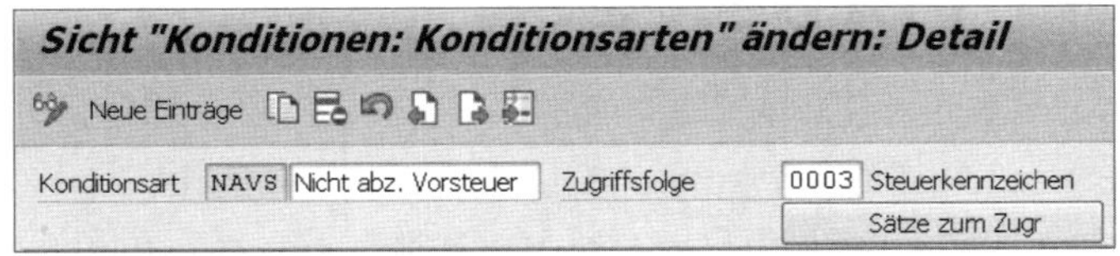

Customizing: Konditionsart NAVS mit gepflegter Zugriffsfolge

Wenn Sie weitere Felder in der Zugriffsfolge benötigen, können Sie eine neue Zugriffsfolge im Customizing anlegen und diese der Konditionsart NAVS zuordnen.

Materialwirtschaft ▸ Einkauf ▸ Konditionen ▸ Preisfindung festlegen ▸ Zugriffsfolge

Zuletzt speichern Sie die Konditionsart. Anschließend wechseln Sie in Transaktion MEK1 (Konditionssatz anlegen), um die Konditionen zu pflegen. Erfassen Sie im Feld **Konditionsart** den Wert NAVS und drücken Sie [↵].

Für dieses einfache Beispiel gehen Sie davon aus, dass Sie keine Materialien importieren. Herkunft oder Region spielen also keine Rolle, nur das Material ist relevant. Wählen Sie daher die Schlüsselkombination **Steuern: Material** aus.

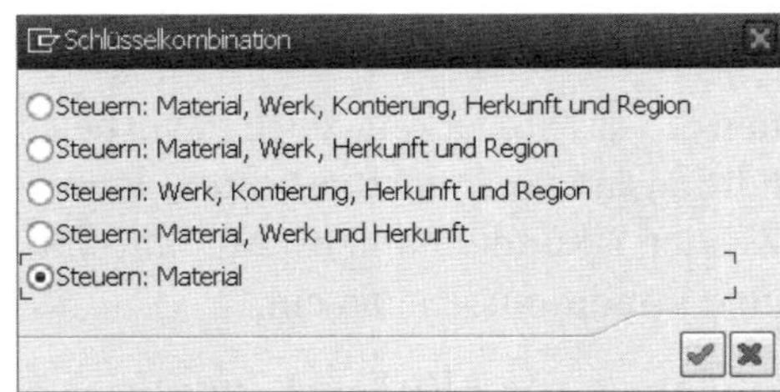

Transaktion MEK1: Selektion der Schlüsselkombination

In der angezeigten Übersicht ordnen Sie nun dem jeweiligen Materialsteuerindikator (Feld **StIndik.**), der im Materialstamm gepflegt wird, das jeweilige Steuerkennzeichen zu (Spalte **Steuerkz**). Zuletzt speichern Sie die Daten. Die im Beispiel verwendeten Steuerkennzeichen sind wie folgt:

- Z1: Vorsteuersatz in voller Höhe
- V2: reduzierter Vorsteuersatz

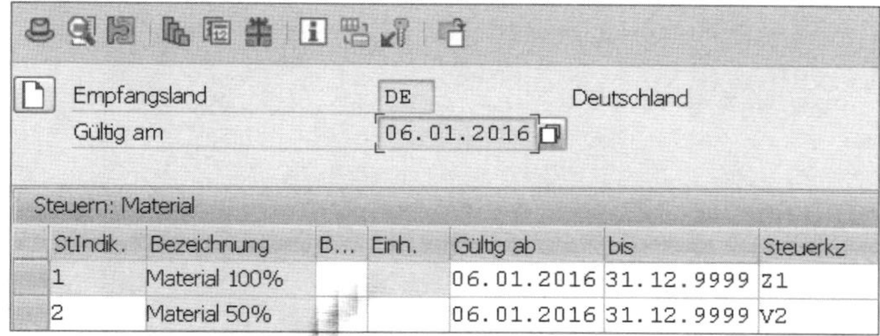

Transaktion MEK1: Konditionssätze

Die Werte für den Materialsteuerindikator finden Sie unter folgendem Customizing-Pfad:

Materialwirtschaft ▸ Einkauf ▸ Steuern ▸ Steuerindikator für Material einstellen

Auch die Felder **Herkunft** und **Region**, die Sie bei den anderen Schlüsselkombinationen benötigen, können Sie in diesem Customizing-Punkt pflegen.

Zuletzt müssen Sie im Materialstamm den Materialsteuerindikator setzen. Starten Sie dazu Transaktion MM02 und wechseln Sie in die Registerkarte **Einkauf**. Im verwendeten Material pflegen Sie im Feld **Steuerind. Material** den Wert 1. Aufgrund der Einstellung im Konditionssatz wird für dieses Material der Vorsteuersatz in voller Höhe berechnet.

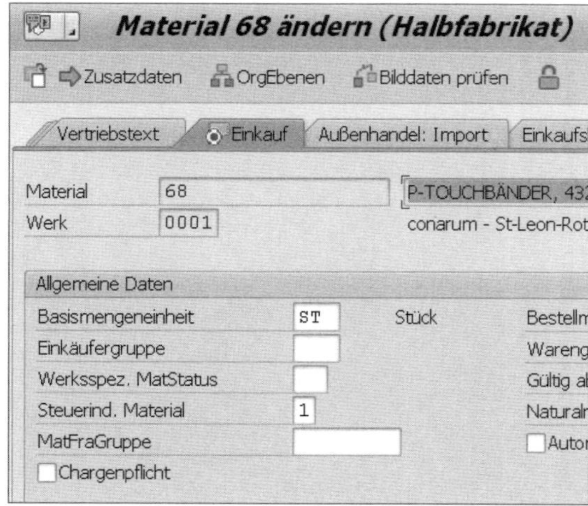

Transaktion MM02: Steuerindikator Material

Starten Sie nun Transaktion ME21N und legen Sie eine neue Bestellung mit der Beispielmaterialnummer 68 an.

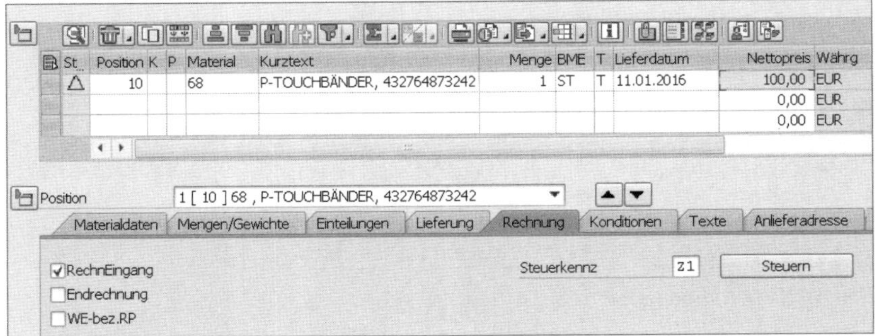

Transaktion ME21N: Das Steuerkennzeichen wird vorgeschlagen

Aufgrund der Customizing-Einstellung und der gepflegten Konditionen wird in der Position das Steuerkennzeichen (Feld **Steuerkennz**) Z1 in der Registerkarte **Rechnung** vorgeschlagen. Sie sehen auch in der Registerkarte **Konditionen**, dass die Konditionsart NAVS gefunden wurde (Spalte **KArt**).

Preiselemente

I...	KArt	Bezeichnung	Betrag	Währg	pro	ME	Konditionswert	Währg	Status	KUmZä	BME	KUmNe	ME	Konditionswert	KWähr	Stat
■	PBXX	ttopreis	100,00	EUR	1	ST	100,00	EUR		1	ST	1	ST	0,00		☐
		Nettowert incl Rab.	100,00	EUR	1	ST	100,00	EUR		1	ST	1	ST	0,00		☐
■	NAVS	Nicht abz. Vorsteuer	0,00	EUR			0,00	EUR		0		0		0,00		☑

Transaktion ME21N: Registerkarte »Konditionen«

Markieren Sie die Konditionsart NAVS und verzweigen Sie mit der Schaltfläche [Symbol] (**Konditionsdetails**) in die Detailsicht, um weitere Details der gefundenen Kondition anzeigen zu lassen.

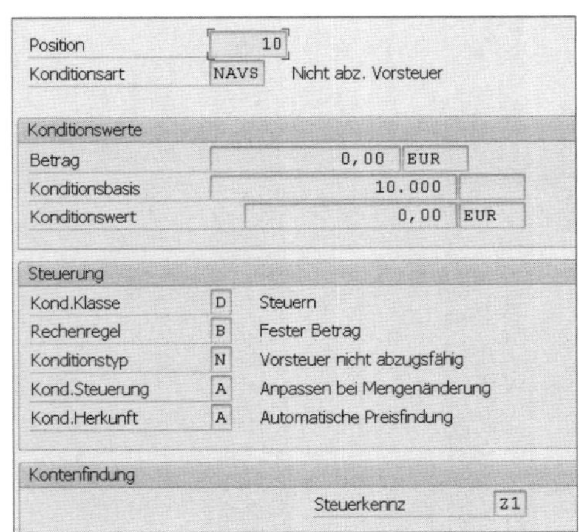

Transaktion ME21N: Konditionssatz NAVS – Detailsicht

Im Bildbereich **Kontenfindung** wird Ihnen das gefundene Steuerkennzeichen Z1 angezeigt.

Tipp 22

Preisfindung flexibel steuern

Variiert die Preiskalkulation im Einkauf bei Ihnen sehr stark in Abhängigkeit von Region, Land oder Lieferant? Ein zentrales Schema der Preiskalkulation wäre in diesem Fall sehr komplex und unübersichtlich. Einfacher ist es, die Preiskalkulation auf mehrere Schemas aufzuteilen, die jeweils übersichtlich gestaltet sind.

Das Kalkulationsschema ist eines der zentralen Elemente in der Preisfindung. Auf Basis des Kalkulationsschemas erfolgt die Preisberechnung. Darin werden die möglichen Rabatte, Zuschläge oder sonstigen Bedingungen hinterlegt, die zur Preisbildung notwendig sind.

Im Einkauf können unterschiedliche Kalkulationsschemas abhängig von der Einkaufsorganisation und vom Lieferanten verwendet werden. Wie das geht, erfahren Sie im Folgenden.

› Und so geht's

Das Kalkulationsschema, das in der Bestellung verwendet wird, finden Sie unter folgendem Customizing-Pfad:

Materialwirtschaft ▸ Einkauf ▸ Konditionen ▸ Preisfindung festlegen ▸ Kalkulationsschema festlegen

Das im Standard verwendete Kalkulationsschema ist RM0000 (Einkaufsbeleg (groß)). Im Standard gibt es auch ein vereinfachtes Schema RM1000 (Einkaufsbeleg (klein)), das weniger Konditionsarten enthält und daher übersichtlicher und für den Anwender einfacher zu bedienen ist.

Als Beispiel soll für einen bestimmten Lieferanten das vereinfachte Schema RM1000 ermittelt werden, für alle anderen Lieferanten das Schema RM0000.

Die Ermittlung erfolgt mithilfe der Schemagruppe, die Sie über folgenden Customizing-Pfad konfigurieren können:

Materialwirtschaft ▸ Einkauf ▸ Konditionen ▸ Preisfindung festlegen ▸ Schemagruppe festlegen

Wählen Sie die Aktivität **Schemagruppen Lieferant** per Doppelklick aus.

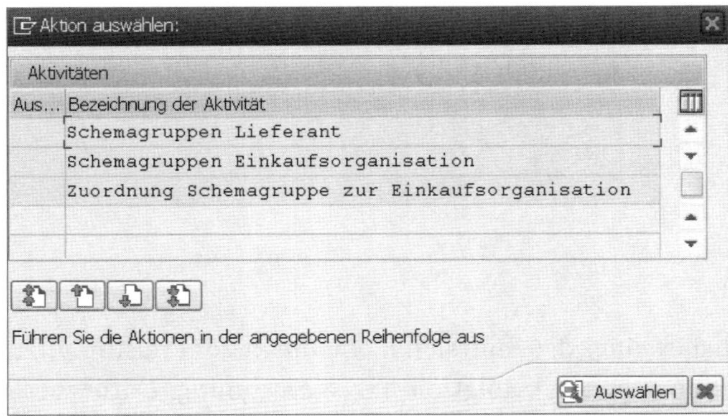

Customizing: Schemagruppe festlegen

Mit der Schaltfläche **Neue Einträge** verzweigen Sie in die Neuanlage und erfassen eine neue Schemagruppe Z1, die anschließend für Schemaermittlung verwendet werden soll. Speichern Sie die Daten.

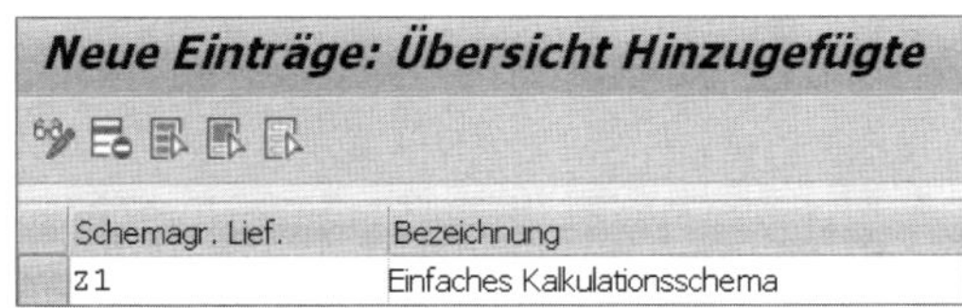

Customizing: Neue Schemagruppe Z1

Rufen Sie anschließend den folgenden Customizing-Pfad auf, um Bedingungen festzulegen, nach denen das gewünschte Kalkulationsschema gefunden wird:

Materialwirtschaft ▸ Einkauf ▸ Konditionen ▸ Preisfindung festlegen ▸ Schemaermittlung festlegen

Wählen Sie per Doppelklick die Aktivität **Kalkulationsschema für Normalbestellungen ermitteln** aus. Klicken Sie wiederum auf die Schaltfläche **Neue Einträge** und erfassen Sie eine neue Schemaermittlung.

Neue Einträge: Übersicht Hinzugefügte

Schemagr. Ekorg	Schemagr. Lief.	Schema	Bezeichnung
	Z1	RM1000	Einkaufsbeleg (klein)

Customizing: Neuanlage Schemaermittlung

Die Spalte **Schemagr. Ekorg** (Schemagruppe Einkaufsorganisation) lassen Sie leer, da diese Bedingung für alle Einkaufsorganisationen gelten soll. In der Spalte **Schemagr. Lief.** (Schemagruppe Lieferant) pflegen Sie die zuvor angelegte Schemagruppe.

Wenn Sie die Steuerung abhängig von der Einkaufsorganisation durchführen möchten, müssen Sie zuvor im Customizing-Punkt **Schemagruppe festlegen** für die Einkaufsorganisation eine Schemagruppe festlegen. Dazu rufen Sie die Aktivität **Schemagruppen Einkaufsorganisation** auf. Anschließend müssen Sie die Schemagruppe der Einkaufsorganisation zuordnen. Dies bewirken Sie ebenfalls im Customizing-Punkt **Schemagruppe festlegen** in der Aktivität **Zuordnung Schemagruppe zur Einkaufsorganisation**. Zuletzt speichern Sie die eingestellten Daten.

Anschließend können Sie die Einstellung testen. Starten Sie dazu Transaktion MK02 (Kreditor ändern). Sie erfassen die Lieferantennummer Ihres Beispiellieferanten, geben Ihre Einkaufsorganisation ein und aktivieren das Kennzeichen **Einkaufsdaten**. Mit einem Druck auf [↵] gelangen Sie in die Sicht **Kreditorendaten ändern: Einkaufsdaten**.

Kreditor ändern: Einkaufsdaten

Kreditor	100011	reltus GmbH
Einkaufsorg	0001	conarum

Konditionen

Bestellwährung	EUR	Europäischer Euro
Zahlungsbeding		
Incoterms		
Mindestbestellwert		
Schemagr. Lieferant	Z1	Standard Schema Lieferant
Steuerung Preisdatum		Keine Steuerung
Bestellopt.Restr.		

Transaktion MK02: Schemagruppe Lieferant

Im Feld **Schemagr. Lieferant** (Schemagruppe Lieferant) geben Sie die zuvor angelegte Schemagruppe Z1 ein und speichern Sie anschließend die Daten.

Mit Transaktion ME21N legen Sie eine neue Bestellung mit dem Beispiellieferanten 100011 an, um die Einstellung zu testen. Nachdem Sie die Daten erfasst haben, klicken Sie auf die Schaltfläche **Analyse**.

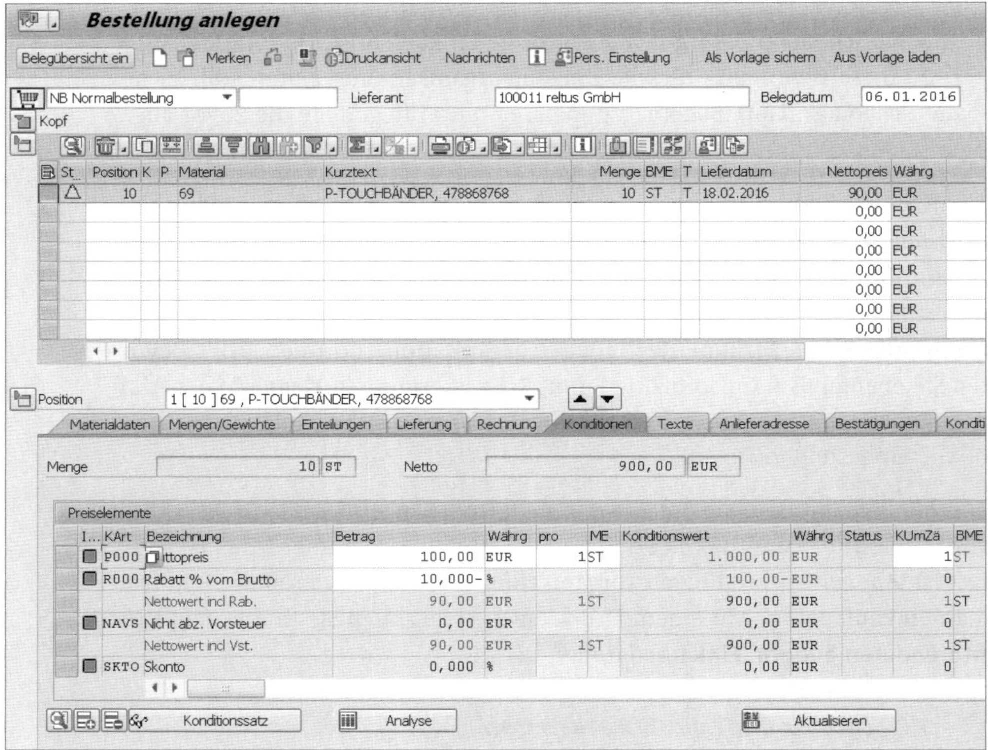

Transaktion ME21N: Einfaches Kalkulationsschema

In der Sicht **Analyse Preisfindung** wird nun das Kalkulationsschema RM1000 (Einkaufsbeleg klein) angezeigt.

Analyse Preisfindung

Schema	Beschreibung
RM1000	Einkaufsbeleg (klein)
P000	Bruttopreis
P001	Bruttopreis

Transaktion ME21N: Analyse Preisfindung

Tipp 23

Erzeugte Bestellanforderungen automatisiert in Bestellungen umwandeln

Gerade bei Bestellanforderungen, deren Preise im Kontrakt oder Einkaufsinfosatz festgelegt sind und denen im Orderbuch die Bezugsquelle zugeordnet ist, ist das manuelle Umsetzen der Bestellanforderungen in eine Bestellung unnötig viel Arbeit. Lesen Sie hier, wie Sie den Aufwand reduzieren.

Sie können in SAP Bestellanforderungen automatisiert in eine Bestellung umsetzen, wenn alle folgenden Bedingungen erfüllt sind:

- Es ist ein fester Lieferant in der Bestellanforderung vorhanden.
- Es kann ein gültiger Preis ermittelt werden.
- Der Lieferant ist für die automatische Umsetzung zugelassen.
- Das Material ist für die automatische Umsetzung zugelassen.

Im Folgenden zeige ich Ihnen, wo Sie die Einstellungen finden und wie Sie den Umwandlungsprozess starten.

› Und so geht's

Zuerst müssen Sie dafür sorgen, dass Lieferant und Material für die automatische Umsetzung der Bestellanforderung in eine Bestellung zugelassen werden.

Sie starten Transaktion MK02, erfassen die Lieferantennummer und Einkaufsorganisation und setzen das Feld **Einkaufsdaten**. Danach drücken Sie

[↵]. In der anschließenden Sicht aktivieren Sie das Kennzeichen **Automatische Bestellung** und speichern die Daten.

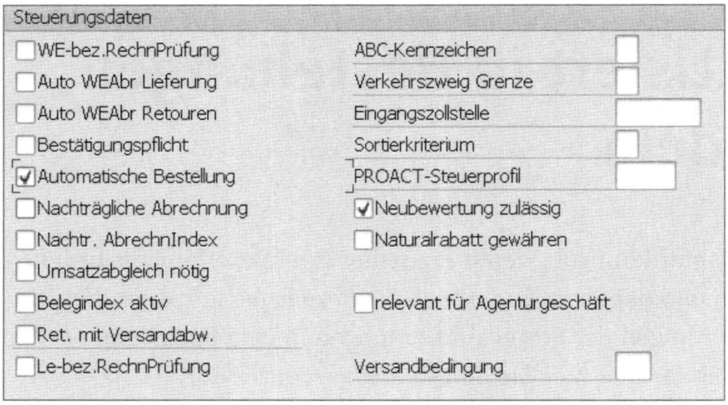

Transaktion MK02: Sicht »Einkaufsdaten«, Bereich »Steuerungsdaten«

Anschließend wechseln Sie in Transaktion MM02, um das Material für die automatische Umwandlung zuzulassen. Geben Sie dort Ihr Material ein und bestätigen Sie mit [↵]. Wählen Sie in der **Sichtenauswahl** die Sicht **Einkauf** aus. Danach geben Sie im angezeigten Fenster das **Werk** 0001 ein und drücken wiederum [↵]. In der Registerkarte **Einkauf** setzen Sie das Kennzeichen **Autom.Bestell.** (Automatische Bestellung) und speichern die Änderung.

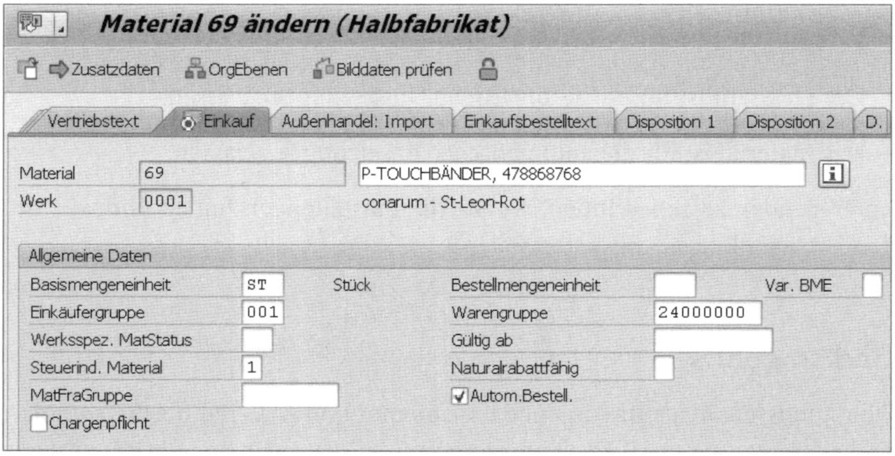

Transaktion MM02: Setzen des Kennzeichens »Autom.Bestell.«

Zum Lieferanten und Material habe ich bereits einen Einkaufsinfosatz mittels Transaktion ME11 angelegt. Im Einkaufsinfosatz habe ich einen gültigen Preis für das Material beim Beispiellieferanten hinterlegt.

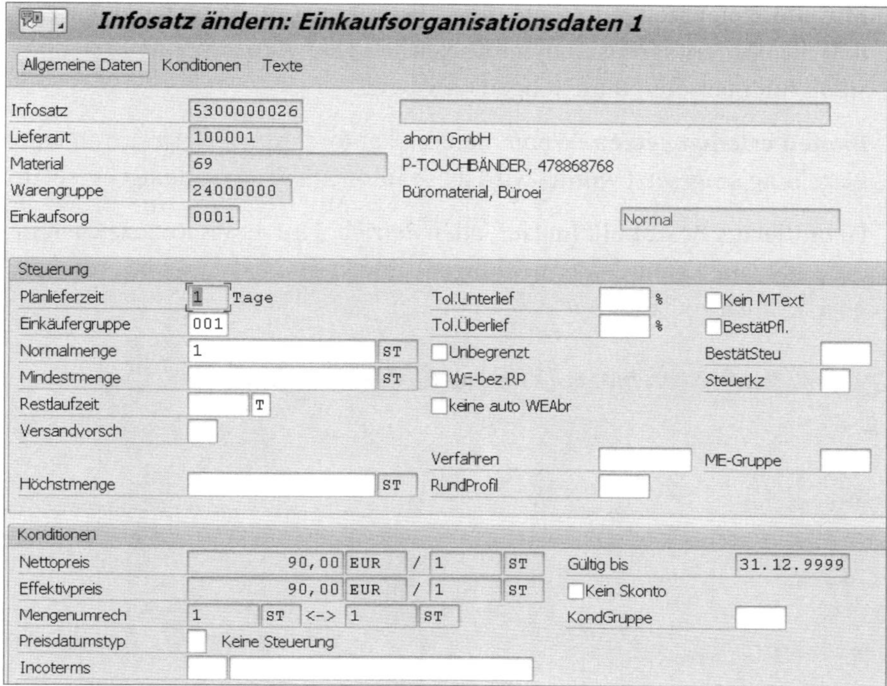

Transaktion ME11: Vorhandener Einkaufsinfosatz

Legen Sie nun mehrere Bestellanforderungen an, bei denen Sie den Lieferanten und den angelegten Einkaufsinfosatz als Bezugsquelle eintragen. Sie finden die Felder in der Bestellanforderung (Transaktion ME52N) in der Registerkarte **Bezugsquelle**. Zuletzt speichern Sie die Daten.

Direkt aus der Bedarfsplanung heraus können Sie die Bezugsquelle mithilfe des Orderbuchs automatisch steuern. Damit erreichen Sie, dass in der Bestellanforderung direkt die Bezugsquelle gesetzt wird und somit manueller Pflegeaufwand entfällt. Mehr Details finden Sie in Tipp 39.

Nun setzen Sie die erzeugten Bestellanforderungen mittels Transaktion ME59N automatisch in eine Bestellung um. Mithilfe des Reports RM06BB30 können Sie die automatische Umsetzung als Job im Hintergrund einplanen.

In Transaktion ME59N stehen Ihnen vielfältige Selektionsparameter und einige Steuerparameter zur Verfügung. Die wichtigsten Steuerparameter sind wie folgt:

- Bildbereich **Neue Bestellung**: Hier können Sie Gruppierungen nach unterschiedlichen Kriterien vornehmen. Wenn Sie beispielsweise das Kennzeichen **je Werk** aktivieren, werden separate Bestellungen je Werk erzeugt.

- **Einteilungen erzeugen**: Wenn dieses Feld gesetzt ist, werden unkontierte Bestellanforderungspositionen mit gleichen Feldwerten in eine Bestellposition mit mehreren Einteilungen umgesetzt.
- **Banfen erledigt setzen**: Wenn die Bestellanforderung erfolgreich in eine Bestellung umgesetzt wurde, wird diese automatisch auf »erledigt« gesetzt.
- **Detailliertes Protokoll**: Im laufenden Betrieb wird dieses Kennzeichen in der Regel auf 1 (nur Fehlermeldungen) gesetzt, um das Ergebnisprotokoll übersichtlich zu halten.

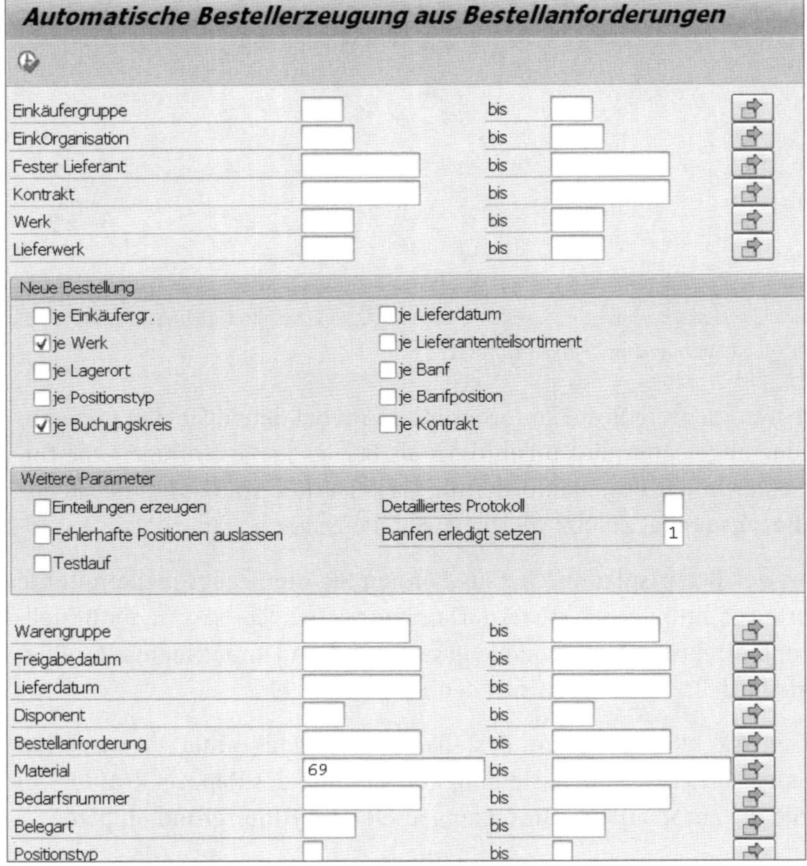

Transaktion ME59N: Automatische Bestellerzeugung

Nachdem Sie die Transaktion ausgeführt haben, erhalten Sie eine Ergebnisliste mit den angelegten Bestellungen sowie den Meldungen, die während der Umsetzung erzeugt wurden.

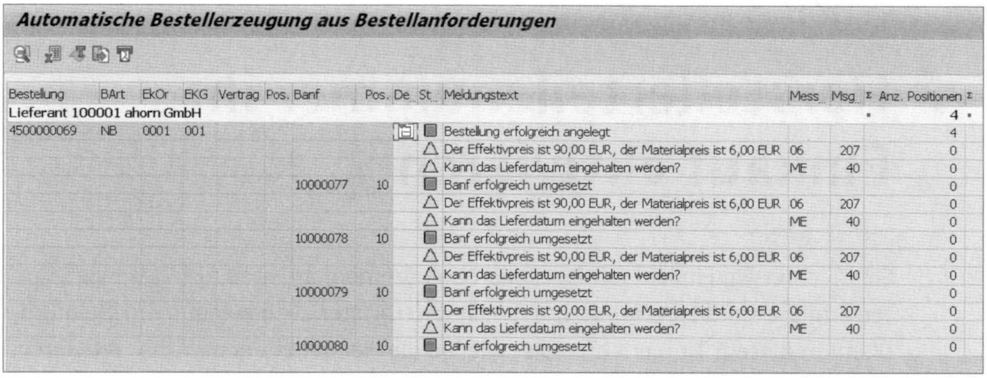

Automatische Bestellerzeugung aus Bestellanforderungen

Bestellung	BArt	EkOr	EKG	Vertrag	Pos.	Banf	Pos.	De.	St.	Meldungstext	Mess.	Msg.	Σ Anz. Positionen Σ
Lieferant 100001 ahorn GmbH													4
4500000069	NB	0001	001							Bestellung erfolgreich angelegt			4
										Der Effektivpreis ist 90,00 EUR, der Materialpreis ist 6,00 EUR	06	207	0
										Kann das Lieferdatum eingehalten werden?	ME	40	0
						10000077	10			Banf erfolgreich umgesetzt			0
										Der Effektivpreis ist 90,00 EUR, der Materialpreis ist 6,00 EUR	06	207	0
										Kann das Lieferdatum eingehalten werden?	ME	40	0
						10000078	10			Banf erfolgreich umgesetzt			0
										Der Effektivpreis ist 90,00 EUR, der Materialpreis ist 6,00 EUR	06	207	0
										Kann das Lieferdatum eingehalten werden?	ME	40	0
						10000079	10			Banf erfolgreich umgesetzt			0
										Der Effektivpreis ist 90,00 EUR, der Materialpreis ist 6,00 EUR	06	207	0
										Kann das Lieferdatum eingehalten werden?	ME	40	0
						10000080	10			Banf erfolgreich umgesetzt			0

Transaktion ME59N: Ergebnisliste

In diesem Fall wurden die zuvor angelegten Bestellanforderungen in eine Bestellung mit vier Positionen (Spalte **Anz. Positionen**) umgesetzt.

Tipp 24

Herstellerteilenummer im Einkauf aktivieren

Sie möchten im Einkauf mit Herstellerteilenummern arbeiten, um beim Lieferanten Einfluss auf die Herkunft und Qualität der Materialien zu nehmen? Kein Problem! In diesem Tipp erfahren Sie, wie Sie die Herstellerteilenummer aktivieren.

Im Einkauf können Sie mit Herstellerteilenummern arbeiten, um bei der Beschaffung z.B. die Herkunft und die Qualität des Materials besser zu kontrollieren. Herstellerteileinformationen werden auf dem Bestellausdruck ausgegeben. Sie können nach der Herstellerteilenummer suchen oder Preise zu den Herstellerteilenummern pflegen.

Herstellerteilenummern werden nur im Einkauf verwendet. Die Bestandsführung, Bewertung oder Disposition erfolgt mit einem internen bestandsgeführten Material. Ein oder mehrere Herstellerteile referenzieren dabei auf ein bestandsgeführtes Material.

Im Folgenden zeige ich die Herstellerteileabwicklung anhand eines Beispiels. Es wird ein Logikchip benötigt, der von verschiedenen Herstellern gefertigt wird, jedoch funktional gleich ist. Unterschiede liegen z.B. nur in der Haltbarkeit des Chips.

Um mit Herstellerteilenummern zu arbeiten, müssen folgende Punkte im Customizing eingestellt werden:

- Das Customizing muss eingestellt werden
- Das Herstellerteileprofil muss gepflegt werden

› Und so geht's

Zuerst müssen Sie die Herstellerteileabwicklung im Customizing aktivieren. Rufen Sie dazu folgenden Customizing-Pfad auf:

Logistik Allgemein ▸ Materialstamm ▸ Grundeinstellungen ▸ Globale Einstellungen vornehmen

Aktivieren Sie zunächst das Kennzeichen **Herstellerteilenummer**. Wenn dieses Häkchen gesetzt ist, werden die Felder für die Herstellerteileabwicklung sichtbar und die Prüfung aktiv.

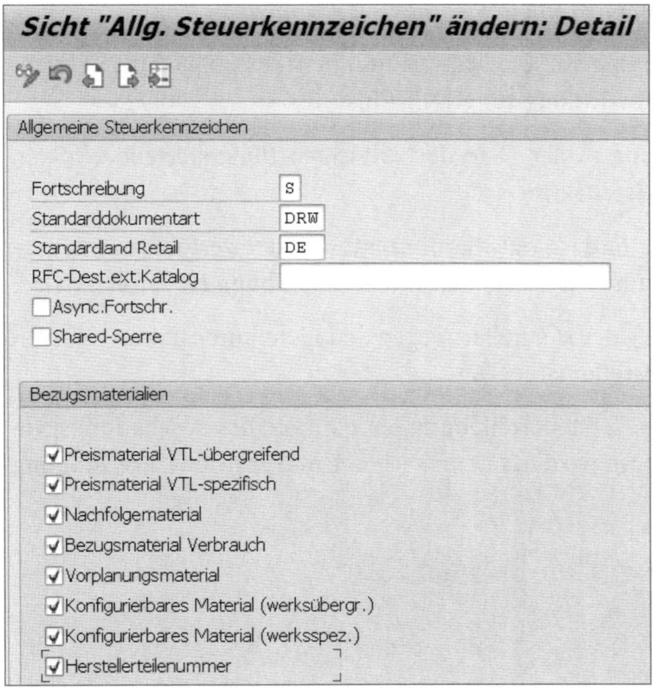

Customizing: Allgemeine Steuerparameter in der Logistik

Im nächsten Schritt legen Sie ein Herstellerteileprofil an. Dazu rufen Sie folgenden Customizing-Pfad auf:

Materialwirtschaft ▸ Einkauf ▸ Materialstamm ▸ Bestandsgeführte Herstellerteilenummer ▸ Herstellerteileprofil definieren

Klicken Sie auf die Schaltfläche **Neue Einträge** und erfassen Sie ein Herstellerteileprofil mit folgenden Ausprägungen:

- Der Bestelltext soll aus dem Herstellerteilmaterialstamm gelesen werden (**Bestelltext zum HTN-Material** ist aktiv).

- Sie möchten, dass in der Bestellung für den Logikchip die Herstellerteilenummer erfasst werden muss (**HTN-Pflicht** ist aktiv).
- Ein Wechsel der Herstellerteilenummer während des Beschaffungsvorgangs soll nicht möglich sein (**Wechsel der HTN** ist inaktiv).
- Es soll möglich sein, Einkaufsinfosätze sowohl für die Materialnummer des Logikchips als auch für die Herstellerteilenummer zu pflegen (**Infosätze zur Herstellerteilenummer** ist inaktiv).
- In der QM-Abwicklung soll die Materialnummer des Logikchips verwendet werden (**QM-Abwicklung zur HTN** ist inaktiv).
- Es soll keine Prüfung in der Liste der zulässigen Herstellerteile erfolgen (**LZHT-Verwaltung** ist inaktiv).
- Die Fortschreibung in das Logistikinformationssystem erfolgt mit der internen Materialnummer des Logikchips (**Fortschreibung LIS** ist inaktiv).
- Es soll keine Prüfung des Herstellers gegen den Lieferantenstamm erfolgen (Feld **Prüfregel Hersteller** ist leer).
- Da der Wechsel der Herstellerteilenummer während des Beschaffungsprozesses nicht erlaubt ist, wird das Kennzeichen **Unterpositions-Preisfindung** nicht gesetzt.

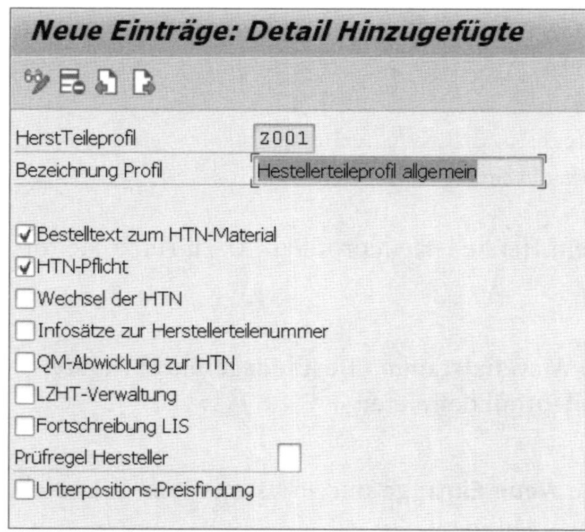

Customizing: Herstellerteileprofil

Im folgenden Tipp zeige ich Ihnen, wie Sie im Einkaufsprozess die Herstellerteilenummer verwenden.

Tipp 25

Herstellerteilenummer im Einkauf verwenden

Sie haben die Herstellerteileabwicklung im System aktiviert. Nun möchten Sie dem Lieferanten in der Bestellung die Herstellerteileinformation und den Hersteller mitteilen.

Für dieses Beispiel beschaffen Sie einen Logikchip, der von der Firma Müller Vertrieb geliefert wird und von den Herstellern Schneider Elektronik und Meier Elektronik gebaut wird. Dazu sind gewisse Stammdaten notwendig:

- Interner Materialstamm, der herstellerunabhängig den Logikchip als internes, bestandsgeführtes Material abbildet (Transaktion MM01)
- Materialstammsätze mit Materialart HERS für die jeweilige Herstellerteilenummer (Transaktion MM01)
- Stammsätze für den Hersteller (Transaktion MK01)

Die Funktion der Herstellerteilenummern finden Sie übrigens nicht nur in der Bestellung oder Lieferplan, sondern auch in der Bestellanforderung, im Einkaufsinfosatz und Orderbuch oder in der Quotierung. Auch die Bezugsquellenfindung berücksichtigt neben dem bestandsgeführten Material auch die Herstellerteilenummer.

› Und so geht's

Legen Sie zunächst mittels Transaktion MM01 eine Materialnummer mit der Materialart HALB für den Logikchip an. Pflegen Sie die benötigten Felder in den Registerkarten **Grunddaten 1**, **Grunddaten 2** und **Einkauf**. Achten Sie darauf, dass in der Registerkarte **Einkauf** im Feld **HerstTeileprofil** (Herstellerteileprofil) das im letzten Tipp angelegte Profil gepflegt ist. Speichern Sie anschließend die Daten.

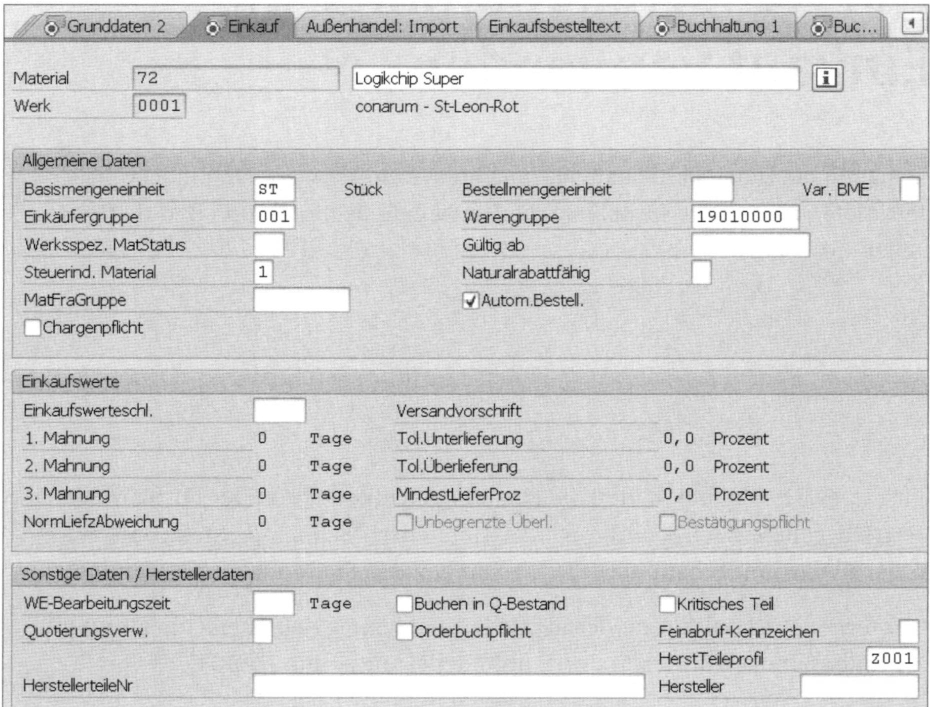

Transaktion MM01: Einkaufsdaten mit Herstellerteilenummer

Wenn zwischen Herstellerteil und internem, bestandsgeführtem Material eine 1:1-Zuordnung besteht, können Sie die Herstellerdaten direkt im bestandsgeführten Materialstamm pflegen (Felder **HerstellerteileNr** und **Hersteller**). Wenn Sie jedoch – wie in diesem Beispiel – mehrere Hersteller für das bestandsgeführte Material haben, also eine 1:n-Zuordnung besteht, müssen Sie separate Materialstämme für die Herstellerteile anlegen. Flexibler, aber auch etwas pflegeaufwändiger ist die zweite Lösung.

Die Hersteller Schneider Elektronik und Meier Elektronik können als Lieferantenstammsatz oder als Herstellerstammsatz abgebildet werden. Wie den Lieferantenstammsatz legen Sie auch den Herstellerstammsatz mittels Transaktion MK01 an, verwenden dabei jedoch die **Kontengruppe** MNFR (Hersteller). Legen Sie für die beiden Beispielhersteller jeweils einen Beispielstammsatz an.

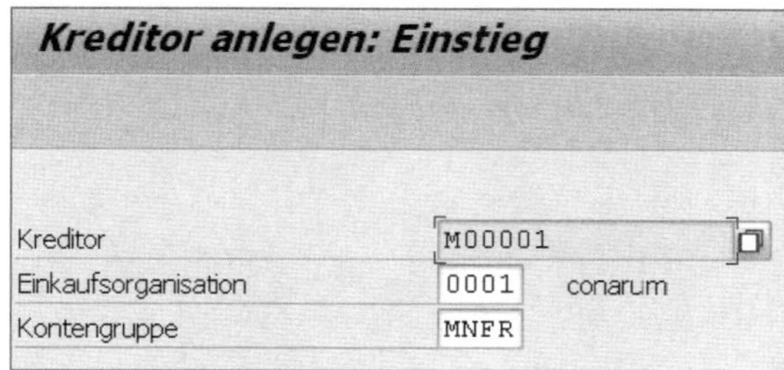

Transaktion MK01: Anlagen Herstellerstammsatz

Anschließend legen Sie Materialstämme mit der Materialart HERS für die beiden Herstellerteile an. Starten Sie dazu Transaktion MM01 und wählen Sie die **Materialart** HERS und die **Branche** M (Maschinenbau) aus. Bestätigen Sie die Eingaben mit [↵].

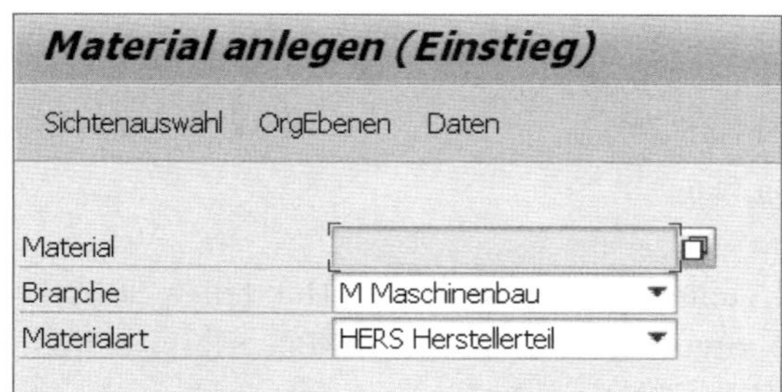

Transaktion MM01: Anlage Herstellerteilenummer

Die Materialart HERS hat im Standard nur die drei Sichten Einkauf, Einkaufsbestelltext und Klassifizierung. Außerdem werden Herstellerteilenummern werksunabhängig gepflegt. Wählen Sie die Sichten **Einkauf** und **Einkaufsbestelltext** aus und bestätigen Sie mit [↵].

Transaktion MM01: Sichtenauswahl

In der Sicht **Einkauf** pflegen Sie neben dem sprachabhängigen Materialkurztext das interne bestandsgeführte Material (Feld **BestGef. Material**), auf das sich das Herstellerteil bezieht.

Material 76 anlegen (Einkauf, Herstellerteil)

Kurztexte Bearbeitete Sichten OrgEbenen Bilddaten prüfen

Material 76

Kurztexte

Sprache	Materialkurztext
DE	Logikchip Super 1

Zeile löschen Eintrag 0 von 0

Herstellerteile

BestGef. Material 72
HerstellerteileNr L_SUPER_S1 Hersteller S00001

Allgemeine Daten

Warengruppe 19010000 Variable BME
Werksüb. MatStatus Gültig ab

Transaktion MM01: Einkauf des Herstellerteils

Sie erfassen auch die Herstellerteilenummer und den Hersteller S00001 (Schneider Elektronik), den Sie zuvor in Transaktion MK01 erfasst haben. Anschließend gehen Sie mit der Schaltfläche [ ] weiter, erfassen einen Langtext und speichern den Materialstamm.

Legen Sie daraufhin nach dem gleichen Muster ein Herstellerteil für die Firma Meier Elektronik (M00001) an.

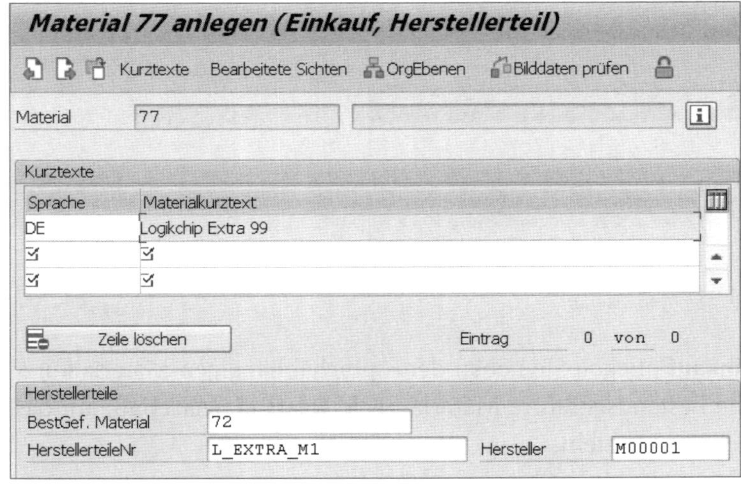

Material 77 anlegen (Einkauf, Herstellerteil)

Kurztexte Bearbeitete Sichten OrgEbenen Bilddaten prüfen

Material 77

Kurztexte

Sprache	Materialkurztext
DE	Logikchip Extra 99

Zeile löschen Eintrag 0 von 0

Herstellerteile

BestGef. Material 72
HerstellerteileNr L_EXTRA_M1 Hersteller M00001

Transaktion MM01: Herstellerteil der Firma Meier Elektronik

Starten Sie nun Transaktion ME21N und legen Sie manuell eine Bestellung für das zuvor angelegte Herstellerteil an. Geben Sie dazu den Lieferanten Meier Vertrieb ein und erfassen Sie im Feld **Material** direkt die Herstellerteilenummer. Das System bietet Ihnen hierfür auch eine Suchhilfe im Feld **Material** an.

Anschließend drücken Sie [↵]. In der Positionsübersicht sehen Sie nun sowohl das eingegebene Herstellerteil in der ersten Spalte **Material** (Nummer 77) als auch das interne bestandsgeführte Material in der zweiten Spalte **Material** (Materialnummer 72). Zusätzlich sehen Sie in den Positionsdetails das Feld **Hersteller** und die externe Herstellerteilenummer (Feld **HerstellerteileNr**).

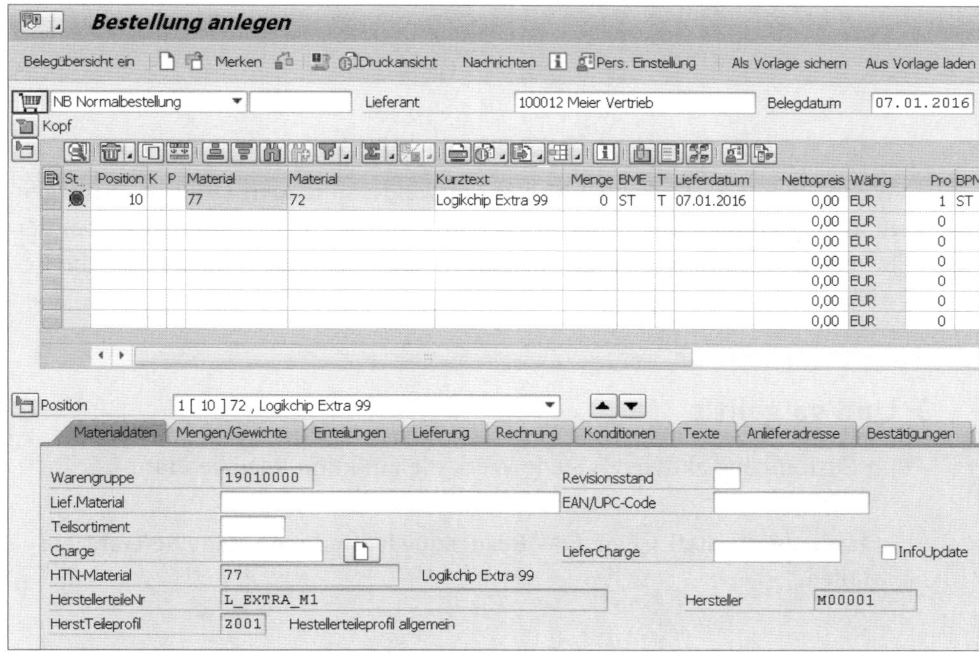

Transaktion ME21N: Bestellung mit Herstellerteileinformation

Auch im Standardausdruck erfolgt die Ausgabe der Herstellerinformationen.

```
Pos.   Material                    Bezeichnung
       Bestellmenge         Einheit          Preis pro Einheit          Nettowert

00010 77                    Logikchip Extra 99
                  0 Stück
 Herstellerteilenummer                  Hersteller HerstWerk  RevSt.
 L_EXTRA_M1                             M00001
---------------------------------------------------------------------
```

Ausdruck der Bestellung mit Herstellerinformationen

Tipp 26
Mit Regellieferanten arbeiten

Sie verwenden für die Beschaffung von Materialien in der Regel nur einen Lieferanten. Für diese Teile haben Sie jedoch mehrere Lieferanten als Bezugsquelle im System gepflegt. Sie möchten sich aber die Pflege des Orderbuchs ersparen. In diesem Fall können Sie mit der Funktion »Regellieferant« Ihre Bearbeitung von Bestellanforderungen und das Umsetzen in eine Bestellung beschleunigen.

Wenn Sie in SAP Einkaufsinfosätze verwenden und kein Orderbuch pflegen möchten, können Sie festlegen, dass eine Bezugsquelle automatisch bei der Bezugsquellenfindung vorgeschlagen wird und als fester Lieferant in die Bestellanforderung eingetragen wird.

› Und so geht's

Im Customizing aktivieren Sie je Werk die Funktion Regellieferant:

Materialwirtschaft ▸ Einkauf ▸ Bezugsquellenfindung ▸ Regellieferant einstellen

In der Sicht **»Regellieferant verwenden« ändern: Übersicht** aktivieren Sie für das gewünschte Werk das Kennzeichen in der Spalte **Regellief**. Speichern Sie die Daten.

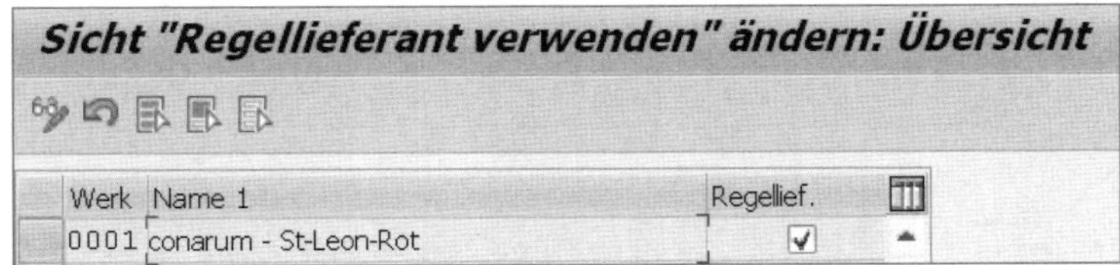

Customizing: Aktivieren der Funktion Regellieferant für das Werk 0001

Für dieses Beispiel habe ich zwei Bezugsquellen (ahorn GmbH und Meier Vertrieb) zum Beispielmaterial 79 angelegt, die als Einkaufsinfosätze abgebildet sind.

Wenn Sie eine Bestellanforderung mit diesem Material erfassen und dabei in den Positionsdetails des Materials in der Registerkarte **Bezugsquelle** auf die Schaltfläche **Bezugsquelle zuordnen** klicken, erscheint eine Übersicht über die möglichen Bezugsquellen zum Material.

Zu...	Lieferant	BWk	Name 1	Info/Vertr	Pos	Nettopre...	Währg	BME	Real. Lieferd.	EkOr	Werk	Text
	100001		ahorn GmbH	5300000028		100,00	EUR		18.01.2016	0001	0001	Normal
	100012		Meier Vertrieb	5300000029		100,00	EUR		18.01.2016	0001	0001	Normal

Bezugsquellenübersicht

Die ahorn GmbH soll nun Regellieferant werden. Dazu starten Sie Transaktion ME12 (Einkaufsinfosatz ändern), geben die Einkaufsinfosatznummer 5300000028 ein und drücken [↵]. In der Sicht **Infosatz ändern: Allgemeine Daten** setzen Sie das Kennzeichen **Regellieferant** und speichern die Änderung.

Infosatz ändern: Allgemeine Daten

Texte

Infosatz 5300000028
Lieferant 100001 ahorn GmbH
Material 79 P-TOUCHBÄNDER, 9840284303284 HALB
Warengruppe 24000000 Büromaterial, Büroei

Lieferantendaten
1. Mahnung Tage
2. Mahnung Tage
3. Mahnung Tage
Lief.Material
Teilsortiment
LTS-SortNr.
Lief.-Warengrp.
Punkte / 1 ST
Verkäufer
Telefon
RücknVereinb.
Vorlieferant

Ursprungsdaten
Zeugnistyp
Zeugnisnummer
Gültig bis
Ursprungsland DE
Region
Nummer
Hersteller

Liefermöglichkeit
Lieferbar ab
Lieferbar bis
☑ Regellieferant

Transaktion ME12: Kennzeichen »Regellieferant« im Infosatz setzen

Zum Testen der Funktion rufen Sie Transaktion ME51N auf, markieren das Kennzeichen **Bezugsquellenfindung**, erfassen das Beispielmaterial und die Menge und drücken zuletzt [↵]. Im Feld **Fst.Lieferant** wird nun der als Regellieferant markierte Lieferant ahorn GmbH vorgeschlagen. Diese Funktion wird auch in Transaktion ME57 unterstützt, wenn Lieferanten mithilfe der Schaltfläche **Automatisch zuordnen** den Bestellanforderungen automatisch zugeordnet werden sollen.

Tipp 27

Streckenabwicklung umsetzen

Ihr Kunde bestellt bei Ihnen Ersatzteile für eine Maschine. Sie möchten, dass der Lieferant, der die Ersatzteile für Sie fertigt, diese direkt an Ihren Kunden liefert. Sie erhalten in diesem Fall nur die Lieferantenrechnung. In diesem Tipp zeige ich Ihnen, wie Sie die Streckenabwicklung mit SD und MM umsetzen.

Um den Prozess der Streckenabwicklung zu starten, erfassen Sie im Vertrieb mithilfe der Transaktion VA01 einen Kundenauftrag mit einem Positionstyp, der die Streckenabwicklung unterstützt. Im SAP-Standard wird der Positionstyp TAS ausgeliefert. Sie können den Positionstypen manuell erfassen oder vom System vorschlagen lassen.

Wenn Sie den Kundenauftrag speichern, erzeugt das System direkt eine Bestellanforderung mit dem Positionstyp S (Strecke), die in eine Bestellung umgesetzt werden kann.

› Und so geht's

Zunächst müssen Sie dafür sorgen, dass der Positionstyp TAS im SD-Auftrag automatisch vorgeschlagen wird. Rufen Sie dazu den Materialstamm der Verkaufsorganisation 0001, Vertriebsweg 01, auf.

In der Registerkarte **Vertrieb: VerkOrg 2** erfassen Sie im Feld **Positionstypengruppe** den Wert BANS (**Streckenposition**). Zusätzlich pflegen Sie im Materialstamm in der Sicht **Einkauf** im Feld **Einkäufergruppe** eine gültige Einkäufergruppe. Die gepflegte Einkäufergruppe wird bei der Anlage der Bestellanforderung in den Beleg übernommen. Speichern Sie den Materialstamm.

Material 138 ändern (Halbfabrikat)

Zusatzdaten | OrgEbenen | Bilddaten prüfen

Vertrieb: VerkOrg 1 | Vertrieb: VerkOrg 2 | Vertrieb: allg./Werk | Außenhandel: Export | Vertriebstext

Material	138	Material - Streckenabwicklung
VerkOrg.	0001	Zentral conarum
VertrWeg	01	zentral conarum

Gruppierungsbegriffe

StatistkGrMaterial		Materialgruppe		
Bonusgruppe		Kontierungsgr. Mat.		
allg.Pos.typenGruppe		Positionstypengruppe	BANS	Streckenposition

Transaktion MM01: Registerkarte »Vertrieb: VerkOrg 2«

Anschließend konfigurieren Sie die Positionstypenfindung. Rufen Sie dazu folgenden Customizing-Pfad auf:

Vertrieb ▸ Verkauf ▸ Verkaufsbelege ▸ Verkaufsbelegposition ▸ Positionstypen zuordnen

In diesem Beispiel wird anhand der Belegart (im Beispiel TA) und der Positionstypengruppe aus dem Materialstamm (im Beispiel BANS) der Positionstyp TAS gefunden.

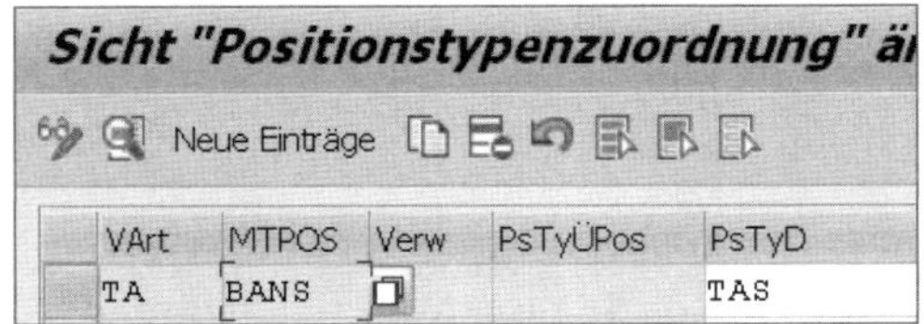

Sicht "Positionstypenzuordnung" ä

Neue Einträge

VArt	MTPOS	Verw	PsTyÜPos	PsTyD
TA	BANS			TAS

Customizing: Positionstypenfindung in SD

Testen Sie nun die Einstellungen, indem Sie mithilfe von Transaktion VA01 einen Kundenauftrag mit Belegart TA anlegen. Tragen Sie das Beispielmaterial 138 in die Spalte **Material** ein und drücken Sie [↵]. Der Positionstyp TAS wird ermittelt. Erfassen Sie noch das Werk in der Spalte **Werk** und sichern Sie den Auftrag.

Im Hintergrund legt das System automatisch eine Bestellanforderung mit den Daten aus dem Kundenauftrag an. Die Bestellanforderungsnummer wird auch in den Kundenauftrag fortgeschrieben.

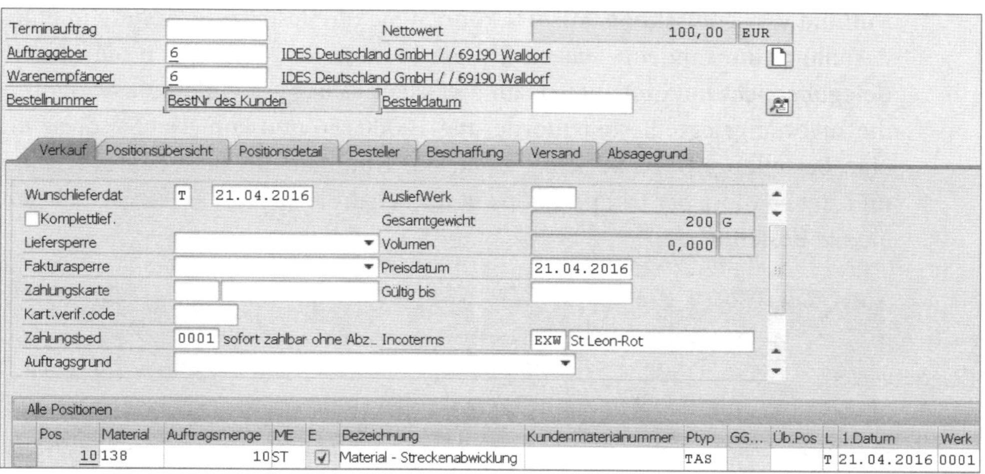

Transaktion VA01: Kundenauftrag anlegen

Um die erzeugte Bestellanforderungsnummer anzuzeigen, starten Sie Transaktion VA03 (Kundenauftrag anzeigen), erfassen eine Auftragsnummer (Feld **Auftrag**) und drücken [↵]. Mit Doppelklick auf die Positionsnummer (Spalte **Pos**) öffnen Sie die Positionsdetails der ersten Auftragsposition. Anschließend klicken Sie auf die Registerkarte **Einteilungen**. Darin wird Ihnen die erzeugte Bestellanforderung angezeigt.

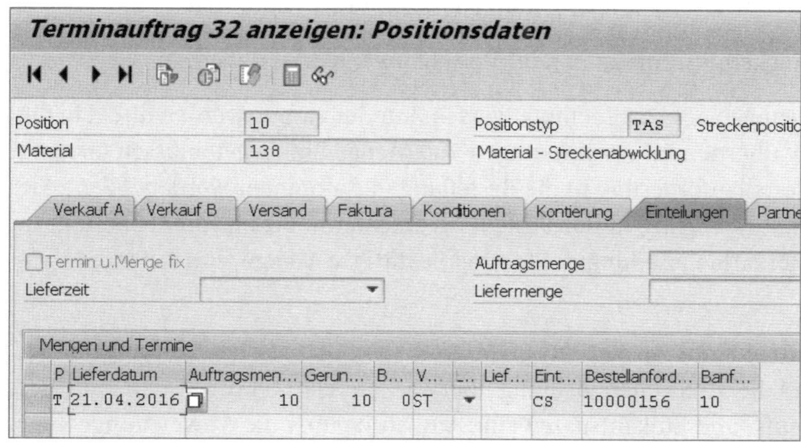

Transaktion VA03: Auftrag anzeigen.

Wundern Sie sich nicht, wenn in der Transaktion MD04 (Bedarfs-/Bestandsliste) keine Einträge für den Kundenauftrag bzw. Bestellanforderungen vorhanden sind. Belegpositionen mit Streckenabwicklungskennzeichen werden in Transaktion MD04 grundsätzlich nicht angezeigt.

Mithilfe von Transaktion ME21N können Sie die Bestellanforderung in eine Bestellung umwandeln. Starten Sie die Transaktion, selektieren Sie in der **Belegübersicht** mit einem Klick auf die Schaltfläche (**Selektionsvariante**) die zuvor angelegte Bestellanforderung 10000156 und kopieren Sie diese in eine Bestellung. Dazu klicken Sie auf die Nummer der Bestellanforderung und ziehen diese per Drag & Drop auf die Schaltfläche . Zuletzt speichern Sie die Bestellung.

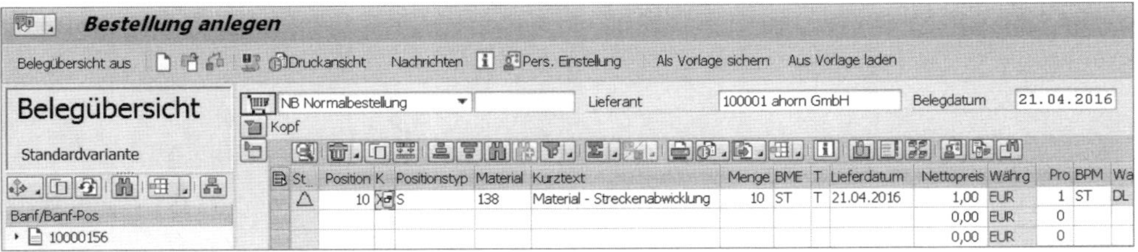

Transaktion ME21N: Bestellung anlegen

Die angelegte Streckenbestellung hat mehrere Besonderheiten:

- Der Positionstyp ist S (Streckenabwicklung).
- Die Kontierung erfolgt auf den Kundenauftrag.
- In der Position in der Registerkarte **Anlieferung** sind die Kundendaten bzw. Warenempfängerdaten zu sehen. Diese sind nicht änderbar.
- Zur Streckenposition kann kein Wareneingang erfasst werden.

Die Änderungen des Warenempfängers im Kundenauftrag werden direkt in die Bestellung übernommen. Änderungen von Mengen hingegen müssen manuell aus der Bestellanforderung in die Bestellung übernommen werden. Wenn Sie eine Bestellbestätigung in der Bestellung erfassen, wird im Kundenauftrag in der Registerkarte **Einteilung** der Eintrag **Bestätigte Menge** aktualisiert und angezeigt.

Sie können anhand des Reports SDMFSTRP (Reports starten Sie mit Transaktion SA38) die Streckenabwicklung überwachen. Der Report erstellt auf Basis der Verkaufs- und Einkaufsdaten eine Auflistung über die Abweichungen der Mengen, die bestellt und berechnet bzw. storniert und gutgeschrieben wurden. Der Report kann jedoch nur für Materialpositionen verwendet werden.

TEIL 3

Genehmigungs- und Freigabeverfahren in der Fremdbeschaffung

Genehmigungen und Freigabeprozesse spielen besonders in der indirekten Beschaffung eine große Rolle. In diesem Teil habe ich Tipps zusammengefasst, die das Genehmigungsverfahren im Einkauf als Ganzes beschreiben. Neben den notwendigen Einstellungen im Klassensystem und der Konfiguration des Freigabeverfahrens zeige ich Ihnen auch, welche Möglichkeiten der Standard für die SAP-Workflow-Integration bietet.

› Tipps in diesem Teil

Tipp 28
Freigabemerkmale festlegen

Jeder Genehmigungsprozess in SAP benötigt Merkmale wie den Preis und bestimmte Regeln, nach denen der Genehmigungsprozess gesteuert wird. In diesem Tipp lernen Sie, wie diese Regeln im System abelegt werden.

Um einen Genehmigungsprozess in der Materialwirtschaft abzubilden, müssen Sie die Merkmale und Regeln einer Genehmigung im System hinterlegen. Im Folgenden erfahren Sie, wie Sie die Grundlage für einen effizienten Genehmigungsprozess legen.

Grundsätzlich sollten Sie Ihre Genehmigungsprozesse möglichst einfach halten. Bei komplexen Genehmigungsprozessen verlängern sich nicht nur die Belegdurchlaufzeiten, auch der Aufwand für die Wartung des im System abgebildeten Genehmigungsprozesses steigt. Mein Rat: Keep it simple!

Es gibt zwei Arten von Freigabeverfahren in der Materialwirtschaft: das Freigabeverfahren mit Klassifizierung sowie dessen Nachfolger, das Freigabeverfahren ohne Klassifizierung. Im Folgenden gehe ich auf das Freigabeverfahren mit Klassifizierung ein und zeige anhand eines BANF-Genehmigungsprozesses, wie Sie die Merkmale und Regeln im System abbilden.

Die benötigten Klassen und Merkmale legen Sie in Ihrem Entwicklungssystem an. Diese sind Voraussetzung für das Customizing des Freigabeverfahrens. Da es sich bei Klassen und Merkmalen aber um Anwendungsdaten und nicht um Customizing-Daten handelt, werden diese nicht mithilfe des Korrektur- und Transportwesens transportiert.

Sie können die Merkmale und Klassen später in Ihrem Test- und Produktivsystem manuell anlegen und pflegen – oder Sie verteilen diese mithilfe von ALE (Application Link Enabling) in die jeweiligen Systeme. Eine Verteilung mittels ALE hat den Vorteil, dass Fehler bei der Eingabe vermieden werden und der Aufwand bei Änderungen reduziert wird.

› Und so geht's

SAP verwendet für die Abbildung des Regelwerks eines Genehmigungsprozesses das Klassensystem. Das Bereichsmenü des Klassensystems rufen Sie via Transaktion CL00 auf. Mithilfe des Klassensystems können Sie sehr flexibel Merkmale und Regeln, die Sie in einem Genehmigungsprozess benötigen, in SAP abbilden. Das Klassensystem wird aber auch bei der Pflege des Materialstamms oder des Lieferantenstamms eingesetzt. Die verwendete Klassenart für das Freigabeverfahren ist 032.

Die folgende Tabelle gibt Ihnen einen Überblick über die Belegtypen, für die Sie das Freigabeverfahren mit Klassifizierung verwenden können.

Belegtyp	Ebene	Eingesetzte Kommunikationsstruktur
Bestellanforderung	Gesamtfreigabe oder Positionsfreigabe	CEBAN
Bestellung	Gesamtfreigabe	CEKKO
Leistungserfassungsblatt	Gesamtfreigabe	CESSR
Anfragen	Gesamtfreigabe	CEKKO
Kontrakt	Gesamtfreigabe	CEKKO

Geeignete Tabellentypen für das Freigabeverfahren mit Klassifizierung

In diesem Beispiel erläutere ich das Freigabeverfahren anhand einer Bestellanforderung (BANF). Die Freigabe soll auf Positionsebene der Bestellanforderung erfolgen.

Das Beispiel soll zwei Freigabestufen enthalten:

- **Freigabestufe 1**
  Die Freigabe soll für die Warengruppen 19010000 (Computersysteme), 19210000 (Software(Client)) und 23000000 (Maschinenelemente) durchlaufen werden. Für andere Warengruppen soll die Freigabestufe 1 nicht ausgeführt werden.

- **Freigabestufe 2**
  Für das Beispielwerk 0001 (St. Leon-Rot) gilt folgende Regelung:
  Alle Bestellanforderungspositionen mit einem Bewertungspreis > 2.500 sollen die Freigabestufe 2 durchlaufen.

Für das Beispielwerk 0002 (Burghausen) gilt folgende Regelung:
Alle Bestellanforderungspositionen mit einem Bewertungspreis > 5.000 sollen die Freigabestufe 2 durchlaufen.

Um Felder im Freigabeverfahren verwenden zu können, müssen diese in der Kommunikationsstruktur hinterlegt und gefüllt sein. Die Kommunikationsstruktur stellt die jeweiligen Inhalte eines Einkaufsbelegs dem Freigabeverfahren strukturiert und einheitlich zur Verfügung. Im Fall Bestellanforderung ist es die Kommunikationsstruktur CEBAN, die für den Datenaustausch verwendet wird.

Die Felder in der Struktur CEBAN können Sie mit Transaktion SE11 einsehen und auf deren Existenz prüfen. Markieren Sie dazu zunächst den Auswahlknopf **Datentyp** und erfassen Sie im nachfolgenden Feld die Struktur CEBAN. Anschließend klicken Sie auf die Schaltfläche **Anzeigen**.

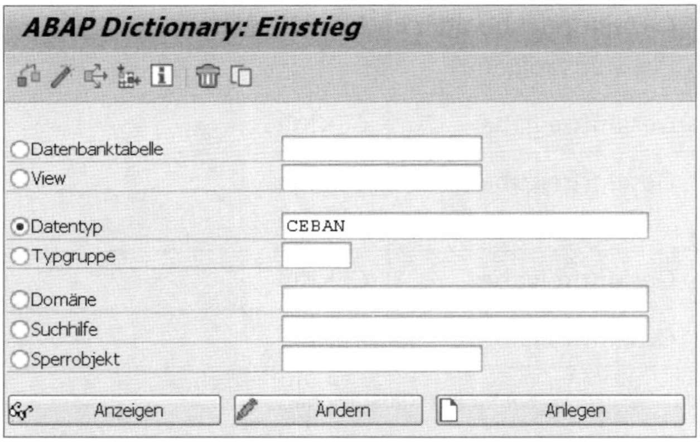

Transaktion SE11: Aufruf der Kommunikationsstruktur CEBAN

Es wird Ihnen nun eine Liste möglicher Felder angezeigt, die im Freigabeverfahren der BANF verwendet werden können. Beim BANF-Freigabeverfahren ist darauf zu achten, welches Freigabeverfahren (Gesamtfreigabe der BANF oder Positionsfreigabe) verwendet wird.

Im Fall des Gesamtfreigabeverfahrens ist zusätzlich zu beachten, dass nicht immer alle Positionsfelder – zum Beispiel die Warengruppe in der CEBAN – gefüllt sind, da diese je Position unterschiedlich sein können.

Für dieses Beispiel benötigen Sie folgende Felder:

- MATKL (Warengruppe)
- WERKS (Werk)
- GSWRT (Gesamtwert der Position)

Transaktion SE11: Anzeige der Struktur CEBAN

Zu jedem dieser Felder legen Sie nun im SAP-Klassensystem ein Merkmal an, in das später das Regelwerk der Freigabe gespeichert wird. Rufen Sie dazu das Customizing des Freigabeverfahrens auf (alternativ können Sie Transaktion CT04 aufrufen):

Materialwirtschaft ▸ Einkauf ▸ Bestellanforderung ▸ Freigabeverfahren ▸ Verfahren mit Klassifizierung ▸ Merkmale bearbeiten

Erfassen Sie einen Merkmalsschlüssel und klicken Sie auf die Schaltfläche (**Anlegen**).

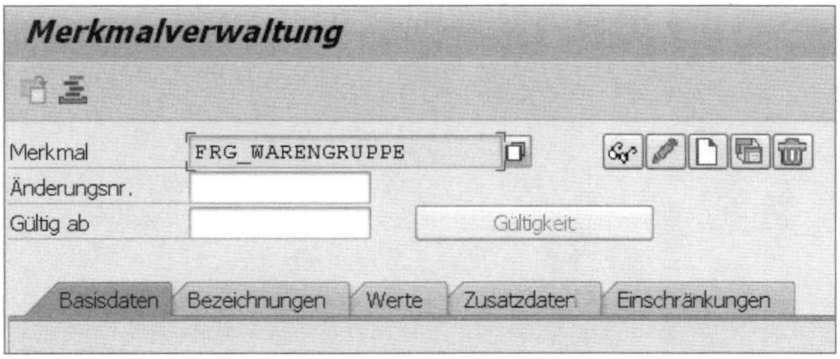

Transaktion CT04: Merkmalsverwaltung

In der folgenden Sicht erfassen Sie in der Registerkarte **Basisdaten** eine **Bezeichnung** und aktivieren im Bildbereich **Bewertung** den Auswahlknopf **Mehrwertig**. Diese Einstellung ist notwendig, um zum Beispiel mehrere Warengruppen erfassen zu können, die im Regelwerk berücksichtigt werden sollen.

Transaktion CT04: Basisdaten Merkmal

Bestätigen Sie die Eingabe noch nicht mit ↵, sondern wechseln Sie zuvor in die Registerkarte **Zusatzdaten** und erfassen Sie folgende Felder im Bildbereich **Verweis auf Tabellenfeld**:

- **Tabellenname**: CEBAN
- **Feldname**: MATKL

Leider funktioniert die Wertehilfe für das Feld **Feldname** nicht bei Strukturen, sodass Sie den Feldnamen am besten zuvor mit Transaktion SE11 ermitteln. Diese Zuordnung verbindet die Kommunikationsstruktur mit dem Regelwerk des Freigabeverfahrens.

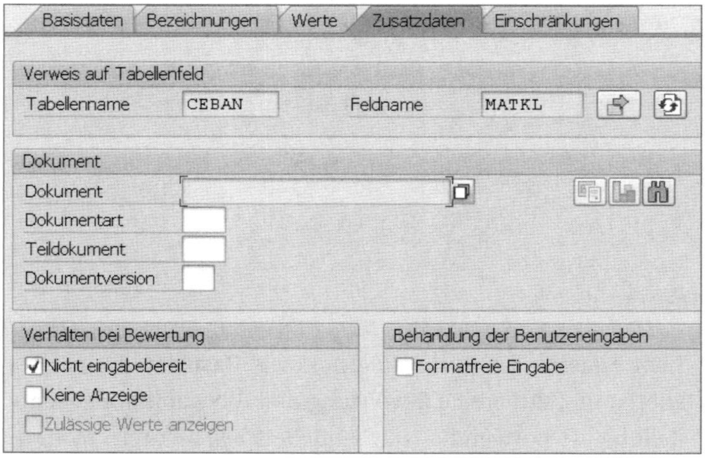

Transaktion CT04: Erfassung Tabellenname und Feldname – Referenz auf Kommunikationsstruktur

Nun drücken Sie [↵] und bestätigen auch die anschließende Meldung »Formatangaben aus Data-Dictionary übernommen«. Zuletzt speichern Sie das Merkmal.

Nach derselben Vorgehensweise legen Sie auch für die Felder **Werk** (**Tabellenname**: CEBAN; **Feldname**: WERKS) und **Positionswert** (**Tabellenname**: CEBAN; **Feldname**: GSWRT) die Merkmale an. In diesem Beispiel tragen die Merkmale die Namen FRG_WERK und FRG_POSWERT.

Damit Sie die Merkmale im Freigabeverfahren verwenden können, müssen Sie diese nun einer Klasse zuordnen. Rufen Sie zum Erstellen einer neuen Klasse den folgenden Customizing-Pfad auf (alternativ rufen Sie Transaktion CL01 auf):

Materialwirtschaft ▸ Einkauf ▸ Bestellanforderung ▸ Freigabeverfahren ▸ Verfahren mit Klassifizierung ▸ Klassen bearbeiten

Legen Sie eine **Klasse** FRG_BANF mit der **Klassenart** 032 (Freigabestrategie) an.

Transaktion CL01: Klasse anlegen

In der Registerkarte **Basisdaten** erfassen Sie eine Bezeichnung für die Klassen und setzen den Status auf **Freigegeben**. Anschließend wechseln Sie auf die Registerkarte **Merkmale**, um die zuvor angelegten Merkmale der Klasse zuzuordnen. Tragen Sie in der Spalte **Merkmal** die zuvor angelegten Merkmale ein und drücken Sie [↵]. Alle weiteren Felder der Tabelle werden anschließend durch das System ergänzt. Abschließend speichern Sie die Klasse.

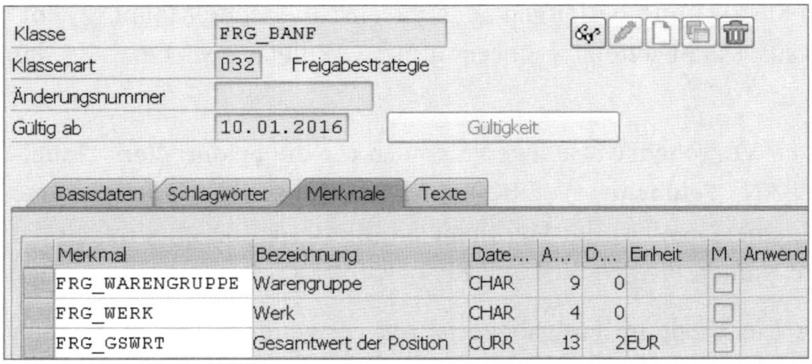

Klasse FRG_BANF
Klassenart 032 Freigabestrategie
Änderungsnummer
Gültig ab 10.01.2016 Gültigkeit

Basisdaten | Schlagwörter | Merkmale | Texte

Merkmal	Bezeichnung	Date...	A...	D...	Einheit	M.	Anwend
FRG_WARENGRUPPE	Warengruppe	CHAR	9	0			
FRG_WERK	Werk	CHAR	4	0			
FRG_GSWRT	Gesamtwert der Position	CURR	13	2	EUR		

Transaktion CL01: Zuordnung der Merkmale zur Klasse FRG_BANF

Nun haben Sie die Grundlage geschaffen, um das Regelwerk für Ihren Beispielgenehmigungsprozess zu speichern. Im folgenden Tipp zeige ich Ihnen, wie Sie das Freigabeverfahren im Customizing einstellen und Ihr Regelwerk pflegen.

Tipp 29

Freigabeverfahren mit Klassifizierung schnell einrichten

Sie benötigen einen Genehmigungsprozess in der Beschaffung? SAP bietet ein flexibles Verfahren, um Ihren Genehmigungsprozess über Customizing-Einstellungen abzubilden.

Im letzten Tipp habe ich am Beispiel einer Freigabe von Bestellanforderungspositionen beschrieben, wie Sie das notwendige Regelwerk im System ablegen können. Im Folgenden zeige ich Ihnen, wie Sie die Genehmigungsstufen, Abhängigkeiten und die einzelnen Regeln des Beispielprozesses im System ablegen.

› Und so geht's

Da in diesem Beispiel die Freigabe auf Positionsebene erfolgen soll, prüfen Sie zuerst im Customizing der Belegarten, ob das Kennzeichen **GesFrgBanf** (Gesamtfreigabe Bestellanforderung) für die jeweilige Belegart (Spalte **Art**) inaktiviert ist:

Materialwirtschaft ▸ Einkauf ▸ Bestellanforderung ▸ Belegarten einstellen

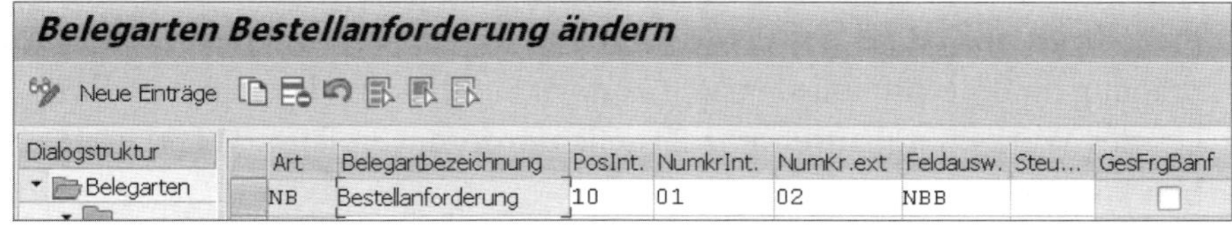

Steuerung der Freigabe abhängig von der Belegart

Anschließend stellen Sie das Freigabeverfahren im Customizing ein. Wechseln Sie dazu in das Customizing des Freigabeverfahrens in Bestellanforderungen:

Materialwirtschaft ▸ Einkauf ▸ Bestellanforderung ▸ Freigabeverfahren ▸ Verfahren mit Klassifizierung ▸ Verfahren mit Klassifizierung einrichten

Sie gelangen in die Übersicht für das Customizing des Freigabeverfahrens. Im Folgenden stelle ich Ihnen nacheinander die wichtigsten Customizing-Aktivitäten vor.

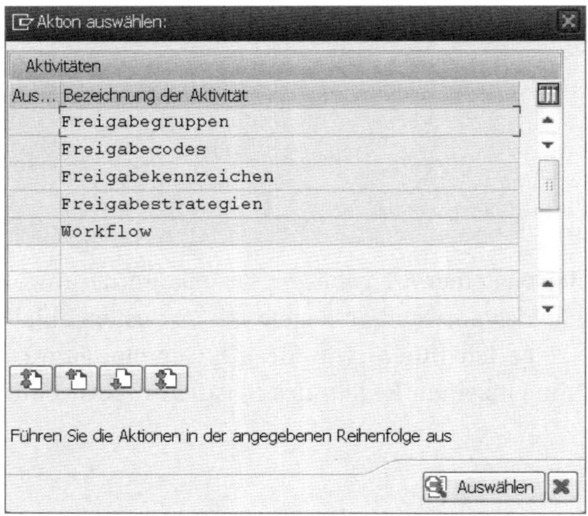

Customizing: Freigabeverfahren mit Klassifizierung

Im ersten Schritt legen Sie eine *Freigabegruppe* fest. Freigabegruppen dienen der Gruppierung der Einstellungen für das Freigabeverfahren. Beim Festlegen der Gruppierung sollten Sie folgende Punkte beachten:

- **Berechtigungen**
  Über das Berechtigungsobjekt M_EINK_FRG können Sie festlegen, welcher Anwender welche Freigabegruppe freigeben darf. In diesem Beispiel ist eine Freigabegruppe 01 für das Werk St. Leon-Rot und eine weitere Freigabegruppe 02 für das Werk Burghausen festgelegt. Mit der Rollenausprägung im Berechtigungskonzept können Sie steuern, dass z.B. Genehmiger des Werks Burghausen nur Bestellanforderungen jenes Werks freigeben können.

- **Workflowsteuerung**
  Je Freigabegruppe und Freigabecode können unterschiedliche Anwender einen Workflow erhalten.

Sie starten das Customizing der Freigabegruppe mit einem Doppelklick auf die Aktivität **Freigabegruppen**. Erfassen Sie für jedes Werk eine eigene Freigabegruppe (Feld **FrgGruppe**), eine **Bezeichnung** und jeweils die **Klasse**, die Sie im letzten Tipp angelegt haben.

Sicht "Freigabegruppen Bestellanforderung" ändern: Übersicht

Neue Einträge

FrgGruppe	FrgObjekt	GesFrgBanf	Klasse	Bezeichnung
01	1	☐	FRG_BANF	F.verf. BANF Wı
02	1	☐	FRG_BANF	F.verf. BANF Wı

Freigabegruppe

Da in diesem Beispiel die Freigabe auf Positionsebene erfolgen soll, wird das Kennzeichen **GesFrgBanf** (Gesamtfreigabe BANF) nicht gesetzt. Anschließend speichern Sie die Einstellungen und gelangen zurück in die Aktivitätenübersicht.

Im nächsten Schritt müssen Sie *Freigabecodes* definieren. Freigabecodes sind zweistellige Schlüssel, die den Bearbeitungsstatus des Einkaufsbelegs dokumentieren. Die Freigabecodes werden später in der Freigabestrategie verwendet.

Starten Sie das Customizing in der Anzeige **Aktivität auswählen** mit einem Doppelklick auf die Aktivität **Freigabecodes**.

Sicht "Freigabecodes Bestellanforderung" ändern: Übersicht

Neue Einträge

Grp	Code	Workflow	Bezeichnung
01	01	1	V Freigabe
01	02	1	Maschinenelemente
01	03	1	Freigabe Wertgrenze
02	01	1	EDV Freigabe
02	02	1	Maschinenelemente
02	03	1	Freigabe Wertgrenze

Freigabecodes

Hier können Sie nun Freigabecodes für die zuvor angelegten Freigabegruppen erfassen. Wenn Sie die Freigabecodes festlegen, beachten Sie, dass die

Berechtigungen (Berechtigungsobjekt M_EINK_FRG) im Freigabeverfahren auch auf Freigabecodes eingeschränkt werden können.

In diesem Beispiel wird für Warengruppen, die durch EDV- oder IT-Mitarbeiter freigegeben werden sollen, der Freigabecode 01 angelegt. Für die Warengruppe Maschinenelemente, die durch Mitarbeiter der Instandhaltung freigegeben werden sollen, wählen Sie Freigabecode 02. Für die Freigabe der Wertgrenze nutzen Sie Freigabecode 03. Abschließend speichern Sie die Einstellungen und gelangen zurück in die Übersicht **Aktivitäten auswählen**.

Im nächsten Schritt gilt es, die *Freigabekennzeichen*zu prüfen. Freigabekennzeichen legen fest, ob und wie der Einkaufsbeleg freigegeben wurde. Beispielsweise kann festgelegt werden, dass eine Bestellanforderung mit einem bestimmten Freigabekennzeichen nur in eine Anfrage und nicht in eine Bestellung umgewandelt werden kann. Auf weitere Einstellungen und Möglichkeiten, den Prozess zu steuern, gehe ich in den nachfolgenden Tipps genauer ein.

Starten Sie in der Anzeige **Aktivität auswählen** mit einem Doppelklick auf die Aktivität **Freigabekennzeichen** das Customizing.

Freigabekennzeichen

SAP liefert im Standard verschiedene Freigabekennzeichen aus. In diesem Beispiel können Sie später bei der Festlegung der Freigabezustände folgende Standard-Freigabekennzeichen verwenden:

- **X** (**Gesperrt - Fachliche Freigabe**): Der Beleg ist noch gesperrt und befindet sich im Freigabeprozess. Die Bestellanforderung kann nicht in eine Bestellung oder Anfrage umgewandelt werden

- **Y (Gesperrt durch Wertgrenze)**: Der Beleg ist noch gesperrt und befindet sich im Freigabeprozess. Die Bestellanforderung kann nicht in eine Bestellung oder Anfrage umgewandelt werden
- **2 (Anfrage/Bestellung)**: Bestellanforderungen mit diesem Freigabekennzeichen können in eine Bestellung oder Anfrage umgewandelt werden.

Im nächsten Schritt legen Sie eine *Freigabestrategie* fest. In der Freigabestrategie pflegen Sie, welche Freigabecodes in welcher Reihenfolge gesetzt werden müssen, um die BANF-Position freizugeben. Die Findung der Strategie erfolgt anhand des hinterlegten Regelwerks.

Bevor Sie die Strategien pflegen, stellen Sie am besten Ihr Regelwerk visuell dar, so dass Sie alle Möglichkeiten im Überblick haben. Als Beispiel einer Darstellung habe ich eine Baumdarstellung verwendet.

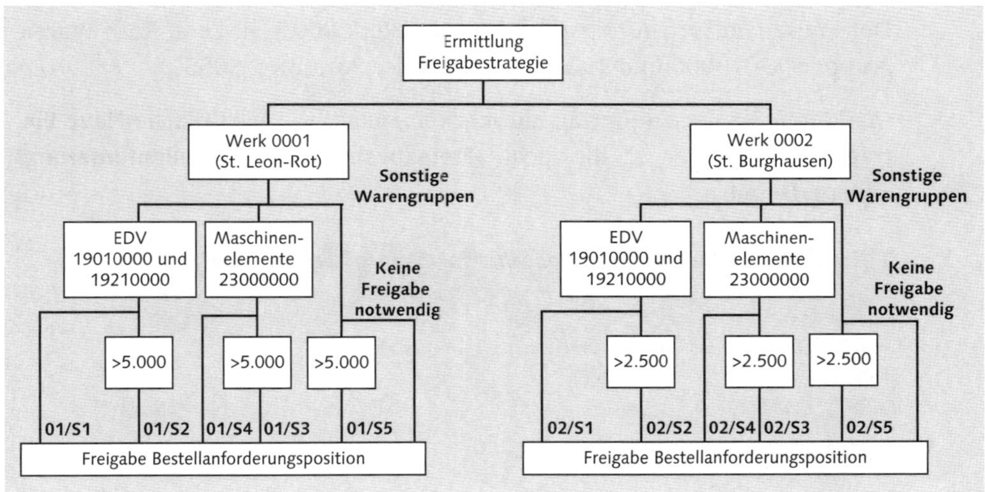

Ermittlung der Freigabestrategien

Anhand von Beispielen können sie im dargestellten Baum die Findung der Freigabestrategie nachvollziehen:

- Werk: 0001; Warengruppe: 19010000; Positionswert: 10.000
  → Es wird die Strategie 01/S2 gefunden.
- Werk 0002; Warengruppe: 22000000; Positionswert 3.000
  → Es wird die Strategie 02/S5 gefunden.

Wenn Sie Ihre Freigabestrategien ermittelt haben, können Sie diese in das Customizing übertragen.

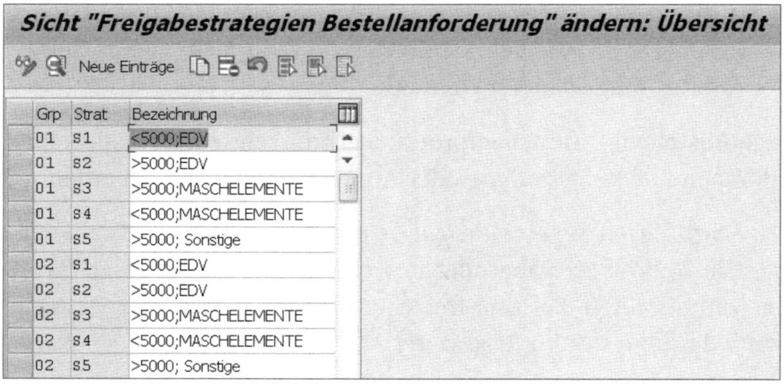

Sicht "Freigabestrategien Bestellanforderung" ändern: Übersicht

Neue Einträge

Grp	Strat	Bezeichnung
01	S1	<5000;EDV
01	S2	>5000;EDV
01	S3	>5000;MASCHELEMENTE
01	S4	<5000;MASCHELEMENTE
01	S5	>5000; Sonstige
02	S1	<5000;EDV
02	S2	>5000;EDV
02	S3	>5000;MASCHELEMENTE
02	S4	<5000;MASCHELEMENTE
02	S5	>5000; Sonstige

Freigabestrategien im Customizing

Am Beispiel der Kombination von Freigabegruppe 01 (Feld **Grp**) und Freigabestrategie S2 (Feld **Strat**) zeige ich Ihnen die Pflege der Strategie im Detail. Der Eintrag entspricht folgenden Regeln: Werk 0001 (St. Leon-Rot); Warengruppen 19010000 und 19210000; Wert der Position > 5000.

Markieren Sie diesen Eintrag und klicken Sie auf die Schaltfläche **Neue Einträge**. Sie gelangen in die Sicht **»Freigabestrategien Bestellanforderung« ändern: Detail**.

Sicht "Freigabestrategien Bestellanforderung" ändern: Detail

Neue Einträge

Freigabegruppe 01 F.verf. BANF Wrk0001
Freigabestrategie S2 >5000;EDV
Externe Freigabe

Freigabecodes
01 EDV Freigabe
03 Freigabe Wertgrenze

Freigabevoraussetzungen | Freigabezustände | Klassifizierung | Freigabesimulation

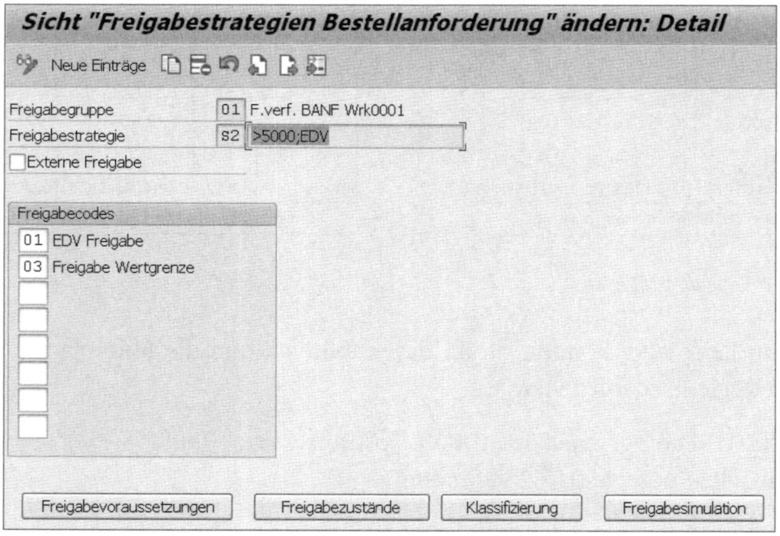

Freigabestrategie S2 in Freigabegruppe 01

Erfassen Sie einen Freigabestrategieschlüssel und eine Bezeichnung. Um sich später besser orientieren zu können, erfassen Sie in der Bezeichnung am besten die Kriterien, über die die Freigabestrategie gefunden wird.

Im Bereich **Freigabecodes** erfassen Sie die Codes, die durchlaufen werden sollen. Im Beispiel ist es der Freigabecode 01 (EDV) und die Freigabe 03 (Wertgrenze). Anschließend klicken Sie auf **Freigabevoraussetzungen**.

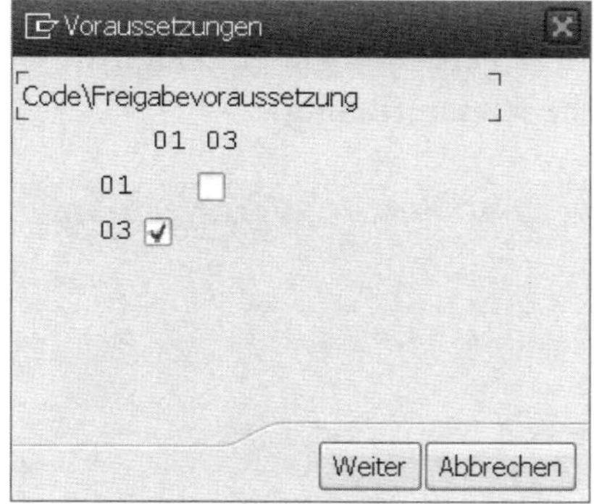

Setzen der Freigabevoraussetzungen

In der etwas schwierig zu lesenden Darstellung, legen Sie fest, wann ein Mitarbeiter die Freigabe durchführen kann bzw. wann er den jeweiligen Freigabecode setzen kann.

In diesem Beispiel soll zunächst die EDV (Freigabecode 01) freigeben, anschließend erfolgt die Wertfreigabe durch den Vorgesetzten (Freigabecode 03). Für den Freigabecode 03 (Wertfreigabe) in der zweiten Zeile gilt als Voraussetzung der Freigabecode 01 (EDV) in der ersten Spalte. Setzen Sie das Kennzeichen in Zeile 03, Spalte 01, und klicken Sie anschließend auf **Weiter**.

Sie gelangen zurück in die Sicht **»Freigabestrategien Bestellanforderung« ändern: Detail**. Klicken Sie auf die Schaltfläche **Freigabezustände** und legen Sie fest, bei welchem gesetzten Freigabecode welches Freigabekennzeichen gesetzt wird.

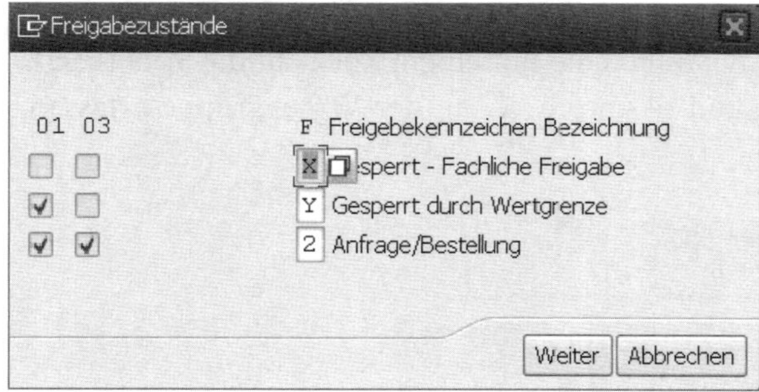

Freigabezustände setzen

Im vorliegenden Beispiel wird die Bestellanforderungsposition mit dem Freigabekennzeichen 2 (**Anfrage/Bestellung**) freigegeben, wenn die Freigabecodes 01 und 03 durch die Mitarbeiter gesetzt wurden. Mit einem Klick auf **Weiter** gelangen Sie zurück in die Detailsicht.

Zuletzt pflegen Sie die Kriterien, wann die Freigabestrategie gefunden werden soll. Dazu klicken Sie auf die Schaltfläche **Klassifizierung**.

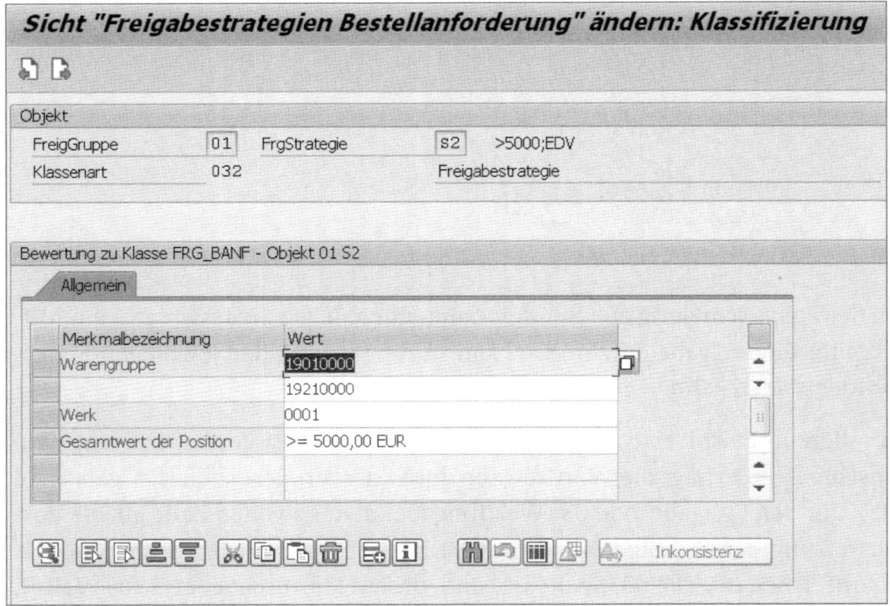

Pflege der Kriterien für die Findung der richtigen Freigabestrategie

In der angezeigten Tabelle sehen Sie die in Tipp 28 angelegten Merkmale Warengruppe, Werk und Gesamtwert der Position. Für die Freigabestrategie S2 in der Freigabegruppe 01 werden die angezeigten Werte gepflegt. Am schnellsten erfassen Sie die Werte im Feld **Warengruppe** mit einer Trennung durch Semikolon. Alternativ können Sie mit einem Klick auf die Schaltfläche die **Wertehilfe** öffnen und darin die Werte der Warengruppe erfassen. Anschließend drücken Sie [↵].

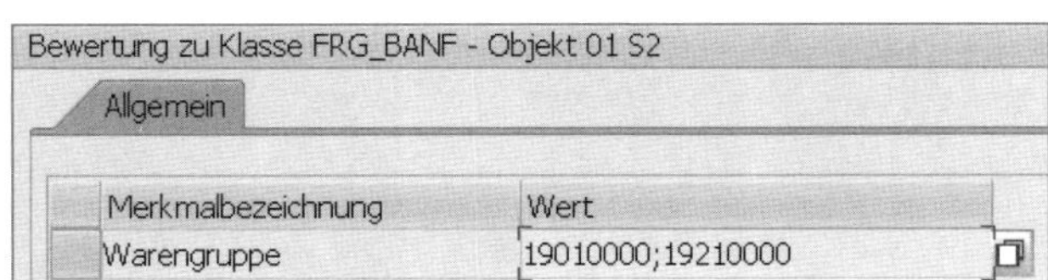

Schnelle Erfassung mehrerer Werte in der Klassifizierung

Wenn Sie alle Werte erfasst haben, wechseln Sie über [F3] zurück in die Sicht **»Freigabestrategie Bestellanforderungen« ändern: Detail** und speichern die erfassten Daten der Freigabestrategie. Abschließend können Sie die Freigabestrategie simulieren. Dazu drücken Sie auf die Schaltfläche **Freigabesimulation**.

Für jeden Zweig im Baum müssen Sie nun eine Freigabestrategie ausprägen. Wenn alle Zweige ausgeprägt sind, haben Sie das Freigabeverfahren für die Genehmigung von Bestellanforderungspositionen konfiguriert.

Auch mit einer geringen Anzahl von Merkmalen kann die Konfiguration des Freigabeverfahrens schnell komplex werden, da für jeden gewünschten Zweig eine Freigabestrategie konfiguriert werden muss. Auch die Erfassung der Werte in der Klassifizierung ist umständlich – die Warengruppen lassen sich nicht als Intervall erfassen oder exkludieren. Besonders im Genehmigungszweig 01/S5 oder 02/S5 (Sonstige Warengruppen) müssten alle Warengruppen, die im System vorhanden sind, hinterlegt und immer wieder aktualisiert werden. Der Pflegeaufwand kann aber beispielsweise durch eine programmtechnische Erweiterung im User Exit M06B0002/M06B0005/ M06E0004 der Transaktion CMOD reduziert werden.

Im nächsten Tipp erfahren Sie, wie sich die Freigabestrategie in der Anwendung auswirkt und wie Sie Bestellanforderungen freigeben.

Tipp 30

Freigaben von Bestellanforderungen durchführen

Sie haben das Freigabeverfahren konfiguriert. Nun möchten Sie die Freigaben in der Anwendung einrichten.

Anhand des zuvor konfigurierten Freigabeverfahrens für Bestellanforderungspositionen möchte ich Ihnen in diesem Tipp den Freigabeprozess in der Anwendung zeigen.

› Und so geht's

Starten Sie Transaktion ME51N (Bestellanforderung anlegen) und erfassen Sie eine Position, sodass die Freigabestrategie S2 innerhalb der Freigabegruppe 01 (EDV) gefunden wird.

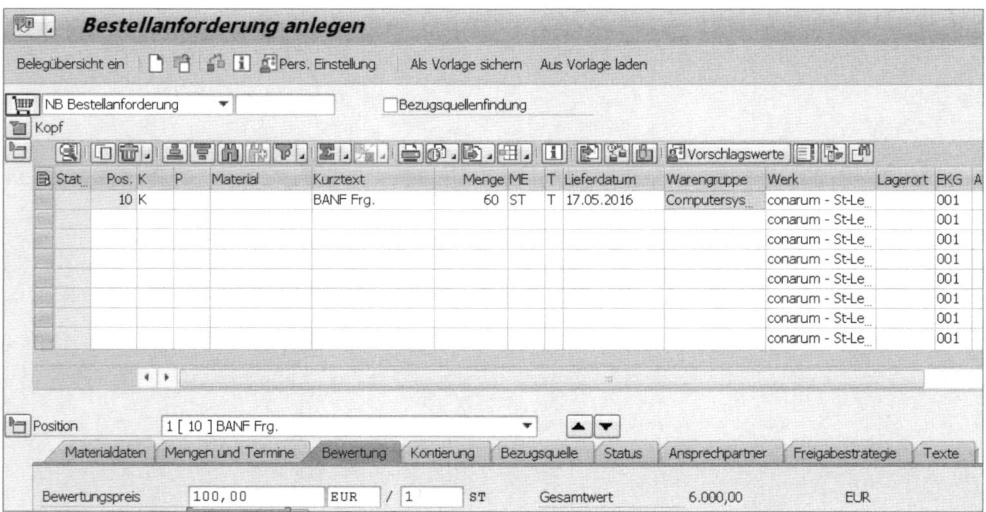

Position in der Bestellanforderung, die eine Freigabe benötigt

In den Details zur Position erscheint eine neue Registerkarte **Freigabestrategie**. Darin wird die gefundene **Freigabestrategie** S2 und die **Freigabegruppe** 01 angezeigt. Das aktuelle **Freigabekennzeichen** ist X (**Gesperrt – Fachliche**). In der Spalte **Zustand** wird der aktuelle Zustand der Freigabe angezeigt:

- △ Eine Freigabe des Freigabecodes ist möglich
- ✔ Freigabe wurde durchgeführt

Wenn das Customizing der Standard-SAP-Workflow-Steuerung gepflegt ist, werden Ihnen auch der Genehmiger (Feld **Bearbeiter**) und die zuständige Organisationseinheit angezeigt.

Transaktion ME51N: Registerkarte »Freigabestrategie« in der Bestellanforderungsposition

Um die Einkaufsbelege freizugeben, stellt SAP folgende Transaktionen bereit:

- ME54N – Einzelfreigabe Bestellanforderung
- ME55 – Sammelfreigabe Bestellanforderung
- ME29N – Einzelfreigabe Bestellung
- ME28 – Einzelfreigabe Bestellung
- ME35K – Freigabe Kontrakt
- ME45 – Freigabe Anfrage
- ML85 – Sammelfreigabe Leistungserfassungsblätter

Für dieses Beispiel starten Sie Transaktion ME55 und schlüpfen in die Rolle des IT-Mitarbeiters, der die EDV-Freigabe (Freigabecode 01) durchführt. Als Mitarbeiter der Werks-IT (hier 0001 – St. Leon-Rot) haben Sie die Berechtigung zur Freigabe von Bestellanforderungen mit dem zuvor festgelegten **Freigabecode** (01) und der **Freigabegruppe** (01). Erfassen Sie im Startbildschirm den festgelegten Freigabecode und die Freigabegruppe und drücken Sie [F8]. Als **Listumfang** können Sie den Wert ALV erfassen, sodass Sie eine moderne und komfortable Ergebnisliste erhalten.

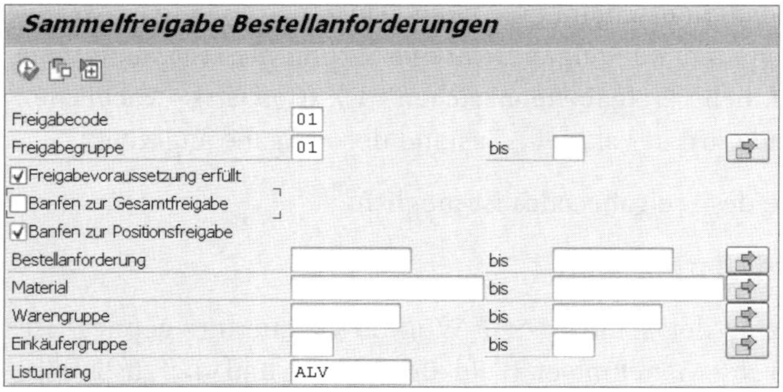

Sammelfreigabe Bestellanforderungen

Freigabecode	01			
Freigabegruppe	01	bis		
☑ Freigabevoraussetzung erfüllt				
☐ Banfen zur Gesamtfreigabe				
☑ Banfen zur Positionsfreigabe				
Bestellanforderung		bis		
Material		bis		
Warengruppe		bis		
Einkäufergruppe		bis		
Listumfang	ALV			

Transaktion ME55 mit Listumfang ALV

Ihnen werden nun alle Bestellanforderungen angezeigt, bei denen das Setzen des Freigabecodes (01) möglich ist.

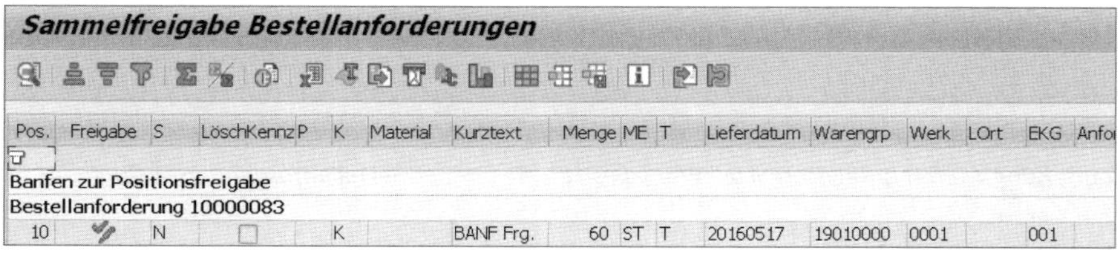

Sammelfreigabe Bestellanforderungen

Pos.	Freigabe	S	LöschKennz	P	K	Material	Kurztext	Menge	ME	T	Lieferdatum	Warengrp	Werk	LOrt	EKG	Anfo
Banfen zur Positionsfreigabe																
Bestellanforderung 10000083																
10		N	☐		K		BANF Frg.	60	ST	T	20160517	19010000	0001		001	

Ergebnisliste der Sammelfreigabe im ALV-Format

Die Freigabe erfolgt mithilfe der Schaltfläche (**Freigabe möglich**). Nachdem Sie die Bestellanforderung freigegeben haben, ändert sich das Schaltflächensymbol in einen grünen Haken.

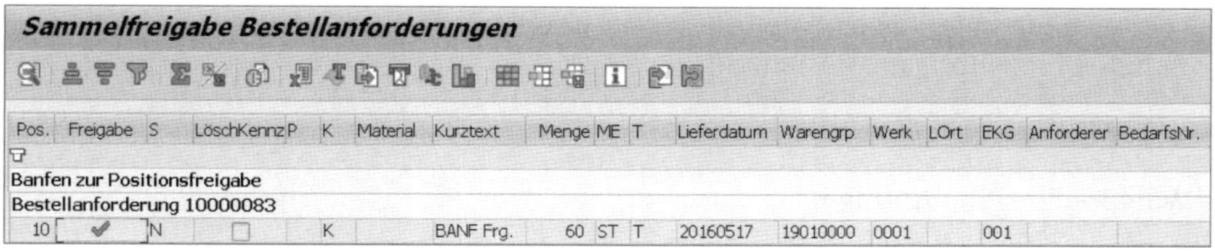

Sammelfreigabe Bestellanforderungen

Pos.	Freigabe	S	LöschKennz	P	K	Material	Kurztext	Menge	ME	T	Lieferdatum	Warengrp	Werk	LOrt	EKG	Anforderer	BedarfsNr.
Banfen zur Positionsfreigabe																	
Bestellanforderung 10000083																	
10	✔	N	☐		K		BANF Frg.	60	ST	T	20160517	19010000	0001		001		

Freigabe der BANF 10000083 mit Freigabecode 01

Wenn Sie die zuvor freigegebene Bestellanforderung markieren und auf die Schaltfläche (**Details**) klicken, gelangen Sie in die Detailansicht der Bestellanforderung. In der Registerkarte **Freigabestrategie** wird angezeigt, welche Freigabecodes (Spalte **Code**) schon freigegeben bzw. noch nicht freigegeben worden sind. Im Beispiel ist der Freigabecode 01 freigegeben (grüner Haken in Spalte **Zustand**). Der Freigabecode 03 ist noch nicht freigegeben (gelbes Dreieck in Spalte **Zustand**).

Anzeige nach Setzen des Freigabecodes 01 durch EDV

Nun wechseln Sie die Rollen und sind Vorgesetzter oder Budgetverantwortlicher und somit berechtigt, die Wertfreigabe (Freigabecode 03) im Werk (0001 – St. Leon-Rot) durchzuführen.

Sammelfreigabe Bestellanforderungen

Freigabecode 03
Freigabegruppe 01 bis
Freigabevoraussetzung erfüllt
Banfen zur Gesamtfreigabe
Banfen zur Positionsfreigabe
Bestellanforderung bis
Material bis
Warengruppe bis
Einkäufergruppe bis
Listumfang ALV

Freigabecode 03 – Freigabe Wertgrenze

Sie erhalten wiederum eine Ergebnisliste im ALV-Format und geben die Bestellanforderung durch Anklicken der Schaltfläche frei.

Die Bestellanforderung ist nun freigegeben und kann in eine Bestellung oder Anfrage umgesetzt werden. In den Positionsdetails können Sie den Endfreigabestatus dem Feld **Freigabekennzeichen** entnehmen. Die Bestellanforderung kann nun in eine Bestellung oder Anfrage umgewandelt werden.

Endfreigabe Bestellanforderung

Tipp 31
Änderungen am Einkaufsbeleg während der Freigabe einstellen

Im Freigabeprozess kann der Genehmiger den Beleg ändern, indem er z. B. die Menge erhöht, den Preis anpasst oder Kommentare einfügt. Sie können steuern, ob der Genehmiger die Änderungen durchführen darf und was bei einer Änderung des Belegs passieren soll.

Während eines Freigabeprozesses kann der Genehmiger den Beleg ändern. Abhängig von der Änderung kann das Auswirkungen auf den Freigabeprozess haben. Beispielsweise kann der Genehmiger den Preis der Bestellanforderungsposition erhöhen. Aufgrund der Änderung wäre nun eine zusätzliche Genehmigungsstufe im Freigabeprozess notwendig. In SAP können Sie festlegen, wie das System auf Belegänderungen nach Beginn des Freigabeprozesses reagiert.

› Und so geht's

Die Steuerung erfolgt auf Basis des Freigabekennzeichens im Customizing:

> **Materialwirtschaft ▸ Einkauf ▸ Bestellanforderung ▸ Freigabeverfahren ▸ Verfahren mit Klassifizierung ▸ Verfahren mit Klassifizierung einrichten ▸ Freigabekennzeichen**

In diesem Beispiel wird das Freigabekennzeichen X (gesperrt) gesetzt, solange sich die Bestellanforderungsposition im Freigabeprozess befindet. Über die Schaltfläche (**Details**) springen Sie in die Details des Freigabekennzeichens.

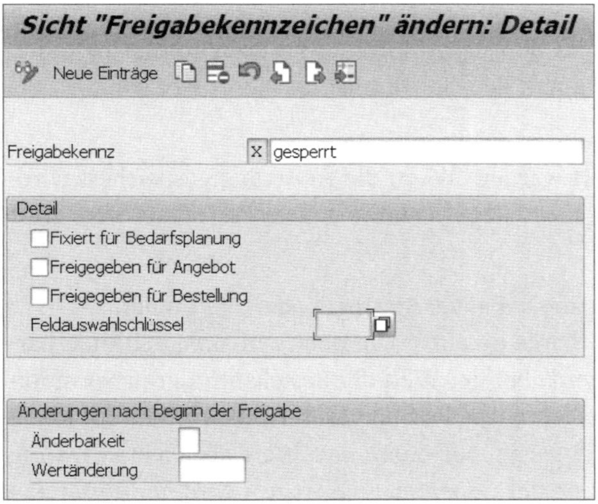

Freigabekennzeichen X (gesperrt)

Im Folgenden zeige ich Ihnen, wie Sie die Änderbarkeit der Bestellanforderungsposition während des Genehmigungsprozesses beeinflussen können.

Im Feld **Feldauswahlschlüssel** steuern Sie den Bildaufbau während der Freigabe. Sie können beispielsweise Felder ausblenden oder Felder auf »Nur Anzeige« setzen. Dadurch verhindern Sie beispielsweise, dass der Genehmiger Werte in der Bestellanforderungsposition ändern kann, oder dass nach der Freigabe der Bestellanforderung etwa die Menge oder der Bewertungspreis nochmals durch den Anwender angepasst werden kann.

Details zur Feldauswahlsteuerung finden Sie unter folgendem Pfad im Customizing:

Materialwirtschaft ▸ Einkauf ▸ Bestellanforderung ▸ Bildaufbau auf Belegebene festlegen

Wenn eine Bestellanforderungsposition geändert wird, unterstützt das System folgende Szenarien. Öffnen Sie dazu die Wertehilfe des Felds **Änderbarkeit**:

- **Leer / 3 – Änderbar, neue Freigabe bei neuer Strategie**
  Der Beleg kann geändert werden. Wenn die Änderung gespeichert wird, erfolgt eine neue Freigabestrategieermittlung. Wenn eine neue Strategie gefunden wird, wird die Freigabe der Bestellanforderung zurückgesetzt und der Freigabeprozess startet von vorne.

- **1 – nicht änderbar**
  Wenn sich die Bestellanforderungsposition im Freigabeprozess befindet, kann die Position nicht durch den Genehmiger geändert werden.
- **2 – änderbar, keine neue Strategieermittlung**
  Der Beleg kann geändert werden. Wenn die Änderung gespeichert wird, erfolgt *keine* neue Freigabestrategieermittlung. Der Freigabeprozess läuft unverändert weiter.
- **4 – änderbar, neue Freigabe bei neuer Strategie oder Wertänder.**
  Das Verhalten bei Änderbarkeit 4 entspricht dem Verhalten bei Änderbarkeit »Leer«. Zusätzlich wird aber der Wert der Bestellanforderungsposition geprüft. Wenn der neue Wert der Bestellanforderungsposition um einen bestimmten Prozentwert gegenüber dem alten Wert abweicht, wird die Freigabe zurückgesetzt und der Genehmigungsprozess wird neu gestartet – unabhängig davon, ob eine neue Strategie ermittelt wurde. Der Prozentwert wird im Feld **Wertänderung** erfasst.

Tipp 32

BANF-Freigabeverfahren mit Workflow-Anbindung

Mehrmals am Tag Transaktionen zu starten, um zu prüfen, ob Bestellanforderungen genehmigt werden müssen, ist mühselig. Besser ist es, wenn der Benutzer automatisch benachrichtigt wird, dass eine BANF genehmigt werden muss. Dies können Sie einfach mit SAP Workflow realisieren.

SAP unterstützt das Freigabeverfahren mit Klassifizierung durch Workflows bzw. vordefinierte Workflow-Muster. Dadurch erreichen Sie eine aktive Benachrichtigung der Genehmiger, wenn Freigaben von Einkaufsbelegen notwendig sind.

Sie erreichen zum einen eine Reduzierung der Prozessdurchlaufzeiten, zum anderen entfällt das lästige Aufrufen des Genehmigungsarbeitsvorrats. Gerade für Genehmiger, die selten Bestellanforderungen freigeben müssen, ist dies eine große Erleichterung.

› Und so geht's

In Tipp 28 und Tipp 29 habe ich Ihnen gezeigt, wie Sie ein Freigabeverfahren mit Klassifizierung für Bestellanforderungen aufbauen. Details der Einstellungen des Freigabeverfahrens können Sie dort nachlesen.

Voraussetzung für die Verwendung des BANF-Workflows ist, dass das Basis-Customizing des SAP-Workflows durchgeführt wurde. Starten Sie das Customizing des Freigabeverfahrens:

Materialwirtschaft ▸ Einkauf ▸ Bestellanforderung ▸ Freigabeverfahren ▸ Verfahren mit Klassifizierung ▸ Verfahren mit Klassifizierung einrichten

Wählen Sie im anschließend gezeigten Fenster **Aktion auswählen** die Aktivität **Freigabecodes**, indem Sie die Zeile markieren und auf die Schaltfläche **Auswählen** klicken. In der eingabebereiten Spalte **Workflow** haben Sie drei Eingabemöglichkeiten:

- Leer: es wird kein Workflow gestartet
- 1: Die Rollenauflösung erfolgt anhand von Gruppe, Code und Werk
- 9: Die Rollenauflösung erfolgt anhand eines implementierten User Exit (siehe dazu Transaktion CMOD und die Erweiterung M06B0001)

Rollenauflösung bezeichnet die Steuerung der Benutzerfindung und beschreibt die Art und Weise, wie die Benutzer oder Benutzergruppen gefunden werden, die die Genehmigung durchführen sollen.

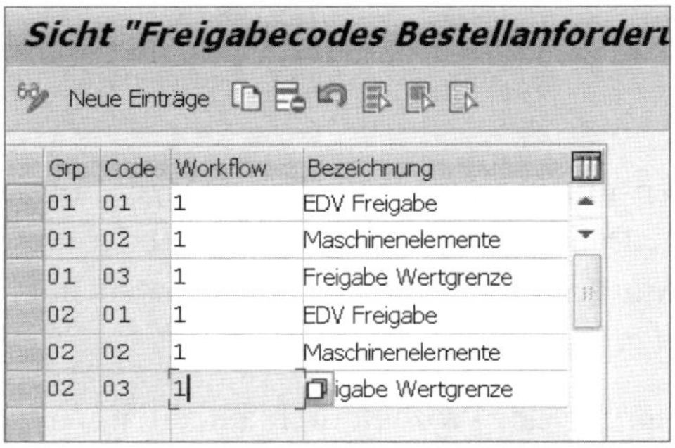

Sicht "Freigabecodes Bestellanforder

Neue Einträge

Grp	Code	Workflow	Bezeichnung
01	01	1	EDV Freigabe
01	02	1	Maschinenelemente
01	03	1	Freigabe Wertgrenze
02	01	1	EDV Freigabe
02	02	1	Maschinenelemente
02	03	1	igabe Wertgrenze

Customizing: Aktivierung Workflow für die jeweiligen Freigabecodes

Für dieses Beispiel verwenden Sie die Rollenauflösung 1, die SAP im Standard bereitstellt. Anschließend speichern Sie die eingegebenen Werte und gelangen zurück in die Übersicht der Aktivitäten.

Wählen Sie nun die Aktivität **Workflow** aus. Hier pflegen Sie die Zuordnung zwischen Freigabegruppe (**Grp**), Freigabecode (**Code**), **Werk** und Benutzer (Bearbeiter) bzw. Benutzergruppe (Bearbeitergruppen).

Die Pflege der Benutzer erfolgt in den Spalten **OT** (Objekttyp) und **Bearbeiterid**. Objekttypen sind Elemente aus dem Bereich HR (Human Resources), die der Workflow zur Bearbeiterfindung verwendet. Die am häufigsten verwendeten Elemente sind:

- US: Bearbeiter ist SAP-Benutzer (SAP-Benutzer-ID), gepflegt mithilfe von Transaktion SU01
- O: Organisationseinheit (umfasst eine Gruppe von Mitarbeitern)

Tabellensicht Bearbeiten Springen Auswahl Hilfsmittel

Neue Einträge: Übersicht Hinzugefügte

Grp	Code	Werk	OT	Bearbeiterid
01	01	0001	US	C00002
01	02	0001	US	C00001
01	03	0001	O	50000075

Customizing: Zuordnung Freigabegruppe und Code zu Bearbeiter des Workflows

Die Bearbeiter-IDs vom Objekttyp US (User) können direkt erfasst werden. Sie tragen hier die SAP-Benutzerkennung des Anwenders ein. Wenn Sie Organisationseinheiten verwenden möchten, müssen Sie diese zuerst noch mittels Transaktion PPOC oder PPOM anlegen.

Um eine Organisationseinheit zu pflegen, rufen Sie am besten die Wertehilfe des Felds **Bearbeiterid** auf und wählen im Dialogfenster **Bearbeitertyp auswählen** die Option **Organisationseinheit** aus.

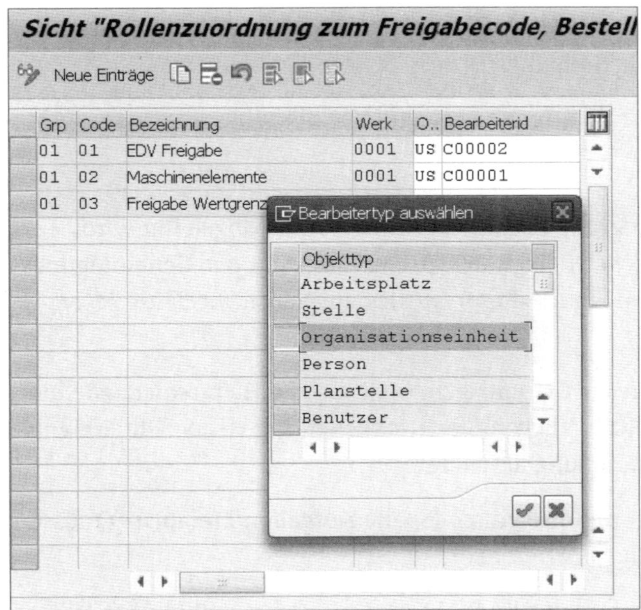

Suchhilfe für das Feld Bearbeiter-ID und Auswahl des Bearbeitertyps

Suchen Sie dann in der angezeigten Suchhilfe nach der gewünschten Organisationseinheit.

Sicht "Rollenzuordnung zum Freigabecode, Bestell

Neue Einträge

Grp	Code	Bezeichnung	Werk	O..	Bearbeiterid
01	01	EDV Freigabe	0001	US	C00002
01	02	Maschinenelemente	0001	US	C00001
01	03	Freigabe Wertgrenze	0001	O	50000105

Organisationseinheit auswählen

Suchbegriff *

Suchhilfe Organisationseinheit

Sicht "Rollenzuordnung zum Freigabecode, Bestella

Neue Einträge

Grp	Code	Bezeichnung	Werk	O..	Bearbeiterid
01	01	EDV Freigabe	0001	US	C00002
01	02	Maschinenelemente	0001	US	C00001
01	03	Freigabe Wertgrenze	0001	O	50000105

Customizing: Ausgewählte Organisationseinheit 50000105 – Wertfreigabe

Folgende Einstellungen im SAP-Workflow müssen noch geprüft werden, bevor Sie ihn für den Genehmigungsprozess verwenden können:

- Ereigniskopplung für den Genehmigungs-Workflow
- Zuordnung möglicher Bearbeiter einer Workflow-Aufgabe

Wenn die Bestellanforderung angelegt, bearbeitet oder abgelehnt wird, werden Ereignisse beim Sichern der BANF ausgelöst. Damit der Genehmigungs-Workflow starten kann, muss dieser an das ausgelöste Ereignis *gekoppelt* werden.

Starten Sie Transaktion OOCU und gehen Sie in der Hierarchiedarstellung auf den Knoten **MM-PUR**. Klicken Sie anschließend in der Spalte **Ereigniskopplung** auf **Ereigniskopplung aktivieren**.

Für folgende Aufgaben und Ereignisse (Spalte **Aufgaben/Ereignisse**) müssen Sie die Ereigniskopplung aktivieren:

- WS 00000038: Workflow für BANF-Freigabe – Ereignis RELEASESTEP-CREATED
- WS 65400027: BANF-Position ablehnen – Ereignis REJECTION_START

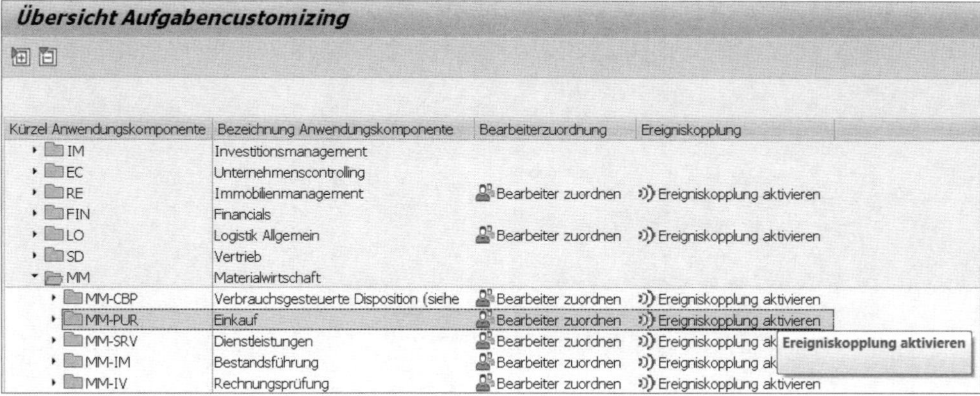

Übersicht Aufgabencustomizing

Kürzel Anwendungskomponente	Bezeichnung Anwendungskomponente	Bearbeiterzuordnung	Ereigniskopplung
IM	Investitionsmanagement		
EC	Unternehmenscontrolling		
RE	Immobilienmanagement	Bearbeiter zuordnen	Ereigniskopplung aktivieren
FIN	Financials		
LO	Logistik Allgemein	Bearbeiter zuordnen	Ereigniskopplung aktivieren
SD	Vertrieb		
MM	Materialwirtschaft		
MM-CBP	Verbrauchsgesteuerte Disposition (siehe	Bearbeiter zuordnen	Ereigniskopplung aktivieren
MM-PUR	Einkauf	Bearbeiter zuordnen	Ereigniskopplung aktivieren
MM-SRV	Dienstleistungen	Bearbeiter zuordnen	Ereigniskopplung ak
MM-IM	Bestandsführung	Bearbeiter zuordnen	Ereigniskopplung ak
MM-IV	Rechnungsprüfung	Bearbeiter zuordnen	Ereigniskopplung aktivieren

Transaktion OOCU: Ereigniskopplung aktivieren

Ereigniskopplung: Auslösende Ereignisse

Objekt

Aufgaben/Ereignisse		Bezeichnung Aufgabe/Ereignis	Aktivieren/Deaktivieren	Details
TS 40007905		Benachrichtigung über Freigabe der BANF		
TS 40007908		REQRES Eingangsfehler		
TS 40007911		INFREC Eingangsfehler		
TS 40007912		SRCLST Eingangsfehler		
TS 65400032		Banffreigabe wurde abgelehnt		
TS 65400034		Gesamtfreigabe abgelehnt		
TS 65400035		Bestellfreigabe wurde abgelehnt		
TS 66600015		Einkäufergenehmigung		
TS 66600016		Einkäufergenehmigung wurde durchgeführt		
TS 66600017		Einkäufergenehmigung wurde abgelehnt		
WS 00000038		Workflow für Banf-Freigabe		
BUS2009	RELEASESTEPCREATED	BestellanfPosition Freigschritt erzeugt	aktiviert	
WS 65400027		Banfposition ablehnen		
BUS2009	REJECTION_START	BestellanfPosition Banf abgelehnt	deaktiviert	

Transaktion OOCU: Ereigniskopplung zur Aufgabe WS 00000038 und WS 65400027

Prüfen Sie zunächst, ob die Ereigniskopplung aktiv ist. Falls das Symbol aktiviert in der Spalte **Aktivieren/Deaktivieren** angezeigt wird, ist die Ereigniskopplung für diese Workflow-Aufgabe bereits aktiv. Im Beispiel ist die Ereigniskopplung für den Workflow WS 00000038 und Ereignis RELEASESTEPCREATED bereits aktiv, somit sind keine weiteren Einstellungen mehr notwendig.

Wenn stattdessen das Symbol deaktiviert in der Spalte **Aktivieren/Deaktivieren** angezeigt wird, müssen Sie noch die Ereigniskopplung aktivieren – in diesem Beispiel für den Workflow WS 65400027 und das Ereignis REJECTION_START. Zum Aktivieren der Kopplung klicken Sie auf die Schaltfläche in der Spalte **Details**.

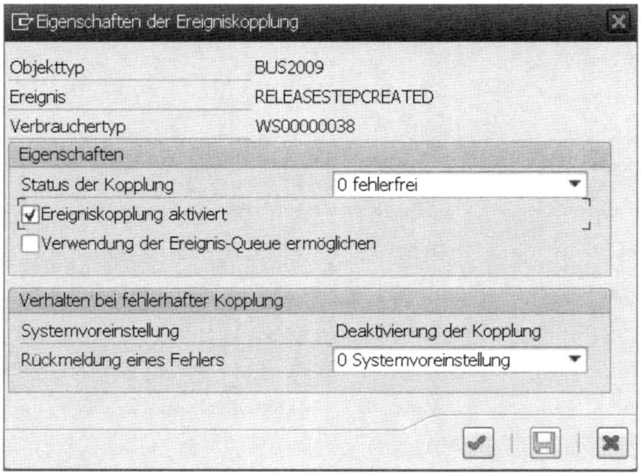

Details zur Ereigniskopplung

Setzen Sie das Kennzeichen **Ereigniskopplung aktiviert** und bestätigen Sie das Dialogfenster mit [↵]. Anschließend ist die Ereigniskopplung aktiviert.

Als nächstes müssen Sie noch mögliche Bearbeiter einer Workflow-Aufgabe zuordnen. Dadurch legen Sie fest, welche Benutzer überhaupt eine Aufgabe ausführen dürfen. Dies können beispielsweise Benutzer mit bestimmten Rollen sein, Benutzer, die Sie der Aufgabe explizit zuordnen, oder alle Benutzer im System. Wenn alle Benutzer die Aufgabe ausführen können, spricht man von einer *generellen Aufgabe*. Die Ermittlung der Bearbeiter im Workflow erfolgt dann anhand der Schnittmenge aus möglichen Bearbeitern der Aufgabe und der durchgeführten Rollenauflösung.

Rufen Sie Transaktion OOCU auf, um die Zuordnung vorzunehmen. Klicken Sie anschließend auf die Schaltfläche **Bearbeiter zuordnen**.

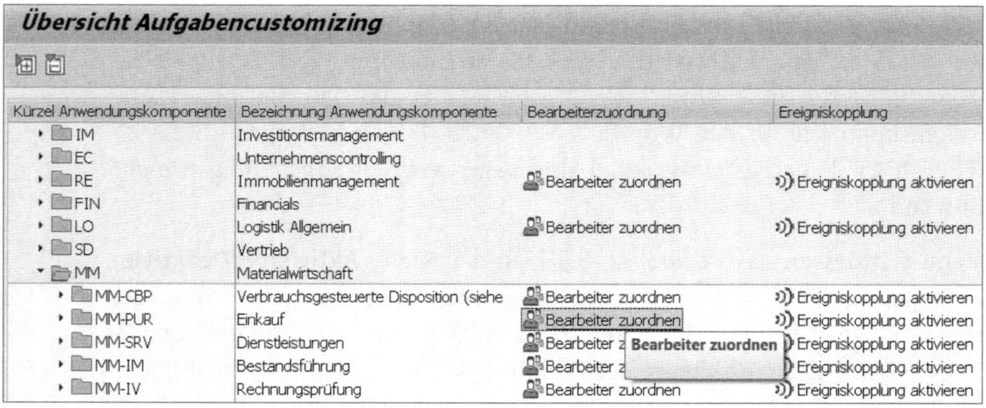

Transaktion OOCU: Bearbeiter zuordnen

In der angezeigten Sicht **Aufgabe einer Anwendungskomponente: Bearbeiter zuordnen** markieren Sie die Aufgabe **TS 00007986** (Spalte **Id**) und klicken anschließend auf die Schaltfläche **Eigenschaften...**. Im angezeigten Dialogfenster **Aufgabe** selektieren Sie den Auswahlknopf **Generelle Aufgabe**, um die Aufgabe als generelle Aufgabe zu markieren. Schließen Sie anschließend das Dialogfenster mit einem Klick auf **Übernehmen**.

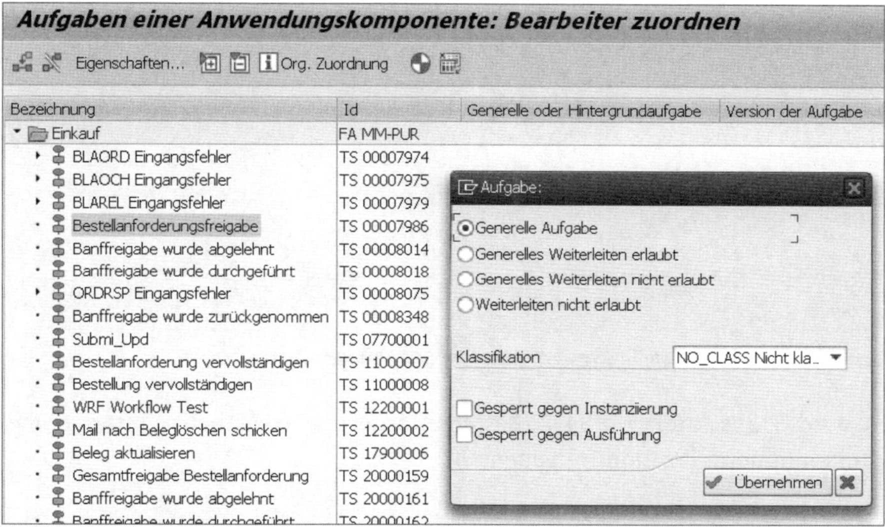

Transaktion OOCU: Setzen generelle Aufgabe

Setzen Sie das Kennzeichen **Generelle Aufgabe** anschließend auch für folgende Aufgaben:

- TS 00007986: Bestellanforderungsfreigabe
- TS 00008014: BANF-Freigabe wurde abgelehnt
- TS 00008018: BANF-Freigabe wurde durchgeführt
- TS 00008348: BANF-Freigabe wurde zurückgenommen

Zum Testen des Workflows legen Sie nun mittels Transaktion ME51N eine neue Bestellanforderung an, die genehmigt werden muss.

Nachdem Sie die Bestellanforderung gespeichert haben, erscheint im SAP Business Workplace (Transaktion SBWP) des Benutzers (hier der Benutzer mit der Benutzer-ID C00002 bzw. C00003), der zuvor als Genehmiger festlegt wurde, eine neue Aufgabe. Sie können die Aufgabe – auch *Workitem* genannt – markieren und ausführen.

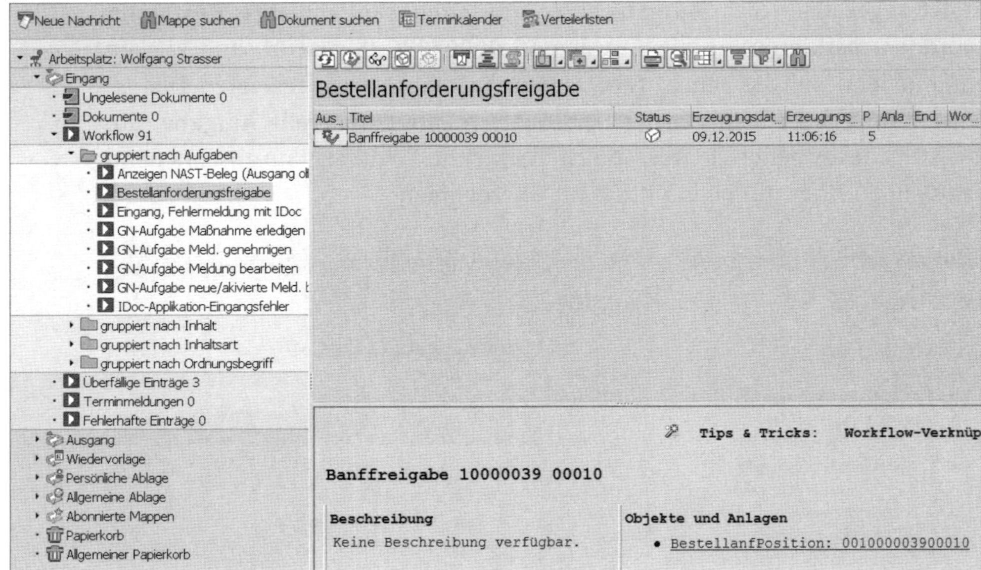

Transaktion SBWP: Genehmigungs-Workitem im SAP Business Workplace

Es wird Transaktion ME54N (Bestellanforderung freigeben) gestartet. Sie können nun die Position freigeben.

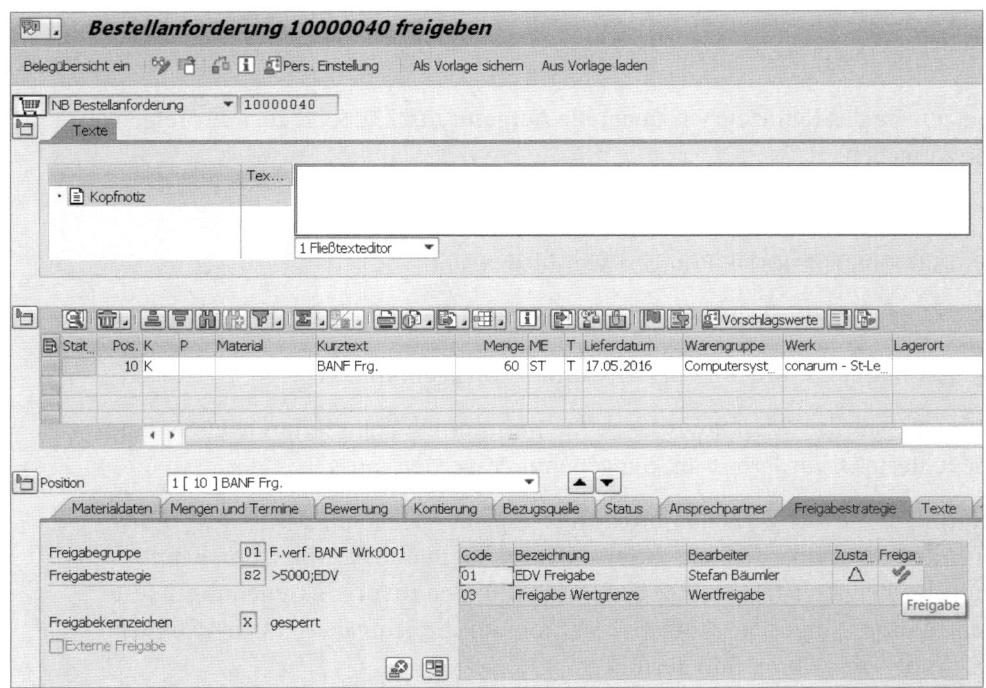

Transaktion ME54N: Freigabe BANF-Position

Nach der Freigabe erhält der Ersteller zusätzlich eine Aufgabe, die ihn informiert, dass die BANF-Position freigegeben wurde. Zur Prüfung, ob und welche Aufgaben erzeugt wurden, können Sie die Übersichtstransaktion SWI1 verwenden.

Tipp 33

Freigabeverfahren für Bestellungen mit SAP-Workflow-Integration

Benachrichtigungen im Bestellfreigabeprozess können in SAP auch durch den Einsatz von Standard-Workflow-Templates eingerichtet werden.

Wie bei der Bestellanforderung kann auch für die Bestellung ein Genehmigungs-Workflow aktiviert werden. Voraussetzung für diesen Tipp ist, dass Sie bereits einen Bestellfreigabeprozess im System konfiguriert haben. Details zur Konfiguration eines Freigabeprozesses am Beispiel einer Bestellanforderungsposition finden Sie in Tipp 28 und Tipp 29.

› Und so geht's

Für dieses Beispiel habe ich eine einstufige Freigabe im Customizing hinterlegt. Bestellungen mit einem Gesamtnettowert > 10.000 EUR sollen genehmigt werden.

Wie in Tipp 28 und Tipp 29 legen Sie zuerst ein Merkmal und eine Klasse für die Pflege der Wertgrenze an. Dazu verwenden Sie Transaktion CT04. Prägen Sie für dieses Beispiel das Merkmal FRG_GSWRT_PO aus. Das Merkmal verweist auf das Feld GNETW in der Kommunikationsstruktur CEKKO. Anschließend legen Sie eine Klasse der **Klassenart** 032 mittels Transaktion CL01 an und ordnen das neu erstellte Merkmal FRG_GSWRT_PO (Gesamtnettowert) der Klasse zu.

Um den Workflow für die Bestellfreigabe zu aktivieren, rufen Sie folgenden Customizing-Pfad auf:

Materialwirtschaft ▸ Einkauf ▸ Bestellung ▸ Freigabeverfahren für Bestellungen ▸ Freigabeverfahren für Bestellungen festlegen

Im angezeigten Dialogfenster **Aktion auswählen** wählen Sie in der Spalte **Bezeichnung der Aktivität** die Aktivität **Freigabegruppen** mit einem Doppelklick aus.

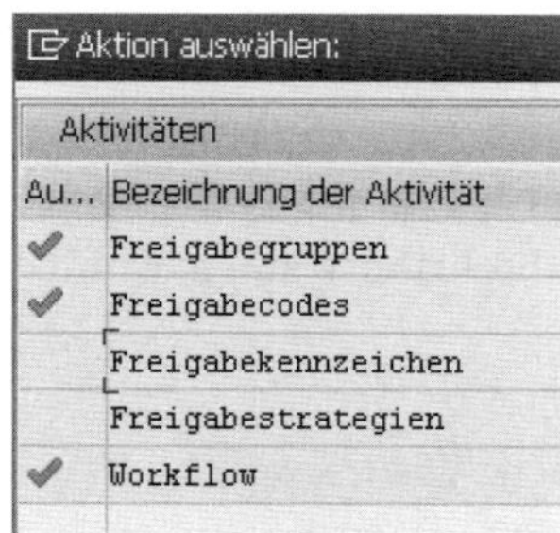

Customizing: Einstellungen Freigabeverfahren Bestellung

Sie erfassen eine Freigabegruppe (hier 91), wählen das Freigabeobjekt 2 (Bestellung) aus und ordnen der Gruppe die Klasse FRG_PO zu. Danach speichern Sie die Einstellung.

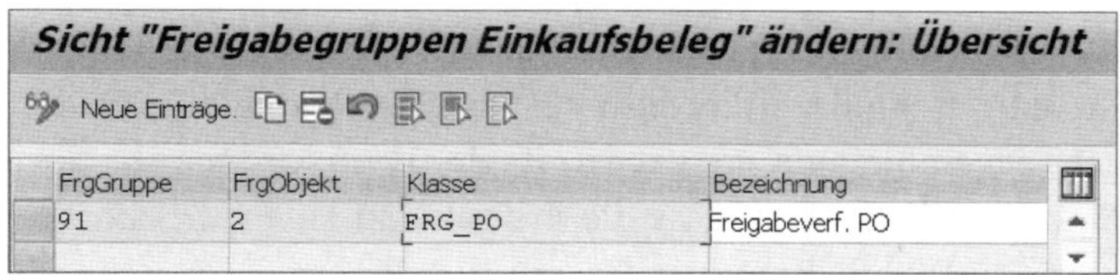

Freigabegruppe Zuordnung zur Klasse

Anschließend starten Sie den Customizing-Punkt **Freigabecodes.** Hier legen Sie einen neuen Freigabecode an (Wert 01 in der Spalte **Code**) und aktivieren die Workflow-Integration (Spalte **Workflow**). Wie bei der BANF-Freigabe haben Sie auch hier in der Spalte **Workflow** zwei Auswahlmöglichkeiten:

- 1: Rollenauflösung mit Gruppe, Code und Werk (T16FW)
- 9: Rollenauflösung über User-Exit

In diesem Beispiel verwenden Sie Möglichkeit 1 (Rollenauflösung mit Gruppe, Code und Werk (T16FW)).

Aktivierung Workflow

Anschließend legen Sie die Freigabekennzeichen fest. Starten Sie dazu die Aktivität **Freigabekennzeichen** im Dialogfenster **Aktion auswählen**. Sie legen zwei Freigabekennzeichen an:

- F (Freigeben): Bestellung ist freigegeben und kann ausgegeben werden. Das Kennzeichen in Spalte **Freigeg.** wird gesetzt.
- X (Gesperrt): Bestellung ist gesperrt; Feld **Änderbar** ist auf 3 gesetzt (neue Freigabe, wenn aufgrund der Änderung eine neue Freigabestrategie ermittelt wird).

Sicht "Freigabekennzeichen Einkaufsbeleg" ändern: Übersicht

Neue Einträge

Freigabekennz	Freigeg.	Änderbar	Wertänder. in %	Bezeichnung
F	☑			Freigegeben
X	☐	3		gesperrt

Freigabekennzeichen

Speichern Sie die Einstellungen. Im nächsten Schritt legen Sie die Freigabestrategien fest. Starten Sie dazu die Aktivität **Freigabestrategien**. Für die einstufige Freigabe legen Sie eine **Freigabestrategie** 01 an, ordnen ihr den Freigabecode 01 zu und legen fest, dass die Freigabe ab einem Gesamtbestellnettowert von > 10.000 EUR notwendig ist.

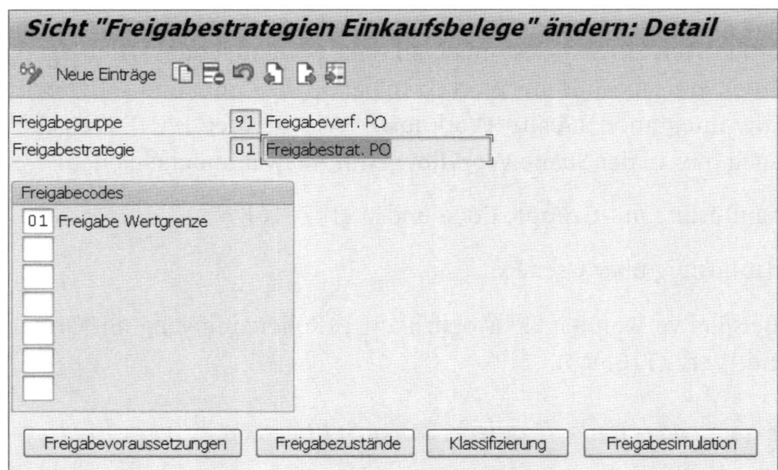

Pflege der Freigabestrategie 01

Für die Pflege der Bedingung »Gesamtbestellnettowert von > 10.000 EUR« klicken Sie auf die Schaltfläche **Klassifizierung**.

Sicht "Freigabestrategien Einkaufsbelege" ändern: Kla
Objekt
FreigGruppe 91 FrgStrategie 01 Freigabestrat. PO
Klassenart 032 Freigabestrategie
Bewertung zu Klasse FRG_PO - Objekt 91 01
Allgemein
Merkmalbezeichnung | Wert
Gesamter Bestellnettowert | > 10000,00 EUR

Pflege Bedingung Bestellnettowert

Sichern Sie die Einstellungen und testen Sie diese, indem Sie mithilfe von Transaktion ME21N eine Bestellung anlegen, die einen Gesamtbestellnettowert größer 10.000 EUR hat.

Nachdem Sie die Bestellung angelegt und gesichert haben, sehen Sie in Transaktion ME23N (Bestellung anzeigen), dass im Kopfbereich eine zusätzliche Registerkarte **Freigabestrategie** mit den zuvor gepflegten Customizing-Daten eingeblendet wird.

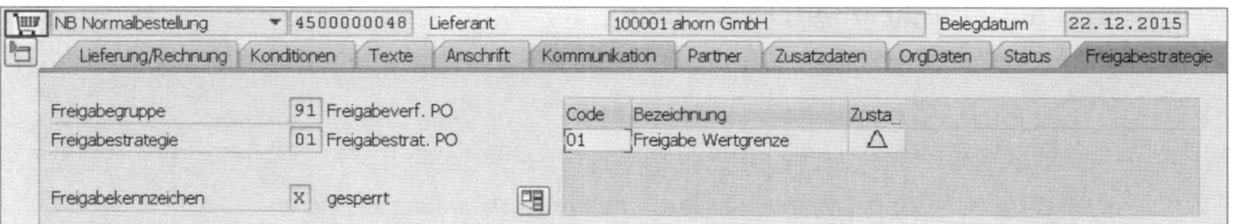

Transaktion ME23N: Freigabestrategie in der Bestellung

Nachdem Sie das Bestellfreigabeverfahren erfolgreich konfiguriert haben, aktivieren Sie nun die Workflowsteuerung. Im Folgenden zeige ich Ihnen nur die notwendigen Einstellungen – Details und Hintergrundinformationen zu den Einstellungen der Organisationseinheiten oder zu SAP-Workflow-Einstellungen finden Sie auch in Tipp 32.

Rufen Sie erneut das Customizing des Freigabeverfahrens auf:

Materialwirtschaft ▸ Einkauf ▸ Bestellung ▸ Freigabeverfahren für Bestellungen ▸ Freigabeverfahren für Bestellungen festlegen

Im angezeigten Pop-up wählen Sie die Aktivität **Workflow** aus. Aufgrund der zuvor durchgeführten Workflow-Einstellung in den Freigabecodes (Spalte **Workflow** = 1 (Rollenauflösung mit Gruppe, Code und Werk (T16FW)) pflegen Sie hier die Benutzer bzw. Organisationseinheiten, die das Genehmigungs-Workitem erhalten sollen.

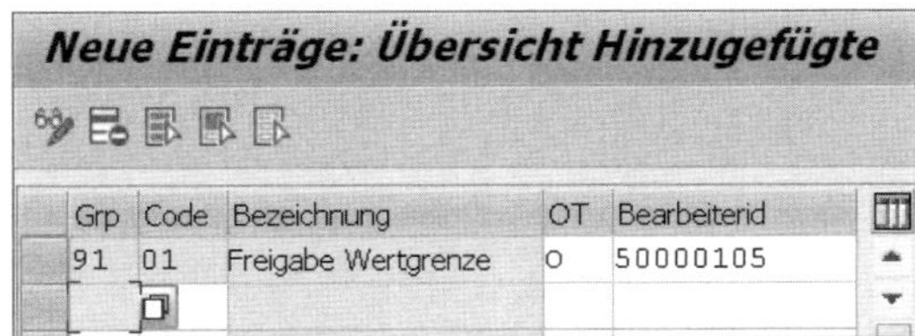

Zuordnung Freigabegruppe/Freigabecode zur Organisationseinheit

Bei der BANF-Freigabe in Tipp 32 haben Sie einer Kombination aus Freigabegruppe (**Grp**) und Freigabecode (**Code**) einzelne Benutzer (Wert US in Spalte **OT**) und Organisationseinheiten (Wert O in Spalte **OT**) zugeordnet. Nun verfahren Sie ähnlich. Ordnen Sie der Kombination Freigabegruppe 91 und Freigabecode 01 eine Organisationseinheit zu, indem Sie in der Spalte **Bearbeiterid** die Nummer der Organisationseinheit (im Beispiel 50000105) erfassen. Organisationseinheiten pflegen Sie mit der Transaktion PPOM bzw. PPOC.

Starten Sie Transaktion OOCU und öffnen Sie die Anwendungskomponente **MM**. In der Zeile der Anwendungskomponente **MM-PUR** starten Sie die Verknüpfung **Bearbeiter zuordnen**.

MM	Materialwirtschaft		
MM-CBP	Verbrauchsgesteuerte Disposition (siehe	Bearbeiter zuordnen	Ereigniskopplung aktivieren
MM-PUR	Einkauf	Bearbeiter zuordnen	Ereigniskopplung aktivieren

Transaktion OOCU: Bearbeiter zuordnen und Ereigniskopplung aktivieren

Aufgaben einer Anwendungskomponente: Bearbeiter zuordnen

Eigenschaften... Org. Zuordnung

Bezeichnung	Id	Generelle c
Freigabe Bestellung	TS 20000166	
Freigabe Bestellung wurde zurückgenommen	TS 20000167	
Freigabe Bestellung wurde durchgefuehrt	TS 20000168	

Transaktion OOCU: Aufgaben als generelle Aufgabe festlegen

Die folgenden Aufgaben (Spalte **Id**) müssen Sie nun als generelle Aufgabe festlegen, so dass grundsätzlich jeder Benutzer im System diese Aufgabe ausführen kann:

- TS 20000166: Freigabe Bestellung
- TS 20000167: Freigabe Bestellung wurde zurückgenommen
- TS 20000168: Freigabe Bestellung wurde durchgeführt

Die Benutzer, die die Aufgabe ausführen sollen, werden erst bei der Ausführung des Workflows in der Rollenauflösung ermittelt. Die Rollenauflösung liest zum Freigabecode und zur Freigabegruppe die im Customizing hinterlegte Organisationseinheit. Alle Benutzer, die dieser Organisationseinheit zugeordnet sind, erhalten die Aufgabe in Ihrem Arbeitsvorrat und können diese ausführen.

Sie setzen das Kennzeichen **Generelle Aufgabe**, indem Sie eine Zeile markieren und auf die Schaltfläche **Eigenschaften** klicken. Im angezeigten Dialogfenster selektieren Sie den Auswahlknopf **Generelle Aufgabe** und klicken anschließend auf die Schaltfläche **Übernehmen**.

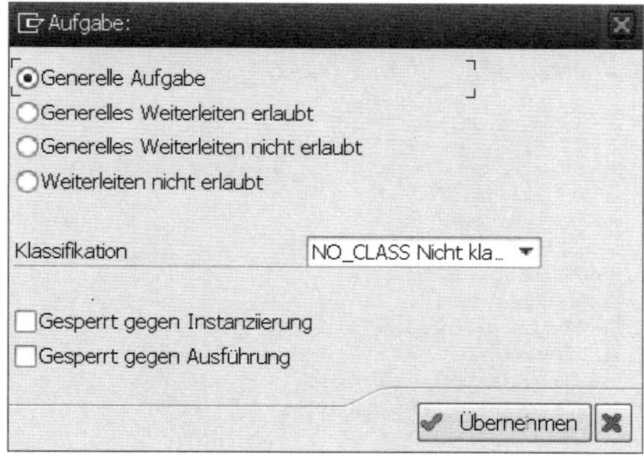

Setzen des Kennzeichens »Generelle Aufgabe«

Führen Sie die Aktion für die drei genannten Aufgaben durch. In der Übersicht sollte nun jeweils **Generelle Aufgabe** in der Spalte **Generelle oder Hintergrundaufgabe** zu sehen sein.

Bezeichnung	Id	Generelle oder Hinter
• Freigabe Bestellung	TS 20000166	Generelle Aufgabe
• Freigabe Bestellung wurde zurückgenommen	TS 20000167	Generelle Aufgabe
• Freigabe Bestellung wurde durchgefuehrt	TS 20000168	Generelle Aufgabe

Aufgaben sind als »Generelle Aufgabe« gekennzeichnet

Um den Standard-Genehmigungs-Workflow WS 20000075 (Workflow für Freigabe Bestellung) zu starten, müssen Sie im nächsten Schritt die Ereigniskopplung zum Ereignis RELEASESTEPCREATED aktivieren. Wechseln Sie mit der Schaltfläche (**Zurück**) in die Sicht **Übersicht Aufgabencustomizing** und wählen Sie die Verknüpfung **Ereigniskopplung aktivieren** aus.

Übersicht Aufgabencustomizing

MM	Materialwirtschaft		
MM-CBP	Verbrauchsgesteuerte Disposition (siehe	Bearbeiter zuordnen	Ereigniskopplung aktivieren
MM-PUR	Einkauf	Bearbeiter zuordnen	Ereigniskopplung aktivieren

Transaktion OOCU: Ereigniskopplung aktivieren

In der nun angezeigten Übersicht **Ereigniskopplung: Auslösende Ereignisse** suchen Sie in der Spalte **Aufgaben/Ereignisse** nach WS 20000075 (Workflow für Freigabe Bestellung). Öffnen Sie die Hierarchiedarstellung und klicken Sie danach auf die Schaltfläche (**Details**) zum Ereignis RELEASESTEP-CREATED.

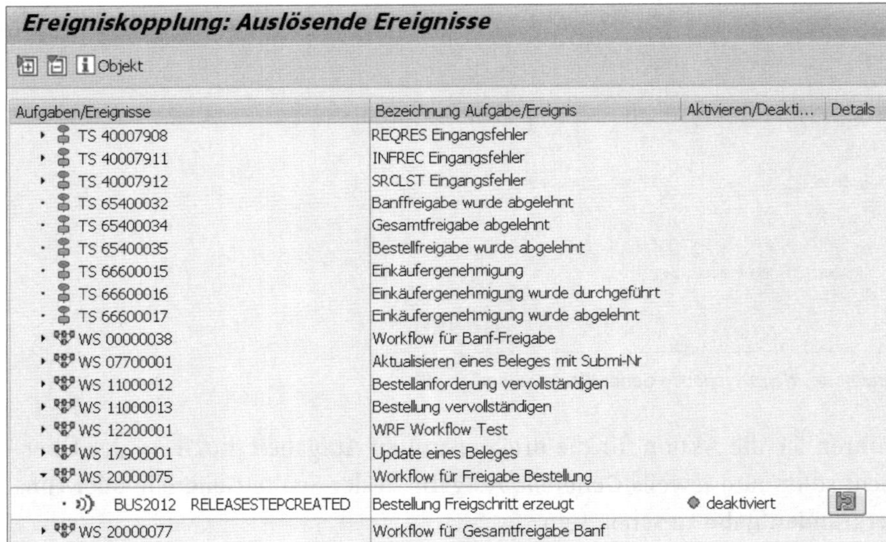

Ereigniskopplung: Auslösende Ereignisse

Objekt

Aufgaben/Ereignisse	Bezeichnung Aufgabe/Ereignis	Aktivieren/Deakti...	Details
TS 40007908	REQRES Eingangsfehler		
TS 40007911	INFREC Eingangsfehler		
TS 40007912	SRCLST Eingangsfehler		
TS 65400032	Banffreigabe wurde abgelehnt		
TS 65400034	Gesamtfreigabe abgelehnt		
TS 65400035	Bestellfreigabe wurde abgelehnt		
TS 66600015	Einkäufergenehmigung		
TS 66600016	Einkäufergenehmigung wurde durchgeführt		
TS 66600017	Einkäufergenehmigung wurde abgelehnt		
WS 00000038	Workflow für Banf-Freigabe		
WS 07700001	Aktualisieren eines Beleges mit Submi-Nr		
WS 11000012	Bestellanforderung vervollständigen		
WS 11000013	Bestellung vervollständigen		
WS 12200001	WRF Workflow Test		
WS 17900001	Update eines Beleges		
WS 20000075	Workflow für Freigabe Bestellung		
BUS2012 RELEASESTEPCREATED	Bestellung Freigschritt erzeugt	deaktiviert	
WS 20000077	Workflow für Gesamtfreigabe Banf		

Ereigniskopplung aktivieren

In den Details aktivieren Sie das Kennzeichen **Ereigniskopplung aktivieren** und speichern die Einstellungen mit der Schaltfläche **Speichern**.

Eigenschaften der Ereigniskopplung

Objekttyp	BUS2012
Ereignis	RELEASESTEPCREATED
Verbrauchertyp	WS20000075

Eigenschaften

Status der Kopplung	0 fehlerfrei

☑ Ereigniskopplung aktiviert

Ereigniskopplung aktivieren

Um die Einstellungen zu testen, legen Sie mithilfe von Transaktion ME21N eine neue Bestellung mit einem Nettowert > 10.000 EUR an. In Transaktion SWI1 (Selektionsreport für Workitems) sehen Sie nun eine gestartete Workflow-Aufgabe WS 20000075 und einen Dialogschritt Aufgabendefinition TS20000166. Die Transaktion können Sie grundsätzlich verwenden, um zu prüfen, ob Aufgaben (Workitems) erzeugt wurden.

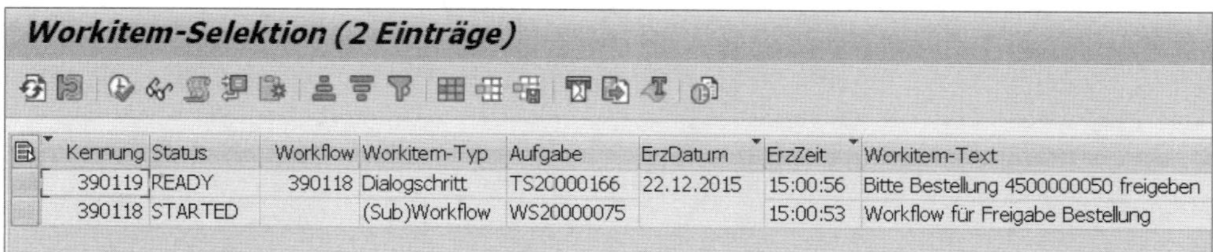

Workitem-Selektion (2 Einträge)

Kennung	Status	Workflow	Workitem-Typ	Aufgabe	ErzDatum	ErzZeit	Workitem-Text
390119	READY	390118	Dialogschritt	TS20000166	22.12.2015	15:00:56	Bitte Bestellung 4500000050 freigeben
390118	STARTED		(Sub)Workflow	WS20000075		15:00:53	Workflow für Freigabe Bestellung

Transaktion: SWI1: Ausgelöster Workflow Freigabe Bestellung

Wenn Sie die Aufgabe als Genehmiger ausführen wollen, starten Sie den Business Workplace mit Transaktion SBWP.

Freigabe Bestellung

Aus...	Titel	Status	Erzeugungsdat...	Erzeugungs...	P	Anla...	End...	Wor...
	Bitte Bestellung 4500000050 freigeben		22.12.2015	15:00:57	5			

Transaktion SBWP: Workitem im Business Workplace

Darin ist nun eine Aufgabe mit dem **Titel** »Bitte Bestellung [...] freigeben« enthalten. Diese Aufgabe können Sie ausführen und die Bestellung anschließend freigeben.

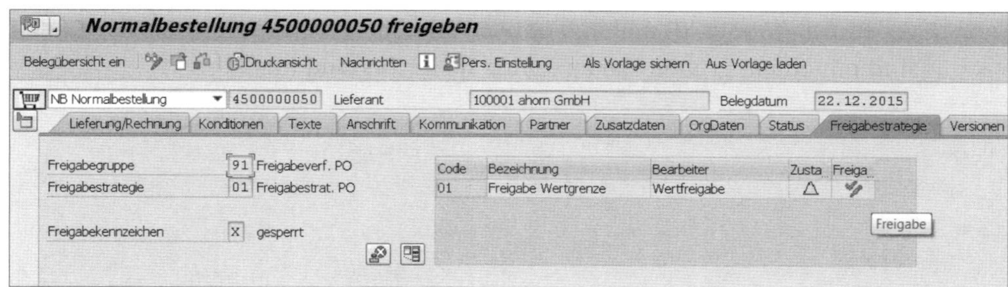

Freigabe der Bestellung

Nach der Freigabe der Bestellung erfolgt die Ausgabe der Bestellnachricht als Druck, Fax, EDI oder E-Mail.

Tipp 34
Freigabe nachverfolgen

Um herauszufinden, wer einen Beleg durchgeführt hat bzw. den Genehmigungs-Workflow ausgeführt hat, bietet Ihnen SAP viele Möglichkeiten. In diesem Tipp erfahren Sie, wie Sie sich schnell einen Überblick verschaffen.

Nach der Freigabe eines Belegs müssen Sie auch nachvollziehen können, wer wann die Freigabe durchgeführt hat. Wenn ein Einkaufsbeleg oder eine Bestellanforderung freigegeben wurde, haben Sie mehrere Möglichkeiten, den durchgeführten Freigabeprozess einzusehen.

› Und so geht's

Im Folgenden zeige ich Ihnen am Beispiel einer Bestellanforderungsposition, die ich zuvor freigegeben habe, wie Sie eine Freigabe nachverfolgen können.

Grundsätzlich erkennen Sie im Bereich **Position** in der Registerkarte **Freigabestrategie**, ob eine Bestellanforderungsposition das Genehmigungsverfahren durchlaufen hat oder nicht. In diesem Beispiel ist die Freigabe bereits vollständig durchgeführt worden. Das **Freigabekennzeichen** ist auf 2 (freigegeben für Anfrage/Bestellung) gesetzt und alle Freigabecodes (Spalte **Code**) sind mit einem grünen Haken in der Spalte **Zustand** markiert.

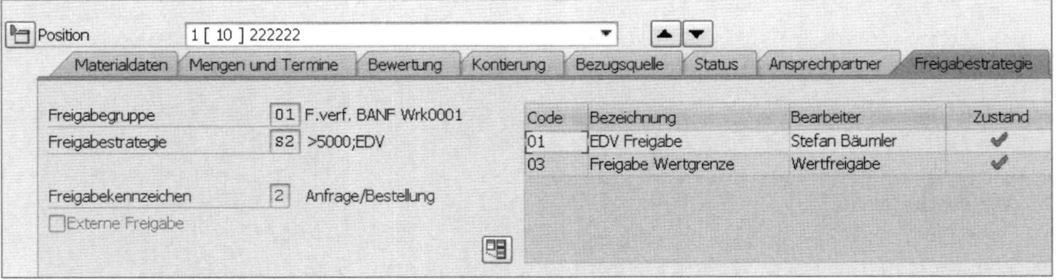

Transaktion ME53N: Freigabe Bestellanforderungsposition

Zu jedem Freigabecode wird in der Spalte **Bearbeiter** der *geplante* Benutzer angezeigt, der im Customizing in der Aktivität **Workflow** hinterlegt ist. Details dazu finden Sie in Tipp 32 oder im Customizing direkt:

Materialwirtschaft ▸ Einkauf ▸ Bestellanforderung ▸ Freigabeverfahren ▸ Verfahren mit Klassifizierung ▸ Verfahren mit Klassifizierung einrichten

Wenn eine Organisationseinheit im Customizing gepflegt ist, wird Ihnen nur die Bezeichnung der Organisationseinheit angezeigt. Es ist aber nicht der *echte* Benutzer, der die Freigabe durchgeführt hat.

Um zu prüfen, wer die Freigabe durchgeführt hat, markieren Sie die Bestellanforderungsposition und öffnen das Menü der Bestellanforderung: **Umfeld ▸ Änderungen Position**.

In den angezeigten Änderungsbelegen können Sie den Genehmiger (Spalte **Benutzer**) erkennen, der die Freigabe durchgeführt hat. Im Beispiel hat der Benutzer C0003 die Freigabe durchgeführt und das Freigabekennzeichen auf 2 (Spalte **neuer Wert**) gesetzt.

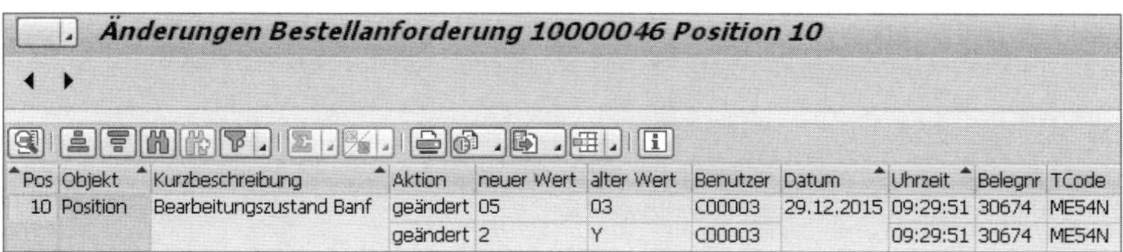

Änderungen Bestellanforderung 10000046 Position 10

Pos	Objekt	Kurzbeschreibung	Aktion	neuer Wert	alter Wert	Benutzer	Datum	Uhrzeit	Belegnr	TCode
10	Position	Bearbeitungszustand Banf	geändert	05	03	C00003	29.12.2015	09:29:51	30674	ME54N
			geändert	2	Y	C00003		09:29:51	30674	ME54N

Änderungen der Bestellanforderungen

Durch die Freigabe hat sich der Bearbeitungszustand der BANF 03 (BANF ist in Freigabe) auf 05 (Freigabe der BANF ist abgeschlossen) geändert.

Eine direkte Protokollierung des jeweiligen freigegebenen Freigabecodes erfolgt leider nicht in den Änderungsbelegen. Dies erschwert die Rückverfolgbarkeit der Freigabe. Mithilfe der eindeutigen Zuordnung des Freigabecodes bzw. der Freigabestufe zum Freigabekennzeichen können jedoch die Freigaben im Beleg genau protokolliert werden. Sie verwenden demnach im Customizing nicht nur ein Freigabekennzeichen für den gesperrten Beleg, sondern mehrere, jeweils eines pro Freigabecode. Im vorliegenden Beispiel sind die Freigabekennzeichen den Freigabecodes wie abgebildet in der Freigabestrategie S2 zugeordnet:

- kein Freigabecode gesetzt → X (Gesperrt – Fachliche Freigabe)
- Freigabecode 01 freigegeben → Y (Gesperrt durch Wertgrenze)

- Freigabecode 01 und 03 freigegeben → 2 (freigegeben für Anfrage/ Bestellung)

Somit wird das Freigabekennzeichen von X auf Y gesetzt, wenn der Freigabecode 01 gesetzt wird, und das Freigabekennzeichen von Y auf 2 gesetzt, wenn der Freigabecode 03 gesetzt wird und dadurch die Endfreigabe des Belegs erfolgt ist.

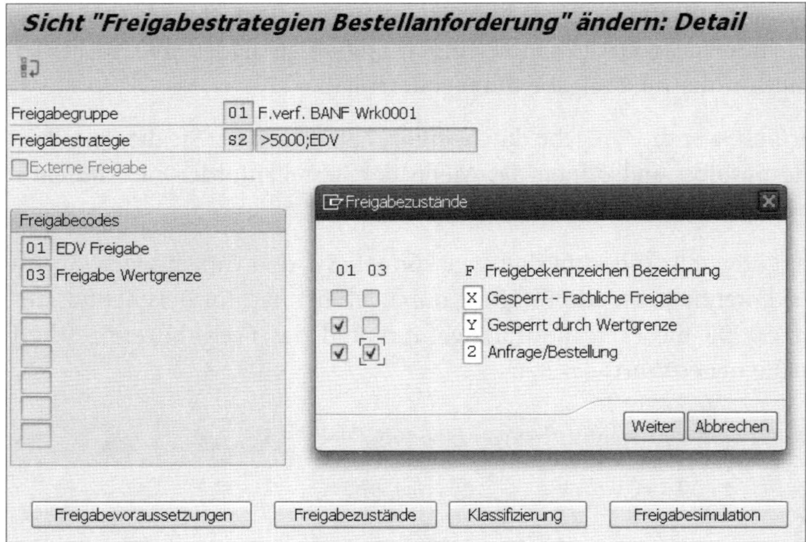

Zuordnung Freigabecode zu Freigabekennzeichen

Wenn Sie einen Workflow für den Freigabeprozess aktiviert haben, können Sie mithilfe der **Dienste zum Objekt** den Workflow-Ablauf einsehen. Starten Sie Transaktion ME53N und wählen Sie Ihre jeweilige Bestellanforderung aus. Wählen Sie die Dienste zum Objekt über die Schaltfläche aus.

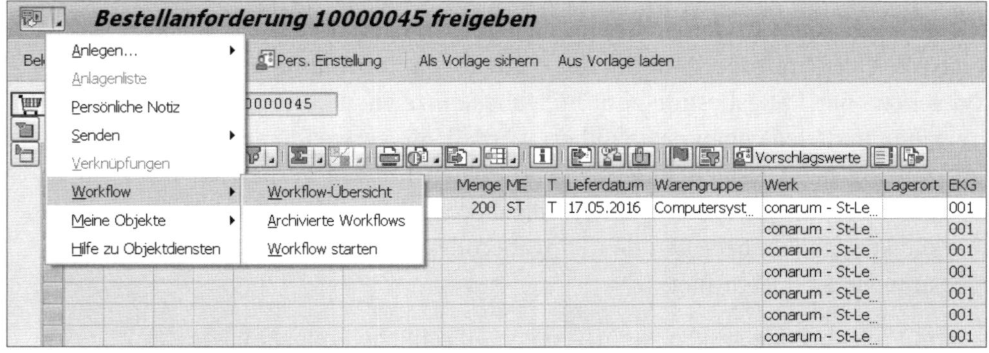

Auswahl des Menüpunkts »Workflow-Übersicht«

Klicken Sie auf das in der Schaltfläche unten rechts angezeigte schwarze Dreieck. Im angezeigten Menü wählen Sie **Workflow ▸ Workflow-Übersicht** aus. Sie erhalten nun eine Übersicht über die zur Bestellanforderung erzeugten Workflows und Aufgaben.

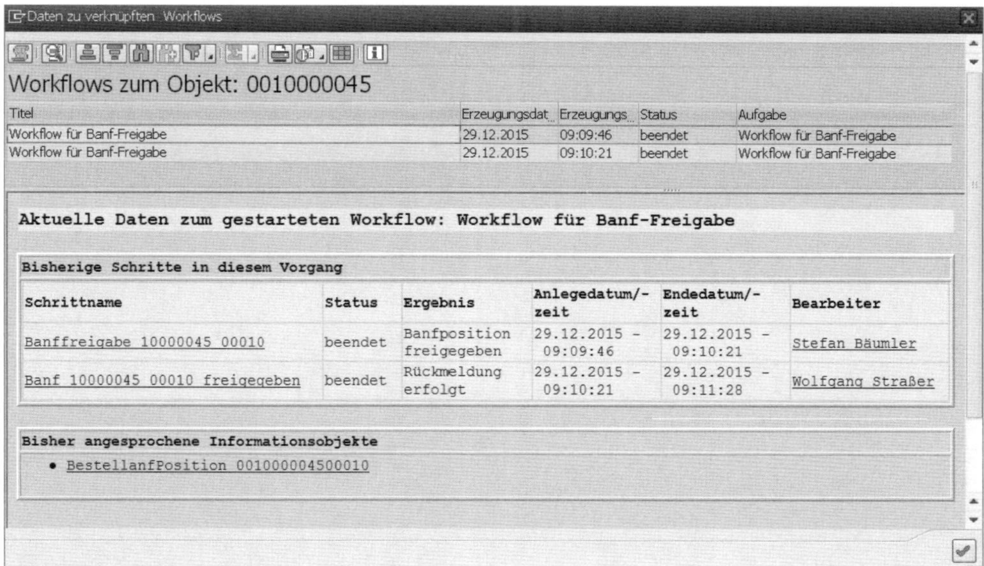

Daten zu den verknüpften Workflows

Je Freigabecode wird im verwendeten SAP-Standard ein Workflow gestartet. Im oberen Bereich werden die durchlaufenen Workflows angezeigt. Im unteren Bereich werden die abgearbeiteten Workflowschritte/Aufgaben mit deren Bezeichnung (Feld **Schrittname**), aktuellem Status, dem jeweiligen Bearbeiter, Datum, Uhrzeit und dem Bearbeitungsergebnis (Spalte **Ergebnis**) angezeigt.

Auch bei Bestellungen, Kontrakten oder anderen Geschäftsobjekten erfolgt eine Fortschreibung der Verknüpfung, die Sie über die Schaltfläche **Dienste zum Objekt** einsehen können.

TEIL 4

Disposition und Bedarfsplanung

Die Disposition und Bedarfsplanung hat die Aufgabe, die Verfügbarkeit von Materialien und Leistungen unter Berücksichtigung der bestmöglichen Lieferbereitschaft und Kostenminimierung sicherzustellen. Dazu gehört die Entscheidung, Materialien selbst herzustellen oder einzukaufen ebenso wie die termingerechte Bereitstellung der benötigten Materialien und die Bereitstellung der optimalen Menge mit Hinblick auf Kapazitäten und Kosten.

In diesem Teil finden Sie Tipps, wie Sie die Bedarfsplanung im Hinblick auf die Fremdbeschaffung einstellen und optimieren können. Ich zeige Ihnen, wie Sie die Quotierung einstellen und diese in die Bedarfsplanung integrieren. Zwei Tipps widmen sich dem Thema Lohnbearbeitung. Sie lernen darin, wie Sie Dispobereiche einsetzen, um Beistellbestände separat zu disponieren.

› Tipps in diesem Teil

Tipp 35

Lagerorte von der Disposition ausschließen

Lernen Sie in diesem Tipp, wie Sie Lagerorte vom Bedarfsplanungslauf ausschließen, deren Bestände im Bedarfsplanungslauf nicht berücksichtigt werden sollen.

Der Materialbedarfsplanungslauf (MRP-Lauf) berücksichtigt alle freien Bestände in einem jeweiligen Werk, um Bedarfe aufgrund eingegangener Kundenaufträge, Prognoserechnung der Fertigungsaufträge zu decken. In SAP können aber auch Lagerorte explizit von der Bedarfsplanung ausgenommen werden.

› Und so geht's

Um Lagerorte von der Bedarfsplanung auszuschließen, rufen Sie zunächst den folgenden Customizing-Pfad auf:

Materialwirtschaft ▸ Verbrauchsgesteuerte Disposition ▸ Planung Lagerortdisposition pro Werk festlegen

In diesem Beispiel wird der Lagerort 0002 verwendet. In der angezeigten Tabelle pflegen Sie in der Spalte **DispoKz** den Wert 1 (Lagerortbestand geht nicht in die Disposition ein). Wenn Sie den Lagerort separat durch den MRP-Lauf disponieren lassen möchten, verwenden Sie den Wert 2. Dann können Sie für diesen Lagerort beispielsweise einen eigenen Meldebestand festlegen, der separat im MRP-Lauf berücksichtigt wird. Speichern Sie die Einstellungen.

Sicht "Lagerortdisposition" ändern: Übersicht

Werk 0001

LOrt	Lagerortbezeichnung	DispoKz	Bezeichnung Dispositionskennzeichen
0001	Lager 0001		
0002	Lager 0002	1	Lagerortbestand geht nicht in die Disp

Ausschluss des Lagerorts 0002 von der Bedarfsplanung

Je Material können Sie im Materialstamm den Ausschluss des Lagerorts von der Bedarfsplanung aktivieren. Dazu starten Sie Transaktion MM02. In der Sichtenauswahl wählen Sie die Sicht **Disposition 4** aus. Anschließend erfassen Sie im Fenster **Organisationsebenen** das **Werk** 0001, den **Lagerort** 0002 und drücken [↵].

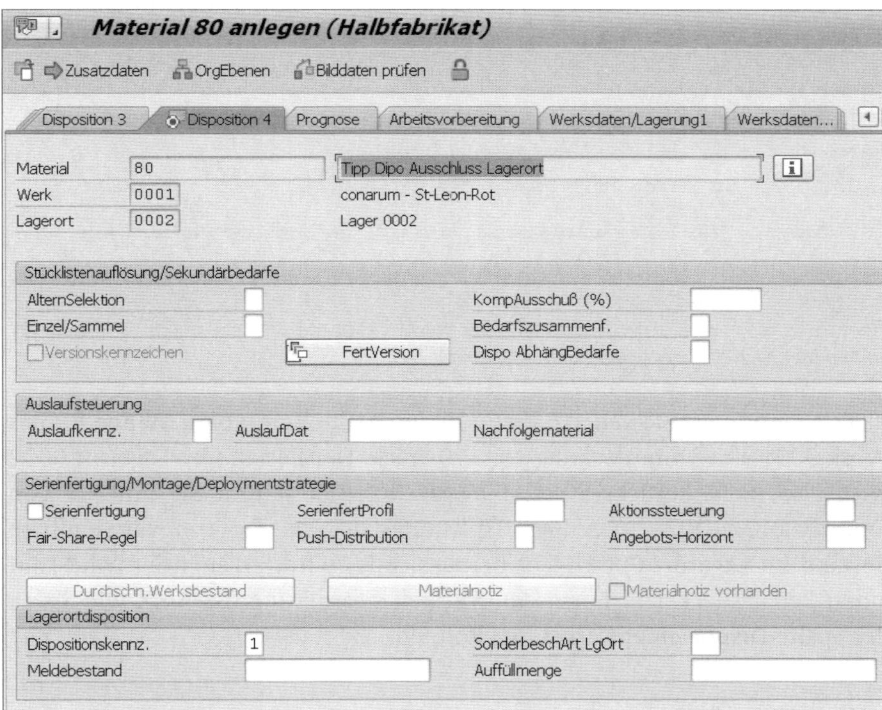

Transaktion MM02: Pflege des Dispositionskennzeichens

Im Bildbereich **Lagerortdisposition** erfassen Sie im Feld **Dispositionskennz.** den Wert 1 (Lagerortbestand geht nicht in die Disposition ein). Somit ist der Lagerbestand des Materials im Lagerort 0002 von der Disposition ausgeschlossen und wird beim nächsten Bedarfsplanungslauf nicht berücksichtigt. Zuletzt speichern Sie die Materialstammdaten.

In Transaktion MD04 sehen Sie nun, dass der Lagerort 0002 von der Disposition ausgeschlossen wurde.

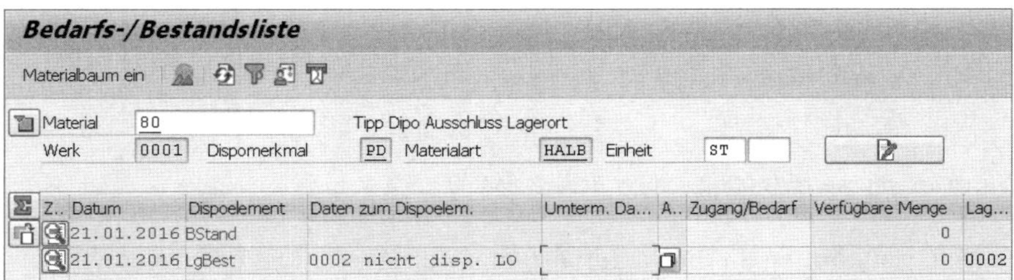

Bedarfs-/Bestandsliste

Materialbaum ein

Material 80 Tipp Dipo Ausschluss Lagerort
Werk 0001 Dispomerkmal PD Materialart HALB Einheit ST

Z..	Datum	Dispoelement	Daten zum Dispoelem.	Umterm. Da...	A..	Zugang/Bedarf	Verfügbare Menge	Lag...
	21.01.2016	BStand					0	
	21.01.2016	LgBest	0002 nicht disp. LO				0	0002

Transaktion MD04: Anzeige ausgeschlossener Lagerort

Um den Ausschluss zu testen, buchen Sie in Transaktion MIGO einen Wareneingang zum Beispiellagerort 0002 von 10 Stück. Außerdem erfassen Sie mit Transaktion MB21 eine Materialreservierung für eine Warenentnahme auf Kostenstelle von 10 Stück.

Materialbaum ein

Material 80 Tipp Dipo Ausschluss Lagerort
Werk 0001 Dispomerkmal PD Materialart HALB Einheit ST

Z..	Datum	Dispoe...	Daten zum Dispoelem.	Umterm. Da...	A..	Zugang/Bedarf	Verfügbare Menge	Lag...
	21.01.2016	BStand					0	
	21.01.2016	MR-Res	0000000061/0001			10-	10-	
	21.01.2016	LgBest	0002 nicht disp. LO				10	0002

Transaktion MD04: Reservierung und verfügbarer Bestand

In Transaktion MD04 sehen Sie nun in der Spalte **Verfügbare Menge** für das Werk 0001 eine Unterdeckung von -10 Stück. Der Bestand im Lagerort 0002 wird also nicht berücksichtigt. Für das Material starten Sie mithilfe von Transaktion MD02 einen Bedarfsplanungslauf. Da der frei verwendbare Bestand im Lagerort 0002 nicht berücksichtigt wird, erzeugt der MRP-Lauf einen Bedarfsdecker in Form einer Bestellanforderung (BS-Anf), wie Sie in der Spalte **Dispoelement** erkennen können.

Materialbaum ein

Material 80 Tipp Dipo Ausschluss Lagerort
Werk 0001 Dispomerkmal PD Materialart HALB Einheit ST

Z..	Datum	Dispoe...	Daten zum Dispoelem.	Umterm. Da...	A..	Zugang/Bedarf	Verfügbare Menge	Lag...
	21.01.2016	BStand					0	
	21.01.2016	MR-Res	0000000061/0001			10-	10-	
	26.01.2016	BS-Anf	0010000084/00010	21.01.2016	30	10	0	
	21.01.2016	LgBest	0002 nicht disp. LO				10	0002

Transaktion MD04: Erzeugtes Dispoelement Bestellanforderung (BS-Anf)

Tipp 36

Lohnbearbeitung verwenden

Sie wollen bei einem Lieferanten Lohnbearbeitung durchführen und den Prozess in SAP abbilden. MM bietet Ihnen sowohl in der Disposition als auch in der Bestandsführung Funktionen, mit denen Sie Lohnbearbeitungsprozesse abbilden können.

Im Lohnbearbeitungsprozess liefern Sie dem Lieferanten die Materialien und Komponenten, die dieser zur Fertigung des zu beschaffenden Produkts benötigt. Das bedeutet, dass Sie als Kunde wissen müssen, welche Komponenten und welche jeweilige Menge der Lieferant für die Fertigung des Produktes benötigt. Im Folgenden zeige ich Ihnen, wie Sie diese Informationen im System hinterlegen können, um den Prozess effizient zu steuern.

› Und so geht's

Voraussetzung für den Lohnbearbeitungsprozess in SAP ist die Zuordnung der Beistellkomponenten zum Endprodukt bzw. zur Baugruppe. Dies wird im System mittels einer Stückliste abgebildet.

Um Stücklisten anzulegen und zu pflegen, rufen Sie Transaktion CS01 bzw. CS02 auf. In diesem Beispiel habe ich bereits eine Stückliste für das **Endprodukt 83** mit der Verwendung 3 (universal) im **Werk** 0001 angelegt.

Die Stückliste beinhaltet die Beistellkomponenten 84 mit 3 Stück und 85 mit 4 Stück. Um das Endprodukt zu fertigen, benötigt der Lieferant also 3 Stück von der Komponente 84 und 4 Stück von der Komponente 85 als Beistellung.

Transaktion CS02: Stückliste des Endprodukts 83

Neben der Stückliste werden weitere Einstellungen und Stammdaten benötigt, um den Lohnbearbeitungsprozess korrekt abzubilden:

1. Im Materialstamm (Transaktion MM01/MM02) des Endprodukts muss das Sonderbeschaffungskennzeichen gesetzt werden.
2. Ein Einkaufsinfosatz (Transaktion ME11/ME12) vom Typ Lohnbearbeitung muss angelegt werden.
3. Zu diesem Einkaufsinfosatz muss ein Orderbuch (Transaktion ME01) mit dem Kennzeichen **Dis** = 1 gepflegt werden.

Das Sonderbeschaffungskennzeichen setzen Sie wie folgt. Sie starten Transaktion MM02, erfassen das Endprodukt im Feld **Material** und drücken [↵]. Anschließend wählen Sie im Dialogfenster **Sichtenauswahl** die Sicht **Disposition 2**, drücken [↵], erfassen im Dialogfenster **Organisationsebenen** das Beispielwerk und drücken wiederrum [↵].

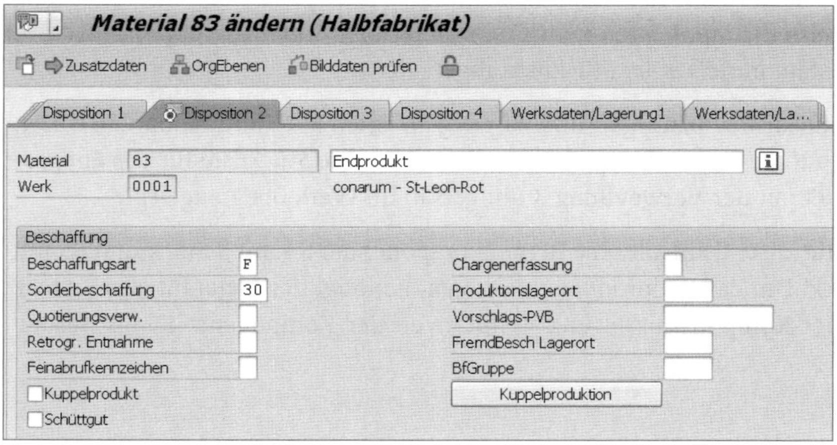

Transaktion MM02: Sicht »Disposition 2«

In der Registerkarte **Disposition 2** erfassen Sie den Standardwert 30 (Lohnbearbeitung) für das Feld **Sonderbeschaffung**. Anschließend speichern Sie die geänderten Daten.

Grundsätzlich können Sie eigene Sonderbeschaffungskennzeichen je Werk im Customizing anlegen:

Materialwirtschaft ▸ Verbrauchsgesteuerte Disposition ▸ Stammdaten ▸ Sonderbeschaffungsarten festlegen

Um den Einkauf besser zu integrieren, können Sie neben einem normalen Einkaufsinfosatz auch einen speziellen Infosatz für die Lohnbearbeitungsabwicklung, die einen abweichenden Preis beinhaltet, anlegen. Legen Sie im Beispiel für das Endprodukt einen Einkaufsinfosatz vom Typ **Lohnbearbeitung** an. Dazu starten Sie Transaktion ME11, erfassen den Lohnbearbeitungslieferanten und das Endprodukt, selektieren den Auswahlknopf **Lohnbearbeitung** im Bereich **Infotyp** und bestätigen die Eingabe mit [↵].

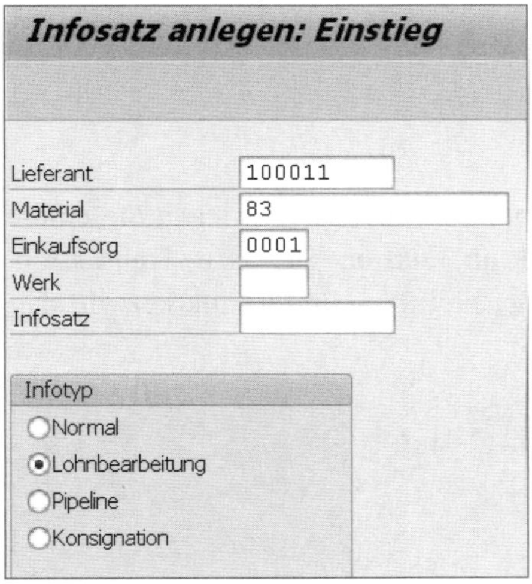

Infosatz anlegen: Einstieg

Lieferant 100011
Material 83
Einkaufsorg 0001
Werk
Infosatz

Infotyp
○ Normal
◉ Lohnbearbeitung
○ Pipeline
○ Konsignation

Transaktion ME11: Einkaufsinfosatz vom Typ Lohnbearbeitung

In der anschließend angezeigten Sicht **Infosatz anlegen: Allgemeine Daten** klicken Sie auf die Schaltfläche **EinkaufsorgDaten 1**. Dort pflegen Sie die Mussfelder **Nettopreis**, **Einkäufergruppe**, **Planlieferzeit** und **Normalmenge**. Zuletzt speichern Sie die Daten.

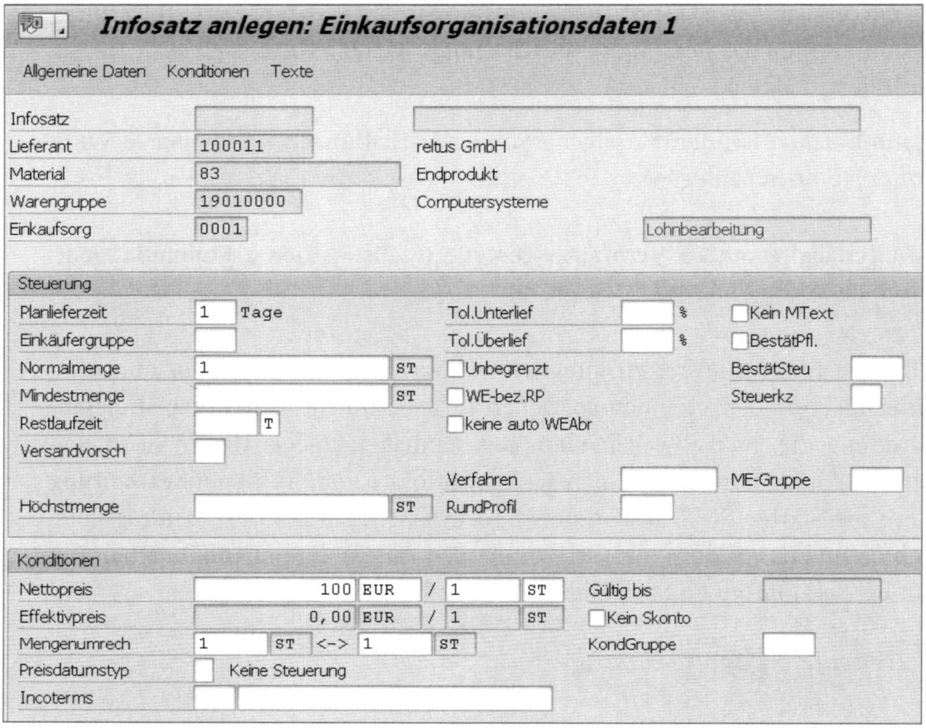

Infosatz anlegen: Einkaufsorganisationsdaten 1

Allgemeine Daten Konditionen Texte

Infosatz		
Lieferant	100011	reltus GmbH
Material	83	Endprodukt
Warengruppe	19010000	Computersysteme
Einkaufsorg	0001	Lohnbearbeitung

Steuerung

Planlieferzeit	1 Tage	Tol.Unterlief	%	Kein MText	
Einkäufergruppe		Tol.Überlief	%	BestätPfl.	
Normalmenge	1 ST	Unbegrenzt		BestätSteu	
Mindestmenge	ST	WE-bez.RP		Steuerkz	
Restlaufzeit	T	keine auto WEAbr			
Versandvorsch					
		Verfahren		ME-Gruppe	
Höchstmenge	ST	RundProfil			

Konditionen

Nettopreis	100 EUR / 1 ST	Gültig bis	
Effektivpreis	0,00 EUR / 1 ST	Kein Skonto	
Mengenumrech	1 ST <-> 1 ST	KondGruppe	
Preisdatumstyp	Keine Steuerung		
Incoterms			

Transaktion ME11: Sicht Einkaufsorganisation 1

Um die Beschaffung in die Bedarfsplanung zu integrieren, legen Sie einen Orderbuchsatz mit Transaktion ME01 an. Starten Sie dazu Transaktion ME01, erfassen Sie das **Material** (im Beispiel 83 – Endprodukt) sowie das **Werk**. Danach drücken Sie [↵].

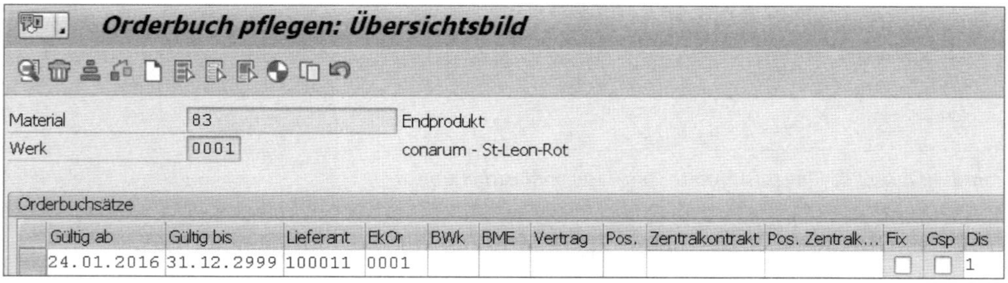

Orderbuch pflegen: Übersichtsbild

Material	83	Endprodukt
Werk	0001	conarum - St-Leon-Rot

Orderbuchsätze

Gültig ab	Gültig bis	Lieferant	EkOr	BWk	BME	Vertrag	Pos.	Zentralkontrakt	Pos. Zentralk...	Fix	Gsp	Dis
24.01.2016	31.12.2999	100011	0001							☐	☐	1

Transaktion ME01: Orderbuch zum Endprodukt mit Dispokennzeichen 1

In der Spalte **Dis** tragen Sie den Wert 1 (Satz für Disposition relevant) ein. Der Bedarfsplanungslauf erzeugt nun eine Bestellanforderung mit dem Lieferanten als Bezugsquelle. Speichern Sie abschließend das Orderbuch.

Nun starten Sie den Bedarfsplanungslauf. Dazu benötigen Sie noch einen Bedarfsverursacher. Mithilfe von Transaktion MB21 legen Sie eine Materialreservierung mit der Bewegungsart 201 (Entnahme auf Kostenstelle) an. Anschließend starten Sie mit Transaktion MD02 die Bedarfsplanung für das Endprodukt. Mit Transaktion MD04 lassen Sie sich anschließend das Ergebnis der Bedarfsplanung anzeigen.

Bedarfs-/Bestandsliste von 20:09 Uhr

Materialbaum ein | BANF Anlegen

Material: 83 — Endprodukt
Dispobereich: 0001 — conarum - St-Leon-Rot
Werk: 0001 — Dispomerkmal: PD — Materialart: HALB — Einheit: ST

Z..	Datum	Dispoe...	Daten zum Dispoelem.	Umterm. Da...	A..	Zugang/Bedarf	Verfügbare Menge
	12.04.2016	BStand					0
	26.01.2016	MR-Res	0000000062/0001			10-	10-
	15.04.2016	BS-Anf	0010000085/00010	26.01.2016	30	10	0

Transaktion MD04: Bedarfs-/Bestandsliste

Es wurde eine Bestellanforderung (BS-Anf in der Zeile **Dispoelement**) erzeugt. Sie setzen die erzeugte Bestellanforderung in eine Bestellung um, indem Sie auf die Zeile der erzeugten Bestellanforderung doppelklicken. Im angezeigten Dialogfenster **Details zum Dispositionselement** klicken Sie auf die Schaltfläche -> Bestellung (**Bestellanforderung umsetzen in Bestellung**). Anschließend sichern Sie die Bestellung.

Die erzeugte Bestellung enthält eine Position mit dem Endprodukt (**Material** 83) und dem Positionstyp L (Lohnbearbeitung) in Spalte **P**.

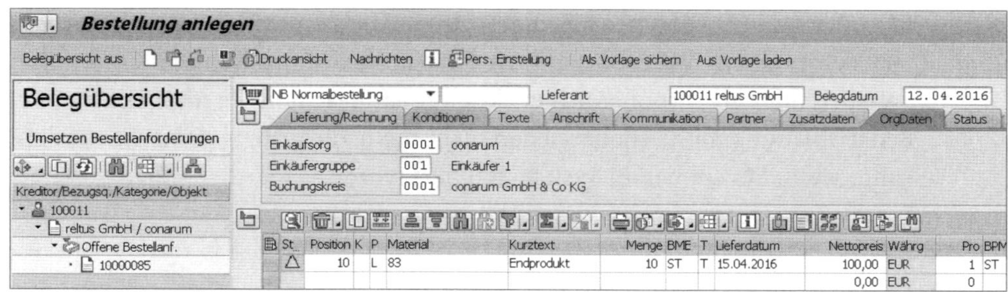

Transaktion ME21N: Aufgerufen aus Transaktion MD04

Um Komponenten (im Beispiel die Materialien 84 und 85) beizustellen, verwenden Sie Transaktion ME2O. Prozess und Einstellungen zur Transaktion ME2O erkläre ich in Tipp 52.

Tipp 37

Lohnbearbeitung – Dispobereich einem Lieferanten zuordnen

Wenn Sie die Bedarfe der Beistellkomponenten im Lohnbearbeitungsprozess separat von Ihrem Werksbestand disponieren wollen, können Sie Dispobereiche verwenden. Sie erreichen dadurch eine bessere Transparenz in der Lohnbearbeitungsabwicklung, können die Dispositionsparameter der Beistellmaterialien individuell je Lohnbearbeiter einstellen und die Lohnbearbeitungsbestände planen.

Im Lohnbearbeitungsprozess ist eine Disposition der Beistellteile unabhängig von der Bedarfsplanung auf Werksebene sinnvoll, um die Übersicht zu behalten. Außerdem besteht häufig die Anforderung, die Planung abhängig vom Lohnbearbeiter steuern zu können. Einflussfaktoren wie Transportkosten, Losgrößen oder Lagerkapazitäten beim Lohnbearbeiter können dadurch berücksichtigt werden.

In SAP werden Dispobereiche eingesetzt, um die Disposition je Lohnbearbeiter zu verwalten. Voraussetzung ist jedoch, dass beim Mandanten die Bedarfsplanung mit Dispobereichen aktiviert ist. Beachten Sie hierbei, dass die Bedarfsplanung mit Dispobereichen nicht mehr rückgängig gemacht werden kann, wenn Sie einmal im System aktiviert wurde.

› Und so geht's

Zunächst müssen Sie prüfen, ob die Bedarfsplanung mit Dispobereichen aktiv ist. Rufen Sie folgenden Customizing-Pfad auf:

Materialwirtschaft ▸ Verbrauchsgesteuerte Disposition ▸ Stammdaten ▸ Bedarfsplanung für Dispositionsbereiche aktivieren

Falls das Kennzeichen nicht gesetzt ist, müssen Sie zunächst den Report RMDBVM00 ausführen. Dieser Report dient zur Umsetzung der vorhandenen Planungsvormerkungen für die Bedarfsplanung mit Dispobereichen.

Als Beispiel soll das im letzten Tipp verwendete Endprodukt (Material 83) eingekauft werden, dem zwei Komponenten beigestellt werden (Material 84 und 85). Das Material 83 ist als Baugruppe bzw. Stückliste im System abgelegt. Die Stückliste der Baugruppe pflegen Sie mit Transaktion CS01 oder CS02.

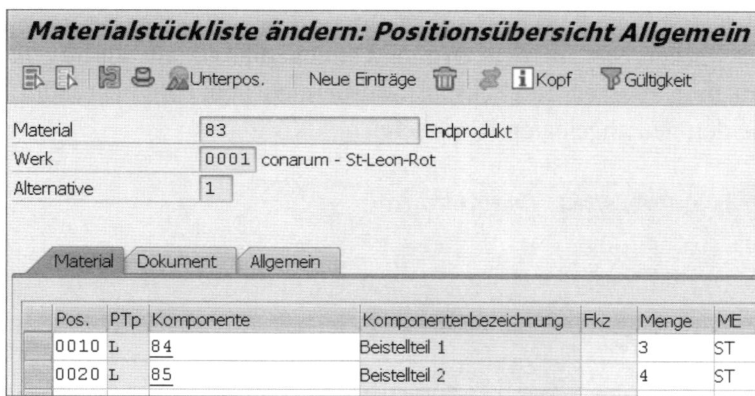

Transaktion CS02: Material mit zwei Bestellkomponenten

Wechseln Sie in das Customizing und legen Sie einen neuen Dispositionsbereich an:

Materialwirtschaft ▸ Verbrauchsgesteuerte Disposition ▸ Stammdaten ▸ Dispobereiche ▸ Dispobereiche definieren

Legen Sie für dieses Beispiel den **Dispobereich** L_100001_1 an und wählen Sie den **Dispobereichs-Typ** 03 (Lieferant). Danach ordnen Sie den Dispositionsbereich dem **Werk** 0001 zu. Sie können jedem Dispobereich nur einen Lohnbearbeiter zuordnen.

Bevor Sie die Dispobereiche für Lohnbearbeiter anlegen, überlegen Sie sich ein Konzept für die Nummerierung und Bezeichnung. Der Dispobereich-

Schlüssel kann wie in diesem Beispiel die Nummer des Lieferanten, ein Präfix und einen Index enthalten.

Dispobereich L_100001_1

Anschließend klicken Sie auf den Ordner **Lohnbearbeiter (ein Eintrag je Dispobereich)** und erfassen zum Dispositionsbereich den Lohnbearbeiter. Speichern Sie den neu angelegten Dispobereich.

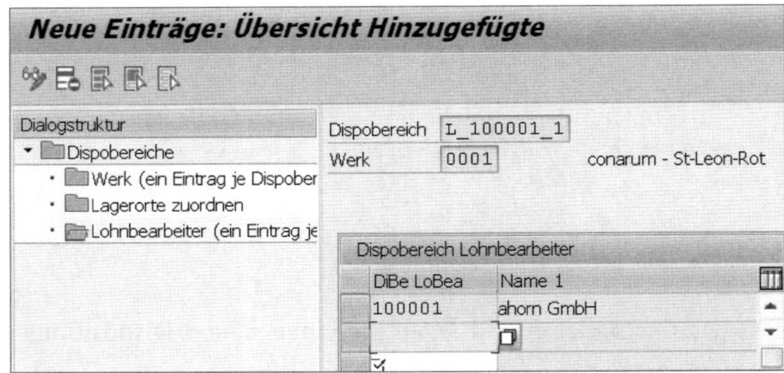

Zuordnung Lohnbearbeiter zum Dispobereich

Im nächsten Schritt ordnen Sie die Beistellkomponenten dem Dispobereich des Lohnbearbeiters zu. Dazu starten Sie jeweils Transaktion *MM02* für beide Komponenten und wählen im Dialogfenster **Sichtenauswahl** die Sicht **Disposition 1** aus. Anschließend klicken Sie in der angezeigten Sicht auf die Schaltfläche **Dispositionsbereiche**.

Im angezeigten Dialogfenster **Übersicht: Dispositionsbereiche** erfassen Sie den zuvor angelegten Dispobereich in der Spalte **Dispobereich** und klicken anschließend auf die Schaltfläche (**Ändern**).

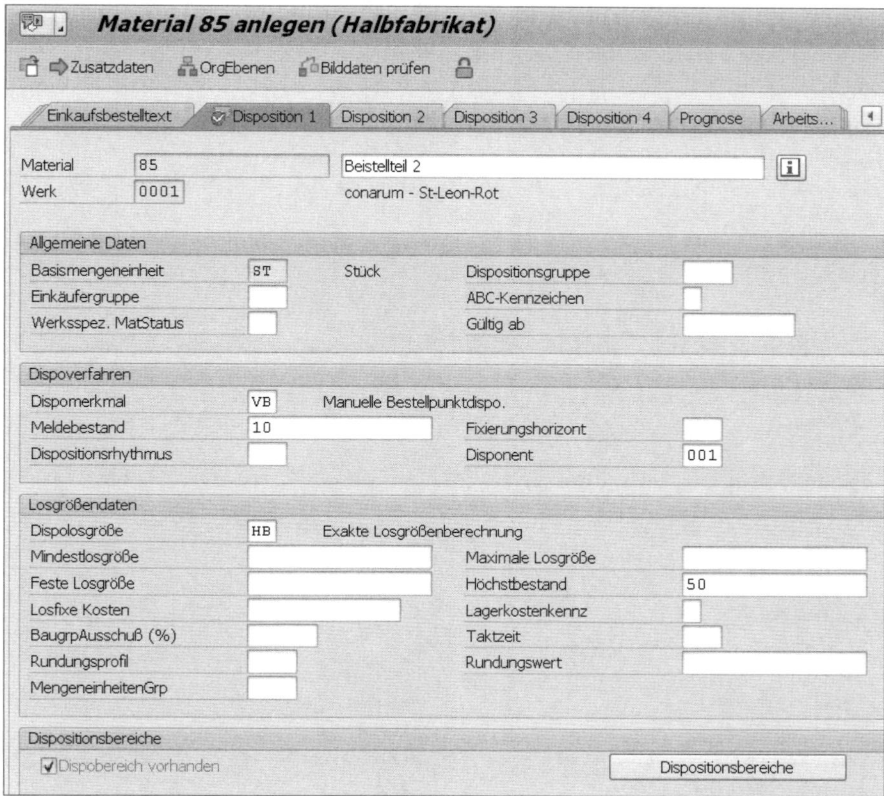

Transaktion MM01: Zuordnung Dispobereiche

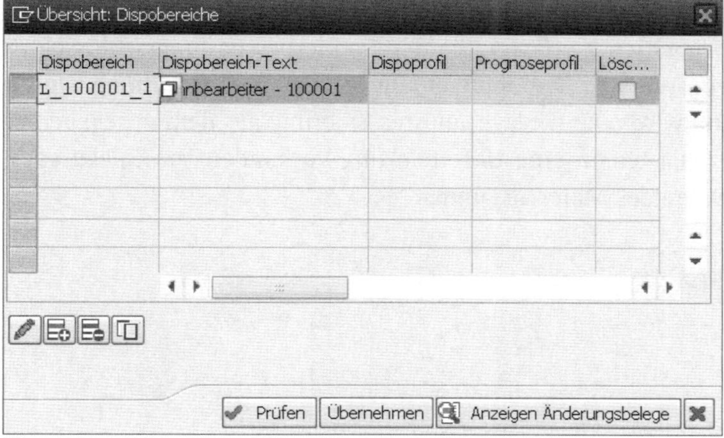

Zuordnung der Dispobereiche zum Materialstamm

In dem nun angezeigten Eingabefenster erfassen Sie die notwendigen Dispositionsdaten. Die Beistellmaterialien sollen verbrauchsgesteuert disponiert werden (VB im Feld **Dispomerkmal**) und die Auffüllung bis zum **Höchstbestand** von 50 Stück erfolgen.

Dispobereich Anlegen

Material	85	Beistellteil 2
Dispobereich	L_100001_1	Lohnbearbeiter - 100001
Dispoprofil		
Prognoseprofil		
Werk	0001	conarum - St-Leon-Rot

Disposition 1 | Disposition 2 | Prognose | Verbrauchswerte

Allgemeine Daten

Dispogruppe	

Dispoverfahren

Dispomerkmal	VB Manuelle Bestellpunktdispo.		
Meldebestand	10	Fixierungshorizont	
Dispositionsrhythmus		Disponent	001

Losgrößendaten

Dispolosgröße	HB Auffüllen bis Höchstbestand		
Rundungsprofil		Rundungswert	
Mindestlosgröße		Maximale Losgröße	
Feste Losgröße		Höchstbestand	50
Losfixe Kosten		Lagerkostenkennz	
BaugrpAusschuß (%)		Taktzeit	

Transaktion MM02: Dispobereich Detaildaten Sicht »Disposition 1«

In der Sicht **Disposition 2** erfassen Sie den Sonderbeschaffungsschlüssel 45 (Umlagerung von Werk an Dispobereich) im Feld **Sonderbeschaffung**. Durch diese Einstellung wird eine Umlagerungsreservierung aus dem angegebenen Werk 0001 erzeugt, wenn eine Unterdeckung vorhanden ist. Zuletzt speichern Sie die Daten des Materialstamms.

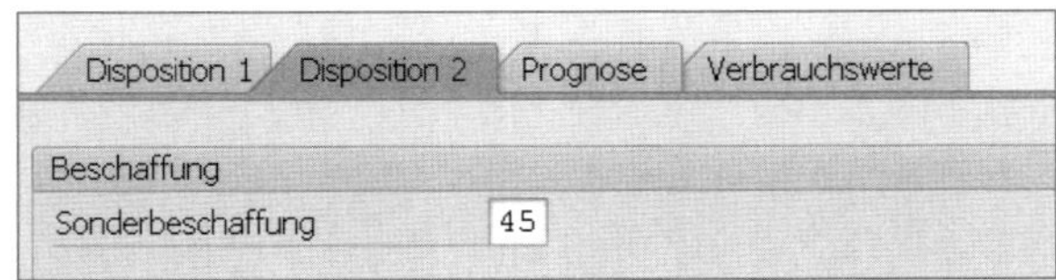

Disposition 1 | Disposition 2 | Prognose | Verbrauchswerte

Beschaffung

Sonderbeschaffung	45

Transaktion MM02: Dispobereich Detaildaten Sicht »Disposition 2«

Um die Einstellungen zu testen, legen Sie mit Transaktion MB21 einen Bedarfsverursacher in Form einer Reservierung auf Kostenstelle zur Baugruppe (Materialnummer 83) an.

Danach starten Sie den Bedarfsplanungslauf mittels Transaktion MD01. Zu den Beistellkomponenten (Materialnummern 84 und 85) wurde je Material eine Umlagerungsreservierung erzeugt. In Transaktion MD04 sehen Sie zur Beistellkomponente 84 und dem Dispobereich des Lieferanten L_100001_1 die erzeugte Reservierung als Zugang von 50 Stück.

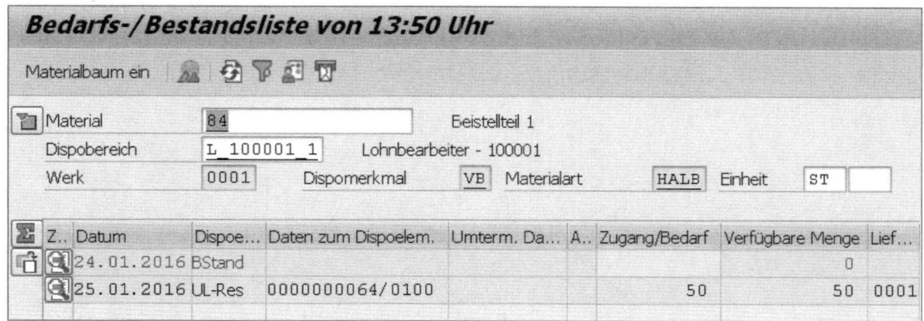

Transaktion MD04: Dispobereich des Lohnbearbeiters

Starten Sie erneut Transaktion MD04, aber diesmal unter Angabe des Werksdispobereichs. Die Bezeichnung des Werksdispobereichs ist identisch mit der Werksnummer, in diesem Beispiel 0001. Hier wird die Reservierung als Abgang (-50 St) angezeigt. Die Reservierung enthält die Bewegungsart 541 (WA Lager an LB-Lief).

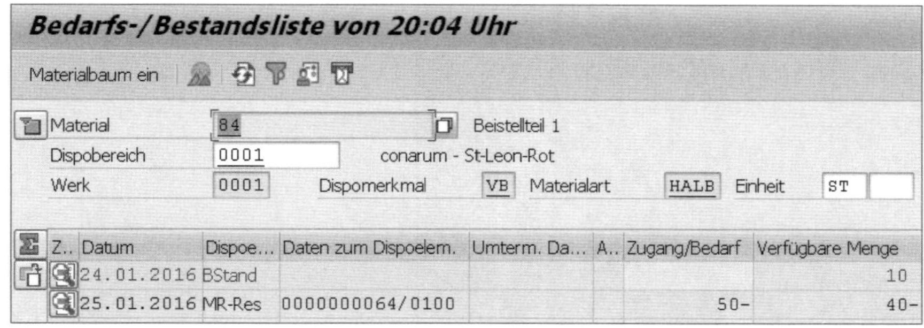

Transaktion MD04: Dispobereich des Werkes

Weitere Informationen zum Lohnbearbeitungsprozess finden Sie auch in Tipp 36 und in Tipp 52.

Tipp 38
Dispositionsprofile verwenden

Mithilfe von Dispoprofilen beschleunigen Sie die Pflege der Materialstämme mit ähnlichen Dispositionsdaten. Sie verbessern in der Regel auch Ihre Datenqualität, da eine Falscherfassung von Daten nicht mehr möglich ist.

In einem Dispositionsprofil hinterlegen Sie Vorschlagswerte für die Dispositionsfelder im Materialstamm. Sie können dabei festlegen, welche Vorschlagswerte durch den Anwender anschließend überschreibbar sind.

› Und so geht's

Zur Anlage eines Dispositionsprofils rufen Sie Transaktion MMD1 auf. Im Feld **Dispositionsprofil** erfassen Sie einen vierstelligen Schlüssel.

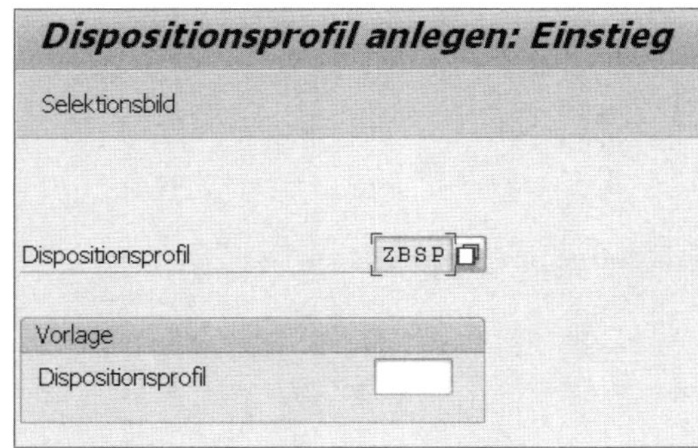

Transaktion MMD1: Dispositionsprofil anlegen

Anschließend erfassen Sie eine Bezeichnung des Dispositionsprofils und markieren als künftige Vorschlagswerte **Disponent** und **Planlieferzeit in Tagen**. Das **Dispositionsmerkmal** soll später bei der Verwendung im Materialstamm nicht änderbar sein. Deshalb setzen Sie in dieser Zeile das Kennzeichen **Festwert**.

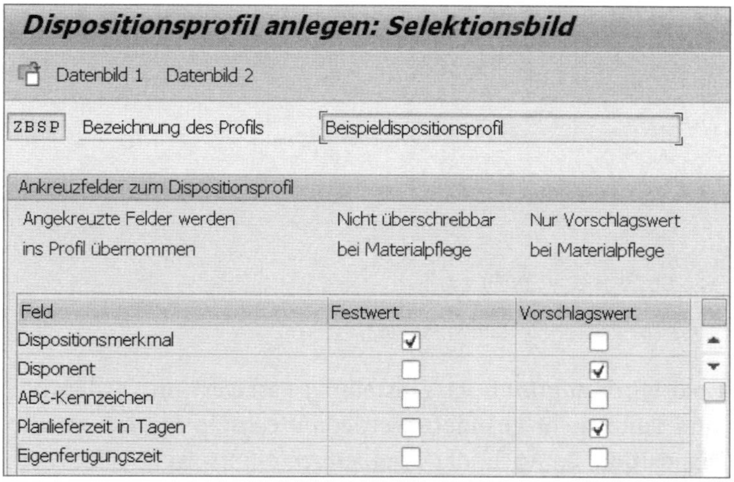

Dispositionsprofil anlegen: Selektionsbild

Datenbild 1 Datenbild 2

ZBSP Bezeichnung des Profils Beispieldispositionsprofil

Ankreuzfelder zum Dispositionsprofil

Angekreuzte Felder werden ins Profil übernommen	Nicht überschreibbar bei Materialpflege	Nur Vorschlagswert bei Materialpflege

Feld	Festwert	Vorschlagswert
Dispositionsmerkmal	☑	☐
Disponent	☐	☑
ABC-Kennzeichen	☐	☐
Planlieferzeit in Tagen	☐	☑
Eigenfertigungszeit	☐	☐

Transaktion MMD1: Kennzeichen »Festwert« und »Vorschlagswert«

Danach klicken Sie auf die Schaltfläche **Datenbild 1**. Im anzeigten Bild erfassen Sie beispielhafte Daten für **Planlieferzeit**, **Disponent** und **Dispositionsmerkmal**. Zuletzt speichern Sie die erfassten Daten.

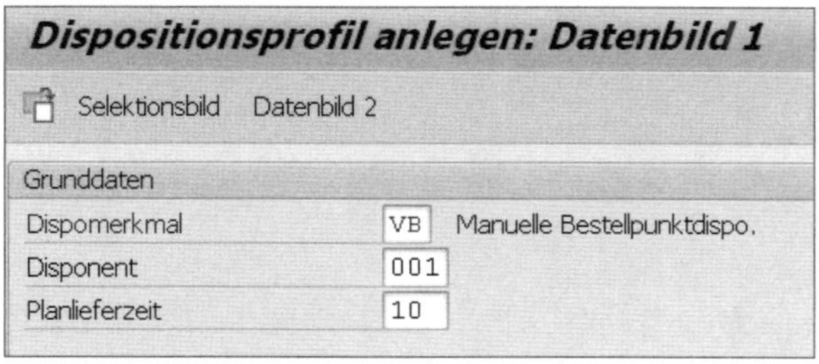

Dispositionsprofil anlegen: Datenbild 1

Selektionsbild Datenbild 2

Grunddaten

Dispomerkmal	VB	Manuelle Bestellpunktdispo.
Disponent	001	
Planlieferzeit	10	

Transaktion MMD1: Datenbild 1

Um die Einstellung zu verwenden, starten Sie Transaktion MM01 (Materialstamm anlegen). Erfassen Sie M im Feld **Branche** sowie HALB im Feld **Materialart** und drücken Sie [↵].

In der **Sichtenauswahl** wählen Sie zusätzlich zu den Sichten **Grunddaten 1** und **Grunddaten 2** auch die Sicht **Disposition 1** und **Disposition 2** aus. Danach klicken Sie auf die Schaltfläche ✓ (**Weiter**). Im Dialogfeld **Organisationsebenen** erfassen Sie im Feld **Dispoprofil** das zuvor angelegte Dispositionsprofil ZBSP.

Anschließend klicken Sie auf **Weiter**. In der Sicht **Disposition 1** werden nun die zuvor im Dispositionsprofil gepflegten Werte für **Dispomerkmal** und **Disponent** vorgeschlagen.

Transaktion MM01: Dialogfenster »Organisationsebenen«

Das **Dispomerkmal** wird aufgrund der Einstellung **Festwert** im Dispoprofil nur angezeigt und kann nicht geändert werden. Wechseln Sie nun in die Registerkarte **Disposition 2**. Auch die **Planlieferzeit** entspricht dem Vorschlagswert im Dispositionsprofil. Zuletzt speichern Sie die Materialstammdaten.

Transaktion MM01: Sicht »Disposition 1«

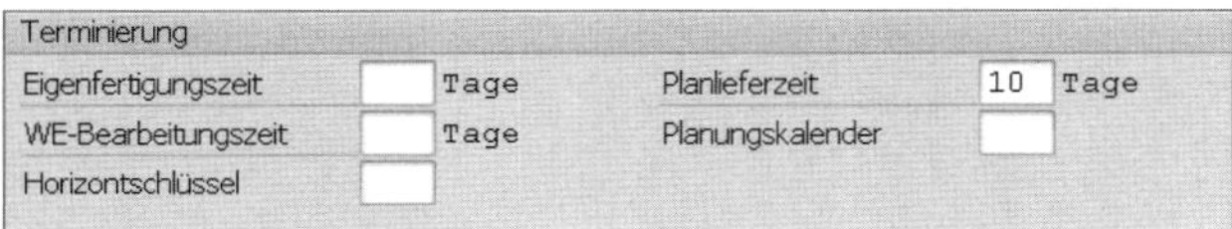

Transaktion MM01: Sicht »Disposition 2«

Mithilfe der Transaktion MMD7 können Sie sich nun anzeigen lassen, in welchen Materialstämmen Profile verwendet werden. Rufen Sie Transaktion MMD7 auf und erfassen Sie im Feld **Dispositionsprofil** das zuvor angelegte Profil. Zusätzlich aktivieren Sie den Auswahlknopf **Selektion von Werksdaten**. Anschließend führen Sie mit [F8] den Report aus. In der Ergebnisliste wird das Beispielmaterial angezeigt, das Sie zuvor gepflegt haben.

Transaktion MMD7: Verwendung Dispositionsprofil

Tipp 39

Beschaffungs- und Bearbeitungszeiten in der Materialwirtschaft verstehen

In der Beschaffung spielen verschiedene Planungszeiten eine Rolle, die an unterschiedlichen Stellen im SAP-System gepflegt werden müssen. Im Tipp erhalten Sie einen Überblick über die Beschaffungs- und Bearbeitungszeiten, die bei der Ermittlung der Wiederbeschaffungszeit wichtig sind.

Die Wiederbeschaffungszeit eines Produkts setzt sich in SAP aus verschiedenen Zeiträumen zusammen. Sie ist die Summe folgender Zeiten:

- **Einkaufsbearbeitungszeit (in Werktagen)**
  Die Einkaufsbearbeitungszeit ist der Zeitraum, die der Einkäufer benötigt, um eine Bestellanforderung in einen Einkaufsbeleg umzusetzen und an den Lieferanten zu senden. Bei der Berechnung der Wiederbeschaffungszeit werden nur die Werktage gezählt. Berücksichtigt wird dabei der eingestellte Fabrikkalender. Wochenenden und Feiertage werden ausgeschlossen. Fabrikkalender, auch *Werkkalender* oder *Planungskalender* genannt, können Sie im Customizing pflegen:

  SAP NetWeaver ▸ Allgemeine Einstellungen ▸ Kalender pflegen

  Die Einkaufsbearbeitungszeit wird werkabhängig und materialunabhängig im Customizing gepflegt.

- **Planlieferzeit (in Kalendertagen)**
  Die Planlieferzeit ist der Zeitraum in Kalendertagen zwischen Bestellausgang und Warenanlieferung. Die Pflege der Planlieferzeit erfolgt entweder

nur material- und werksabhängig oder material-, werks-/einkaufsorganisations- und lieferantenabhängig. Die Planlieferzeit pflegen Sie in Kalender- und nicht in Werktagen. Wochenenden und Feiertage werden also mitgezählt.

- **Wareneingangsbearbeitungszeit (in Werktagen)**
  Die Wareneingangsbearbeitungszeit ist die Zeit, die benötigt wird, um das Material zu prüfen und einzulagern. Die Pflege erfolgt material- und werksabhängig. Bei der Wareneingangsbearbeitungszeit wird wiederum der Fabrikkalender berücksichtigt. Es werden also nur Werktage zur Berechnung verwendet.

› Und so geht's

Die *Einkaufsbearbeitungszeit* hinterlegen Sie im Customizing. Rufen Sie dazu folgenden Customizing-Pfad auf:

Materialwirtschaft ▸ Verbrauchsgesteuerte Disposition ▸ Werksparameter ▸ Gesamtpflege der Werksparameter durchführen

Im Dialogfenster klicken Sie auf die Schaltfläche **Pflegen**, wählen im anschließend angezeigten Dialogfenster das **Werk** (im Beispiel 0001) und bestätigen die Eingabe mit [↵].

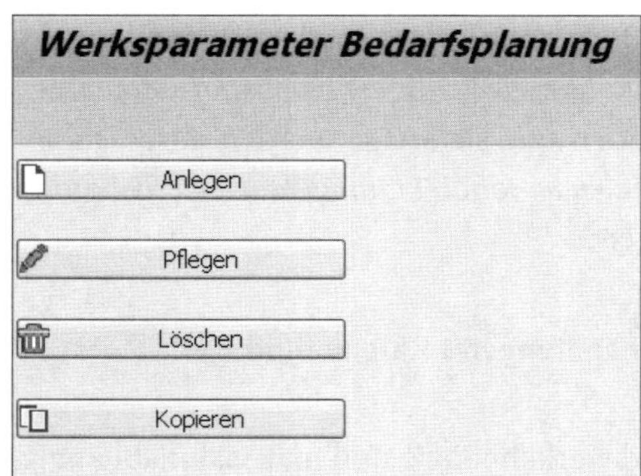

Customizing: Werksparameter pflegen Disposition

In der Sicht **Werksparameter pflegen** klicken Sie auf die Schaltfläche **Fremdbeschaffung**.

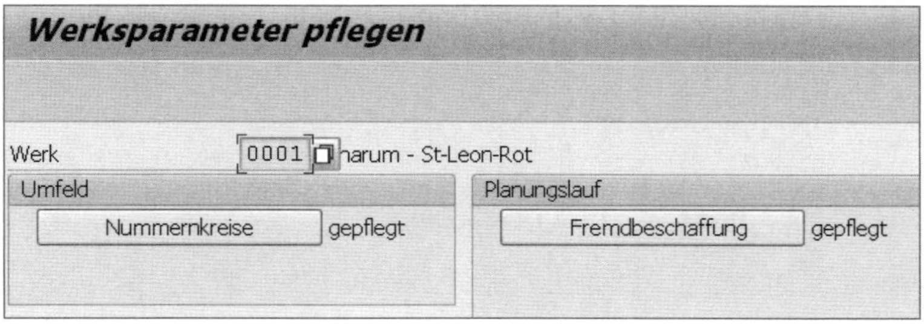

Werksparameter pflegen

Im Feld **BearbZeit Einkauf** pflegen Sie nun die durchschnittliche Einkaufsbearbeitungszeit in Werktagen. Setzen Sie den Wert für dieses Beispiel auf 2 Tage.

Für die spätere Pflege und Berechnung der Planlieferzeit setzen Sie hier außerdem das Kennzeichen **Terminbest. Infosatz/Vertrag**. Wenn dieses Kennzeichen gesetzt ist, wird versucht, die Planlieferzeit aus dem Rahmenvertrag oder Einkaufsinfosatz bei der Berechnung der Wiederbeschaffungszeit zu verwenden.

Bearbeitungszeit Einkauf und Terminbestimmung Planlieferzeit

Speichern Sie die Customizing-Daten und rufen Sie anschließend Transaktion MM02 auf, um die Wareneingangsbearbeitungszeit und Planlieferzeit zu pflegen. Um die Einstellungen zu testen, verwenden Sie beispielsweise das Material aus Tipp 37.

Im Dialogfenster **Sichtenauswahl** wählen Sie die Sicht **Disposition 2** aus und bestätigen mit [↵]. Anschließend erfassen Sie in der Sicht **Organisationsebenen** das Feld **Werk** (Nr. 0001). Im Bildbereich **Terminierung** erfassen Sie die **Planlieferzeit** von 10 Kalendertagen und die Wareneingangsbearbeitungszeit von 2 Werktagen (Feld **WE-Bearbeitungszeit**). Speichern Sie die Daten des Materialstamms.

Terminierung				
Eigenfertigungszeit	1 Tage		Planlieferzeit	10 Tage
WE-Bearbeitungszeit	2 Tage		Planungskalender	
Horizontschlüssel				

Transaktion MM02: Sicht »Disposition 2«

Das Material wird verbrauchsgesteuert disponiert (**Dispomerkmal** VB) und das Beschaffungskennzeichen ist auf F (Fremdbeschaffung) gesetzt. Der Meldebestand beträgt 100 St. Die Felder werden im Materialstamm in der Sicht **Disposition 1** und **Disposition 2** gepflegt.

Starten Sie den Bedarfsplanungslauf mithilfe von Transaktion MD02. Mittels Transaktion MD04 lassen Sie sich das Planungsergebnis zum Beispielmaterial anzeigen. Im Beispiellauf wurde eine Bestellanforderung angelegt.

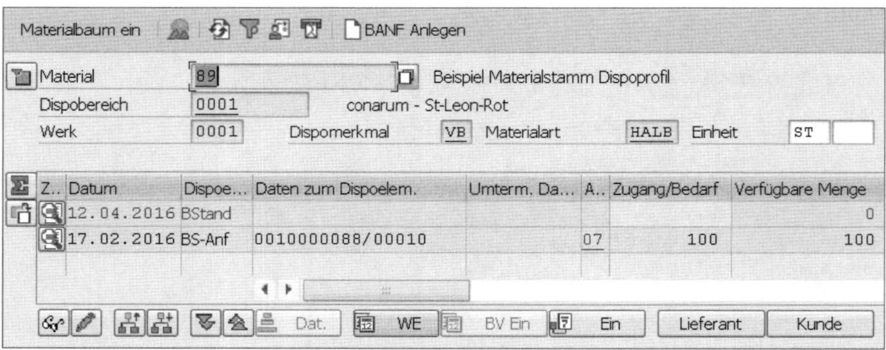

Materialbaum ein | BANF Anlegen

Material 89 Beispiel Materialstamm Dispoprofil
Dispobereich 0001 conarum - St-Leon-Rot
Werk 0001 Dispomerkmal VB Materialart HALB Einheit ST

Z..	Datum	Dispoe...	Daten zum Dispoelem.	Umterm. Da...	A..	Zugang/Bedarf	Verfügbare Menge
	12.04.2016	BStand					0
	17.02.2016	BS-Anf	0010000088/00010		07	100	100

Dat. | WE | BV Ein | Ein | Lieferant | Kunde

Transaktion MD04: Bestands-/Bedarfsliste (Datum = Verfügbarkeitsdatum)

Das Wareneingangsdatum und das Verfügbarkeitsdatum wurden wie folgt berechnet: Der Bedarfsplanungslauf ist am 01.02.2016 durchgeführt worden. Das errechnete Wareneingangsdatum ist der 15.02.2016 und der Verfügbarkeitstermin ist der 17.02.2016.

Im Beispiel wird der Einfluss des Fabrikkalenders gut sichtbar. Da die Wareneingangsbearbeitungszeit in Werktagen berechnet wird, fallen der 13.02.2016 (Samstag) und der 14.02.2016 (Sonntag) aus der Rechnung. Dadurch verschiebt sich sowohl das Wareneingangsdatum als auch das Verfügbarkeitsdatum um zwei Tage.

														WE		VF
E	E	P	P	P	P	P	P	P	P	P	P	-	-	W	W	
Montag, 1. Februar 2016	Dienstag, 2. Februar 2016	Mittwoch, 3. Februar 2016	Donnerstag, 4. Februar 2016	Freitag, 5. Februar 2016	Samstag, 6. Februar 2016	Sonntag, 7. Februar 2016	Montag, 8. Februar 2016	Dienstag, 9. Februar 2016	Mittwoch, 10. Februar 2016	Donnerstag, 11. Februar 2016	Freitag, 12. Februar 2016	Samstag, 13. Februar 2016	Sonntag, 14. Februar 2016	Montag, 15. Februar 2016	Dienstag, 16. Februar 2016	Mittwoch, 17. Februar 2016
E:	**Einkaufsbearbeitungszeit**															
P:	**Planlieferzeit**															
W:	**Wareneingangsbearbeitungszeit**															
WE:	**Wareneingangstermin**															
VF:	**Verfügbarkeitstermin**															

Übersicht Ermittlung des Wareneingangs- bzw. Verfügbarkeitsdatums

In Transaktion MD04 können Sie mit der Schaltfläche WE (**zum Wareneingangstermin anz.**) bzw. VF (**zum Verfügbarkeitstermin anz.**) zwischen der Anzeige des Wareneingangsdatums und des Verfügbarkeitstermins in der Spalte **Datum** hin- und herschalten.

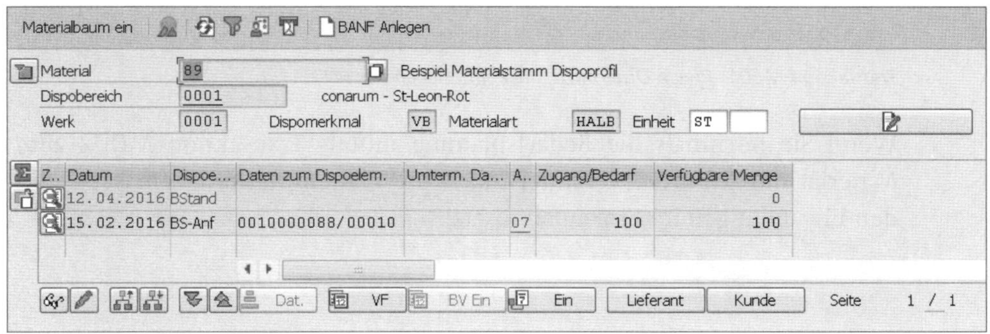

Transaktion MD04: Wareneingangsdatum

Die Planlieferzeit können Sie auch lieferantenabhängig steuern, indem Sie einen Einkaufsinfosatz erfassen und einen Orderbucheintrag anlegen. Den Einkaufsinfosatz legen Sie mit Transaktion ME11 an. Erfassen Sie das gewünschte Material, den Lieferanten und die Einkaufsorganisation. Anschließend drücken Sie [↵]. Mit der Schaltfläche **EinkaufsOrgDaten 1** wechseln Sie in die Sicht Einkaufsorganisationsdaten 1.

Steuerung					
Planlieferzeit	20 Tage	Tol.Unterlief	%	Kein MText	
Einkäufergruppe	001	Tol.Überlief	%	BestätPfl.	

Transaktion ME11: Pflege der Planlieferzeit

Im Bildbereich **Steuerung** tragen Sie die **Planlieferzeit** in Kalendertagen ein. Erfassen Sie die weiteren Mussfelder und speichern Sie anschließend die Daten des Einkaufsinfosatzes.

Um den Einkaufsinfosatz in die Disposition zu integrieren, müssen Sie noch einen Orderbucheintrag zum Einkaufsinfosatz anlegen. Starten Sie dazu Transaktion ME01, erfassen Sie die gewünschte Materialnummer und das jeweilige Werk und drücken Sie [↵]. In der Sicht **Orderbuch pflegen: Übersichtsbild** können Sie nun die Daten zum Einkaufsinfosatz manuell eintragen oder mit der Schaltfläche [⊕] (**Erzeugen Sätze**) generieren lassen. Zusätzlich tragen Sie in der Spalte **Dis** den Wert 1 ein (Satz ist für die Disposition relevant). Zuletzt speichern Sie die Orderbuchdaten.

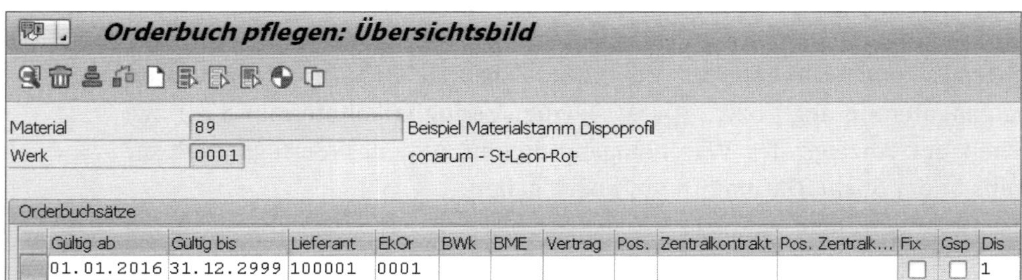

Transaktion ME01: Pflege Orderbuch mit Kennzeichen Dis = 1

Wenn Sie nochmals die Bedarfsplanung mittels Transaktion MD02 zum Material durchführen, verändern sich die Planungstermine entsprechend den Einstellungen im Einkaufsinfosatz.

Tipp 40

Umterminierungshorizont festlegen und verstehen

Sie wollen benachrichtigt werden, wenn sich die Bedarfssituation geändert hat und dadurch die fixierten Bedarfsdecker angepasst werden müssen? Nichts leichter als das!

Der Umterminierungshorizont ist eine Zeitperiode, in der das System Ausnahmemeldungen und Umterminierungsvorschläge für Bedarfsdecker ausgibt, die nicht mehr automatisch durch den Bedarfsplanungslauf angepasst werden können. Bedarfsdecker sind zum Beispiel Bestellungen oder Fertigungsaufträge.

Wenn sich die Bedarfssituation z.B. durch Änderung des Liefertermins im Kundenauftrag ändert, versucht die Bedarfsplanung, die Bedarfsdecker anzupassen. Folgende Bedarfsdecker können jedoch nicht mehr automatisch angepasst werden:

- Fixierte Planaufträge
- Fixierte Bestellanforderungen
- Bestellungen
- Fertigungsaufträge
- QM-Prüflose

Im hinterlegten Umterminierungshorizont werden Ausnahmemeldungen und Umterminierungsvorschläge für diese Elemente erzeugt. Folgende Ausnahmemeldungen treten auf:

- *Element vorziehen*: Die Meldung wird erzeugt, wenn der neue Bedarfstermin vor dem Termin des Bedarfsdeckers liegt.
- *Element verschieben*: Die Meldung wird erzeugt, wenn der neue Bedarfstermin nach dem Termin des Bedarfsdeckers liegt.

- *Element löschen*: Die Meldung wird erzeugt, wenn der Bedarf nicht mehr vorhanden ist und der Bedarfsdecker nicht mehr benötigt wird.

Wenn Sie keinen Umterminierungshorizont verwenden, wird bei neu eingeplanten Bedarfen ein neuer Bedarfsdecker erzeugt, ohne die vorhandenen und fixierten, terminlich aber nicht passenden Bedarfsdecker zu berücksichtigen.

› Und so geht's

Im Customizing der Disposition können Sie den Umterminierungshorizont auf Werks- oder Dispositionsgruppenebene pflegen:

Materialwirtschaft ▸ Verbrauchsgesteuerte Disposition ▸ Planung Dispositionsrechnung ▸ Umterminierungshorizont festlegen

In der Sicht **Umterminierung** klicken Sie auf die Schaltfläche **Werk**. Anschließend wählen Sie mit Doppelklick das Werk (im Beispiel 0001) aus. In der Sicht **»Umterminierung Werk« ändern: Detail** setzen Sie den **Umterminierungshorizont** auf 100 Tage. Die Tage werden in Werktagen angegeben.

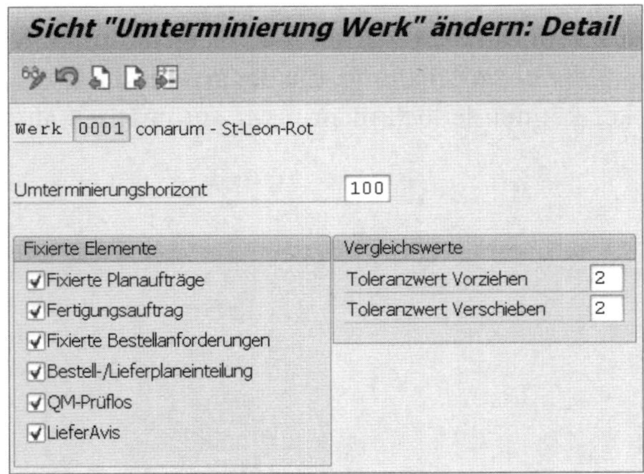

Umterminierungshorizont

Zusätzlich können Sie Toleranzwerte angeben, um zu vermeiden, dass bei kleinen oder nicht relevanten Änderungen Ausnahmemeldungen erzeugt werden. Sie können im Bildbereich **Fixierte Elemente** auch die Ausnahmemeldung »Element vorziehen« je Bedarfsdecker beeinflussen, indem Sie das jeweilige Kennzeichen (z. B. **Fertigungsauftrag**) aktivieren oder deaktivieren. Im Beispiel ist das Kennzeichen für jeden Bedarfsdecker aktiv.

Tipp 41

Eröffnungshorizont einstellen und anwenden

Generierte Bestellanforderungen, die weit in der Zukunft liegen, verwirren und stören den Einkäufer bei seiner täglichen Arbeit. Mit diesem Tipp sieht der Einkäufer nur die Bestellanforderungen, die zeitnah beschafft werden sollen.

Durch den Bedarfsplanungslauf generierte Bestellanforderungen, die unter Berücksichtigung der Wiederbeschaffungszeit weit in der Zukunft liegen, sind für den Beschaffungsprozess oft störend. Häufig ändern sich noch Termine oder Mengen, sodass bei einer zu frühen Umsetzung in eine Bestellung manuelle Änderungen notwendig sind.

Mithilfe des *Eröffnungshorizonts* können Sie die Erzeugung von Bestellanforderungen beeinflussen. Der Eröffnungshorizont ist eine Zeitperiode in Werktagen, die es dem Einkauf ermöglicht, eine erzeugte Bestellanforderung eines fremdbeschafften Materials (im Materialstamm ist bei einem fremdbeschafften Material das Beschaffungskennzeichen auf F gesetzt) in eine Bestellung umzuwandeln. Wenn ein Eröffnungshorizont gesetzt ist und dieser beim Bedarfsplanungslauf berücksichtigt werden soll, werden Bestellanforderungen erst dann erzeugt, wenn unter Berücksichtigung der Wiederbeschaffungszeit der Bedarfstermin innerhalb des angegebenen Eröffnungshorizonts liegt. Der Einkäufer hat dadurch nur Bestellanforderungen in seinem Arbeitsvorrat, die auch wirklich zur Beschaffung anstehen und deren Termin und Menge relativ konkret sind.

› Und so geht's

Den Eröffnungshorizont pflegen Sie im Horizontschlüssel im Customizing.

Materialwirtschaft ▸ Verbrauchsgesteuerte Disposition ▸ Planung ▸ Pufferzeiten (Horizontschlüssel) festlegen

Den Horizontschlüssel pflegen Sie je Werk. Neben der Eröffnungszeit pflegen Sie hier auch Pufferzeiten für die Fertigungssteuerung.

Im Beispiel habe ich zwei Horizontschlüssel (Spalte **Horiz**) für das Beispielwerk 0001 gepflegt. Der Horizontschlüssel 000 beinhaltet keinen Eröffnungshorizont (Feld **ErHor** ist leer). Den Horizontschlüssel 001 habe ich mit einem Eröffnungshorizont von 10 Tagen angelegt.

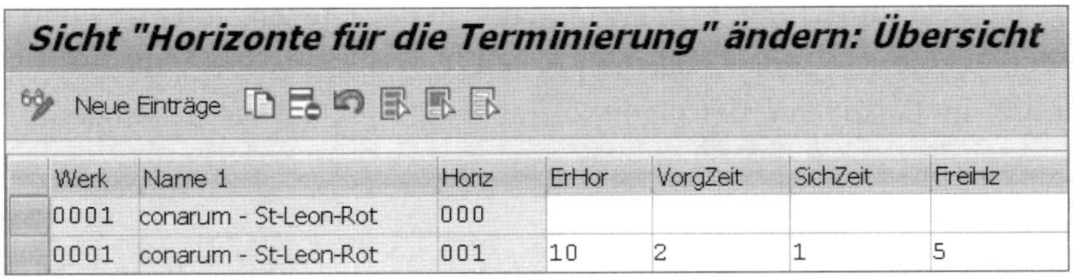

Sicht "Horizonte für die Terminierung" ändern: Übersicht

Neue Einträge

Werk	Name 1	Horiz	ErHor	VorgZeit	SichZeit	FreiHz
0001	conarum - St-Leon-Rot	000				
0001	conarum - St-Leon-Rot	001	10	2	1	5

Horizontschlüssel

Pflegen Sie nun mithilfe von Transaktion MM02 einen vorhandenen Materialstamm. Erfassen Sie eine Materialnummer, drücken Sie [↵] und selektieren Sie anschließend im Dialogfenster **Sichtenauswahl** die Sicht **Disposition 2**. Im angezeigten Dialogfenster **Organisationsebene** geben Sie das **Werk** (im Beispiel 0001) ein. In der angezeigten Registerkarte **Disposition 2** erfassen Sie den **Horizontschlüssel** 001 und speichern die Daten.

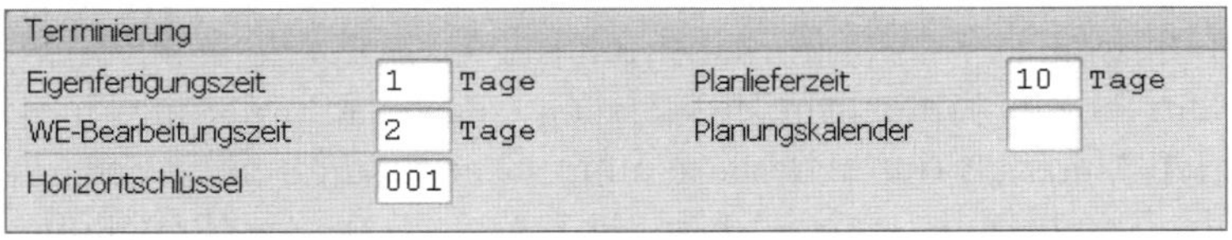

Terminierung					
Eigenfertigungszeit	1	Tage	Planlieferzeit	10	Tage
WE-Bearbeitungszeit	2	Tage	Planungskalender		
Horizontschlüssel	001				

Horizontschlüssel im Materialstamm pflegen

Im Planungslauf wird nun für das Material ein Eröffnungshorizont von 10 Tagen berücksichtigt. Um die Einstellung testen zu können, benötigen Sie vorhandene Bedarfe eines Materials, das fremdbeschafft werden soll.

Starten Sie mittels Transaktion MD02 den Bedarfsplanungslauf. Wichtig dabei ist, dass Sie das Kennzeichen **Bestellanf. erstellen** auf den Wert 2 (Bestellanforderung im Eröffnungshorizont) setzen.

Steuerungsparameter Disposition		
Verarbeitungsschlüssel	NETCH	Net-Change im gesamten Horizont
Bestellanf. erstellen	2	Bestellanforderung im Eröffnungshorizont

Transaktion MD02: Kennzeichen 2 – Bestellanforderung im Eröffnungshorizont

Wenn ein Bedarf nun innerhalb des Eröffnungshorizonts liegt, erzeugt der Bedarfsplanungslauf automatisch eine Bestellanforderung. Wenn der Bedarf außerhalb des Eröffnungshorizonts liegt, erzeugt der Bedarfsplanungslauf einen Planauftrag.

Tipp 42

Navigationsprofil in der Bedarfs-/Bestandsliste einstellen

Sie verwenden häufig Transaktion MD04? Mit diesem Trick können Sie sich die Navigation bedeutend erleichtern. Lesen Sie, wie Sie Navigationsprofile verwenden, um weitere Transaktionen und Funktionen je nach Rolle des Mitarbeiters in die Transaktion zu integrieren.

Navigationsprofile verwenden Sie, um die Benutzernavigation in der Bedarfs-/Bestandsliste (Transaktion MD04) zu verbessern. Sie können sowohl allgemeine Transaktionen als auch Transaktionen abhängig vom markierten Dispoelement hinterlegen, die der Anwender direkt aus Transaktion MD04 heraus aufrufen kann. Für dieses Beispiel integrieren Sie in der Funktionsleiste von Transaktion MD04 eine neue Schaltfläche, mit der Sie direkt Transaktion ME51N (Bestellanforderung anlegen) starten können.

› Und so geht's

Im Customizing definieren Sie ein Navigationsprofil. SAP liefert bereits Beispielprofile für die Rolle Einkäufer, Disponent oder Fertigungssteuerer aus:

Materialwirtschaft ▸ Verbrauchsgesteuerte Disposition ▸ Auswertung ▸ Navigationsprofile festlegen

In der Customizing-Einstellung klicken Sie auf die Schaltfläche **Neue Einträge**, um ein neues Profil anzulegen. In der Spalte **Profil** erfassen Sie einen eindeutigen Profilschlüssel und in der Spalte **Beschreibung** eine Profilbeschreibung. Bestätigen Sie mit [↵].

Neue Einträge: Übersicht Hinzugefügte

Dialogstruktur
- Navigationsprofil definieren
  - Allgemeine Transaktionsaufrufe
  - Transaktionsaufrufe pro Dispoelement

Navigationsprofil definieren

Profil	Beschreibung
ZBEISPIEL1	Beispielprofil

Navigationsprofil im Customizing anlegen

Als nächstes legen Sie die Detaildaten zum Navigationsprofil fest. Sie markieren die erfasste Zeile, klicken auf den Menüpunkt **Allgemeine Transaktionsaufrufe** und anschließend auf die Schaltfläche **Neue Einträge**.

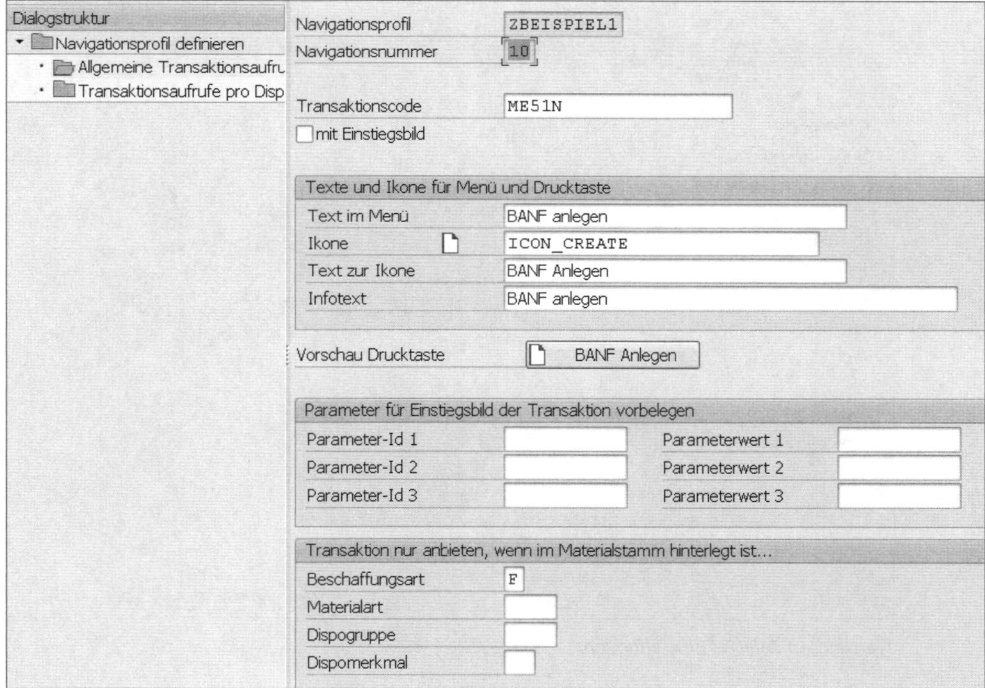

Allgemeine Transaktionsaufrufe

Im Eingabebildschirm erfassen Sie folgende Parameter für das Starten von Transaktion ME51N:

- **Navigationsnummer** (diese steuert die Reihenfolge der angezeigten Schaltflächen)
- **Transaktionscode** ME51N

- einen **Text zur Ikone**, eine **Ikone** und einen **Infotext** zur Schaltfläche
- **Beschaffungsart** F (die Schaltfläche wird nur dann angezeigt, wenn das Material mit der Beschaffungsart F gekennzeichnet ist)
- **Anwendung** O (die Schaltfläche wird nicht in der Langfristplanung angezeigt, sondern nur in der operativen Planung)

Speichern Sie das Navigationsprofil und starten Sie anschließend Transaktion MD04. In der Sicht **Aktuelle Bedarfs-/Bestandsliste: Einstieg** erfassen Sie Material 89 sowie Werk 0001 und drücken [↵]. In der angezeigten Sicht rufen Sie den Menüpfad **Einstellungen ▸ Einstellungen** auf.

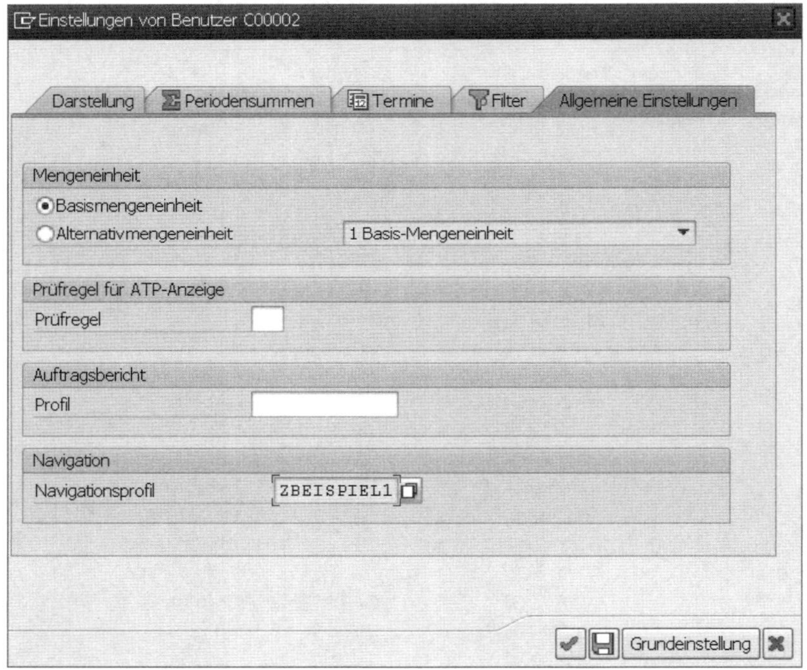

Transaktion MD04: Einstellungen

Im angezeigten Dialogfenster wechseln Sie auf die Registerkarte **Allgemeine Einstellungen**. Erfassen Sie im Feld **Navigationsprofil** das zuvor angelegte Navigationsprofil ZBEISPIEL1. Speichern Sie den Wert mit der Schaltfläche **Sichern**.

In der Funktionsleiste von Transaktion MD04 wird Ihnen nun die zuvor definierte Schaltfläche **BANF Anlegen** angezeigt.

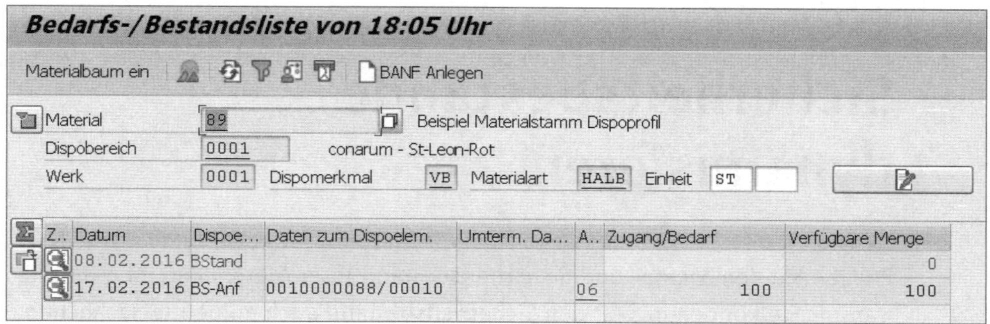

Transaktion MD04: Funktionsleiste mit zusätzlicher Schaltfläche »BANF anlegen«

Wenn Sie im Customizing des Navigationsprofils im Ordner **Transaktionsaufrufe pro Dispoelement** Transaktionsaufrufe festlegen, sehen Sie die zusätzlichen Schaltflächen im Dialogfenster **Details zum Dispositionselement**. Um die Details zum Dispositionselement anzuzeigen, klicken Sie in Transaktion MD04 auf die Schaltfläche des Dispositionselements.

Tipp 43

Sicherheitsbestände dynamisieren

Pflegen Sie den Melde- und Sicherheitsbestand Ihrer Materialien im Materialstamm? Sie können in SAP den Sicherheitsbestand auch an den tatsächlichen Verbrauch koppeln. Dadurch reduzieren Sie Ihren manuellen Pflegeaufwand und optimieren zugleich Ihren Materialbestand.

Sicherheitsbestände werden häufig manuell durch den Disponenten im Materialstamm gepflegt. Dies bedeutet, dass Sie regelmäßig prüfen müssen, ob der Wert des Sicherheitsbestands zur aktuellen Bedarfs- und Bestandssituation passt.

Wenn Sie Reichweitenprofile im Materialstamm einsetzen, können Sie automatisch den Sicherheitsbestand an die aktuelle Bedarfs- und Bestandssituation anpassen. Sie pflegen das **Reichweitenprofil** in Transaktion MM01 oder MM02 auf der Materialstammsicht **Disposition 2**.

Der Einsatz von Reichweitenprofilen lohnt besonders bei Materialien, deren Bedarfe relativ gleichmäßig über die Zeit verteilt sind und bei denen die Schwankungen nicht allzu groß sind.

Im folgenden Beispiel soll der Sicherheitsbestand über einen Zeitraum beginnend ab dem Dispositionszeitpunkt von 3 Monaten berechnet werden. Die Anzahl Tage je Monat soll auf 30 normiert werden. In diesem Zeitraum werden auf Basis der anfallenden Bedarfe die Tagesbedarfe berechnet. Die Berechnung geschieht wie folgt:

> *Tagesbedarfe = Summe der Bedarfe im festgelegten Zeitraum / Tage des festgelegten Zeitraums*

Des Weiteren soll im ersten Monat ab dem Dispositionszeitpunkt ein Sicherheitsbestand von drei Tagesbedarfen berücksichtigt werden, danach ein Sicherheitsbestand von fünf Tagesbedarfen.

› Und so geht's

Für dieses Beispiel legen Sie ein neues Reichweitenprofil Z01 im Beispielwerk an. Rufen Sie dazu den folgenden Customizing-Pfad auf und klicken Sie auf die Schaltfläche **Neue Einträge**:

Materialwirtschaft ▸ Verbrauchsgesteuerte Disposition ▸ Planung ▸ Dispositionsrechnung ▸ Reichweitenprofile festlegen (dyn. Sicherheitsbestand)

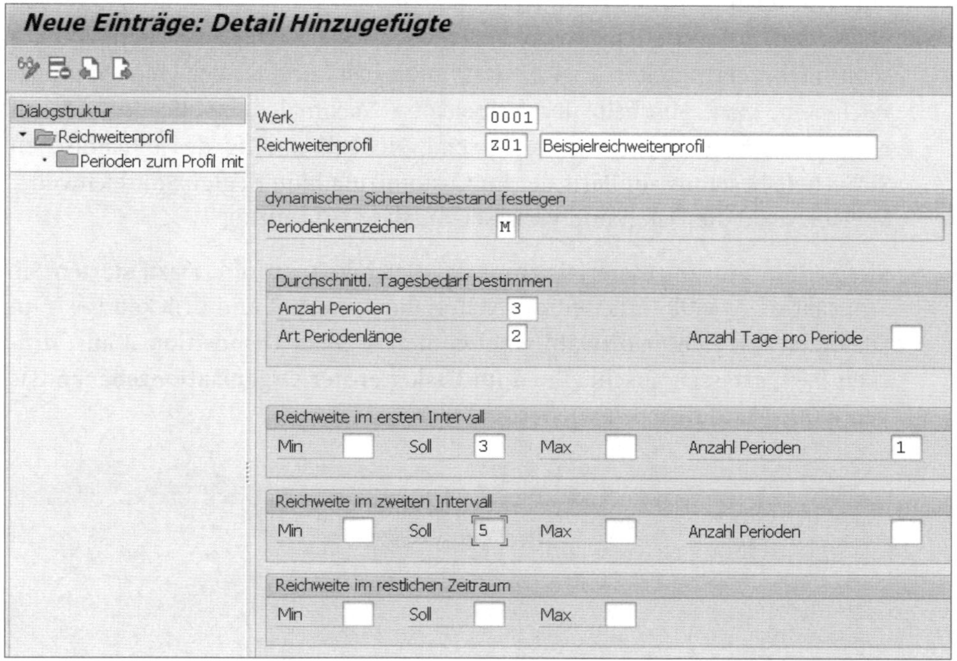

Reichweitenprofil anlegen

Um den Zeitraum auf drei Monate festzulegen, erfassen Sie im Feld **Periodenkennzeichen** den Wert M (Monat) und im Feld **Anzahl Perioden** den Wert 3. Um das Beispiel leichter nachvollziehen zu können, normieren Sie die Monate auf 30 Tage. Dazu erfassen Sie im Feld **Art Periodenlänge** den Wert 2 (Normtage) und im Feld **Anzahl Tage pro Periode** den Wert 30. Im Feld **Art Periodenlänge** können Sie auch Kalendertage oder Arbeitstage einstellen.

Zuletzt legen Sie fest, wie hoch der Sicherheitsbestand sein soll. Sie können insgesamt drei Intervalle anlegen, in denen Sie die Höhe des Sicherheitsbestands individuell festlegen. Pflegen Sie für dieses Beispiel die ersten beiden Intervalle.

Legen Sie fest, dass im ersten Monat (Bildbereich **Reichweite im ersten Intervall**) der Sicherheitsbestand 3-mal (Feld **Soll**) so hoch sein soll wie der errechnete Tagesbedarf – die Reichweite entspricht 3 Tagen. Die Einstellung gilt für die erste Periode (Feld **Anzahl Perioden** ist auf 1 gesetzt) und somit für die ersten 30 Tage. Ab dem 31. Tag (Bildbereich **Reichweite im zweiten Intervall**) soll der Sicherheitsbestand 5-mal so hoch sein wie der errechnete Tagesbedarf – die Reichweite entspricht 5 Tagen.

Die Reichweite können Sie außerdem in jedem der drei Zeitintervalle durch eine Minimalreichweite (Feld **Min**) und eine Maximalreichweite (Feld **Max**) begrenzen. Das System prüft, ob die Ist-Reichweite (verfügbare Menge/durchschnittlicher ermittelter Tagesbedarf) unterhalb der festgelegten Minimalreichweite bzw. oberhalb der festgelegten Maximalreichweite liegt. Wenn eines der Kriterien zutrifft, erfolgt eine Neuberechnung des dynamischen Sicherheitsbestands auf Basis der im Customizing hinterlegten Sollreichweite. Speichern Sie die Daten und verlassen Sie das Customizing.

Pflegen Sie nun im Materialstamm das Reichweitenprofil. Dazu starten Sie Transaktion MM02, erfassen die Materialnummer 98 und drücken [↵]. Im Dialogfenster **Sichtenauswahl** wählen Sie die Sicht **Disposition 2** aus, drücken [↵], erfassen anschließend im Dialogfenster **Organisationsebenen** das **Werk** 0001 und drücken wiederum [↵].

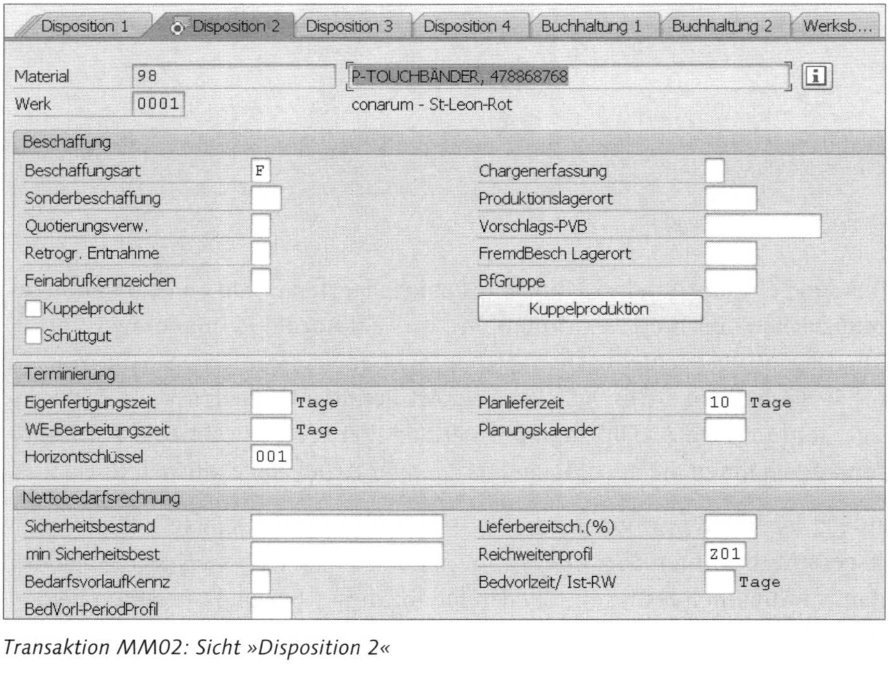

Transaktion MM02: Sicht »Disposition 2«

Im Feld **Reichweitenprofil** erfassen Sie das zuvor angelegte Reichweitenprofil Z01. Zuletzt speichern Sie den geänderten Materialstamm.

Für dieses Beispiel habe ich mehrere Bedarfe erzeugt:

- Kundenauftrag 12 – 14.04. – 90 Stück
- Kundenauftrag 13 – 14.05. – 90 Stück
- Kundenauftrag 14 – 14.06. – 180 Stück
- Kundenauftrag 16 – 14.06. – 90 Stück
- Kundenauftrag 15 – 14.07. – 180 Stück

Auf dieser Basis erfolgt der Bedarfsplanungslauf mithilfe von Transaktion MD02 (Einzelplanung – mehrstufig)

Im Schaubild ist die Berechnung des Sicherheitsbestands und das Zusammenspiel zwischen Tagesbedarf, Periode und Sollreichweite verdeutlicht. Der dynamische Sicherheitsbestand wird der Vorschlagsmenge des Bedarfsdeckers hinzugerechnet.

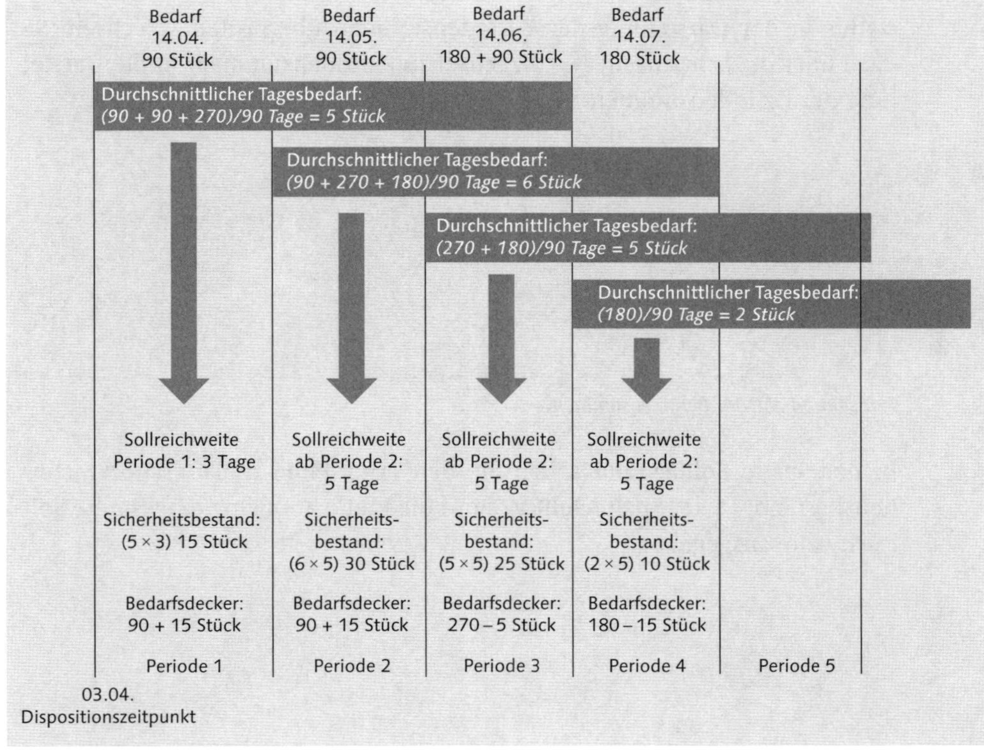

Berechnung des Sicherheitsbestands

Das Ergebnis der Bedarfsplanung sehen Sie in Transaktion MD04.

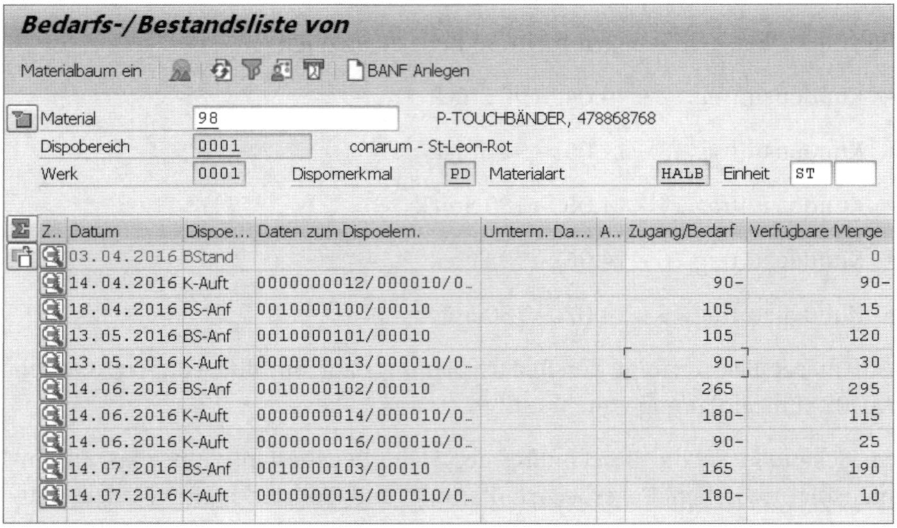

Bedarfs-/Bestandsliste von

Materialbaum ein | BANF Anlegen

Material	98	P-TOUCHBÄNDER, 478868768					
Dispobereich	0001	conarum - St-Leon-Rot					
Werk	0001	Dispomerkmal	PD	Materialart	HALB	Einheit	ST

Z..	Datum	Dispoe...	Daten zum Dispoelem.	Umterm. Da...	A..	Zugang/Bedarf	Verfügbare Menge
	03.04.2016	BStand					0
	14.04.2016	K-Auft	0000000012/000010/0..			90-	90-
	18.04.2016	BS-Anf	0010000100/00010			105	15
	13.05.2016	BS-Anf	0010000101/00010			105	120
	13.05.2016	K-Auft	0000000013/000010/0..			90-	30
	14.06.2016	BS-Anf	0010000102/00010			265	295
	14.06.2016	K-Auft	0000000014/000010/0..			180-	115
	14.06.2016	K-Auft	0000000016/000010/0..			90-	25
	14.07.2016	BS-Anf	0010000103/00010			165	190
	14.07.2016	K-Auft	0000000015/000010/0..			180-	10

Transaktion MD04: Bedarfs-/Bestandsliste – Sicherheitsbestand

Sie können die Parameter der Berechnung des dynamischen Sicherheitsbestands in der Darstellung der Periodensummen überprüfen. Wechseln Sie dazu über die Schaltfläche (**Wechsel zu Periodensummen**) in die Darstellung der Periodensummen.

Tage | Wochen | Monate

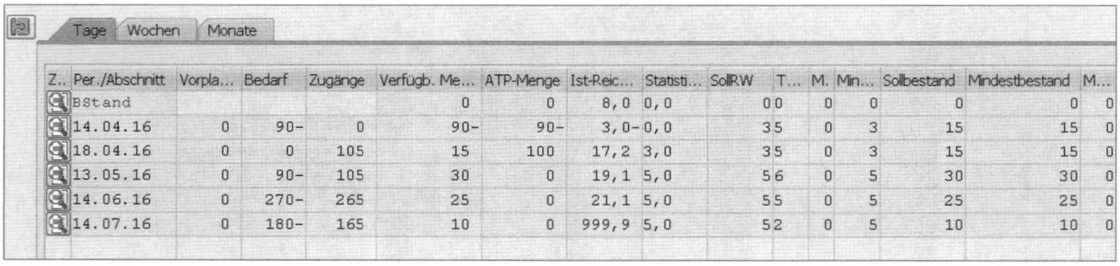

Z..	Per./Abschnitt	Vorpla...	Bedarf	Zugänge	Verfügb. Me...	ATP-Menge	Ist-Reic...	Statisti...	SollRW	T...	M.	Min...	Sollbestand	Mindestbestand	M...
	BStand				0	0	8,0	0,0	0	0	0	0	0	0	0
	14.04.16	0	90-	0	90-	90-	3,0-	0,0	3	5	0	3	15	15	0
	18.04.16	0	0	105	15	100	17,2	3,0	3	5	0	3	15	15	0
	13.05.16	0	90-	105	30	0	19,1	5,0	5	6	0	5	30	30	0
	14.06.16	0	270-	265	25	0	21,1	5,0	5	5	0	5	25	25	0
	14.07.16	0	180-	165	10	0	999,9	5,0	5	2	0	5	10	10	0

Transaktion MD04: Periodensummen

In der Spalte **Sollbestand** sehen Sie den ermittelten dynamischen Sicherheitsbestand. In der Spalte **SollRW** wird die im Customizing eingestellte Sollreichweite ausgegeben.

Tipp 44
Quotierung verwenden

Sie möchten Materialien bei mehreren Lieferanten beschaffen, um Single Sourcing zu vermeiden. Die Auswahl der Lieferanten soll automatisch auf der Basis von Steuerungsparametern erfolgen, die Sie selbst definieren. Mithilfe der Quotierung ist dies kein Problem.

Wenn Sie Materialien abwechselnd von verschiedenen Lieferanten beziehen möchten, können Sie beim Material und beim Lieferanten eine *Quotierung* hinterlegen. Die Quotierung steuert, welcher Anteil des anfallenden Bedarfs von einem Lieferanten beschafft werden soll. Das heißt, wenn eine Quotierung für ein Material gepflegt ist, wird diese bei der Bezugsquellenfindung berücksichtigt. Eine Quotierung wird für einen bestimmten Zeitraum vereinbart.

In diesem einfachen Beispiel zeige ich Ihnen, wie Sie für ein Material eine Quotierung mit zwei Lieferanten neu hinterlegen.

› Und so geht's

Im Customizing überprüfen Sie zuerst die Quotierungsverwendung, die später im Materialstamm hinterlegt wird. In der Standardauslieferung sind bereits Werte definiert, die verwendet werden können.

Materialwirtschaft ▸ Einkauf ▸ Quotierung ▸ Quotierungsverwendung festlegen

Wählen Sie die Quotierungsverwendung 3 aus und klicken Sie auf die Schaltfläche **Detail**.

Die Quotierungsverwendung steuert, welche Belege im Fall der Quotierung berücksichtigt werden. In diesem Beispiel werden Bestellungen, Lieferplaneinteilungen, Planaufträge und Bestellanforderungen berücksichtigt. Im Fall der maschinellen Disposition wird die Quotierung durchgeführt (Kennzeichen **Disposition**).

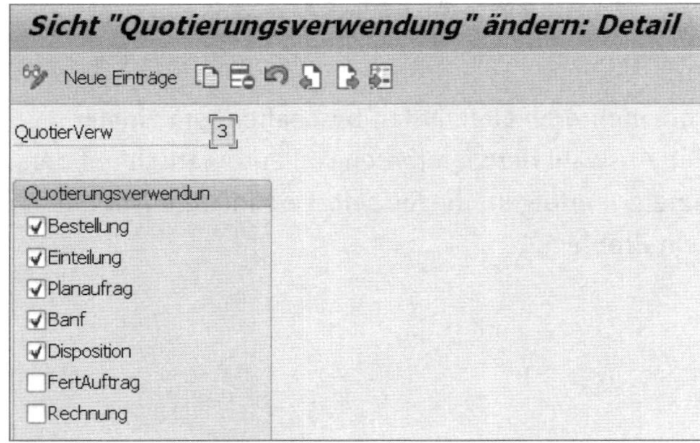

Beispiel Quotierungsverwendung 3

Anschließend rufen Sie Transaktion MM02 auf, geben ein Material ein und drücken [↵]. Danach wählen Sie in der Sichtenauswahl die Sicht **Einkauf** aus und erfassen im folgenden Dialogfenster **Organisationsebenen** das Werk 0001.

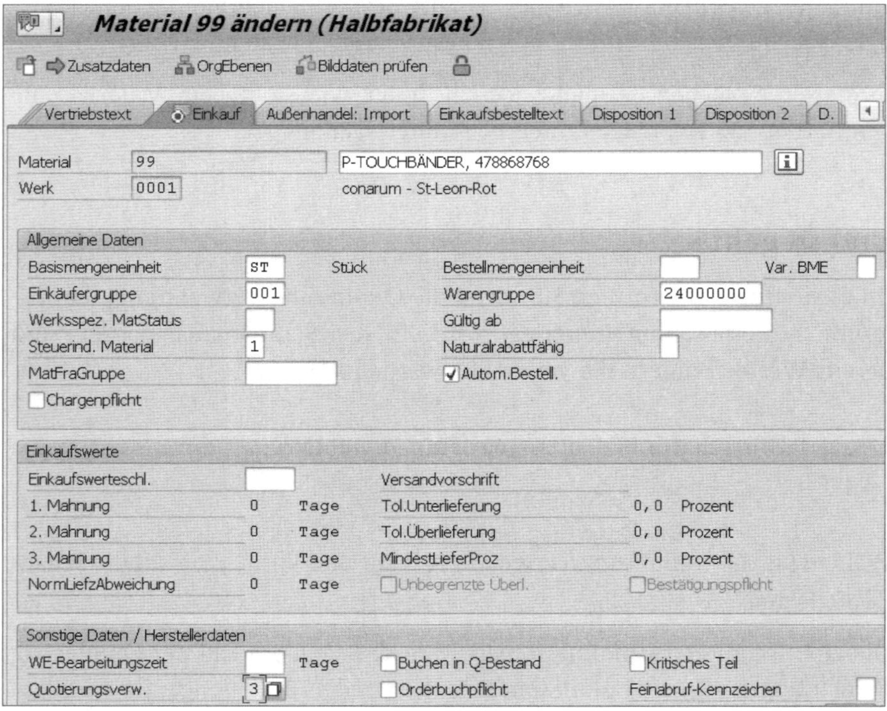

Transaktion MM02: Pflege der Quotierungsverwendung

Im Feld **Quotierungsverw.** geben Sie die Quotierungsverwendung 3 ein. Danach speichern Sie den Materialstamm.

Zum Material sind für die in Frage kommenden Lieferanten zwei Einkaufsinfosätze (Transaktion ME12, Einkaufsinfosatz ändern) hinterlegt. Damit die Bezugsquellenfindung automatisch beim Bedarfsplanungslauf durchlaufen wird, pflegen Sie mithilfe von Transaktion ME01 das Orderbuch und tragen dort die zwei zum Material angelegten Einkaufsinfosätze ein. Dazu rufen Sie Transaktion ME01 auf, geben **Material** und **Werk** ein und drücken [↵]. Mit einem Klick auf die Schaltfläche [⊕] (**Erzeugen**) lassen Sie sich die Orderbucheinträge erzeugen.

Transaktion ME01: Orderbucheintrag pflegen

Zusätzlich setzen Sie in der Spalte **Dis** den Wert 1 (Satz für Disposition relevant) und speichern die Daten.

Nun rufen Sie Transaktion MEQ1 (Quotierung pflegen) auf, um die Quotierung einzustellen. Im Startbildschirm erfassen Sie wiederum Material und Werk und drücken [↵]. In der Sicht **Quotierung pflegen: Übersicht Quotierungszeiträume** erfassen Sie einen Gültigkeitszeitraum. Die Quotierung soll auf unbestimmte Zeit aktiv sein. Tragen Sie deshalb im Feld **Gültig Bis** das Datum 31.12.9999 ein.

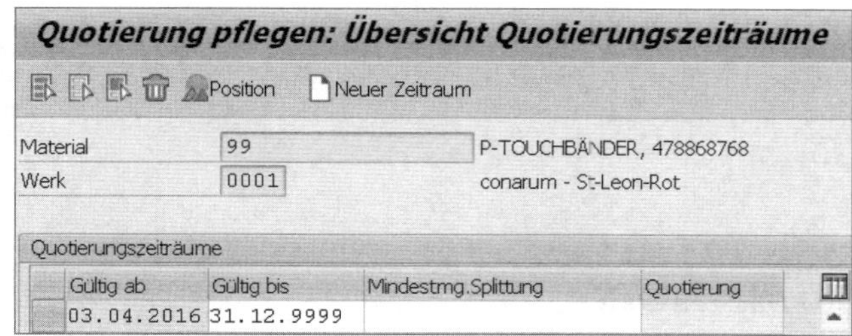

Transaktion MEQ1: Übersicht Quotierungszeiträume

Danach markieren Sie die Zeile des erfassten Quotierungszeitraums und klicken auf die Schaltfläche **Position**.

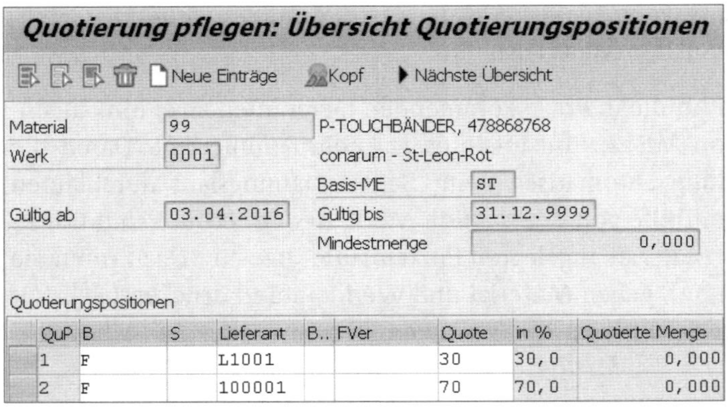

Quotierung pflegen: Übersicht Quotierungspositionen

Neue Einträge Kopf ▶ Nächste Übersicht

Material 99 P-TOUCHBÄNDER, 478868768
Werk 0001 conarum - St-Leon-Rot
Basis-ME ST
Gültig ab 03.04.2016 Gültig bis 31.12.9999
Mindestmenge 0,000

Quotierungspositionen

QuP	B	S	Lieferant	B..	FVer	Quote	in %	Quotierte Menge
1	F		L1001			30	30,0	0,000
2	F		100001			70	70,0	0,000

Transaktion MEQ1: Übersicht der Quotierungspositionen

Im Bild **Quotierung pflegen: Übersicht Quotierungspositionen** erfassen Sie die gewünschte Aufteilung der Bedarfe auf die zwei Lieferanten.

In der Tabelle **Quotierungspositionen** sind für dieses Beispiel folgende Felder gepflegt worden:

- Spalte **B** (Beschaffungsart)
  Hier legen Sie fest, welche Art der Beschaffung für die Quotierungsposition gilt. Für die Fremdbeschaffung verzeichnen Sie den Wert F, für eine Eigenfertigung den Wert E. In diesem Beispiel soll die Quotierung nur bei Fremdbeschaffung (F) berücksichtigt werden.

- Spalte **S** (Sonderbeschaffungsart)
  In dieser Spalte können Sie in der Quotierung Sonderbeschaffungsformen wie Konsignation oder Umlagerung berücksichtigen. In diesem Beispiel wird keine Sonderbeschaffungsform in der Quotierung verwendet.

- Spalte **Quote**
  Die Quote legt fest, welcher Anteil eines anfallenden Bedarfs bei einem Lieferanten beschafft werden soll. In diesem Beispiel sind die Quoten wie folgt:

  - Lieferant L1001: 30
  - Lieferant 100001: 70

Zuletzt speichern Sie die erfassten Daten.

Um die Einstellungen zu testen, benötigen Sie Bedarfe zum Material im System. Legen Sie Kundenaufträge oder Reservierungen zu einem Material an und starten Sie mittels Transaktion MD02 den Bedarfsplanungslauf für das Material (hier Material 99), indem Sie zweimal [↵] drücken.

Einzelplanung -mehrstufig-

Material: 99
Dispobereich:
Werk: 0001

Planungsumfang
☐ Produktgruppe

Steuerungsparameter Disposition

Verarbeitungsschlüssel	NETCH	Net-Change im gesamten Horizont
Bestellanf. erstellen	1	Grundsätzlich Bestellanforderungen
Lieferplaneinteilungen	3	Grundsätzlich Lieferplaneinteilungen
Dispoliste erstellen	1	Grundsätzlich Dispositionsliste
Planungsmodus	1	Planungsdaten anpassen (Normalmodus)
Terminierung	1	Eckterminbestimmung für Planaufträge

Steuerungsparameter Ablauf
☐ Auch unveränderte Komponenten planen
☐ Ergebnisse vor dem Sichern anzeigen
☐ Materialliste anzeigen
☐ Simulationsmodus

Transaktion MD02: Einzelplanung – mehrstufig

Der Bedarfsplanungslauf erzeugt Bestellanforderungen als Bedarfsdecker. Aufgrund der Einstellungen im Orderbuch (**Dis** = 1) und der Quotierung werden Bezugsquellen automatisch zugordnet. Das Ergebnis sehen Sie in Transaktion MD04 (Bedarfs-/Bestandsliste).

Materialbaum ein | Quotierung | BANF Anlegen

Material: 99 — P-TOUCHBÄNDER, 478868768
Dispobereich: 0001 — conarum - St-Leon-Rot
Werk: 0001 — Dispomerkmal: PD — Materialart: HALB — Einheit: ST

Z..	Datum	Dispoe...	Daten zum Dispoelem.	Umterm. Da...	A..	Zugang/Bedarf	Verfügbare Menge
	03.04.2016	BStand					0
	04.04.2016	K-Auft	0000000017/000010/0..			50-	50-
	08.04.2016	K-Auft	0000000017/000020/0..			50-	100-
	18.04.2016	BS-Anf	0010000110/00010	04.04.2016	30	50	50-
	18.04.2016	BS-Anf	0010000111/00010	08.04.2016	30	50	0
	02.05.2016	BS-Anf	0010000112/00010			50	50
	02.05.2016	K-Auft	0000000018/000010/0..			50-	0
	09.05.2016	BS-Anf	0010000113/00010			50	50
	09.05.2016	K-Auft	0000000018/000020/0..			50-	0
	02.06.2016	BS-Anf	0010000114/00010			50	50
	02.06.2016	K-Auft	0000000019/000010/0..			50-	0
	09.06.2016	BS-Anf	0010000115/00010			50	50
	09.06.2016	K-Auft	0000000019/000020/0..			50-	0
	01.07.2016	BS-Anf	0010000116/00010			50	50
	01.07.2016	K-Auft	0000000020/000010/0..			50-	0
	08.07.2016	BS-Anf	0010000117/00010			50	50
	08.07.2016	K-Auft	0000000020/000020/0..			50-	0
	02.08.2016	BS-Anf	0010000118/00010			50	50
	02.08.2016	K-Auft	0000000021/000010/0..			50-	0
	09.08.2016	BS-Anf	0010000119/00010			50	50
	09.08.2016	K-Auft	0000000021/000020/0..			50-	0

Transaktion MD04: Bedarfs-/Bestandsliste

Lassen Sie sich mittels Transaktion MEQ3 die Detailinformationen zur Quotierung anzeigen. Dazu erfassen Sie wiederum das **Material** (Materialnummer 99) und **Werk** und drücken [↵]. Anschließend wählen Sie den angezeigten Gültigkeitszeitraum und klicken auf die Schaltfläche **Positionen**.

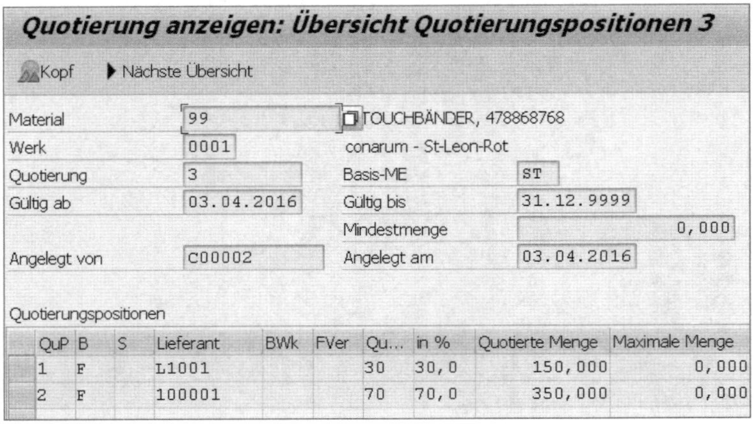

Quotierung anzeigen: Übersicht Quotierungspositionen 3

Kopf ▸ Nächste Übersicht

Material	99	TOUCHBÄNDER, 478868768	
Werk	0001	conarum - St-Leon-Rot	
Quotierung	3	Basis-ME	ST
Gültig ab	03.04.2016	Gültig bis	31.12.9999
		Mindestmenge	0,000
Angelegt von	C00002	Angelegt am	03.04.2016

Quotierungspositionen

QuP	B	S	Lieferant	BWk	FVer	Qu...	in %	Quotierte Menge	Maximale Menge
1	F		L1001			30	30,0	150,000	0,000
2	F		100001			70	70,0	350,000	0,000

Transaktion MEQ3: Quotierung anzeigen

In der Übersicht der **Quotierungspositionen** wird nun die erzeugte quotierte Menge je Lieferant ausgewiesen. In diesem Beispiel entspricht das Verhältnis genau 30/70, da in diesem Beispiel keine Splits der Bedarfe zugelassen sind und einzelne Bedarfe nicht aufgeteilt werden. In der Realität kommt es aber fast immer zu geringen Abweichungen vom eingestellten Verhältnis.

Tipp 45

Quotierung um weiteren Lieferanten ergänzen

Sie möchten einen weiteren Lieferanten in die bestehende Quotierung aufnehmen? Dann lesen Sie hier, wie Sie Störungen vermeiden.

Wenn Sie eine laufende Quotierung um weitere Lieferanten ergänzen möchten, tritt aufgrund der Berechnung der Quotenzahl das Problem auf, dass ohne Anpassung alle Bedarfe dem neuen Lieferanten zugeordnet werden. Das möchten Sie in der Regel vermeiden.

Ihr Ziel ist es, dass trotz der Anpassung die Bedarfe nach dem neuen gültigen Verhältnis aufgeteilt werden. Um dies zu erreichen, kann die *Quotenbasismenge* verwendet werden. Mit der Quotenbasismenge wird dem neuen Lieferanten quasi eine fiktive quotierte Menge zugeordnet.

Zur Verdeutlichung gehe ich kurz auf die Ermittlung des jeweiligen Lieferanten in der Quotierung ein. Grundsätzlich wird der Lieferant mit der niedrigsten Quotenzahl als Bezugsquelle verwendet. Die Quotenzahl wird wie folgt berechnet:

Quotenzahl = (quotierte Menge + Quotenbasismenge) / Quote

Für die Elemente der Formel gilt Folgendes:

- Die Quote ist der gewünschte Anteil am Bedarf.
- Die quotierte Menge ist die Summe der vom Lieferanten bezogene Menge.
- Die Quotenbasismenge ist die fiktive Menge beim Hinzufügen eines neuen Lieferanten.

Für einen neu hinzugefügten Lieferanten ist die quotierte Menge gleich Null, da ja beim Lieferanten noch nichts bestellt wurde. Das würde bedeuten, dass über eine bestimmte Zeitspanne dem neuen Lieferanten alle Bedarfe zugewiesen werden. In dieser Zeitspanne ist die Quotenzahl aufgrund der Berechnung immer die kleinste. Um dies zu vermeiden, wird die Quotenbasismenge verwendet.

› Und so geht's

Erweitern Sie die Beispielquotierung aus dem letzten Tipp um den neuen Lieferanten M00001 »Meier Elektronik«. Stellen Sie zuvor mithilfe von Transaktion ME13 (Einkaufsinfosatz anzeigen) sicher, dass ein Einkaufsinfosatz zum Material und der Lieferant Meier Elektronik vorhanden ist.

Anschließend ergänzen Sie das Orderbuch des Materials anhand von Transaktion ME01 um einen weiteren Satz für den Lieferanten Meier Elektronik und setzen auch dort das Kennzeichen **Dis** auf 1. Speichern Sie die geänderten Orderbuchdaten.

Wechseln Sie nun via Transaktion MEQ1 in die Quotierung des Beispielmaterials. Im Startbildschirm erfassen Sie das Beispielmaterial und -werk und drücken [↵]. In der Übersicht der **Quotierungszeiträume** markieren Sie den angezeigten Quotierungszeitraum und klicken auf die Schaltfläche **Position**.

In der Tabelle der Quotierungspositionen fügen Sie für den Lieferanten Meier Elektronik einen weiteren Satz hinzu. Meier Elektronik erhält die **Quote** 10. Das entspricht ca. 9,1 % des zukünftigen Bedarfs. Zusätzlich pflegen Sie für den neuen Lieferanten Meier Elektronik die Quotenbasismenge. Diese können Sie sich mithilfe der Funktion Sammelrechnung über folgenden Menüpfad **Bearbeiten->Basismengen ▸ Sammelrechnung** berechnen lassen. Als **Quotenbasismenge** tragen Sie für dieses Beispiel den Wert 50 ein.

Quotierung pflegen: Übersicht Quotierungspositionen 3

Neue Einträge | Kopf | ▸ Nächste Übersicht

Material	99	P-TOUCHBÄNDER, 478868768	
Werk	0001	conarum - St-Leon-Rot	
Quotierung	3	Basis-ME	ST
Gültig ab	03.04.2016	Gültig bis	31.12.9999
		Mindestmenge	0,000
Angelegt von	C00002	Angelegt am	03.04.2016

Quotierungspositionen

QuP	B	S	Lieferant	BWk	FVer	Quote	in %	Quotierte Menge	Maximale Menge	Quotenbasismenge
1	F		L1001			30	27,3	150,000		
2	F		100001			70	63,6	350,000		
4	F		M00001			10	9,1	0,000		50,000

Transaktion MEQ1: Erfassen der Quotenbasismenge

Wenn Sie wissen möchten, welcher Lieferant als nächste Bezugsquelle verwendet wird, können Sie die Quotierung mithilfe der Funktion **Simulation** testen über den Menüpunkt **Zusätze ▸ Simulation ▸ Quotierung** testen.

Tipp 46

Rundungsprofile in der Beschaffung verwenden

Es kommt vor, dass die von der Bedarfsplanung erzeugten Bedarfsdecker nicht mit den gewünschten Bestellmengen im Einkauf übereinstimmen. Wünschenswert ist oft, dass die Bestellmengen an die jeweiligen Liefer- und Transporteinheiten angepasst werden. Die Menge soll auf- bzw. abgerundet werden, sodass beispielwiese nur ganze Packungen bestellt werden. Mithilfe von Rundungsprofilen können Sie dies erreichen.

Rundungsprofile erlauben es Ihnen, die erzeugten Bedarfe an die Liefereinheiten des Lieferanten anzupassen. Im Folgenden zeige ich Ihnen, wie Sie Rundungsprofile in der Beschaffung verwenden.

› Und so geht's

Im folgenden Beispiel beschaffen Sie ein Material in einem Gebinde. Dazu verwenden Sie die Bestellmengeneinheit PAK (Pack). Jedes Gebinde enthält 100 Stück des Materials. Sie möchten vermeiden, dass zum Beispiel 0,47 PAK bestellt werden. Das System soll auf ein Vielfaches der Bestellmengeneinheit aufrunden. Wenn also 47 Stück benötigt werden, soll 1 Gebinde mit den vollen 100 Stück bestellt werden.

Ich habe das Beispielmaterial 100 mithilfe der Transaktion MM01 angelegt. Das Material besitzt eine abweichende Bestellmengeneinheit PAK und Basismengeneinheit ST (Stück). Die Bestellmengeneinheit wird in der Sicht **Einkauf** im Feld **Bestellmengeneinheit** gepflegt.

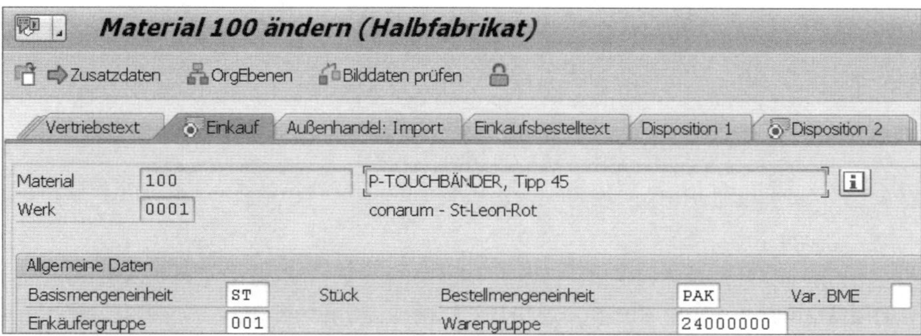

Transaktion MM02: Bestellmengeneinheit

Zusätzlich hinterlegen Sie die Umrechnung der Basismengeneinheit in die Bestellmengeneinheit. Klicken Sie dazu auf die Schaltfläche **Zusatzdaten**, anschließend auf die Registerkarte **Mengeneinheiten** und erfassen Sie die Umrechnung. In den Spalten **X** und **AME** tragen Sie 1 PAK (Pack) ein. In der Spalte **Y** und **BME** tragen Sie 100 ST (Stück) ein. Zuletzt speichern Sie den Beispielmaterialstamm.

Transaktion MM02: Mengeneinheiten

Um die Bestellmenge auf ein volles Gebinde aufzurunden, legen Sie zuerst ein Rundungsprofil im Customizing an.

Materialwirtschaft ▸ Einkauf ▸ Bestelloptimierung ▸ Mengenoptimierung und erlaubte logistische Mengeneinheiten ▸ Rundungsprofil pflegen

Wenn Sie den Customizing-Punkt **Rundungsprofil pflegen** starten, wird Ihnen das Dialogfenster **Rundungsprofil pflegen: Einstieg** angezeigt.

Rundungsprofil pflegen: Einstieg

Rundungsprofil	Z200
Werk	

statisch | dynamisch | AufAbSchlag

Rundungsprofil pflegen

Grundsätzlich können Rundungsprofile werksabhängig bzw. werksunabhängig angelegt werden. Für dieses Beispiel genügt ein werksunabhängiges Rundungsprofil.

Des Weiteren werden folgende Arten von Rundungsprofilen unterschieden:

- *Statisch*: Im Customizing wird hinterlegt, ab welchem Schwellenwert auf welchen Rundungswert (und dessen Vielfache) gerundet wird. Es werden keine Mengeneinheiten berücksichtigt.
- *Dynamisch*: Die Rundung erfolgt abhängig von bestimmten Parametern wie z.B. der Bestellmengeneinheit.
- *AufAbSchlag*: Hier wird ab einem bestimmten Schwellenwert um einen beliebigen Prozentwert aufgerundet bzw. abgerundet.

In diesem Beispiel legen Sie ein dynamisches Rundungsprofil an. Klicken Sie dazu auf die Schaltfläche **dynamisch**. Anschließend pflegen Sie die Bezeichnung des Profils und erfassen im Feld **Rundungsmethode** den Wert 1 (auf Vielfache der Bestell-/Verkaufs-ME runden).

Simulation

Rundungsprofil	Z200	Auf Vielfaches der BSTME aufrunden
Werk		

Profileigenschaften

Rundungsmethode	1	auf Vielfache der Bestell-/Verkaufs-ME runden
Rundungsregel		

Transaktion ME11: Anlegen des Einkaufsinfosatzes

Die Rundungsmethode bewirkt in diesem Beispiel, dass bei der Umsetzung einer Bestellanforderung mit Mengeneinheit Stück (Basismengeneinheit) in eine Bestellung mit Mengeneinheit PAK (Bestellmengeneinheit) auf ganze Bestellmengeneinheiten aufgerundet wird. Speichern Sie das Rundungsprofil.

Um den Prozess zu testen, legen Sie einen Einkaufsinfosatz an und pflegen Sie dort das Rundungsprofil. Starten Sie Transaktion ME11 und erfassen Sie die Felder **Lieferant** und **Material**. Dabei pflegen Sie die Daten nur auf der Ebene Einkaufsorganisation. Anschließend drücken Sie [↵].

In der Sicht **Infosatz anlegen: Allgemeine Daten** klicken Sie auf die Schaltfläche **EinkaufsOrgDaten 1**. In der angezeigten Sicht erfassen Sie die Mussfelder **Planlieferzeit**, **Einkäufergruppe**, **Normalmenge** und **Nettopreis**. Zusätzlich erfassen Sie im Feld **Rundungsprofil** das zuvor im Customizing angelegte Rundungsprofil Z200. Zuletzt speichern Sie die Daten.

Um das Rundungsprofil zu testen, erfassen Sie eine Bestellanforderung mit dem Material 100, dem Lieferanten M00001 und der Menge 47 Stück. Dazu starten Sie Transaktion ME51N. Sie aktivieren das Kennzeichen **Bezugsquellenfindung**, geben die Material- und Werksnummer ein und drücken anschließend [↵]. Die Bezugsquellenfindung ermittelt den zuvor angelegten Einkaufsinfosatz. Es werden alle notwendigen Felder gefüllt. Speichern Sie die Bestellanforderung.

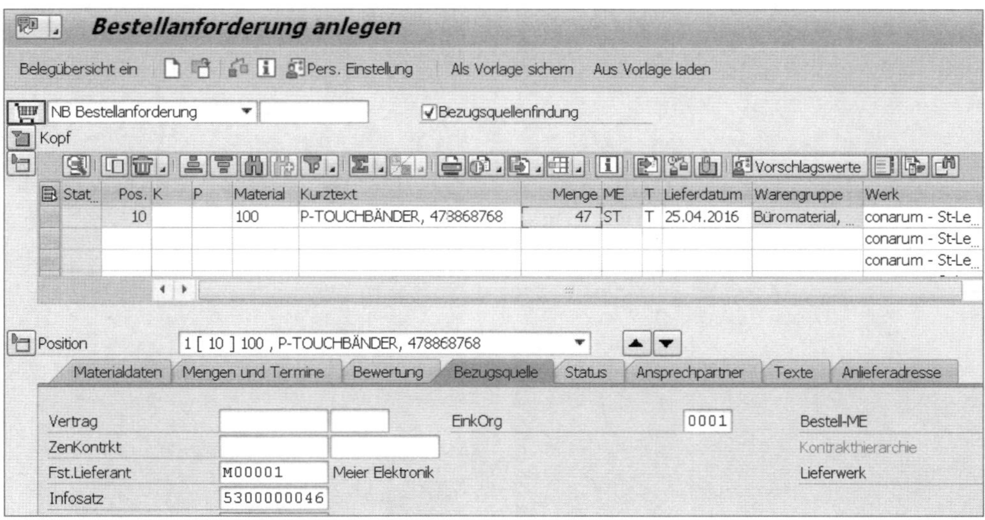

Transaktion ME51N: Bestellanforderung anlegen

Um die Bestellung auf Basis dieser Bestellanforderung anzulegen, starten Sie Transaktion ME21N (Bestellung anlegen) und selektieren die zuvor angelegte Bestellanforderung im Bildbereich **Belegübersicht**. Per Drag & Drop fügen Sie die zuvor selektierte Bestellanforderung der leeren Bestellung hinzu: Klicken Sie auf die Bestellanforderung und halten Sie dabei die linke Maustaste gedrückt. Ziehen Sie anschließend die Bestellanforderung auf das Symbol [Warenkorb-Symbol] und lassen Sie die Maustaste wieder los.

Die Bestellanforderung wird der Bestellung hinzugefügt. Die bestellte Menge wird auf 1 PAK aufgerundet und es erscheint eine Warnmeldung, die anzeigt, dass eine Rundung ausgeführt wurde.

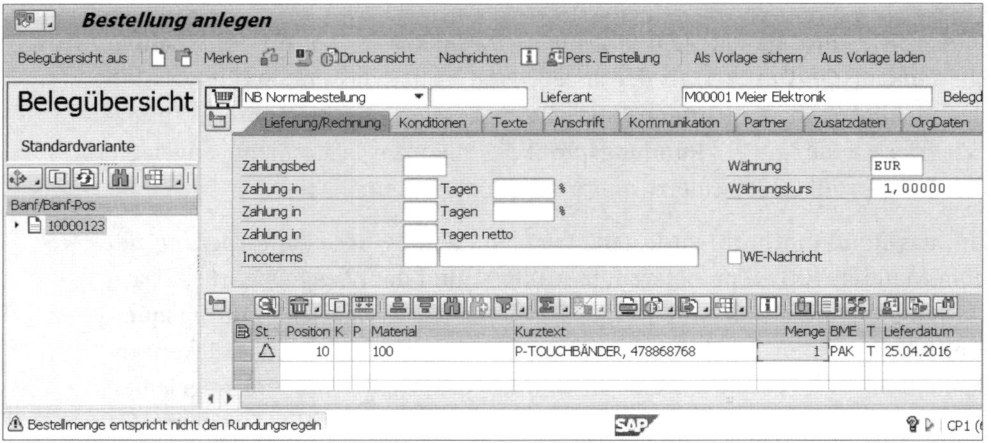

Transaktion ME21N: Rundung auf Basis eines Rundungsprofils

Tipp 47

Zusammenhänge in der Bedarfsermittlung erkennen

SAP stellt Funktionen und Transaktionen bereit, mit denen Sie schnell einen Überblick über das gesamte Planungsergebnis eines Produkts erhalten.

Gerade wenn sie eine hohe Fertigungstiefe haben, ist es für den Disponenten oder Einkäufer hilfreich, einen Überblick über das gesamte Planungsergebnis eines Endprodukts zu erhalten. Das Planungsergebnis können Sie sich in SAP wie folgt darstellen lassen:

- Vom Endprodukt (verursachender Bedarf – Beispiel Kundenauftrag) zum Bedarfsdecker (Top-Down)
- Vom Bedarfsdecker (Beispiel Bestellanforderung) zum Endprodukt (Bottom-Up)

› Und so geht's

Für das folgende Beispiel habe ich mithilfe von Transaktion MM01 ein verkaufsfähiges Endprodukt mit der Materialnummer 105 im Werk 0001 angelegt. Das **Beschaffungskennzeichen** ist in der Sicht **Disposition 2** auf E (eigengefertigt) gesetzt. Das Endprodukt hat eine Stückliste (Transaktion CS01 oder CS02) mit Komponenten (Materialnummern 106 und 107), die wiederum eine Stückliste beinhalten.

Hier wird oftmals auch von *Baugruppen* gesprochen. Diese Baugruppen beinhalten Komponenten (107 und 108 bzw. 109 und 110), die fremdbeschafft werden. Im Materialstamm dieser Komponenten ist daher das **Beschaffungskennzeichen** in der Sicht **Disposition 2** auf F (fremdbeschafft) gesetzt.

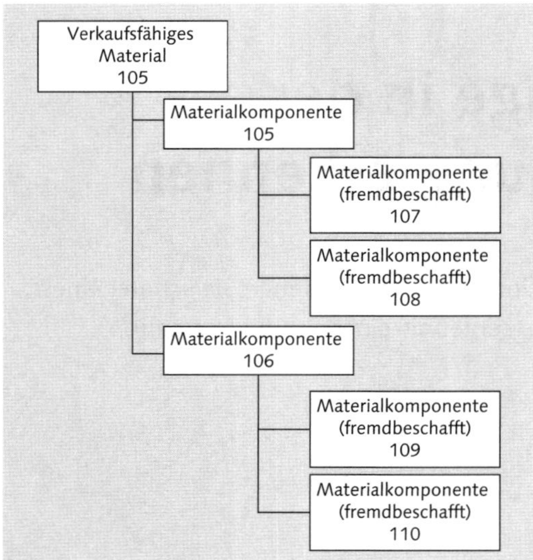

Beispiel für Mehrstufigkeit

Mithilfe von Transaktion MD02 starten Sie den Bedarfsplanungslauf für das Endprodukt. Erfassen Sie im Feld **Material** die Nummer des Endprodukts und drücken Sie zweimal [↵].

Einzelplanung -mehrstufig-

Material	105	
Dispobereich		
Werk	0001	

Planungsumfang

☐ Produktgruppe

Steuerungsparameter Disposition

Verarbeitungsschlüssel	NETCH	Net-Change im gesamten Horizont
Bestellanf. erstellen	1	Grundsätzlich Bestellanforderungen
Lieferplaneinteilungen	3	Grundsätzlich Lieferplaneinteilungen
Dispoliste erstellen	1	Grundsätzlich Dispositionsliste
Planungsmodus	1	Planungsdaten anpassen (Normalmodus)
Terminierung	1	Eckterminbestimmung für Planaufträge

Transaktion MD02: Bedarfsplanungslauf

Anschließend wechseln Sie in Transaktion MD04 (Bestands-/Bedarfsliste) und lassen sich das Planungsergebnis für das Endprodukt anzeigen. Aufgrund eines anstehenden Kundenauftrags ist ein Planauftrag erzeugt worden.

Material 105 Endprodukt
Dispobereich 0001 conarum - St-Leon-Rot
Werk 0001 Dispomerkmal ED Materialart HALB Einheit ST

Z..	Datum	Dispoe...	Daten zum Dispoelem.	Umterm. Da...	A..	Zugang/Bedarf	Verfügbare Menge
	15.04.2016	BStand					0
	15.04.2016	K-Auft	0000000025/000010/0..			10-	10-
	29.04.2016	Pl-Auf	0000005232/LA	15.04.2016	30	20	10

Transaktion MD04: Bestands-/Bedarfsliste

Klicken Sie auf die Zeile des Kundenauftrags und anschließend auf die Schaltfläche .

Materialbaum aus

Auftrag	Bezeichnung	Bedarfster...	Bedarf...	Bedarfsele...	B...	Zugang/Bedarf	B.	Zugangste...	Zuga...	Zugangs...	...	S...	Fehlermeld
0000000025													
105	Endprodukt	15.04.2016	K-Auft	25	10	10-	ST	29.04.2016	Pl-Auf	5232		10	Vorgang vorziehen (15.04.16)
106	Baugruppe 1 Ebene 1	15.04.2016	SekBed	82	1	20-	ST	29.04.2016	Pl-Auf	5233		10	Vorgang vorziehen (15.04.16)
108	Komponente1 Ebene 2	15.04.2016	SekBed	83	1	100-	ST	20.04.2016	BS-Anf	10000128	10	10	Vorgang vorziehen (15.04.16)
109	Komponente2 Ebene 2	15.04.2016	SekBed	83	2	100-	ST	29.04.2016	BS-Anf	10000130	10	10	Vorgang vorziehen (15.04.16)
107	Baugruppe 2 Ebene 1	15.04.2016	SekBed	82	2	20-	ST	29.04.2016	Pl-Auf	5234		10	Vorgang vorziehen (15.04.16)
109	Komponente2 Ebene 2	15.04.2016	SekBed	84	1	200-	ST	29.04.2016	BS-Anf	10000140	10	10	Vorgang vorziehen (15.04.16)
110	Komponente3 Ebene 2	15.04.2016	SekBed	84	2	200-	ST	20.04.2016	BS-Anf	10000150	10	10	Vorgang vorziehen (15.04.16)

Transaktion MD04: Auftragsbericht

In der Übersicht erhalten Sie eine hierarchische Top-Down-Auflistung der erzeugten Bedarfsdecker, die aufgrund des Kundenauftrags im Bedarfsplanungslauf erzeugt wurden.

Den Einkäufer interessiert jedoch meist die Bottom-Up-Darstellung. Zu einer Bestellanforderung möchte der Einkäufer den verursachenden Bedarf ermitteln, um beispielsweise eine mögliche Terminänderung zu prüfen.

Starten Sie dazu Transaktion MD04 und erfassen Sie das zu beschaffende **Material**, das in einer erzeugten Bestellanforderung hinterlegt ist (in diesem Beispiel die Bestellanforderung 0010000128/00010 mit dem Material 108).

Transaktion MD04: Einstieg

Das Planungsergebnis zum fremdbeschafften Material wird nun angezeigt. Klicken Sie auf die Zeile mit dem **Dispoelement** BS-Anf (Bestellanforderung). Anschließend klicken Sie auf die Schaltfläche (**verursachende Bedarfe zum Element**).

In der Bildschirmdarstellung **Verursachende Bedarfe** erhalten Sie die verursachenden Bedarfe zur markierten Bestellanforderung – in diesem Fall den Kundenauftrag mit Materialnummer 105.

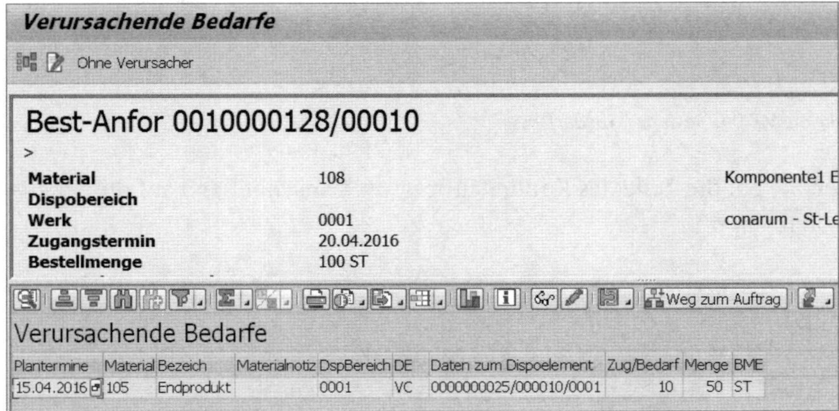

Plantermine	Material	Bezeich	Materialnotiz	DspBereich	DE	Daten zum Dispoelement	Zug/Bedarf	Menge	BME
15.04.2016	105	Endprodukt		0001	VC	0000000025/000010/0001	10	50	ST

Transaktion MD04: Verursachende Bedarfe

Mit einem Klick auf die Schaltfläche **Weg zum Auftrag** erscheint im unteren Bildbereich eine Auflistung, die von unten nach oben den Weg von der markierten Bestellanforderung über die erzeugten Planaufträge zum Kundenauftrag zeigt.

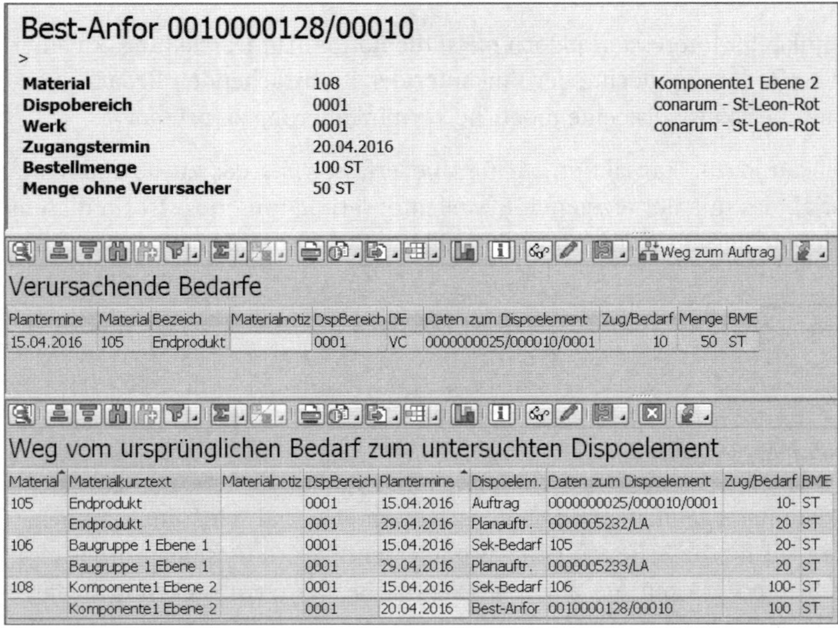

Plantermine	Material	Bezeich	Materialnotiz	DspBereich	DE	Daten zum Dispoelement	Zug/Bedarf	Menge	BME
15.04.2016	105	Endprodukt		0001	VC	0000000025/000010/0001	10	50	ST

Material	Materialkurztext	Materialnotiz	DspBereich	Plantermine	Dispoelem.	Daten zum Dispoelement	Zug/Bedarf	BME
105	Endprodukt		0001	15.04.2016	Auftrag	0000000025/000010/0001	10-	ST
	Endprodukt		0001	29.04.2016	Planauftr.	0000005232/LA	20	ST
106	Baugruppe 1 Ebene 1		0001	15.04.2016	Sek-Bedarf	105	20-	ST
	Baugruppe 1 Ebene 1		0001	29.04.2016	Planauftr.	0000005233/LA	20	ST
108	Komponente1 Ebene 2		0001	15.04.2016	Sek-Bedarf	106	100-	ST
	Komponente1 Ebene 2		0001	20.04.2016	Best-Anfor	0010000128/00010	100	ST

Transaktion MD04: Verursachende Bedarfe – Weg zum Auftrag

Um die Liste der verursachenden Bedarfe zu ermitteln, können Sie auch direkt Transaktion MD09 aufrufen. Sie erfassen den Bedarfsträger (in diesem Beispiel die **Bestellanforderung** 0010000128/00010) und drücken [↵].

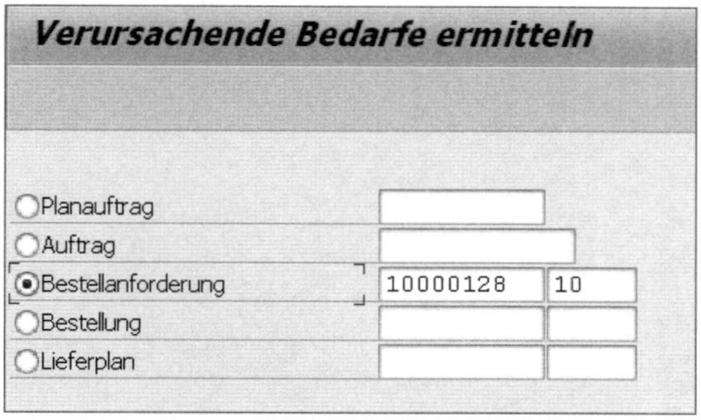

Verursachende Bedarfe ermitteln

Planauftrag
Auftrag
Bestellanforderung 10000128 10
Bestellung
Lieferplan

Transaktion MD09: Verursachende Bedarfe ermitteln

Anschließend erhalten Sie wiederum die bekannte Übersicht **Verursachende Bedarfe**.

TEIL 5

Bestandsführung

In der Bestandsführung werden Materialbestände mengen- und wertmäßig geführt. Warenzugänge und Warenabgänge werden anhand von Warenbewegungsbelegen dokumentiert. Zusätzlich bietet die Bestandsführung Funktionen, um die Höhe der Materialbestände zu optimieren oder eine Inventur durchzuführen.

In diesem Teil erfahren Sie unter anderem, was Cycle Counting ist und wie Sie es effektiv einsetzen können. Sie lesen auch, wie Sie eine flexible und robuste Druckerfindung einrichten und wie Sie schnell die Serialisierung oder Chargensteuerung im System aktivieren.

› Tipps in diesem Teil

Tipp 48

Kostenlose Lieferung verwenden

Sie haben mit einem Lieferanten kostenlose Lieferungen vereinbart? Lesen Sie, wie Sie vermeiden können, dass ein Buchhaltungsbeleg im SAP-System fortgeschrieben wird.

Den Prozess der kostenlosen Lieferung können Sie in SAP unterschiedlich abbilden:

- als Bestellung, die den Preis 0 hat – Rechnungskennzeichen ist inaktiv
- als direkte Warenbewegung ohne Bezug zum Vorgängerbeleg mit Bewegungsart 511

Um die Abwicklung in Ihrem Unternehmen zu vereinfachen, ist es sinnvoll, nur eine Variante der kostenlosen Lieferung zu verwenden.

› Und so geht's

Ich zeige Ihnen zunächst, wie Sie eine kostenlose Lieferung mithilfe einer Bestellung abbilden. Mittels Transaktion ME21N legen Sie eine neue Bestellung an. Sie erfassen die notwendigen Daten wie **Lieferant**, **Material** und **Menge**. Anschließend wechseln Sie im Bereich **Position** in die Registerkarte **Rechnung**.

In der Registerkarte deaktivieren Sie das Feld **RechnEingang**. Für diese Bestellung wird demnach keine Rechnung erwartet. Der Preis in der Bestellung (Spalte **Nettopreis**) wird entsprechend auf Null gesetzt, sobald Sie [↵] drücken. Zuletzt speichern Sie die Bestelldaten.

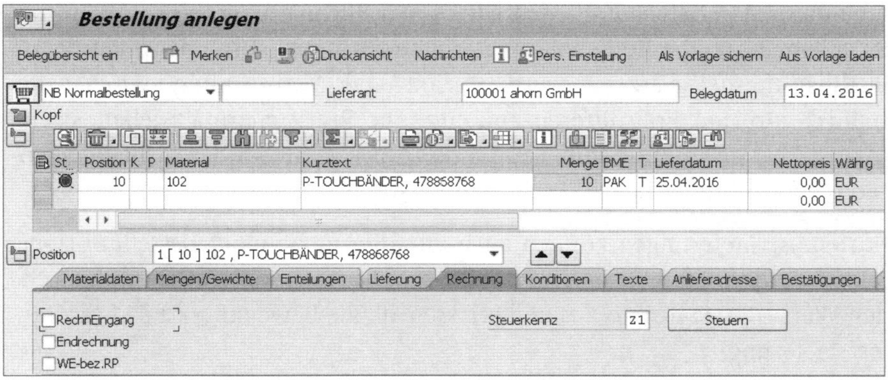

Transaktion ME21N: Bestellung – Rechnungseingangskennzeichen

Nun erfassen Sie mithilfe von Transaktion MIGO den Wareneingang zur Bestellung mit der Bewegungsart 101. Dazu geben Sie die zuvor angelegte Bestellung (im Beispiel 4500000085) und im Feld **WE Wareneingang** die Bewegungsart 101 ein. Anschließend drücken Sie [↵]. Das System liest die Daten aus der Bestellung und zeigt diese in der Transaktion an. Zuletzt buchen Sie den Beleg.

Transaktion MIGO: Erfassung des Wareneingangs zur Bestellung

Lassen Sie sich nun den erzeugten Materialbeleg anzeigen. Starten Sie dazu Transaktion MB03 und geben Sie die zuvor erzeugte Materialbelegnummer ein. Drücken Sie [↵]. In der Sicht **Materialbeleg anzeigen: Übersicht** klicken Sie auf die Schaltfläche **RW-Belege...**.

Transaktion MB03: Anzeige des Materialbelegs

Da für dieses Material die Preissteuerung V (Gleitender Durchschnittspreis) eingestellt ist, wird kein Buchhaltungsbeleg erzeugt. Sie erhalten die Warnmeldung »Materialbeleg [...] enthält keinen Buchhaltungsbeleg«. Wenn das Beispielmaterial die Preissteuerung S (Standardpreis) hätte, dann würde ein Buchhaltungsbeleg erzeugt werden – mit einer Verrechnung zwischen Bestandskonto und Preisdifferenzenkonto. Die Preissteuerung stellen Sie im Materialstamm mithilfe von Transaktion MM02 ein. In der Sicht **Buchhaltung 1** wird Ihnen das Feld **Preissteuerung** angezeigt.

Kostenlose Lieferungen können auch ohne Bezug zu einer Bestellung abgebildet werden. Starten Sie hierzu zunächst Transaktion MIGO, wählen Sie den Wert »R10 Sonstige« aus und erfassen Sie die Bewegungsart 511 (kostenlose Lieferung).

Transaktion MIGO: Kostenlose Lieferung

Anschließend erfassen Sie in der Registerkarte **Material** Ihre Materialnummer (Feld **Material**), in der Registerkarte **Menge** die gelieferte Menge (Feld **Menge in ErfassungsME**), in der Registerkarte **Wo** einen **Text** und in der Registerkarte **Partner** einen gültigen Lieferanten (Feld **Lieferant**). Speichern Sie den erfassten Materialbeleg.

Aufgrund der **Preissteuerung** V im Materialstamm des Beispielmaterials wird wie bei der kostenlosen Lieferung mit Bestellbezug kein Buchhaltungsbeleg fortgeschrieben.

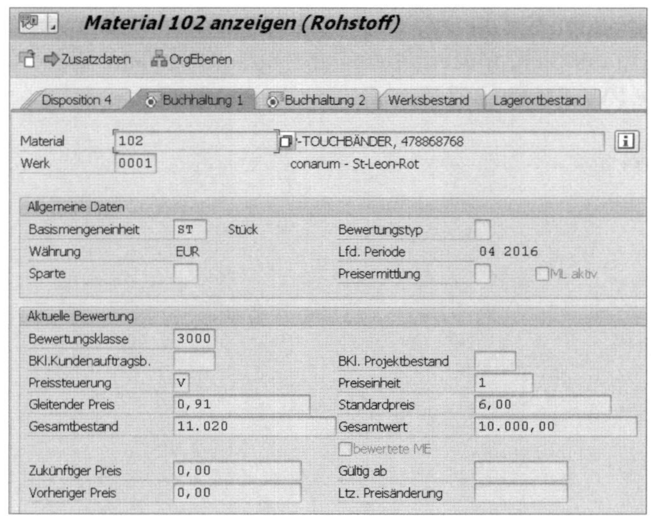

Transaktion MM03: Preissteuerung V (Gleitender Durchschnittspreis)

Tipp 49

Serialnummern in der Bestellung aktivieren

Wenn Sie schon in der Bestellung oder Bestellanforderung Serialnummern erfassen, können Sie dem Lieferanten die gewünschten Serialnummern mitteilen. Sie können auch bestimmte Geräte und Anlagen mit der jeweiligen Serialnummer direkt bestellen.

Mithilfe der Business Function LOG_MM_SERNO (Transaktion SFW5) können Sie Serialnummern direkt in der Bestellanforderung oder Bestellung erfassen. Die Serialnummern werden direkt bei der Wareneingangserfassung übernommen und verbucht.

› Und so geht's

Prüfen Sie zuerst, ob in Ihrem Testsystem die Business Function LOG_MM_SERNO aktiv ist. Starten Sie Transaktion SFW5 und schließen Sie das erscheinende Dialogfenster **Sicherheitsinformation** mit Klick auf **Weiter**.

In der nachfolgenden Übersicht öffnen Sie den Ordner **ENTERPRISE_BUSINESS_FUNCTIONS** und suchen in der Spalte **Name** nach der Business Function **LOG_MM_SERNO.**

Transaktion SFW5: Aktivierung der Business Function

In diesem System ist die Business Function bereits aktiv. Wechseln Sie nun in das Customizing des Einkaufs:

Materialwirtschaft ▸ Einkauf ▸ Serialnummern ▸ Serialnummernprofile festlegen

Markieren Sie für dieses Beispiel das Serialnummernprofil 0003 (**Bestandsverprobung**).

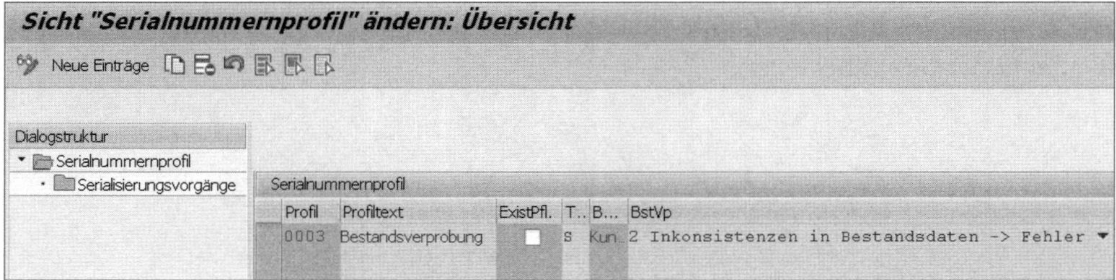

Customizing: Serialnummernprofil

Anschließend klicken Sie auf den Ordner **Serialisierungsvorgänge** und prüfen, ob der Vorgang **POSL** (Serialnummern in der Bestellung) in der Spalte **Vorg.** hinterlegt ist. Falls der Wert in Ihrem System nicht vorhanden ist, ergänzen Sie diesen in der Tabelle.

Die Serialnummernverwendung (Spalte **SerVew.**) setzen Sie auf 02 (Kann), in der Spalte **EqPfl** hinterlegen Sie 01 (Keine Equipmentpflicht). Anschließend speichern Sie die Daten.

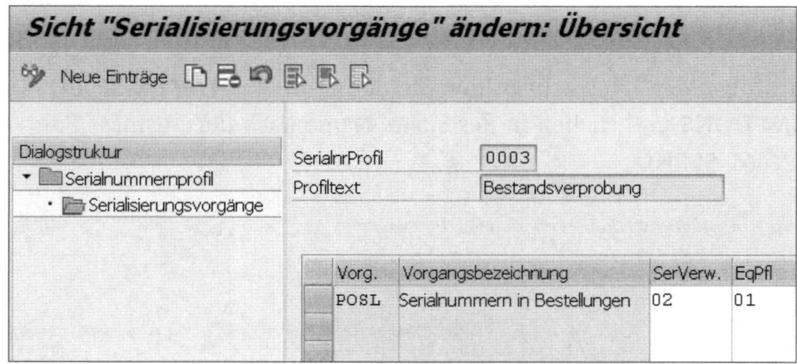

Customizing: Serialnummernprofil – Serialisierungvorgänge

Nun rufen Sie das Customizing der Bestellbelegarten auf:

Materialwirtschaft ▸ Einkauf ▸ Bestellung ▸ Belegarten einstellen

Selektieren Sie als Beispiel die Belegart NB (Normalbestellung).

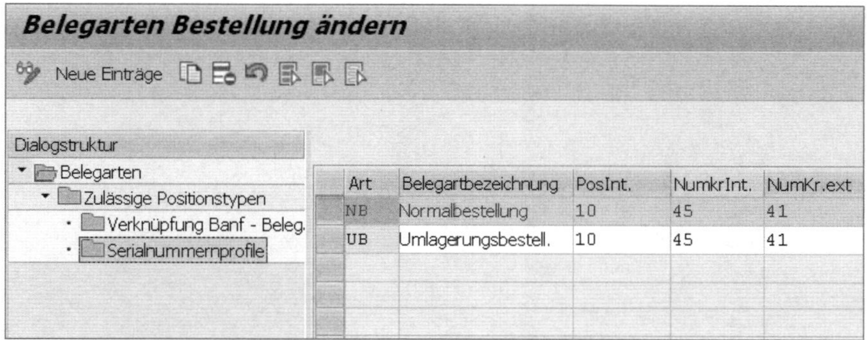

Customizing: Bestellbelegarten

Anschließend klicken Sie auf den Ordner **Serialnummernprofile**.

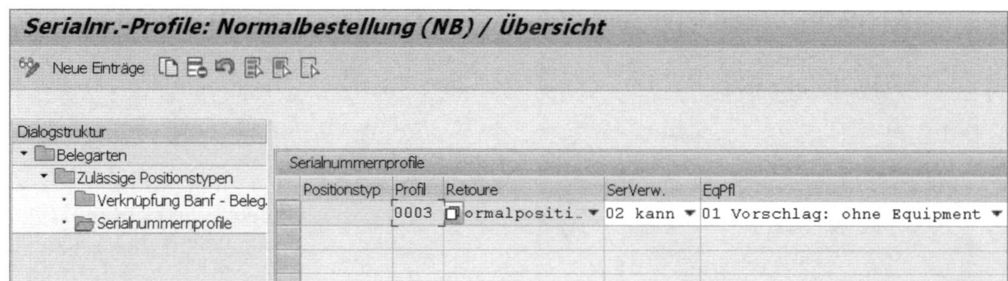

Customizing: Belegart NB und Serialnummernprofil

Erfassen Sie darin das zuvor erweiterte Serialnummernprofil 0003 für die Normalposition einer Bestellung. Die Werte für die Felder **SerVew.** und **EqPfl** übernehmen Sie aus dem Serialnummernprofil. Zuletzt speichern Sie das Customizing.

Tragen Sie nun das Serialnummerprofil im Materialstamm ein. Starten Sie Transaktion MM02 (Materialstamm ändern), erfassen Sie im Dialogfenster der Sichtenauswahl die Sicht **Werksdaten/Lagerung2** und im Dialogfenster Organisationsebenen das Beispielwerk 0001. Anschließend füllen Sie das Feld **Serialnummernprofil** mit dem Beispielwert 0003.

Material 104 ändern (Halbfabrikat)

Zusatzdaten | OrgEbenen | Bilddaten prüfen

Werksdaten/Lagerung1 | Werksdaten/Lagerung2 | Buchhaltung 1 | Buchhaltung 2 | Werks

Material 104 P-TOUCHBÄNDER, 478868768
Werk 0001 conarum - St-Leon-Rot

Gewicht / Volumen
Bruttogewicht 12 Gewichtseinheit KG
Nettogewicht 10
Volumen Volumeneinheit
Größe/Abmessung

Allg.Werksparameter
Neg.Bestände Werk Logist. Aufw.gruppe
Serialnummernprofil 0003 SerEbene Verteilungsprofil
Profitcenter Bestandsfindungsgrup

Transaktion MM02: Sicht »Werksdaten/Lagerung2«

Anschließend legen Sie mit Transaktion ME21N eine Bestellung an. Sie erfassen den Lieferanten, Material 104 sowie Preis und Menge und drücken [↵]. Wechseln Sie im Bereich **Position** auf die Registerkarte **Einteilungen**.

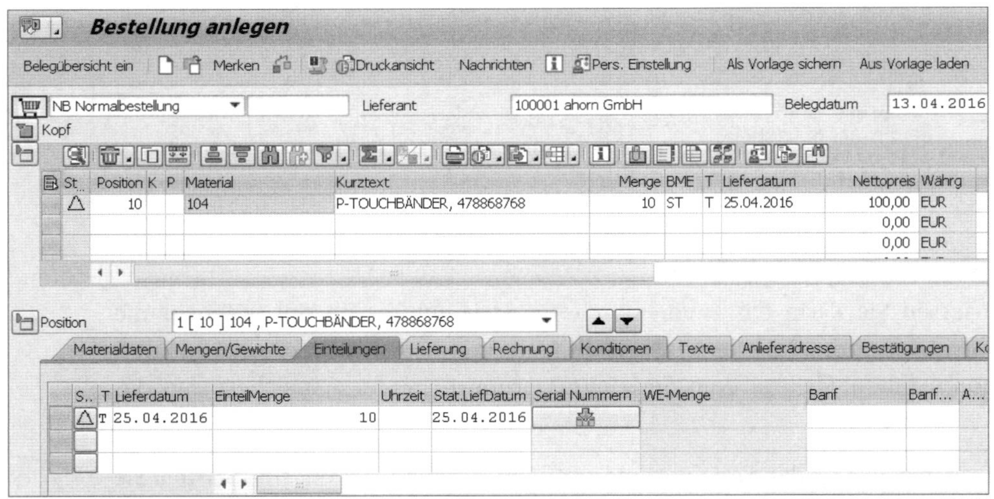

Transaktion ME21N: Registerkarte »Einteilung«

Mit einem Klick auf die Schaltfläche [Schaltfläche] in der Spalte **Serial Nummern** öffnet sich ein Dialogfenster zur Erfassung der Nummern. Lassen Sie sich mit der Schaltfläche **SerialNr autom. anl.** Serialnummern erzeugen und übernehmen Sie die Daten anschließend mit [↵]. Zuletzt speichern Sie die Bestellung.

Nun buchen Sie einen Wareneingang zur Bestellung mithilfe von Transaktion MIGO. Erfassen Sie die Bestellung im Referenzfeld und drücken Sie [↵]. Die Daten aus der Bestellung werden inklusive der Serialnummern ausgelesen und in den Wareneingangsbeleg übernommen. Speichern Sie den Materialbeleg.

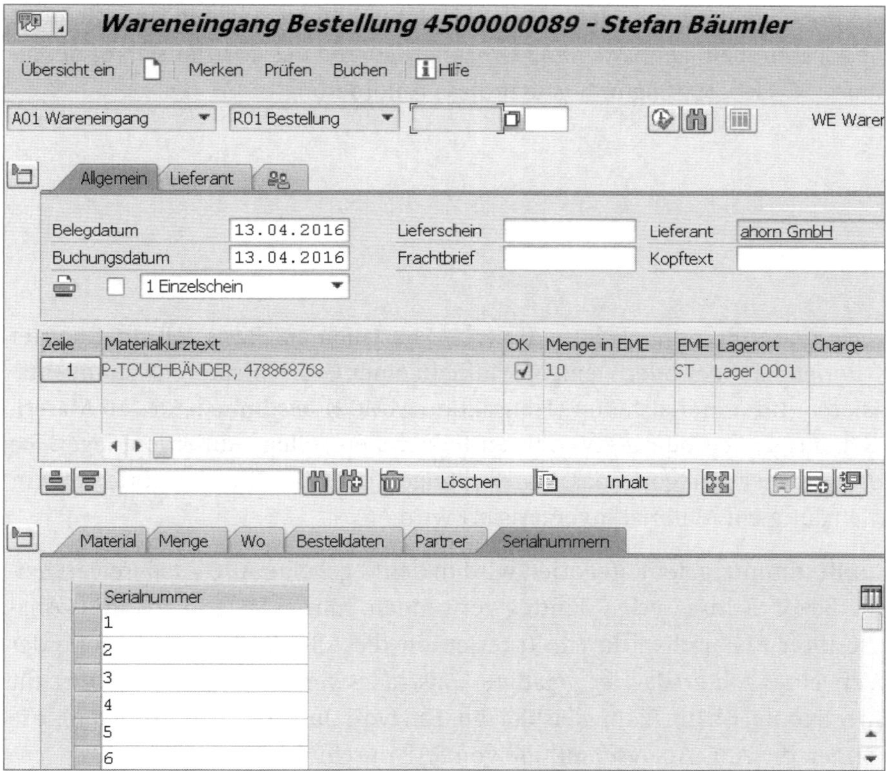

Transaktion MIGO mit übernommenen Serialnummern

Tipp 50

Cycle Counting in der Inventur verwenden

Sie möchten Ihre gängigen Materialien regelmäßig inventarisieren. Abhängig von der Bedeutung des Materials für ihr Unternehmen möchten Sie außerdem die Inventur häufiger bzw. weniger häufig während des Geschäftsjahres durchführen. Cycle Counting unterstützt diese Anforderung.

Cycle Counting ermöglicht es Ihnen, Materialien auf Basis selbstdefinierter Kriterien häufiger oder weniger häufig in einer Geschäftsperiode zu inventarisieren. Im Materialstamm (Transaktion MM02) bestimmen Sie, ob Materialien am Cycle-Counting-Verfahren teilnehmen sollen. Außerdem legen Sie fest, welcher Kategorie das Material zugeordnet ist. Die Kategorie steuert, wie häufig ein Material inventarisiert wird.

Zur Bestimmung der Kategorien wird in der Regel eine ABC-Analyse verwendet. Bevor Sie das Cycle Counting verwenden, führen Sie also eine ABC-Analyse Ihrer Materialien durch. Kriterien für die ABC-Analyse sind häufig der Wert eines Materials, der getätigte Umschlagswert oder die Bedeutung für Ihre Supply Chain (zum Beispiel im Fall von Just-in-Time-Prozessen). Sie können die ABC-Analyse mithilfe von SAP durchführen.

Im Folgenden beschreibe ich, wie Sie das Cycle Counting einstellen und verwenden.

› Und so geht's

Zunächst legen Sie fest, wie viele Kategorien Sie im Cycle Counting verwenden möchten. Anschließend starten Sie das Customizing und legen Ihre Kriterien je Kategorie fest. Für dieses Beispiel verwenden Sie drei Kategorien im Cycle Counting:

- A: sehr wichtige Materialien
- B: wichtige Materialien
- C: weniger wichtige Materialien

Im SAP-Sprachgebrauch werden die Kategorien als *Inventurkennzeichen* bezeichnet. Diese werden im Feld **CC-Inventurkennzeichen** gepflegt. Rufen Sie folgenden Customizing-Pfad auf, um die Inventurkennzeichen zu erstellen:

Materialwirtschaft ▸ Bestandsführung und Inventur ▸ Inventur ▸ Cycle-Counting

Erfassen Sie diese drei Inventurkennzeichen für ihr Werk. Im Feld **Anzahl Invent.** legen Sie fest, wie häufig das Material inventarisiert wird.

Werk	CC-Inventurkennz.	Anzahl Invent.	Intervall	Pufferzeit	Prozentsatz
0001	A	6	41	5	70
0001	B	3	83	10	20
0001	C	1	250	20	10

Customizing: CC-Inventurkennzeichen

In diesem Beispiel sollen Materialien, die dem Inventurkennzeichen A zugeordnet sind, sechs mal im Geschäftsjahr inventarisiert werden. Die Spalte **Intervall** zeigt den Abstand zwischen zwei Zählungen in Arbeitstagen an. Das Feld wird abhängig vom jeweiligen Eintrag in **Anzahl Invent.** automatisch berechnet. Die Spalte **Pufferzeit** gibt an, bis wann die Zählung durchgeführt werden muss. In diesem Beispiel beträgt die Pufferzeit 5 Tage für die Kategorie A.

Beispiel: Ein Material mit Inventurkennzeichen A wird am 02.05. zur Cycle-Counting-Inventur vorgeschlagen. Wenn die Erfassung des Bestands bis zum 06.05. nicht durchgeführt wurde, wird das Material beim nächsten Cycle-Counting-Lauf unabhängig von der Kategorie vorgeschlagen.

Zuletzt erfassen Sie den **Prozentsatz**, auf dessen Basis das System eine ABC-Analyse der Materialien durchführt. Sie können das Inventurkennzeichen manuell im Materialstamm pflegen oder anhand der ABC-Analyse automatisch setzen lassen. Die ABC-Analyse führen Sie mithilfe von Report RMCBIN00 oder Transaktion MIBC durch.

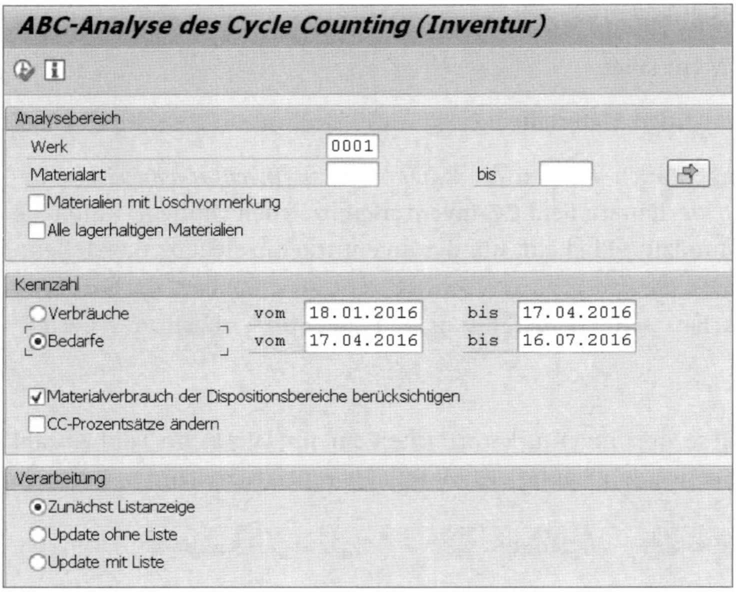

Report RMCBIN00 – Selektionsbildschirm

Die Einteilung der Materialien in die festgelegten Kategorien erfolgt entweder auf Grundlage der **Verbräuche** oder der **Bedarfe** innerhalb eines Zeitraums. Sie können in der Analyse entweder nur Materialien berücksichtigen, die bereits dem Cycle Counting zugeordnet sind, oder alle lagerhaltigen Materialien (Kennzeichen **Alle lagerhaltigen Materialien** ist aktiviert).

In diesem Beispiel möchten Sie nur für 25 Materialien das Cycle Counting aktivieren. Dazu pflegen Sie im Materialstamm initial das Inventurkennzeichen. Dies können Sie mit Transaktion MM02 oder Transaktion MM17 (Materialstamm – Massenpflege) durchführen. Anschließend starten Sie den Report RMCBIN00 mit deaktiviertem Kennzeichen **Alle lagerhalten Materialien**. Damit erreichen Sie, dass der Report nur Materialien selektiert, in denen bereits ein Inventurkennzeichen gepflegt ist.

Starten Sie Transaktion MM02, um das Inventurkennzeichen zu pflegen. Erfassen Sie die Materialnummer des ersten Materials. Im Dialogfenster **Sichtenauswahl** markieren Sie die Sicht **Allg. Werksdaten/Lagerung1** und drücken [↵]. Anschließend erfassen Sie Werk 0001.

In der Sicht **Werksdaten/Lagerung1** erfassen Sie initial im Feld **CC-Inventurkennz.** das Inventurkennzeichen A und speichern die Änderung. Dies führen Sie für alle weiteren Beispielmaterialien durch.

Disposition 4 | Werksdaten/Lagerung1 | Werksdaten/Lagerung2

Material 128 CC Material
Werk 0001 conarum - St-Leon-Rot
Lagerort 0001 Lager 0001

Allgemeine Daten
Basismengeneinheit ST Stück Ausgabemengen
Lagerplatz Kommissionierber
Temperaturbedingung Raumbedingunge
Behältervorschrift Gefahrstoffnumm
CC-Inventurkennz. A CC-Fix Menge WE-Schei
Etikettierungsart EtikForm Gen.ChrgProt
Chargenpflicht

Transaktion MM02: Werksdaten/Lagerung1

Die Materialien sind nun für das Cycle Counting markiert. Mithilfe der ABC-Analyse aktualisieren Sie das Inventurkennzeichen abhängig von den vorhandenen Bedarfen der Ihrer Materialien.

Starten Sie den Report RMCBIN00 mithilfe von Transaktion SA38. Im Bildbereich **Kennzahl** selektieren Sie den Auswahlknopf **Bedarfe** und übernehmen den vorgeschlagenen Zeitraum, in dem die Bedarfe berücksichtigt werden. Im Bildbereich **Verarbeitung** selektieren Sie den Auswahlknopf **Update mit Liste**. Anschließend starten Sie den Report mit F8.

ABC-Analyse für Cycle-Counting

CC-Kennzeich. ändern Neue Analyse Zählaufwand...

Werk 0001
Analyse nach Bedarfswert

Material	Bezeichnung	CC-Neu	CC-Alt	Gesamtwert	GesBestand	BME	%	kum. %	I
128	CC Material	A	A	1.000,00	100	ST	29,50	29,50	
127	CC Material	A	A	1.000,00	100	ST	29,50	59,00	
135	CC Material	A	A	530,00	53	ST	15,63	74,63	
130	CC Material	B	A	300,00	30	ST	8,85	83,48	
129	CC Material	B	A	300,00	30	ST	8,85	92,33	
131	CC Material	C	A	100,00	10	ST	2,95	95,28	
137	CC Material	C	A	50,00	5	ST	1,47	96,76	
133	CC Material	C	A	50,00	5	ST	1,47	98,23	
132	CC Material	C	A	50,00	5	ST	1,47	99,71	
134	CC Material	C	A	10,00	1	ST	0,29	100,00	
136	CC Material	C	A	0,00	0	ST	0,00	100,00	
126	CC Material	C	A	0,00	0	ST	0,00	100,00	
125	CC Material	C	A	0,00	0	ST	0,00	100,00	
124	CC Material	C	A	0,00	0	ST	0,00	100,00	
123	CC Material	C	A	0,00	0	ST	0,00	100,00	
122	CC Material	C	A	0,00	0	ST	0,00	100,00	
121	CC Material	C	A	0,00	0	ST	0,00	100,00	
120	CC Material	C	A	0,00	0	ST	0,00	100,00	
119	CC Material	C	A	0,00	0	ST	0,00	100,00	
118	CC Material	C	A	0,00	0	ST	0,00	100,00	
117	CC Material	C	A	0,00	0	ST	0,00	100,00	
116	CC Material	C	A	0,00	0	ST	0,00	100,00	
115	CC Material	C	A	0,00	0	ST	0,00	100,00	
114	CC Material	C	A	0,00	0	ST	0,00	100,00	
113	CC Material	C	A	0,00	0	ST	0,00	100,00	

Report RMCBIN00: Ergebnisanzeige

Die Neuverteilung der Inventurkennzeichen wird in der Spalte **CC-Neu** abgebildet. Auf Basis der vorhandenen Bedarfe und des errechneten Bestandswerts erfolgt die ABC-Analyse.

Im Customizing hatten Sie in der Spalte **Prozentsatz** folgende Werte hinterlegt:

- A = 70% des Bedarfswerts
- B = 20% des Bedarfswerts
- C = 10% des Bedarfswerts

Die ersten drei Materialien (128, 127 und 135) werden dem Inventurkennzeichen A zugeordnet, da diese kumuliert 74,63% des Gesamtbedarfs ausmachen (siehe Spalte **kum. %**). Den Materialien 130 und 129 wird das Kennzeichen B zugeordnet. Der Bedarf dieser Materialien entspricht ca. 20% des Gesamtbedarfs. Alle anderen Materialien werden dem Inventurkennzeichen C zugeordnet.

Wenn Sie einzelne Materialien von der automatischen Aktualisierung durch die ABC-Analyse ausschließen möchten, da diese beispielsweise für Ihre funktionierende Supply Chain sehr wichtig sind, können Sie dies im Materialstamm festlegen.

Gehen Sie dazu in den Materialstamm (Transaktion MM02), wählen Sie die Sicht **Werksdaten/Lagerung1** und setzen Sie das Kennzeichen **CC-Fix.** Dadurch wird das Material von der automatischen Aktualisierung des Inventurkennzeichens ausgeschlossen.

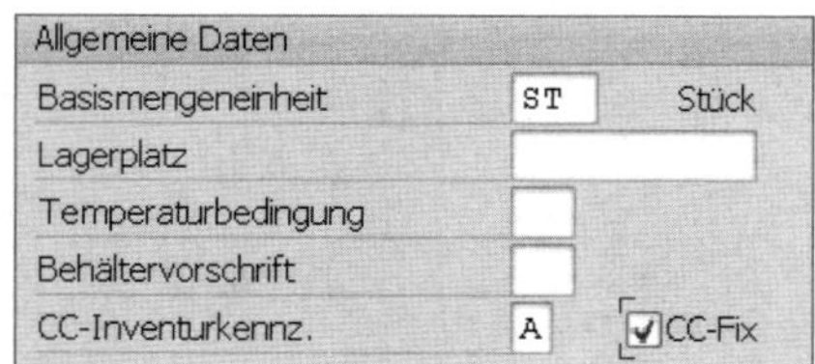

Transaktion MM02: Kennzeichen »C-Fix«

Um Inventurbelege auf Basis des Cycle-Counting-Verfahrens zu erzeugen, starten Sie Transaktion MICN oder mittels Transaktion SA38 den Report RM07ICN1.

Tipp 51

Belegausdruck im Wareneingang einstellen

Möchten Sie im Wareneingang Warenbegleitpapiere ausgeben lassen? In der Nachrichtensteuerung können Sie die Belegausgabe einrichten.

Wie in den anderen Applikationen wird auch in der Bestandsführung die Druckausgabe mithilfe der SAP-Nachrichtensteuerung umgesetzt, die auf Basis der Konditionstechnik entwickelt wurde.

Im Folgenden zeige ich Ihnen am Beispiel des Wareneingangs, wie Sie die Nachrichtensteuerung und die Belegausgabe in der Bestandsführung einrichten und auf was Sie besonders achten müssen.

› Und so geht's

Wenn Sie Transaktion MIGO starten, werden innerhalb der Registerkarte **Allgemein** zwei Steuerkennzeichen angezeigt. Beide Felder haben bei der Belegerfassung eine steuernde Wirkung auf die Belegausgabe:

- Druck über Nachrichtensteuerung (Kennzeichen neben dem Druckersymbol)
- Version für den Druck des Warenbegleitscheins (Dropdown-Feld)

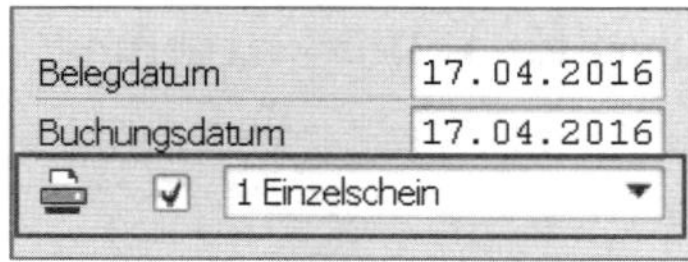

Transaktion MIGO: Kennzeichen für den Belegdruck

Das Kennzeichen **Druck über Nachrichtensteuerung** muss grundsätzlich gesetzt sein, um den Belegdruck anzustoßen. Wenn Sie dieses Feld aktivieren, bleibt es auch beim folgenden Transaktionsaufruf aktiviert, solange Sie es nicht wieder deaktivieren.

Sie können auch mithilfe des SET/GET-Parameters NDR, den Sie in Ihren Benutzervorgaben setzen, das Kennzeichen immer als aktiviert vorschlagen lassen. Rufen Sie dazu den Pfad **System ▸ Benutzervorgaben ▸ Eigene Daten** auf und wechseln Sie anschließend auf die die Registerkarte **Parameter**. Der Parameter NDR muss auf X gesetzt werden. Achten Sie hierbei darauf, dass Sie das Kennzeichen großschreiben.

Benutzerparameter des SAP-Benutzers

Wenn Sie mit eigenen Konditionstabellen arbeiten, beachten Sie bitte den SAP-Hinweis 205450 (Warenbegleitschein obwohl Kz. Drucken nicht gesetzt).

In Transaktion MIGO können Sie die Druckversion des Warenbegleitscheins auswählen. SAP unterscheidet zwischen drei Druckversionen:

- Einzelschein: Es erfolgt ein Ausdruck pro Wareneingangsposition.
- Einzelschein mit Prüftext: Es erfolgt ein Ausdruck mit Prüftext aus dem Materialstamm pro Wareneingangsposition.
- Sammelschein: Es erfolgt ein Ausdruck je Materialbeleg. Die Nachrichtensteuerung erfolgt auf Belegebene und nicht auf Positionsebene.

Der Vorschlagswert der Druckversion wird wie folgt gesetzt. Wenn Sie noch nie die Version manuell geändert haben, wird der Wert entsprechend der Einstellung im Customizing vorgeschlagen:

Materialwirtschaft ▸ Bestandsführung und Inventur ▸ Drucksteuerung ▸ Allgemeine Einstellungen

Klicken Sie dort auf die Schaltfläche **Druckversion**. Um den Vorschlagswert für die Vorgangsart Wareneingang in Transaktion MIGO zu setzen, suchen Sie die Zeile mit dem Schlüssel MIGO_GR und setzen Sie in der Spalte **D** den Vorschlagswert für die Druckversion, in diesem Fall 2.

Sicht "Versionsdruckkennzeichen" ändern: Übersicht

TCode	Transaktionstext	D	Druckversion
MIGO	Warenbewegung	1	Einzelschein
MIGO_GI	Warenbewegung	1	Einzelschein
MIGO_GO	Warenbewegung	1	Einzelschein
MIGO_GR	Warenbewegung	2	Einzelschein mit Prüftext

Customizing: Druckversion

Wenn Sie bereits einmal die Druckversion in Transaktion MIGO manuell geändert haben, schlägt das System immer den Wert aus der gemerkten Benutzereinstellung vor und greift nicht mehr auf das Customizing zu. Die Benutzereinstellungen werden in der Tabelle ESDUS fortgeschrieben.

Neben den beschriebenen Kennzeichen müssen in der Nachrichtensteuerung die Bedingungen der Belegausgabe gepflegt werden. Dies geschieht in den Konditionstabellen der Nachrichtensteuerung. Im Gegensatz zum Einkauf pflegen Sie diese Tabellen direkt im Customizing.

Materialwirtschaft ▸ Bestandsführung und Inventur ▸ Nachrichtenfindung ▸ Konditionen pflegen

Je Druckversion ist im SAP-Standard eine eigene Nachrichtenart als Vorlage definiert:

- Version 1: WE01
- Version 2: WE02
- Version 3: WE03

Für dieses Beispiel pflegen Sie die Nachrichtenart WE01. Klicken Sie im Dialogfenster auf die Zeile **Kondition anlegen: Bestandsführung** und zuletzt auf die Schaltfläche **Auswählen**.

Im Fenster **Nachrichten-Konditionssatz anlegen: Bestandsführung** geben Sie im Feld **Nachrichtenart** den Wert WE01 ein und drücken ↵. Im nun angezeigten Fenster erfassen Sie die **Vorgangsart** WE (Wareneingang) und in der Spalte **drucken** den Wert 1 (Materialbelegdruck). Zusätzlich füllen Sie die Felder **Medium** mit 1 (Druckausgabe) und **Zeitpunkt** mit 1 (Versenden durch periodisch eingeplanten Job). Zuletzt speichern Sie die Daten.

Konditionssätze (WE-Schein Vers.1) anlegen: Schnellerfassung

Kommunikation

Vorgangsart	WE	Wareneingang zur Bestellung
Druckversion	2	Einzelschein mit Prüftext

Konditionssätze

druc...	Bezeichnung	Rolle	Partner	Medium	Zeitpunkt	Spra...
1	Materialbelegdruck			1	1	

Customizing: Konditionstabelle zu Nachrichtenart WE01 pflegen

Anhand der Vorgangsart werden in der Bestandsführung bestimmte Vorgänge wie Wareneingang, Warenausgang oder Inventurbeleg unterschieden. Das Feld **drucken** wird in der Nachrichtenfindung mit dem Feld **Drucken einer Belegposition** im Customizing der Bewegungsart auf Übereinstimmung verglichen. Dieses Customizing finden Sie unter folgendem Pfad:

Materialwirtschaft ▸ Bestandsführung und Inventur ▸ Drucksteuerung ▸ Druckkennzeichen für Wareneingangsbelege pflegen

Im Standard ist für die Bewegungsart 101 (Wareneingang) das Feld **Drucken einer Belegposition** (Spalte **D**) auf den Wert 1 gesetzt.

Sicht "Belegdruck Wareneingang" ändern: Übersicht

BwA	Bewegungsartentext	D	Position drucken
101	WE Wareneingang	1	Materialbelegdruck

Customizing: Bewegungsart 101

Somit findet das SAP-System den Beispielkonditionssatz bei einer Wareneingangsbuchung (Vorgangsart: WE) mit der Bewegungsart 101 (Position drucken = 1) und der Druckversion 2. Sie können dies testen, indem Sie eine Wareneingangsbuchung (Bewegungsart 101) mithilfe von Transaktion MIGO buchen.

Tipp 52

Lohnbearbeitungsabwicklung in MM – Beistellung der Komponenten

Nutzen Sie den Lohnbearbeitungsprozess und wollen Sie die Komponenten mittels Lieferschein dem Lieferanten beistellen? In MM können Sie die Versandpapiere auf Basis einer Auslieferung erzeugen lassen.

In Tipp 36 habe ich den Lohnbearbeitungsprozess im Einkauf und in der Disposition beschrieben. In diesem Tipp zeige ich, wie Sie die Versandpapiere für die Beistellkomponenten erzeugen lassen können.

Im Fall von Lohnbearbeitung (LB) stellen Sie dem Lieferanten Komponenten zur Verfügung. Das heißt, Sie haben Materialien und Baugruppen auf Lager, die Sie dem Lieferanten liefern. Der Lieferant führt beispielsweise Montagearbeiten für Sie durch und liefert Ihnen das Enderzeugnis zurück. Sie erfassen zum Enderzeugnis einen Wareneingang im System.

Sie haben in SAP mehrere Möglichkeiten, um die Lohnbeistellung durchzuführen:

- in der Bestandsführung mithilfe von Transaktion MB1B (Umbuchung) und der Bewegungsart 541 (Umbuchung an LB-Beistellbestand aus frei verwendbar)
- mithilfe der Transaktion ME2O (LB-Bestandsüberwachung zum Lieferanten) einen Warenausgang (wiederum die Bewegungsart 541) buchen
- mithilfe der Transaktion ME2O (LB-Bestandsüberwachung zum Lieferanten) eine Auslieferung anlegen

Im Folgenden zeige ich Ihnen, wie Sie die notwendigen Einstellungen für Lohnbeistellung anhand einer Auslieferung vornehmen. Der Vorteil dieses Prozesses ist, dass Sie die Auslieferung über den Versand in SD anlegen und somit die notwendigen Versandpapiere und Begleitscheine erhalten. In Tipp 36 haben Sie bereits eine LB-Bestellung 4500000083 mit Positionstyp L angelegt, die Sie für diesen Tipp verwenden können.

› Und so geht's

Starten Sie Transaktion ME2O. In der Selektionsmaske setzen Sie das Kennzeichen **Nur LB-Best. mit Unterdeckung** und drücken [F8]. Es werden nur Bestellungen angezeigt, bei denen die Beistellung noch nicht vollständig durchgeführt wurde.

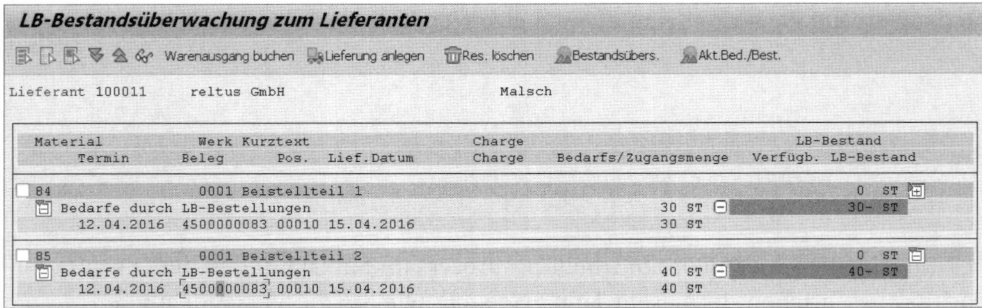

Transaktion ME2O: LB-Bestandsüberwachung

Es werden zum bestellten Enderzeugnis (Materialnummer 83) die beiden Beistellmaterialien 84 und 85 (Spalte **Material**) angezeigt. In der LB-Bestandsüberwachung sehen Sie u.a. folgende Daten:

- Aktueller Bedarf des Beistellmaterials (Spalte **Bedarfs/Zugangsmenge**) im Beispiel: 30 Stück für Material 84 (Der aktuelle Bedarf entspricht der bestellten Menge Enderzeugnis, multipliziert mit der benötigten Menge der Komponente je Enderzeugnis)
- LB-Bestand: Aktueller Lagerbestand beim Lieferanten im Beispiel: 0 Stück
- Verfügbarer LB-Bestand: Aktueller LB-Bestand minus Bedarfsmenge im Beispiel: –40 Stück

Mit Klick auf die Schaltfläche **Lieferung anlegen** können Sie die Auslieferung im System erzeugen. Bevor Sie die Auslieferung buchen können, sind einige Einstellungen im Customizing notwendig.

Zunächst müssen Sie das Beispielwerk einer Verkaufsorganisation und einem Vertriebsweg zuordnen. Diese Zuordnung wird benötigt, um Verkaufsorganisation und Vertriebsweg für die Anlage der Auslieferung zu ermitteln. Die

Auslieferung ist ein Objekt im Vertrieb (SAP-Komponente SD) und benötigt daher die aufgeführten Organisationseinheiten.

Materialwirtschaft ▸ Einkauf ▸ Bestellung ▸ Umlagerungsbestellung einstellen ▸ Versanddaten für Werke einstellen

In der Sicht **»Umlagerungsbestellung« ändern: Übersicht** markieren Sie Werk 0001 und wechseln auf die Schaltfläche **Detail**. Die Felder **VerkaufsorgIV**, **VertriebswegIV** und **SparteInterneVerr** befüllen Sie mit den Beispieldaten Verkaufsorganisation 0001, Vertriebsweg 01 und Sparte 01. Diese Werte werden später bei der Anlage der Auslieferung im Hintergrund gesetzt. Speichern Sie die Daten.

Sicht "Umlagerungsbestellung" ändern: Detail

Werk 0001 conarum - St-Leon-Rot

Detailinformation

KundenNummerWerk		
VerkaufsorgIV	0001	Zentral conarum
VertriebswegIV	01	zentral conarum
SparteInterneVerr	01	Produktsparte 01

Zuordnung Werk – Organisationseinheiten im Verkauf

Zu jedem ausliefernden Werk muss im LB-Prozess eine Lieferart (Belegart des Lieferscheins) im Customizing hinterlegt werden. Rufen Sie dazu folgenden Pfad auf:

Materialwirtschaft ▸ Einkauf ▸ Bestellung ▸ Lohnbearbeitungsbestellung einstellen

Starten Sie das Customizing, klicken Sie auf die Schaltfläche **Neue Einträge** und erfassen Sie in der Spalte **LWk** das ausliefernde Werk **0001** und in der Spalte **Lieferart** den Wert LB (Lief. zu Lohnbeist.). Speichern Sie die erfassten Daten.

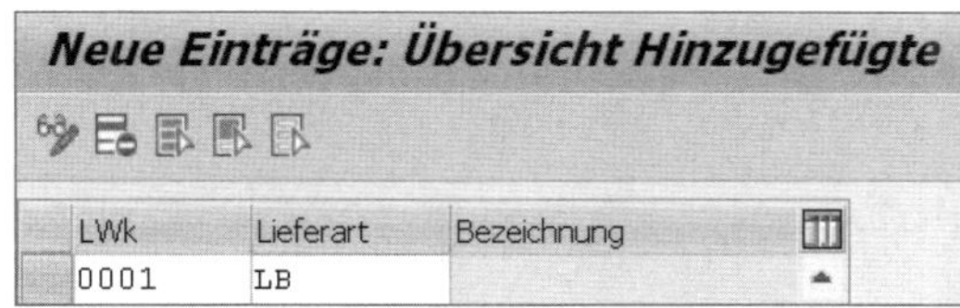

Neue Einträge: Übersicht Hinzugefügte

LWk	Lieferart	Bezeichnung
0001	LB	

Customizing: Zuordnung Werk – Lieferart

Dadurch werden in der Disposition Reservierungen erzeugt (siehe dazu auch Tipp 37). Damit diese gegenüber den Lieferungen korrekt verrechnet werden, müssen Sie prüfen, ob in der verwendeten Lieferart LB das Kennzeichen **Vorgänger erforderlich** auf L gesetzt ist. Dazu wechseln Sie in das Customizing der Lieferart:

Logistics Execution ▸ Versand ▸ Lieferungen ▸ Lieferarten definieren

Wählen Sie in der Sicht **»Lieferarten« ändern: Übersicht** die Beispiellieferart LB in der Spalte **LFArt** aus und klicken Sie auf die Schaltfläche . Im Standard ist bei Lieferart LB im Bildbereich **Auftragsbezug** das Kennzeichen »Vorgänger erforderlich« (Feld **Vorgänger erf.**) wie gewünscht auf L gesetzt.

Um eine Auslieferung anlegen zu können, ist eine Kundennummer mit Anschrift notwendig. Legen Sie den Lieferanten als Kundenstammsatz in SD an. Die Kundennummer prägen Sie für die Organisationseinheiten Verkaufsorganisation 0001, Vertriebsweg 01 und Sparte 01 aus. Diese Werte haben Sie zuvor auch im Customizing der Umlagerungsbestellung eingetragen.

Starten Sie Transaktion VD01 (Debitor anlegen), wählen Sie die **Kontengruppe** 0001 aus, erfassen Sie die Organisationseinheit und bestätigen Sie mit [↵].

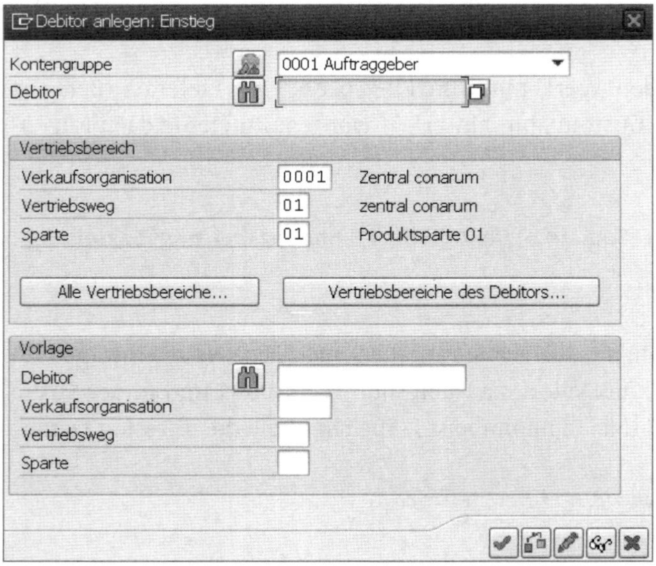

Debitor anlegen: Einstieg

Kontengruppe: 0001 Auftraggeber
Debitor:

Vertriebsbereich
Verkaufsorganisation: 0001 Zentral conarum
Vertriebsweg: 01 zentral conarum
Sparte: 01 Produktsparte 01

Alle Vertriebsbereiche... | Vertriebsbereiche des Debitors...

Vorlage
Debitor:
Verkaufsorganisation:
Vertriebsweg:
Sparte:

Transaktion VD01: Debitor anlegen – Startbildschirm

Neben den Adressdaten erfassen Sie in den Vertriebsbereichsdaten (Schaltfläche **Vertriebsbereichsdaten**) in der Registerkarte **Versand** die **Versandbedingung** und setzen diese auf den Beispielwert 01 (Standard). Zuletzt speichern Sie den Debitorenstamm.

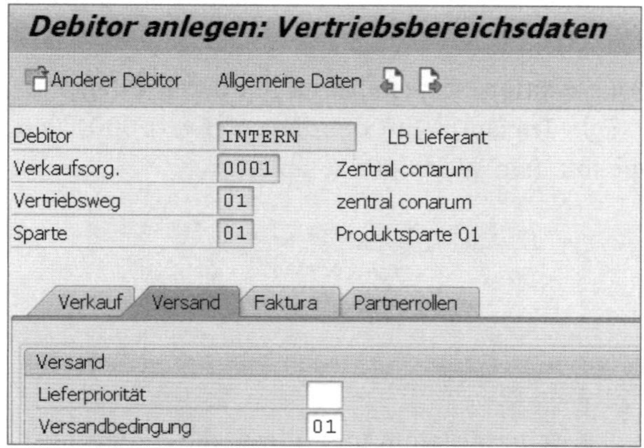

Transaktion VD01: Vertriebsbereichsdaten – Versandbedingung

Nachdem Sie den Debitor angelegt haben, müssen Sie den Kreditor mit dem Debitor verknüpfen.

Starten Sie dazu Transaktion MK02 (Kreditor ändern), erfassen den Beispiellieferanten 100001 im Feld **Kreditor**, aktivieren das Kennzeichen **Steuerung** und drücken [↵]. Im Feld **Debitor** erfassen Sie den zuvor angelegten **Debitor** 11 und speichern anschließend die Daten.

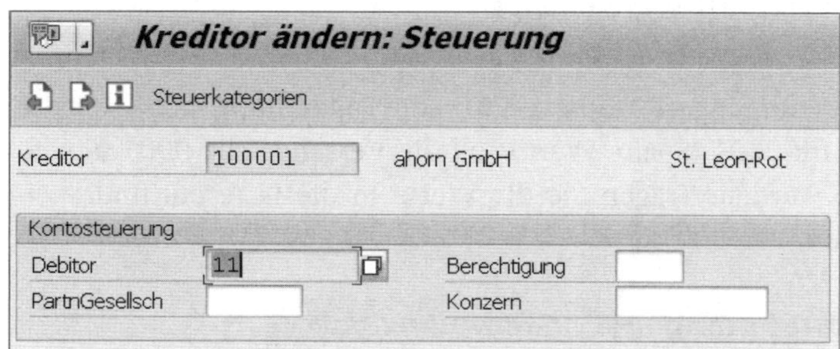

Transaktion MK02: Kontosteuerung – Debitor

Um die Auslieferung für die Beistellkomponenten durchzuführen, erweitern Sie zusätzlich die Materialstämme der Beistellkomponenten um die Organisationseinheiten Verkaufsorganisation, Vertriebsweg und Sparte.

Starten Sie nun Transaktion MM01 für das Beistellmaterial 84. Im Dialogfenster **Sichtenauswahl** selektieren Sie die Sichten **Vertrieb: VerkaufsorgDaten 1, Vertrieb: VerkaufsorgDaten 2 und Vertrieb: allg. /Werksdaten.** Anschließend drücken Sie [↵]. Im angezeigten Dialogfenster **Organisationsebenen** erfassen Sie die Verkaufsorganisation 0001 und den Vertriebsweg 01 und drücken wieder [↵].

In der Sicht **Vertrieb: allg. /Werksdaten** erfassen Sie im Bildbereich **Versanddaten** die Transportgruppe (Feld **TranspGr**) mit dem Beispielwert 0001 (auf Paletten) und die **Ladegruppe** mit dem Wert 0002 (Stapler).

Versanddaten (Zeiten in Tagen)

TranspGr	0001			Ladegruppe	0002	
Rüstzeit		BearbZeit		Basismenge		ST

Transaktion MM01: Sicht »Vertrieb: allg./Werksdaten«

Anschließend speichern Sie den Materialstamm und führen die Änderungen bei allen Beistellmaterialien durch.

Im Customizing des Versands müssen Sie nun die Findung der Versandstelle einrichten, damit auch die Auslieferung korrekt angelegt werden kann. Im Versand wird auf Basis des Werks (Ladegruppe, gepflegt im Materialstamm, und Versandbedingung, gepflegt im Debitorenstamm) die Versandstelle gefunden. Im Customizing stellen Sie die Findung der Versandstelle ein.

Logistics Execution ▸ Versand ▸ Grundlagen ▸ Versand-/Warenannahmestellenfindung ▸ Versandstellen zuordnen

Für die Versandbedingung 01 (Spalte **VB**), die Ladegruppe 0002 (Spalte **LGrp**) und das Werk 0001 (Spalte **Werk**) soll die Versandstelle 0001 (Spalte **VSteD**) gefunden werden. Tragen Sie die Werte in die Liste ein und speichern Sie die Daten.

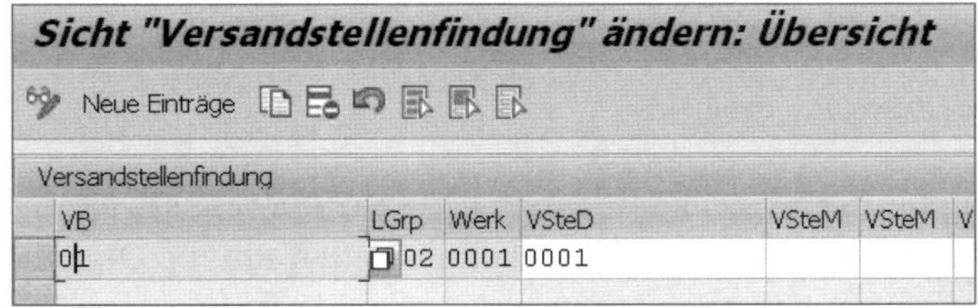

Findung der Versandstelle

Starten Sie nun erneut Transaktion ME2O (LB-Bestandsüberwachung zum Lieferanten) mit den gleichen Selektionsparametern wie zuvor. In der Ergebnisliste klicken Sie auf die Schaltfläche **Lieferung anlegen**. Im Hintergrund wird nun eine Lieferung angelegt und es erscheint ein Dialogfenster mit einer Erfolgsmeldung.

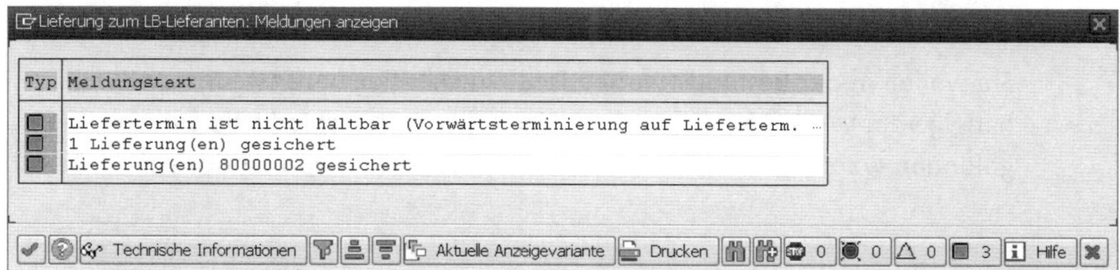

Transaktion ME2O: Lieferung wurde erfolgreich angelegt

Mithilfe von Transaktion VL03N können Sie sich die Lieferung anzeigen lassen.

Tipp 53

Drucker in der Bestandsführung steuern

Sie wollen in der Bestandsführung Ihre Drucker flexibel ansteuern. Abhängig vom Werk, Lager oder Benutzer sollen unterschiedliche Drucker gefunden werden. SAP bietet Ihnen hier eine Vielfalt von Optionen.

In Tipp 51 habe ich Ihnen am Beispiel des Wareneingangs gezeigt, wie die Nachrichtensteuerung in der Bestandsführung angesteuert wird. Neben der Auswahl des Ausgabemediums (Druck, Fax, EDI) oder der Formularauswahl steuert die Nachrichtenart, wie die Druckerfindung erfolgen soll. Im Folgenden zeige ich Ihnen, wie Sie die Druckersteuerung effizient einrichten.

› Und so geht's

Die Druckerfindung in der Bestandsführung kann abhängig von folgenden Parametern gesteuert werden:

- Direkte Pflege des Druckers im Konditionssatz der Nachrichtensteuerung
- S: Festwerte des Benutzers (Festwerte im SAP-Benutzerstamm)
- U: Benutzer (Customizing)
- 7: Werk/Lagerort
- 9: Werk/Lagerort/Benutzergruppe
- E: User Exit

Sie finden die Einstellung im Customizing der Nachrichtenart. Für dieses Beispiel verwenden Sie die Nachrichtenart WE01.

Materialwirtschaft ▸ Bestandsführung und Inventur ▸ Nachrichtenfindung ▸ Nachrichtenarten pflegen

Starten Sie das Customizing, markieren Sie in der angezeigten Liste **Nachrichtenarten** die Nachrichtenart WE01 (Spalte **Nachr.art**) und klicken Sie auf die Schaltfläche **Details**. Anschließend wechseln Sie in die Registerkarte **Druck**. Im Feld **Druckparameter** können Sie die Druckparameter festlegen.

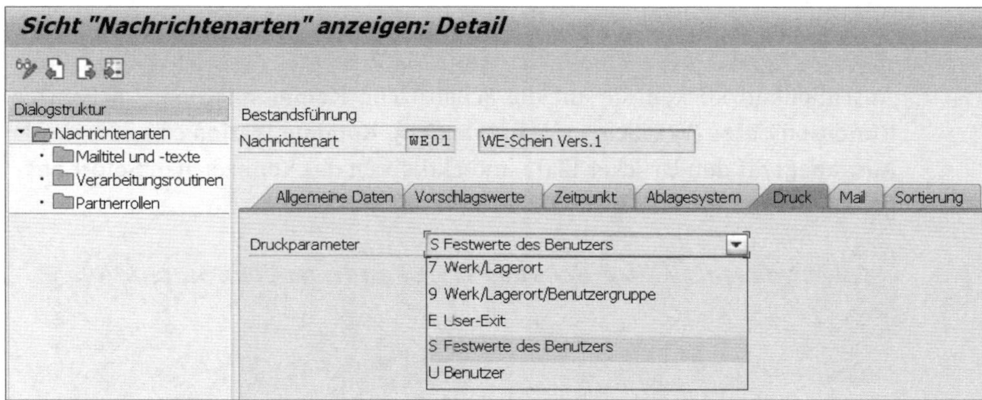

Druckparameter in der Nachrichtenart

Die einfachste und schnellste Möglichkeit ist die direkte Pflege des Druckers im Konditionssatz. Diese modulunabhängige Einstellung ist zum Beispiel sinnvoll, wenn Sie im Wareneingang mandantenweit nur einen Drucker im Einsatz haben.

Rufen Sie die Pflege der Konditionstabellen im Customizing auf, um Ihren Konditionssatz zur Nachrichtenart WE01, den Sie in Tipp 51 gepflegt haben, um einen Drucker zu erweitern.

Materialwirtschaft ▸ Bestandsführung und Inventur ▸ Nachrichtenfindung ▸ Konditionen pflegen

Im Dialogfenster **Aktion auswählen** klicken Sie doppelt auf die Aktion **Kondition ändern: Bestandsführung**. Sie erfassen im Feld **Nachrichtenart** die Beispielnachrichtenart WE01 und drücken [↵]. In den Feldern **Vorgangsart** (Wert: WE) und **Druckversion** (Wert: 1) erfassen Sie den Schlüssel des zuvor angelegten Konditionssatzes und drücken [F8].

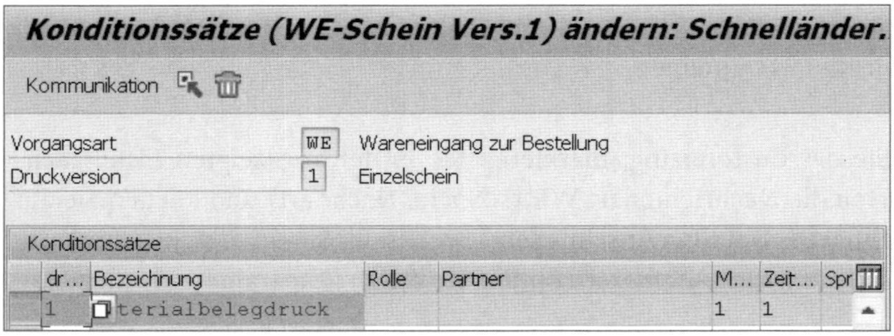

Konditionssatz Nachrichtenart WE01

Anschließend klicken Sie auf die Schaltfläche **Kommunikation**. Im Fenster **Konditionssätze (WE-Schein Vers.1) ändern: Kommunikation** erfassen Sie als **Ausgabegerät** den Drucker LP01 und aktivieren das Kennzeichen **Sofort ausgeben**. Zuletzt speichern Sie die Daten.

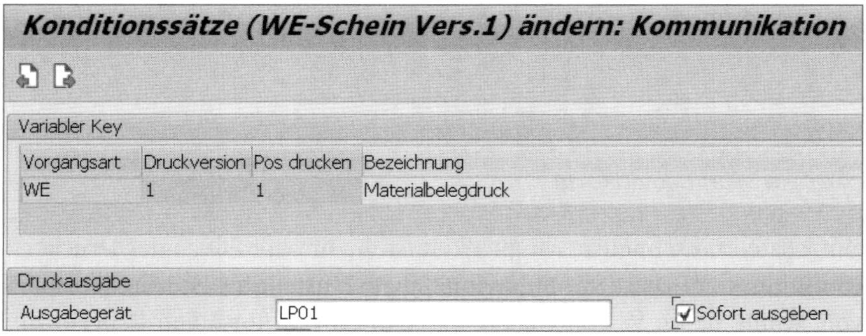

Pflege Drucker im Konditionssatz

Erfassen Sie anschließend einen neuen Wareneingang mithilfe von Transaktion MIGO. Bevor Sie mit der Erfassung des Wareneingangs beginnen, prüfen Sie, ob das Druckkennzeichen in Transaktion MIGO gesetzt ist und ob die Druckversion auf »1 Einzelschein« gesetzt ist. Erfassen Sie den Wareneingang und speichern Sie den Beleg.

Druckparameter

Nun lassen Sie sich den gefundenen Nachrichtensatz für die Druckausgabe anzeigen. Starten Sie dazu Transaktion MB03 (Wareneingang anzeigen), erfassen Sie den zuvor angelegten **Materialbeleg** und das aktuelle Geschäftsjahr (**MatBelegjahr**) und drücken Sie [↵]. Da Sie die Druckversion »1 Einzelschein« ausgewählt haben, erfolgt die Druckausgabe auf Positionsebene.

Deshalb klicken Sie doppelt auf das Feld **Pos** und springen in die Positionsdetails des Materialbelegs.

Anschließend rufen Sie den Menüpunkt **Springen ▸ Weitere Funktionen ▸ Nachrichten** auf. In der Übersicht **Materialbeleg: Nachrichten** sehen Sie einen gefundenen Nachrichtensatz. Markieren Sie diesen erzeugten Satz und klicken Sie anschließend auf die Schaltfläche **Kommunikationsmittel**.

Transaktion MB03: Erzeugter Nachrichtensatz WE01

Im Feld **Logische Destination** wird der Drucker LP01 angezeigt.

Transaktion MB03: Anzeige gefundener Drucker im Nachrichtensatz

Wenn Sie den Druck abhängig von den individuellen Benutzereinstellungen oder Organisationseinheiten steuern möchten, können Sie die Druckparameter in der Nachrichtenart verwenden. Beachten Sie, dass der Drucker im Konditionssatz vorrangig gefunden wird. Der Drucker im Benutzerstamm oder in den Customizing-Tabellen wird also nur dann gefunden, wenn im Konditionssatz kein Drucker hinterlegt ist.

Mithilfe des in der Nachrichtenart hinterlegten Druckparameters S (Festwerte des Benutzers: (Festwerte im SAP Benutzerstamm)) können Sie die Pflege des Ausgabedruckers durch den Benutzer selbst durchführen lassen.

Die Festwerte des Benutzers entsprechen den Festwerten im SAP-Benutzerstamm (Transaktion SU01 oder SU01D, falls Sie die Benutzerdaten nur anzeigen möchten). Die Einstellung S wird für die Nachrichtenart WE01 als Standard ausgeliefert.

Die Daten kann jeder Benutzer selbst pflegen. Rufen Sie dazu den folgenden Menüpunkt auf **System ▸ Benutzervorgaben ▸ Eigene Daten**. Anschließend klicken Sie auf die Registerkarte **Festwerte** und erfassen im Feld **Ausgabegerät** Ihren Drucker. Speichern Sie die Daten.

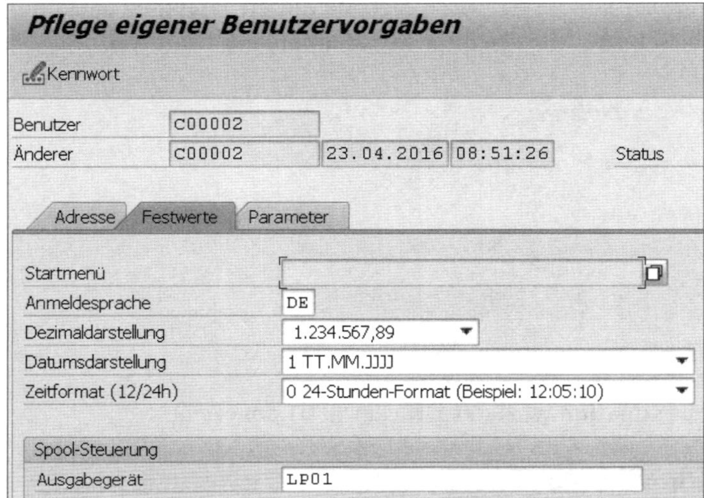

Eigene Daten im Benutzerstamm

Mithilfe des Druckparameters 7 (Werk/Lagerort) bzw. 9 (Druckerfindung nach Werk/Lagerort/Benutzergruppe) können Sie unabhängig vom Benutzer auf Organisationsebene die Druckerfindung zentral einstellen. Die zentrale Pflege ist in der Regel im Betrieb weniger fehleranfällig.

Im Fall der Druckparameter 7 und 9 müssen zusätzliche Einstellungen im Customizing vorgenommen werden.

- Druckparameter 7: Werk/Lagerort

  Materialwirtschaft ▸ Bestandsführung und Inventur ▸ Nachrichtenfindung ▸ Druckerfindung ▸ Druckerfindung nach Werk/Lagerort

- Druckparameter 9 (Druckerfindung nach Werk/Lagerort/Benutzergruppe)

  Materialwirtschaft ▸ Bestandsführung und Inventur ▸ Nachrichtenfindung ▸ Druckerfindung ▸ Druckerfindung nach Werk/Lagerort/Benutzergruppe

Da die Einstellungen sehr ähnlich sind, zeige ich im Beispiel nur den Druckparameter 9. Der Vorteil dieses Parameters ist, dass Sie zum einen die Drucksteuerung auf Basis der Organisationseinheiten festlegen können, zum anderen haben Sie die Möglichkeit, benutzergruppenspezifische Ausnahmen in der Druckerfindung festzulegen.

Setzen Sie zunächst den **Druckparameter** im Customizing der Nachrichtenart WE01 auf 9 und speichern Sie die Änderung.

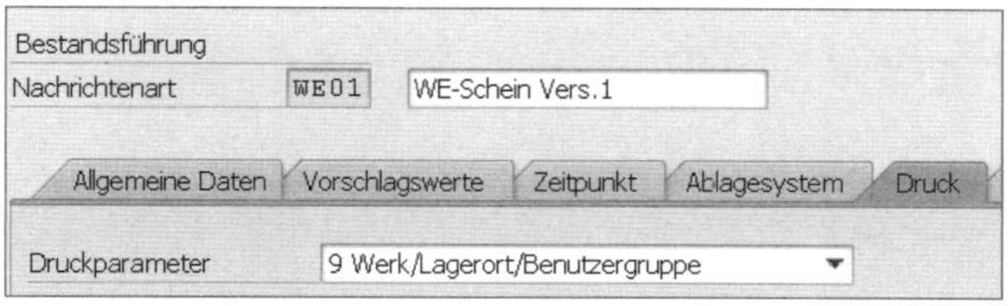

Druckparameter 9 im Customizing der Nachrichtenart

Danach starten Sie das Customizing **Druckerfindung nach Werk/Lagerort/ Benutzergruppe** für den Druckparameter 9. In der Sicht **»Druckerfindung pro Werk / Lagerort / Benutzergruppe« ändern** klicken Sie auf die Schaltfläche **Neue Einträge**. Sie erfassen die **Konditionsart** WE01, das **Werk** 0001, den **Lagerort** 0001, die **Benutzergruppe** WE_01 (den Wert können Sie beliebig vergeben) sowie das **Ausgabegerät** LP01. Zuletzt speichern Sie die Daten.

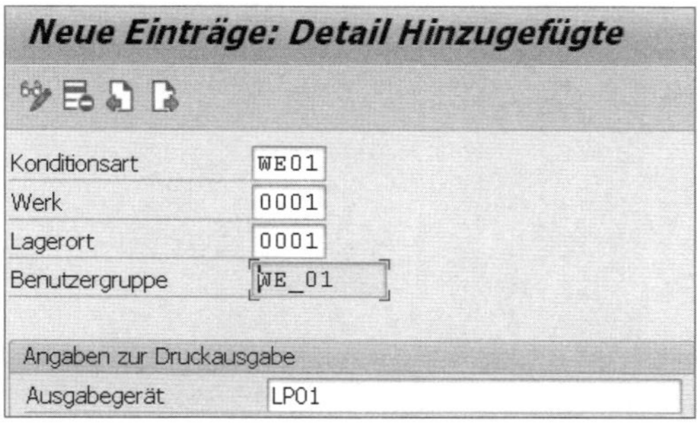

Druckerfindung – Druckparameter 9

Die Findung des Ausgabegeräts erfolgt nun abhängig von der Konditionsart (WE01: Wareneingangsprozess), dem Werk, in dem der Materialbeleg erfasst wird, dem Lagerort, in dem das Material gelagert werden soll und der definierten Benutzergruppe WE_01.

Im Fall Druckparameter 9 müssen Sie anschließend noch die Benutzergruppe in den Benutzerparametern im Benutzerstamm pflegen, damit der korrekte Drucker im Customizing gefunden werden kann. Gehen Sie dazu in den Menüpunkt **System ▸ Benutzervorgaben ▸ Eigene Daten** und klicken Sie anschließend in der angezeigten Sicht auf die Registerkarte **Parameter**.

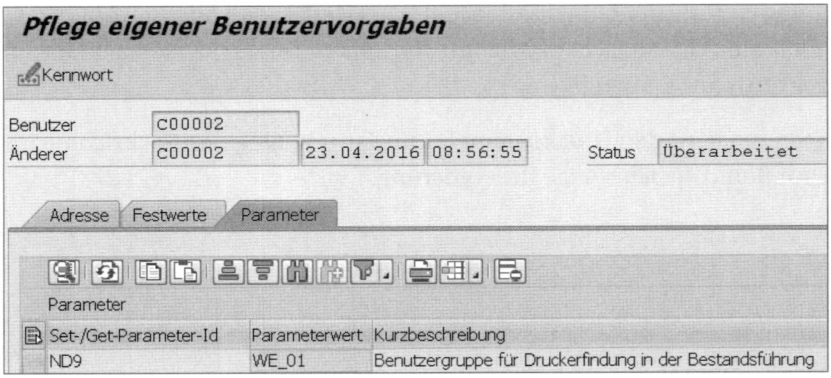

Benutzerparameter ND9

In der Spalte **Set-/Get-Parameter-Id** erfassen Sie den Benutzerparameter ND9 (Benutzergruppe für Druckerfindung in der Bestandsführung) mit dem **Parameterwert** WE_01, den Sie zuvor im Customizing der Druckerfindung festgelegt haben. Speichern Sie die Daten.

Grundsätzlich ist es sinnvoll, wenn Sie im Customizing der Druckerfindung nach Werk/Lagerort/Benutzergruppe immer einen Satz mit einer leeren Benutzergruppe pflegen. Dieser Satz wird dann gefunden, wenn ein Benutzer den Set-/Get-Parameter ND9 im Benutzerstamm nicht gepflegt hat.

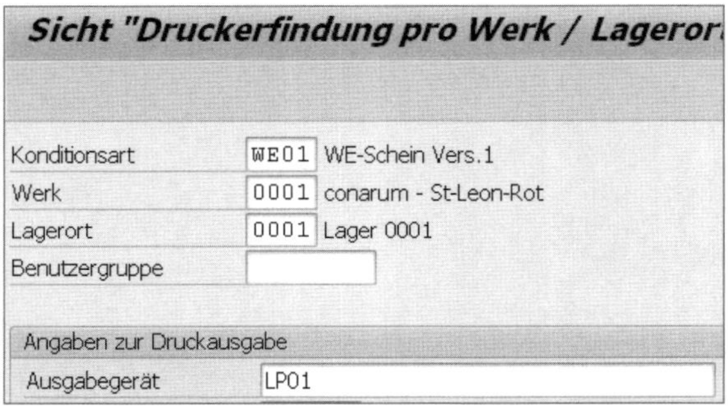

»Leere« Einstellung Druckerfindung im Fall Druckparameter 9

Mithilfe des Druckparameters E können Sie einen User Exit verwenden. Die Druckerfindung kann dann sehr flexibel und individuell hinterlegt und implementiert werden. Der verwendete Funktionsexit ist EXIT_SAPLV61B_002 in der Erweiterung (**Exitname**) VN000001. Sie finden die Erweiterungen mithilfe von Transaktion CMOD im Menü **Hilfsmittel ▸ SAP-Erweiterungen**.

Tipp 54

Einfache Wareneingangs-prüfung einstellen

Auch ohne die Komponente Qualitätsmanagement (QM) können Sie einen einfachen Wareneingangsprüfungsprozess in Ihrem Unternehmen einführen. Der SAP-Standard ermöglicht es Ihnen, die zu prüfenden Materialien mithilfe eines Sonderbestandkennzeichens separat zu verwalten.

Wenn Sie einen Wareneingang buchen, können Sie für Materialien festlegen, dass Sie eine Wareneingangsprüfung ohne QM-Prüfloserzeugung durchführen möchten. Die Materialien werden im Fall des Wareneingangs automatisch in den Qualitätsprüfbestand gebucht. Im Folgenden zeige ich Ihnen die notwendige Einstellung im Materialstamm, die notwendigen Bewegungsarten und die Transaktionen zur Umbuchung und Rücklieferung.

Es ist noch anzumerken, dass der Qualitätsprüfbestand auch dispositiv wirksam ist. Verbrauchsentnahmen direkt aus dem Qualitätsprüfbestand sind jedoch nicht direkt möglich. Es muss erst in den frei verwendbaren Bestand umgebucht werden, damit die Entnahme erfolgen kann.

› Und so geht's

In diesem Beispiel soll das Material 144 im Fall Wareneingang im Werk 0001 automatisch in den Qualitätsprüfbestand gebucht werden.

Dazu starten Sie Transaktion MM01 (Materialstamm anlegen), erfassen die **Materialnummer** 144 und drücken [↵]. Im Dialogfenster wählen Sie die Sicht **Qualitätsmanagement** aus und drücken [↵]. Im Fenster **Organisationsebenen** erfassen Sie das Beispielwerk 0001 und drücken erneut [↵]. Anschließend setzen Sie im Bildbereich **Allgemeine Daten** das Kennzeichen **Buchen in Q-Bestand** und speichern die Daten.

Material 144 anlegen (Rohstoff)

Zusatzdaten OrgEbenen Bilddaten prüfen

Lagerverwaltung 2 | Qualitätsmanagement | Buchhaltung 1 | Buchhaltung 2 | Kalkulation 1 | Kalkulatio...

Material 144 Material - Wareneingang ohne QM

Werk 0001 conarum - St-Leon-Rot

Allgemeine Daten

Basismengeneinheit ST Stück Prüfeinstellung Prüfeinstellung

Ausgabemengeneinheit Buchen in Q-Bestand

Transaktion MM01: Sicht »Qualitätsmanagement«

Zum Material habe ich für dieses Beispiel zuvor bereits eine Bestellung mit der Bestellnummer 4500000092 angelegt. Starten Sie Transaktion MIGO, erfassen Sie Ihre Beispielbestellnummer und drücken Sie [↵].

Transaktion MIGO: Erfassung der Bestellnummer

Es werden die Daten aus der Bestellung übernommen. In der Position können Sie erkennen, dass als **Bestandsart** »2 Qualitätsprüfung« gesetzt ist. Speichern Sie den Materialbeleg.

Transaktion MIGO: Bestandsart Qualitätsprüfung

Anschließend starten Sie die Bestandsübersicht mit Transaktion MMBE, um zu prüfen, ob die Buchung korrekt durchgeführt wurde. In den Feldern **Material** und **Werk** erfassen Sie die Materialnummer und das Werk und drücken [F8]. In der Bestandsübersicht sehen Sie, dass die Wareneingangsmenge von 100 Stück auf den Lagerort 0001 in den Qualitätsprüfbestand gebucht wurde.

Die Qualitätssicherung führt nun die Prüfung des Materials durch. Ist das Material einwandfrei, bucht die Qualitätssicherung das Material vom Qualitätsprüfbestand in den frei verwendbaren Bestand. Der Lagerort soll im Beispiel gleich bleiben. Das heißt, Quell- und Ziellagerort sind identisch, nur die Bestandsart ändert sich.

Für die Umbuchung starten Sie Transaktion MIGO_TR (Umbuchung Sonstige, alternativ MB1B). Im Feld der **Bewegungsart** erfassen Sie die Bewegungsart 321 (Umlagerung Qualitätsprüfbestand an frei verwendbaren Bestand) und drücken [↵].

Transaktion MIGO_TR: Umbuchung

Anschließend wechseln Sie in die Registerkarte **Umbuchung**. Im Bildbereich **Von** erfassen Sie im Feld **Material** die Materialnummer (im Beispiel 144), in den Feldern **Werk** und **Lagerort** die 0001 und drücken anschließend [↵]. Im Bildbereich **Nach** werden die Material- und Werksdaten übernommen und können aufgrund der Bewegungsart auch nicht geändert werden. Erfassen Sie den Ziellagerort 0001.

Im Feld **Menge in EME** erfassen Sie die gewünschte Menge, die Sie umlagern möchten. In diesem Beispiel sind es 80 Stück. Zuletzt buchen Sie den Materialbeleg. In der Bestandsübersicht (Transaktion MMBE) sehen Sie die Bestandsveränderung. Es befinden sich nun 80 Stück im frei verwendbaren Bestand des Lagers 0001.

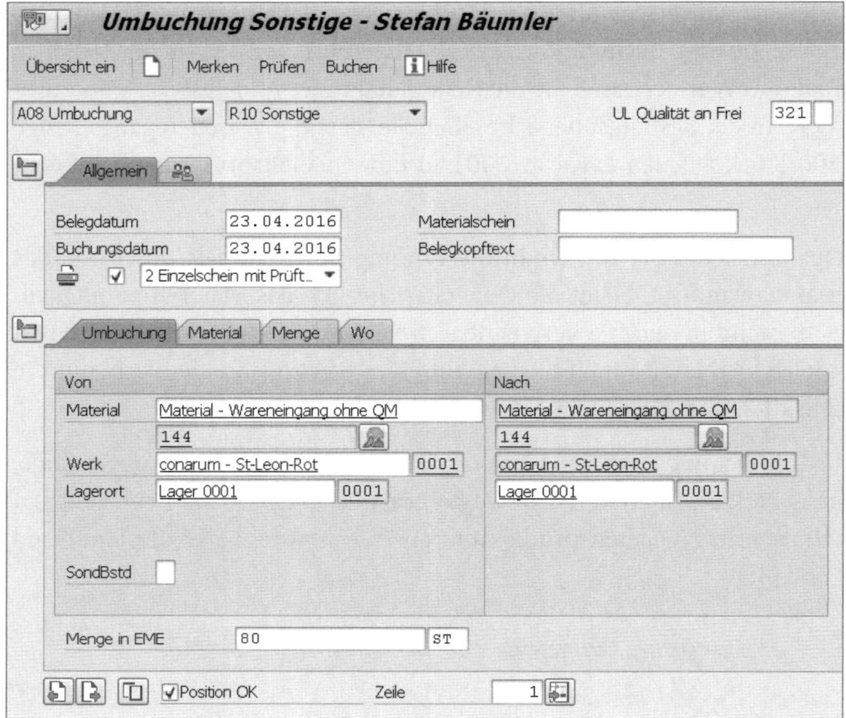

Transaktion MIGO_TR: Erfassung der Umbuchung

Mandant / Buchungskreis / Werk / Lagerort / Charge / Sonderbestand	Frei verwendbar	Qualitätsprüfung
Gesamt	80,000	20,000
0001 conarum GmbH & Co KG	80,000	20,000
0001 conarum - St-Leon-Rot	80,000	20,000
0001 Lager 0001	80,000	20,000

Transaktion MMBE: Bestände

In Fall, dass der Material-Verwendungsentscheid negativ ist und die Waren an den Lieferanten zurückgesendet werden, können Sie eine Rücklieferung in der Bestandsführung buchen. Für dieses Beispiel nehmen Sie an, dass 20 Stück Mängel aufweisen und an den Lieferanten zurückgeliefert werden sollen.

Starten Sie Transaktion MBRL (Rücklieferung). Im Einstiegsbild der Transaktion erfassen Sie im Feld **Materialbeleg** den zuvor gebuchten Wareneingangsbeleg. Klicken Sie auf die Schaltfläche [□]. In der Sicht **Rücklieferung erfassen: Neue Position 0001** erfassen Sie die gewünschte Rücklieferungsmenge von 20 Stück im Feld **ErfassungsME** und als Grund der Rücklieferung 0001 (Qualität mangelhaft) im Feld **Grund der Bew**. Bestätigen Sie mit [↵] und speichern Sie den Materialbeleg.

Tipp 55

Prüflose im Wareneingang erzeugen

Wenn Sie die Komponente QM verwenden, können Sie beim Wareneingang ein Prüflos zum Material erzeugen lassen. Welche Einstellungen dafür nötig sind, erfahren Sie in diesem Tipp.

Wenn ein Wareneingang gebucht wird, kann im Qualitätsmanagement ein Prüflos erzeugt werden. In diesem Beispiel stelle ich grundsätzlich die Parameter vor, die für die Erzeugung eines Prüfloses notwendig sind. Anschließend zeige ich Ihnen, wie Sie das erzeugte Prüflos zum Materialbeleg finden.

› Und so geht's

Um ein Prüflos erzeugen zu können, müssen mehrere Einstellungen geprüft und gesetzt werden. Prüfen Sie zuerst, ob für die Bewegungsart die Qualitätsprüfung aktiv ist. Dazu rufen Sie folgenden Customizing-Pfad auf:

Qualitätsmanagement ▸ Qualitätsprüfung ▸ Prüfloseröffnung ▸ Prüfung bei einer Warenbewegung

Im Dialogfenster **Aktion auswählen** klicken Sie doppelt auf den Punkt **Qualitätsprüfung für eine Bewegungsart deaktivieren.** In diesem Beispiel ist für die Bewegungsart 101 auf Bestand die Integration in das Qualitätsmanagement aktiv (Feld **QM nicht aktiv** ist leer). Verlassen Sie den Customizing-Punkt.

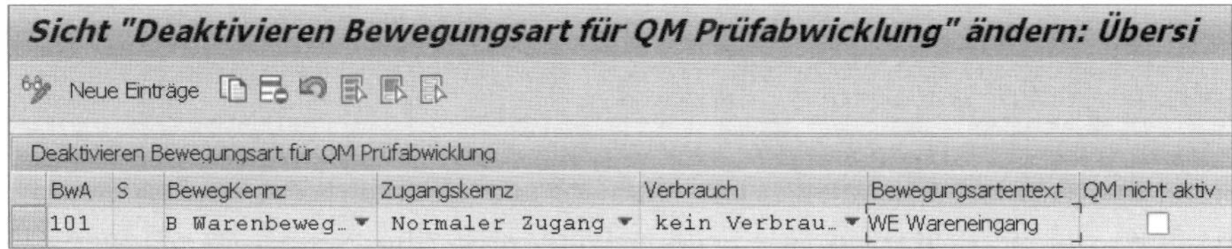

Customizing: Bewegungsart für QM-Prüfabwicklung deaktivieren

Ein Prüflos wird erzeugt, wenn im Materialstamm eine Prüfart hinterlegt ist. Die Prüfart hat im QM steuernden Charakter. Die verwendete Prüfart muss im Fall Wareneingang zur Bestellung der Prüflosherkunft 01 (Wareneingang) zugeordnet sein. Um diese Zuordnung vorzunehmen, rufen Sie folgenden Customizing-Pfad auf:

Qualitätsmanagement ▸ QM in der Logistik ▸ Qualitätsprüfung ▸ Prüflosherkunft pflegen und Prüfarten zuordnen

In der Liste **Herkünfte** markieren Sie den Eintrag 01 (Wareneingang) in der Spalte **HK**. Anschließend klicken Sie auf den Ordner **Prüfarten zur Herkunft**. Es werden die möglichen Prüfarten angezeigt, die Sie im Fall Wareneingang verwenden können.

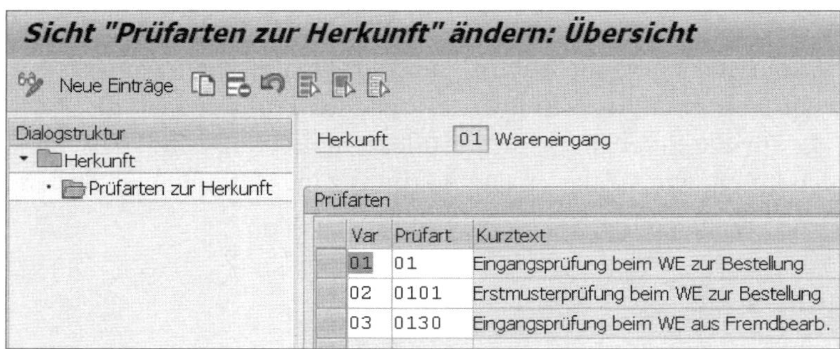

Customizing: Prüfarten zur Herkunft

Im Beispielmaterialstamm 147 müssen Sie nun die Prüfart 01 pflegen. Dazu starten Sie Transaktion MM01 (Materialstamm anlegen), erfassen die **Materialnummer** 147 und drücken ↵. Im Dialogfenster **Sichtenauswahl** wählen Sie die Sicht **Qualitätsmanagement** aus und drücken ↵. Im Dialogfenster **Organisationsebenen** erfassen Sie das **Werk** 0001 und drücken erneut ↵. Anschließend klicken Sie auf die Schaltfläche **Prüfeinstellung**, um die Prüfart im Materialstamm zu pflegen und zu aktivieren.

Allgemeine Daten

Basismengeneinheit	ST	Stück	☐ Prüfeinstellung	Prüfeinstellung
Ausgabemengeneinheit			☐ Buchen in Q-Bestand	

Transaktion MM01: Sicht »Qualitätsmanagement«

Es erscheint ein Dialogfenster. Um eine Prüfart hinzuzufügen, klicken Sie auf die Schaltfläche **Prüfarten**. Als Prüfart wählen Sie die Prüfart 01 (Eingangsprüfung beim WE zur Bestellung) aus. Aktivieren Sie das Kennzeichen in der Spalte **Aktiv** und klicken Sie auf die Schaltfläche (**Detail**) in der Spalte **Detail Prüfart**.

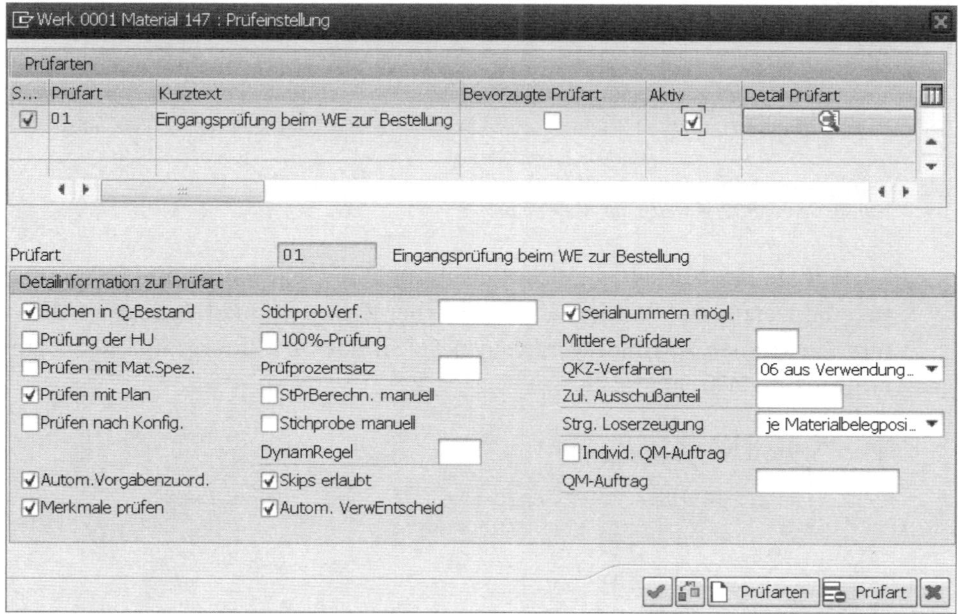

Transaktion MM01: Prüfart und Detailinformationen zur Prüfart

Nun werden Ihnen die QM-Parameter zur Prüfart im Bildbereich **Detailinformation zur Prüfart** angezeigt und abhängig von den Vorschlagswerten gefüllt, die im Customizing hinterlegt werden.

Qualitätsmanagement ▸ Qualitätsprüfung ▸ Prüfloseröffnung ▸ Vorschlagswerte zur Prüfart festlegen

Übernehmen Sie die Daten mit [↵] und speichern Sie.

Zum Beispielmaterial habe ich bereits mithilfe von Transaktion ME21N eine Bestellung 4500000095 angelegt. Erfassen Sie einen Wareneingang zur Bestellung mithilfe von Transaktion MIGO und buchen Sie 10 Stück des Materials 147 zur Beispielbestellung 4500000095. Starten Sie Transaktion MB03 und lassen Sie sich den erzeugten Materialbeleg anzeigen.

Im Bildbereich **Positionen** wird die Warenbewegung mit Bewegungsart 101 in der Spalte **BwA** angezeigt, in der Spalte **V** ist das Kennzeichen **+** (Zugang) gesetzt und in der Spalte **B** das Kennzeichen X (Qualitätsprüfbestand).

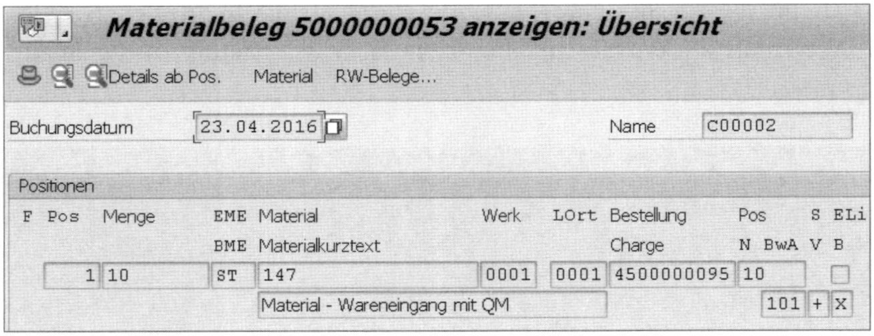

Materialbeleg 5000000053 anzeigen: Übersicht

Details ab Pos. Material RW-Belege...

Buchungsdatum 23.04.2016 Name C00002

Positionen

F	Pos	Menge	EME / BME	Material / Materialkurztext	Werk	LOrt	Bestellung / Charge	Pos / N BwA	S V	ELi B
	1	10	ST	147	0001	0001	4500000095	10		
				Material - Wareneingang mit QM				101	+	X

Transaktion MB03: Anzeige des Materialbelegs

Klicken Sie doppelt auf die Positionsnummer 1 (Spalte **Pos**) und lassen Sie sich die Details zur Position anzeigen. Über den Menüpfad **Springen ▸ Weitere Funktionen ▸ Prüflos** verzweigen Sie in das im Hintergrund angelegte Prüflos zum Wareneingang.

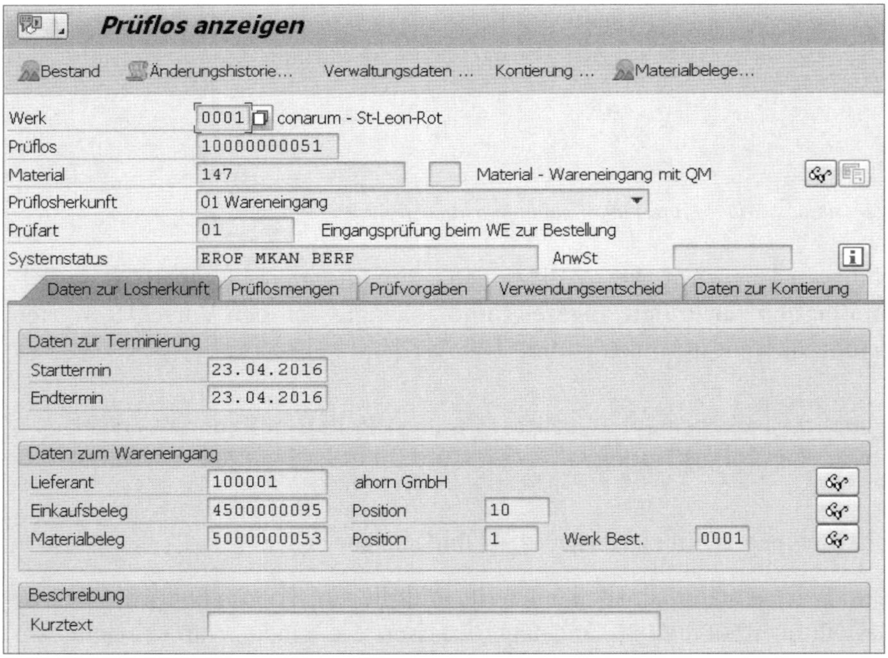

Prüflos anzeigen

Bestand Änderungshistorie... Verwaltungsdaten ... Kontierung ... Materialbelege...

Werk 0001 conarum - St-Leon-Rot
Prüflos 10000000051
Material 147 Material - Wareneingang mit QM
Prüflosherkunft 01 Wareneingang
Prüfart 01 Eingangsprüfung beim WE zur Bestellung
Systemstatus EROF MKAN BERF AnwSt

Daten zur Losherkunft | Prüflosmengen | Prüfvorgaben | Verwendungsentscheid | Daten zur Kontierung

Daten zur Terminierung
Starttermin 23.04.2016
Endtermin 23.04.2016

Daten zum Wareneingang
Lieferant 100001 ahorn GmbH
Einkaufsbeleg 4500000095 Position 10
Materialbeleg 5000000053 Position 1 Werk Best. 0001

Beschreibung
Kurztext

Prüflos zum Wareneingang

Um das Material vom Qualitätsprüfbestand in den frei verwendbaren Bestand umzubuchen, ist ein Verwendungsentscheid in QM notwendig. Eine direkte Umbuchung in der Bestandsführung mithilfe der Bewegungsart 321 ist bei Verwendung eines Prüfloses nicht möglich.

Tipp 56
Serialnummern einsetzen

Die Serialisierung bringt viele Vorteile mit sich. Durch sie erhält jedes Stück eines Materials, das Sie einlagern, eine individuelle Serialnummer. Sie können somit nachverfolgen, welches Stück in das Lager eingebucht oder auf welchen Auftrag es entnommen wurde.

Mithilfe einer Serialnummer identifizieren Sie eindeutig Einzelstücke eines Materials. Sie können im System nachverfolgen, welches Einzelstück in welchem Lager gelagert wurde oder in welchem Fertigungsauftrag es verwendet wurde. Abhängig von den betriebswirtschaftlichen Vorgängen, zum Beispiel bei der Freigabe eines Fertigungsauftrags oder bei einer Warenbewegung, werden Serialnummern manuell erfasst oder durch das System automatisch erzeugt.

In SAP können Sie sich zu einer Serialnummer (Transaktion IQ02 –/Ändern Materialserialnummer) auch einen Equipmentstammsatz erzeugen lassen, auf den sich die Serialnummer bezieht. Die Verwendung eines Equipments hat gerade bei größeren Anlagen und Maschinen den Vorteil, dass Sie das Einzelstück vollumfänglich (Dokumente, Konstruktionszeichnungen, Stücklisten etc.) beschreiben können. Gerade im Bereich der Kundenservice-Abwicklung, des Ersatzteilwesens oder in der Instandhaltung kann dies hilfreich sein.

In diesem Beispiel zeige ich Ihnen, wie Sie bei der Wareneingangserfassung zur Bestellung direkt die Serialnummer des Lieferanten erfassen. Da die Serialnummer zum Material eindeutig sein muss, gehe ich davon aus, dass nur ein Lieferant das Material liefert.

Wenn Sie Serialnummern zu einem Material erfassen, das von mehreren Lieferanten geliefert wird, ist zu überlegen, ob Sie zum Beispiel die Lieferantennummer als Präfix vor die Serialnummer des Lieferanten schreiben. Dadurch erreichen Sie eine Eindeutigkeit der Serialnummer des Lieferanten.

Alternativ können Sie beim Wareneingang auch interne Serialnummern generieren und auf Etiketten ausdrucken lassen. Anschließend befestigen Sie die Etiketten an den jeweiligen Materialeinzelstücken.

› Und so geht's

Die Steuerung der Serialnummernvergabe erfolgt grundsätzlich mithilfe des Serialnummernprofils. Das neue Serialnummernprofil Z001 stellen Sie im Customizing ein. Im Customizing finden Sie das Serialnummernprofil u.a. im Einkauf:

Materialwirtschaft ▸ Einkauf ▸ Serialnummernprofile festlegen

In der Sicht **»Serialnummernprofil« ändern: Übersicht** werden Ihnen die gepflegten Profile angezeigt. Klicken Sie auf die Schaltfläche **Neue Einträge** und erfassen sie das **Profil** Z001 und einen **Profiltext.**

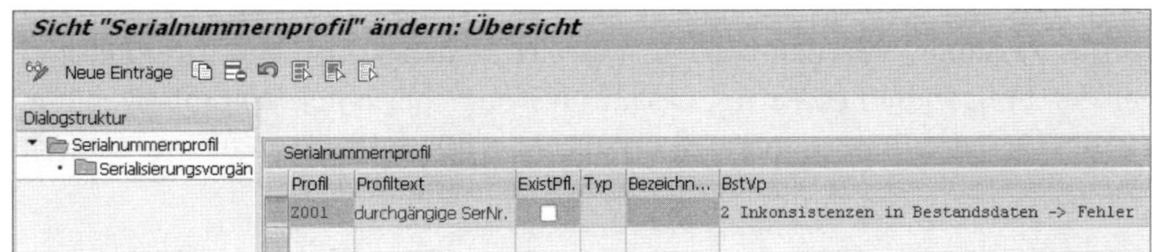

Customizing: Serialnummernprofil 0001

Im Profil gibt es weitere Einstellungen:

- **ExistPfl.**: Existenzpflicht von Serialnummern
  Bevor Sie eine Warenbewegung mit einer Serialnummer erfassen, müssen Sie diese als Stammsatz mithilfe von Transaktion IQ01 (Serialnummer anlegen) erfassen. Sie können mit diesem Kennzeichen die Serialnummernanlage und -pflege von deren Verwendung in den Logistikprozessen organisatorisch trennen. Für dieses Beispiel deaktivieren Sie das Kennzeichen.
- **Typ**: Equipmenttyp
  Sie tragen hier den Equipmenttyp ein, den das System bei der automatischen Anlage von Serialnummern verwenden soll – vorausgesetzt, Sie synchronisieren die Serialnummern mit den Equipmentnummern. Verwenden Sie für dieses Beispiel keine Equipmentstämme und lassen sie das Feld leer.
- **BstVp**: Bestandsverprobung bei Serialnummern
  In diesem Beispiel ist das Feld **BstVp** auf 2 (Inkonsistenzen in den Bestandsdaten -> Fehler) gesetzt. Diese Einstellung bewirkt u.a., dass im spä-

teren Prozessschritt der Warenentnahme (Warenausgang) geprüft wird, ob das Materialeinzelstück mit der angegebenen Serialnummer auf dem angegebenen Lagerort eingelagert ist. Falls dies nicht der Fall ist, erscheint eine Fehlermeldung.

Markieren Sie das Serialnummernprofil Z001 und wechseln Sie in den Ordner **Serialisierungsvorgänge**.

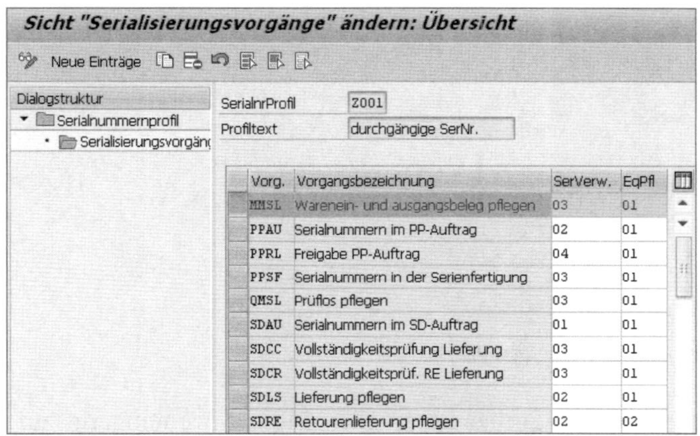

Vorg.	Vorgangsbezeichnung	SerVerw.	EqPfl
MMSL	Warenein- und ausgangsbeleg pflegen	03	01
PPAU	Serialnummern im PP-Auftrag	02	01
PPRL	Freigabe PP-Auftrag	04	01
PPSF	Serialnummern in der Serienfertigung	03	01
QMSL	Prüflos pflegen	03	01
SDAU	Serialnummern im SD-Auftrag	01	01
SDCC	Vollständigkeitsprüfung Lieferung	03	01
SDCR	Vollständigkeitsprüf. RE Lieferung	03	01
SDLS	Lieferung pflegen	02	01
SDRE	Retourenlieferung pflegen	02	02

Customizing: Serialisierungsvorgänge

Hier werden Ihnen die möglichen betriebswirtschaftlichen Vorgänge (Spalte **Vorg.**) angezeigt, in denen Sie das Serialnummernprofil verwenden können. Setzen Sie den Wert in der Spalte **SerVerw.** im Vorgang MMSL (Warenein- und Warenausgangsbeleg pflegen) auf 03. Der Feldinhalt 03 bedeutet, dass bei diesem Vorgang eine Serialnummer verwendet werden muss.

In der Spalte **EqPfl** setzen Sie für den Vorgang MMSL (Warenein- und Warenausgangsbeleg pflegen) den Wert 01. Der Wert 01 bedeutet, dass nicht automatisch im Hintergrund ein vollständiger Equipmentstamm angelegt wird, wenn eine Serialnummer erzeugt wird. Die Anlage kann nachträglich durch den Anwender in Transaktion IQ02 durchgeführt werden. Speichern Sie die Einstellung.

Um nun die Serialnummernpflicht eines fremdbeschafften Materials zu aktivieren, starten Sie Transaktion MM02. Im Dialogfenster **Sichtenauswahl** selektieren Sie die Sicht **Werksdaten/Lagerung2** und drücken [↵]. Anschließend erfassen Sie im Dialogfenster **Organisationsebenen** das **Werk** (im Beispiel 0001) und drücken erneut [↵]. In der Registerkarte **Werksdaten/Lagerung2** erfassen Sie das **Serialnummernprofil** Z001.

Lassen Sie das Kennzeichen **SerEbene** (Ebene der Eindeutigkeit für Serialnummer) unausgefüllt, um eine Eindeutigkeit der Serialnummer auf Materialebene zu erreichen. Wenn Sie das Feld **SerEbene** auf 1 setzen, legen Sie fest, dass die Serialnummern materialübergreifend eindeutig sein müssen. Die vergebene Serialnummer wird gleich der vergebenen Equipmentnummer gesetzt.

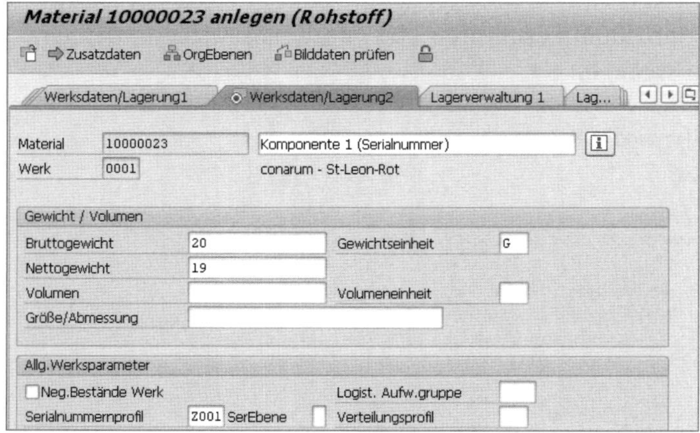

Transaktion MM02: Pflege des Serialnummernprofils

Starten Sie Transaktion MIGO und erfassen Sie einen Wareneingang zur Bestellung für 1 Stück des Beispielmaterials. Erfassen Sie die Bestellung und drücken Sie [↵]. Nun wird eine zusätzliche Registerkarte **Serialnummern** angezeigt. Wenn Sie in die Registerkarte wechseln, können Sie in der angezeigten Liste die Serialnummer für das Stück erfassen.

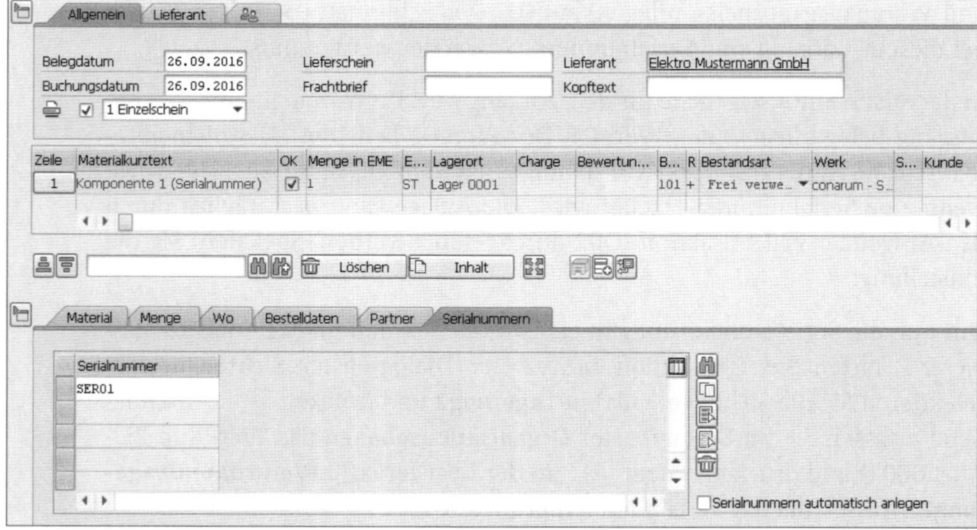

Transaktion MIGO mit aktiver Serialnummernerfassung

Tipp 57

Serialnummern inventarisieren

Sie können das Zählen der Bestände mit Serialnummernverwaltung beschleunigen, indem Sie sich auf dem Inventurbeleg die Serialnummern ausdrucken und bei der Erfassung der Zählung vorschlagen lassen.

Wenn die Serialnummernverwaltung für ein bestimmtes Material aktiviert ist, möchten Sie bei der Durchführung einer Inventur genau wissen, welche Einzelstücke eines Materials auf Lager liegen. Es werden nicht nur die Anzahl der Materialien gezählt, sondern es werden die Serialnummern im System mit den Serialnummern auf Lager verglichen.

Um die Inventur zu beschleunigen, können Sie die Serialnummern auf den Inventurbelegen ausdrucken. Wenn Sie die Zählung anschließend im System erfassen, können Sie sich die vorhandenen Serialnummern vorschlagen lassen.

› Und so geht's

Zunächst müssen Sie die Serialnummern für die Inventur aktivieren. Rufen Sie dazu folgenden Customizing-Pfad auf:

Materialwirtschaft ▸ Bestandsführung und Inventur ▸ Inventur ▸ Einstellungen zur Inventur

Anschließend selektieren Sie in der Übersicht Ihr **Werk** 0001 und klicken auf die Schaltfläche (**Details**).

Sicht "Einstellungen zur Inventur" ändern: Detail

Werk 0001 conarum - St-Leon-Rot

Allgemein

Änderungsbeleg

Buchbestand anpassen

Serialnummern

Anzeige Serialnummern

Druck Serialnummern ++++++++++++++++++

Anzahl Serial.Zeilen

Customizing: Serialnummern in der Inventur aktivieren

Im Bildbereich **Serialnummern** aktivieren Sie das Kennzeichen **Anzeige Serialnummern**. Das Feld steuert, dass in Transaktion MI04 (Inventurzählung erfassen) im Dialogfenster **Serialnummern pflegen** die Serialnummern vorgeschlagen werden, die laut System an dem erfassten Lagerort liegen.

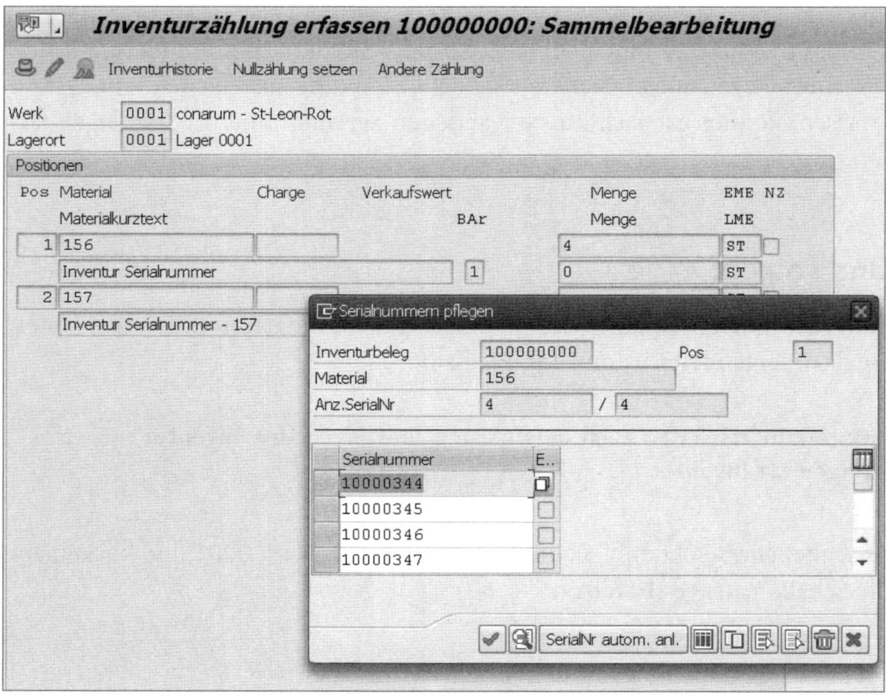

Transaktion MI04: vorgeschlagene Serialnummern

Mithilfe des Felds **Druck Serialnummern** aktivieren Sie den Ausdruck der Nummer auf dem Zählbeleg. Außerdem können Sie in diesem Feld die Ausgabe der Serialnummer auf dem Ausdruck steuern. Im Feld geben Sie ein Muster an, nach dem der Ausdruck der Serialnummer erfolgen soll. In diesem Beispiel soll die gesamte Serialnummer ausgegeben werden. Erfassen Sie dazu im Feld den Wert »++++++++++++++++++«.

Die Serialnummer im System ist maximal 18 Stellen lang. Je Stelle können Sie festlegen ob das Zeichen ausgedruckt wird (Zeichen »+«) oder nicht ausgedruckt wird (Zeichen »-«). Hier zwei Beispiele:

- »++++++++++++++++++« – Die gesamte Serialnummer wird ausgegeben.
- »------------++++++« – Nur die letzten sechs Stellen der Serialnummer werden ausgegeben.

Zuletzt speichern Sie die Einstellung.

Um den Ausdruck zu testen, starten Sie Transaktion MI01 (Inventurbeleg anlegen). Im Einstiegsbild geben Sie Ihr **Werk** 0001 und den **Lagerort** 0001 ein und klicken anschließend auf die Schaltfläche (**Anlegen**).

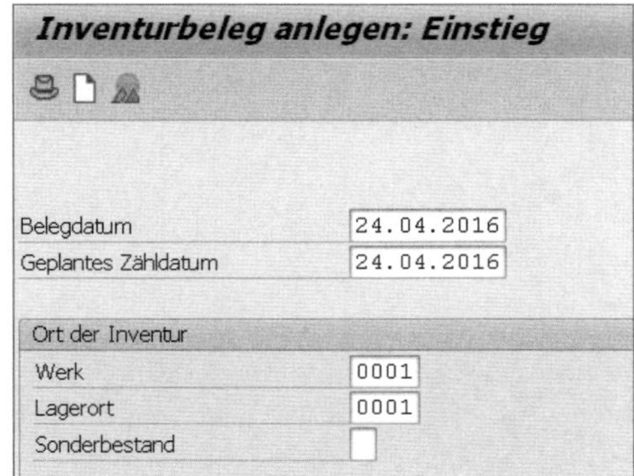

Transaktion MI01: Inventur anlegen

In der Sicht **Inventurbeleg anlegen: Neue Position** erfassen Sie in der Tabelle **Positionen** die Materialnummer mit Serialnummer, die Sie inventarisieren möchten. Speichern Sie den Inventurbeleg.

Anschließend starten Sie Transaktion MI21 (Inventurbeleg drucken) und geben im Startbildschirm die zuvor angelegte Inventurnummer ein. Drücken Sie F8, um den Report auszuführen. Im Dialogfenster **Drucken** erfassen Sie im Feld **Ausgabegerät** den Drucker und klicken anschließend auf die Schaltfläche **Druckansicht**.

```
Werk                 : 0001
Bezeichnung          : conarum - St-Leon-Rot
Inventurbeleg        : 100000000
Angelegt von         : C00002
Geplantes Zähldatum  : 24.04.2016
Inventurreferenz     :
Inventurnummer       :
------------------------------------------------------------------------------
Pos  Material            Charge                    LOrt Lagerplatz
     Materialkurztext                              Bestandsart
     Status der Position                           gezählte Menge  ME
------------------------------------------------------------------------------
001  156                                           0001
     Inventur Serialnummer                         Lager
     noch nicht gezählt                            _______________ ST
Serialnummern:

          10000344            10000345            10000346            10000347

__________________  __________________  __________________  __________________
```

Druckausgabe – Inventurbeleg mit Serialnummern

Im Ausdruck werden nun die Serialnummern angezeigt, die am Lagerort vorhanden sein sollen.

Tipp 58
Bestandsfindung aktivieren

Die Bestandsfindung entlastet den Anwender nicht nur bei der Auswahl des Bestandes. Auch im Fall von automatischen Buchungen können Sie die Bestandsfindung flexibel steuern.

Die Bestandsfindung steuert, aus welchem Lagerort oder Sonderbestand Material entnommen wird. Auch wenn Sie die getrennte Bewertung verwenden, kann diese in der Bestandsfindung berücksichtigt werden.

Die Bestandsfindung steuern Sie organisatorisch in SAP auf Werkebene. Je Werk können Sie unterschiedliche Strategien anwenden. Die Bestandsfindung erfolgt anhand der Kombination aus *Bestandsfindungsgruppe* und *Bestandsfindungsregel*.

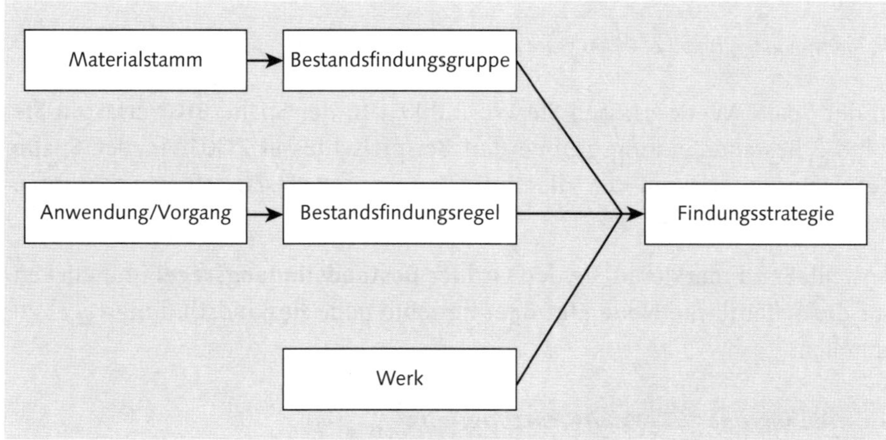

Abfolge der Ermittlung der Strategie zur Bestandsfindung

Die Bestandsfindungsgruppe wird dem Materialstamm zugeordnet. Die Bestandsfindungsregel wird der Kombination Anwendung/Vorgang zugeordnet. Abhängig von der Anwendung kann der *Vorgang* beispielsweise eine Bewegungsart (Bestandsführung) oder eine Auftragsart (Fertigungsauftrag) sein.

Anhand einer manuellen Warenentnahme auf Kostenstelle (Bewegungsart 201 in der Bestandsführung) möchte ich die notwendigen Einstellungen erläutern.

› Und so geht's

Um die Strategie der Bestandsfindung festzulegen, rufen Sie folgenden Customizing-Pfad auf:

Materialwirtschaft ▸ Bestandsführung und Inventur ▸ Bestandsfindung ▸ Strategien für die Bestandsfindung definieren

Zunächst legen Sie eine Bestandsfindungsgruppe zum Beispielwert 0001 an. Markieren Sie den Ordner **Bestandsfindungsgruppe** und klicken Sie auf die Schaltfläche **Neue Einträge**.

Neue Einträge: Übersicht Hinzugefügte

Dialogstruktur
- Bestandsfindungsgruppe
- Bestandsfindungsregel
- Bestandsfindungs-Kopftabelle
  - Bestandsfindungs-Positionstal

Werk	BfGr	Bezeichnung
0001	ZG01	Bestandsfindungsgruppe ZG01

Bestandsfindungsgruppe ZG01 im Werk 0001

In der Spalte **Werk** erfassen Sie Werk 0001. In der Spalte **BfGr** erfassen Sie für die Bestandsfindungsgruppe den Beispielschlüssel ZG01. In der Spalte **Bezeichnung** erfassen Sie die Bezeichnung der Bestandsfindungsgruppe. Bestätigen Sie mit [↵].

Anschließend markieren Sie den Ordner **Bestandsfindungsregel** und klicken auf die Schaltfläche **Neue Einträge**, um eine neue Bestandsfindungsregel zu erstellen.

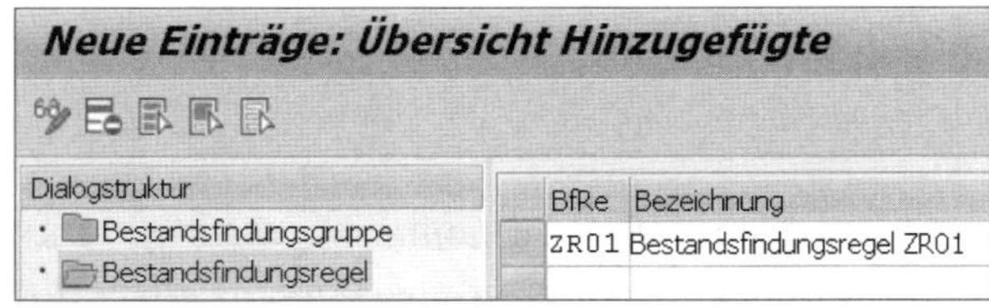

Bestandsfindungsregel ZG01

In der Spalte **BfRe** erfassen Sie die Regel ZR01 und in der Spalte **Bezeichnung** die Bezeichnung der Regel. Anschließend drücken Sie [↵].

Nachdem Sie die Bestandsfindungsgruppe und -regel angelegt haben, pflegen Sie die Entnahmelagerorte und Sonderbestände, die in der Bestandsfindung verwendet werden sollen. Klicken Sie auf den Ordner **Bestandsfindungs-Kopftabelle** und wiederum auf die Schaltfläche **Neue Einträge**.

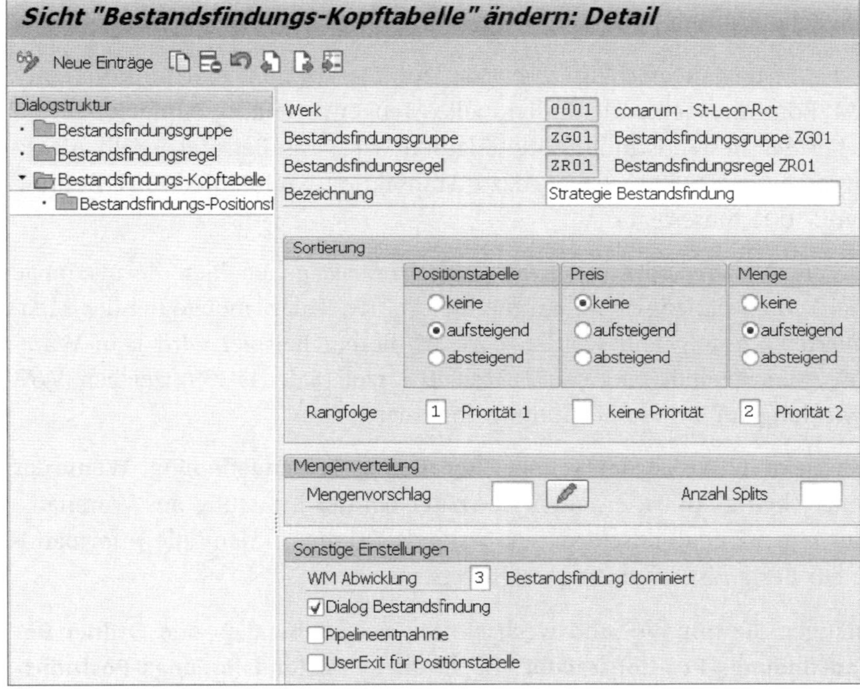

Customizing: Strategie Bestandsfindung – Kopftabelle

Geben Sie Werk 0001 ein. In den Feldern **Bestandsfindungsgruppe** und **Bestandsfindungsregel** erfassen Sie die zuvor angelegten Werte. Im Bildbereich **Sortierung** pflegen Sie die Regel, nach der die Entnahme erfolgen soll.

In dieser Beispielstrategie legen Sie fest, dass zuerst nach dem Kriterium der Positionstabelle aufsteigend gesucht werden soll. Dazu setzen Sie den Auswahlknopf **aufsteigend** im Bildbereich **Positionstabelle** und setzen im Feld **Rangfolge** unterhalb des Bildbereichs **Positionstabelle** die 1 (höchste Priorität). Die Positionstabelle selbst pflegen Sie später.

Das Kriterium **Preis** ist für dieses Beispiel nicht relevant. Deshalb setzen Sie den Auswahlknopf **keine**. Das Feld **Rangfolge** unterhalb des Bildbereichs **Preis** lassen Sie leer. Das Preiskriterium können Sie beispielsweise verwenden, wenn Sie für ein Material die getrennte Bewertung verwenden. Hier könnten Sie festlegen, dass das System zuerst das Material verwenden soll, das niedriger bewertet ist (Auswahlknopf **aufsteigend**).

Im Kriterium **Menge** hinterlegen Sie, dass zuerst der Lagerort mit dem niedrigeren Lagerbestand verwendet werden soll (Auswahlknopf **aufsteigend**). Das Kriterium **Menge** soll in Rangfolge nach dem Kriterium Positionstabelle erfolgen. Deshalb setzen Sie im Feld **Rangfolge** unterhalb des Bildbereichs **Menge** die Priorität 2.

Das Feld **Mengenvorschlag** lassen Sie leer. Sie könnten hier mithilfe einer ABAP-Routine eine kundenindividuelle Mengenverteilung implementieren, die bei der Bestandsfindung durchlaufen wird. Als Beispiel ist im ABAP-Programm LMDBF001 (siehe dazu Transaktion SA38) die ABAP-Routine BFMVS_001 hinterlegt.

Das Feld **Anzahl Splits** lassen Sie auch leer. Sie geben hier die maximale Anzahl von Teilmengen an, auf die die erfasste Bedarfsmenge bei der Mengenverteilung aufgeteilt werden darf. In diesem Beispiel wird kein Warehouse Management eingesetzt. Deshalb setzen Sie das Kennzeichen **WM Abwicklung** auf 3 (Bestandsfindung dominiert).

Zuletzt aktivieren Sie das Kennzeichen **Dialog Bestandsfindung**. Wenn das Kennzeichen aktiv ist, erhalten Sie später bei der Erfassung des Warenausgangs einen Detailbildschirm zur Bestandsfindung, in dem alle Informationen zur Bestandsfindung angezeigt werden.

Bestätigen Sie mit [↵] und wechseln Sie anschließend in den Ordner **Bestandsfindungs-Positionstabelle**. In der Sicht **Bestandsfindungs-Positionstabelle ändern: Übersicht** erfassen Sie in der Spalte **LOrt** die drei gewünschten Lagerorte 0001, 0002 und 0003, die in der Bestandsfindungsstrategie berücksichtigt werden sollen.

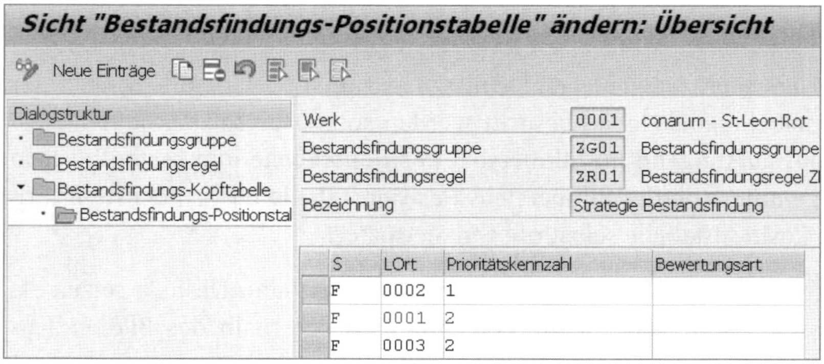

Sicht "Bestandsfindungs-Positionstabelle" ändern: Übersicht

Neue Einträge

Dialogstruktur
- Bestandsfindungsgruppe
- Bestandsfindungsregel
- Bestandsfindungs-Kopftabelle
  - Bestandsfindungs-Positionstal

Werk: 0001 conarum - St-Leon-Rot
Bestandsfindungsgruppe: ZG01 Bestandsfindungsgruppe
Bestandsfindungsregel: ZR01 Bestandsfindungsregel Z
Bezeichnung: Strategie Bestandsfindung

S	LOrt	Prioritätskennzahl	Bewertungsart
F	0002	1	
F	0001	2	
F	0003	2	

Strategie Bestandsfindung – Positionstabelle

In der Spalte **S** (Sonderbestandskennzeichen) erfassen Sie jeweils den Wert F (freie eigene Bestände). Alternativ könnten Sie K (Konsignationsbestände) in der Findung berücksichtigen. Die Spalte **Bewertungsart** lassen Sie leer, da dieses Beispiel keine getrennte Bewertung berücksichtigt.

In der Spalte **Prioritätskennzahl** legen Sie die Priorisierung der Lagerorte in der Positionstabelle fest. In diesem Beispiel wird zuerst im Lagerort 0002 gesucht (kleinste Prioritätskennzahl). Falls im Lagerort 0002 kein Bestand vorhanden ist oder dieser nicht ausreicht, wird anschließend im Lagerort 0001 bzw. Lagerort 0003 gesucht. Da die beiden Lagerorte 0001 und 0003 die gleiche Prioritätskennzahl haben und somit der Lagerort nicht eindeutig ermittelt werden kann, wird das nächste Kriterium in der Rangfolge verwendet (siehe Bildbereich **Sortierung** im Ordner **Bestandsfindungs-Kopftabelle**). In diesem Beispiel ist es das Kriterium **Menge aufsteigend**. Somit wird bei der Erfassung des Warenausgangs der Lagerort mit der niedrigsten Bestandsmenge vorgeschlagen, wenn im Lagerort 0002 nicht genug Bestand vorhanden ist. Speichern Sie die Daten.

In diesem Beispiel möchten Sie die Bestandsfindung bei der Warenentnahme auf Kostenstelle durchführen. Die Warenentnahme auf Kostenstelle führen Sie mit der Bewegungsart 201 (Warenausgang für Kostenstelle) durch. Sie erfassen in der Transaktion MIGO einen Warenausgang mit der Bewegungsart 201, die zu entnehmende Menge und zusätzlich eine Kostenstelle, auf die der entnommene Warenwert verbucht wird.

Dazu müssen Sie die zuvor erfasste Bestandsfindungsregel der Applikation Bestandsführung und der Bewegungsart im Customizing zuordnen. Hierzu rufen Sie folgenden Customizing-Pfad auf:

Materialwirtschaft ▸ Bestandsführung und Inventur ▸ Bestandsfindung ▸ Bestandsfindungsregel in den Anwendungen zuordnen ▸ Bestandsführung

Darin ordnen Sie der Bewegungsart 201 (Spalte **BwA**) in der Spalte **Bestandsfindungsregel** die zuvor angelegte Beispielregel ZR01 zu. Speichern Sie die Daten.

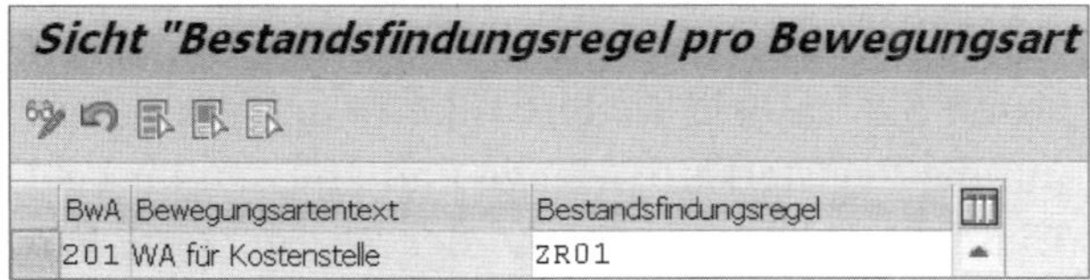
Sicht "Bestandsfindungsregel pro Bewegungsart

BwA	Bewegungsartentext	Bestandsfindungsregel
201	WA für Kostenstelle	ZR01

Zuordnung Bestandsfindungsregel zur Bewegungsart

Die Bestandsfindungsgruppe ZG01 ordnen Sie Ihrem Beispielmaterial zu. Dazu starten Sie Transaktion MM02, erfassen Material 158 im Feld **Material**, drücken [↵], selektieren in der Sichtenauswahl die Sicht **Werksdaten/Lagerung 2**, drücken wieder [↵], erfassen im Dialogfenster **Organisationsebenen** das Werk 0001 und drücken nochmals [↵]. Anschließend speichern Sie den Materialstamm.

Allg.Werksparameter					
☐ Neg.Bestände Werk				Logist. Aufw.gruppe	
Serialnummernprofil		SerEbene	☐	Verteilungsprofil	
Profitcenter				Bestandsfindungsgrup	ZG01

Transaktion MM01: Bestandsfindungsgruppe im Materialstamm

Um die Findung zu testen, prüfen Sie zuerst die aktuelle Bestandssituation. Dazu starten Sie Transaktion MMBE, erfassen Material und Werk und drücken [F8].

Mandant / Buchungskreis / Werk / Lagerort / Charge / Sonderbestand	Frei verwendbar
Gesamt	29,000
0001 conarum GmbH & Co KG	29,000
0001 conarum - St-Leon-Rot	29,000
0001 Lager 0001	9,000
0002 Lager 0002	10,000
0003 Lager 0003	10,000

Transaktion MMBE: Bestandssituation

In der Bestandsfindungsstrategie haben Sie festgelegt, dass zuerst auf den Lagerort 0002 zugegriffen wird (Kriterium Positionstabelle) und anschließend auf den Lagerort 0001 oder Lagerort 0003. Es wird der Lagerort ermittelt, der den kleinsten Lagerbestand hat (Kriterium Menge).

Wenn Sie beispielsweise 15 Stück des Materials auf Kostenstelle entnehmen, werden 10 Stück aus dem Lagerort 0002 und 5 Stück aus Lagerort 0001 vorgeschlagen, da die aktuelle Bestandsmenge des Lagerorts 0001 kleiner ist als die des Lagerorts 0003.

Um dies zu testen, starten Sie Transaktion MIGO. Wählen Sie die Aktion **A07 Warenausgang** und Referenzbeleg **R10 Sonstiges**. Erfassen Sie die Bewegungsart 201 (Warenausgang für Kostenstelle) und drücken Sie [↵]. In der Registerkarte **Material** erfassen Sie im Feld **Material** die Materialnummer. Anschließend klicken Sie auf die Registerkarte **Menge** und erfassen im Feld **Menge in ErfassungsME** 15 Stück. Fahren Sie fort in der Registerkarte **Wo** und klicken Sie auf die Schaltfläche (**Bestandsfindung**).

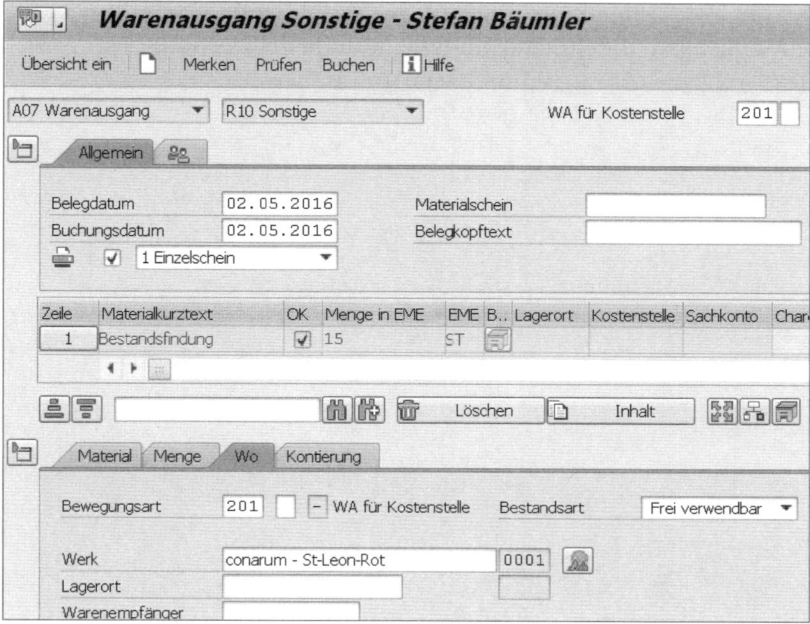

Transaktion MIGO: Bewegungsart 201

Aufgrund des aktiven Kennzeichens **Dialog Bestandsfindung** im Customizing erscheint die Sicht **Bestandsfindung: Bestände auswählen**. Die Bedarfsmenge von 15 Stück wird wie erwartet auf die Lagerorte 0002 und 0001 (Spalte **LOrt**) aufgeteilt. Die jeweilige Menge wird Ihnen in der Spalte **Splitmenge** vorgeschlagen. Mithilfe der Schaltfläche **Übernehmen** übernehmen Sie die Vorschlagsmenge in die Transaktion MIGO und speichern den Materialbeleg.

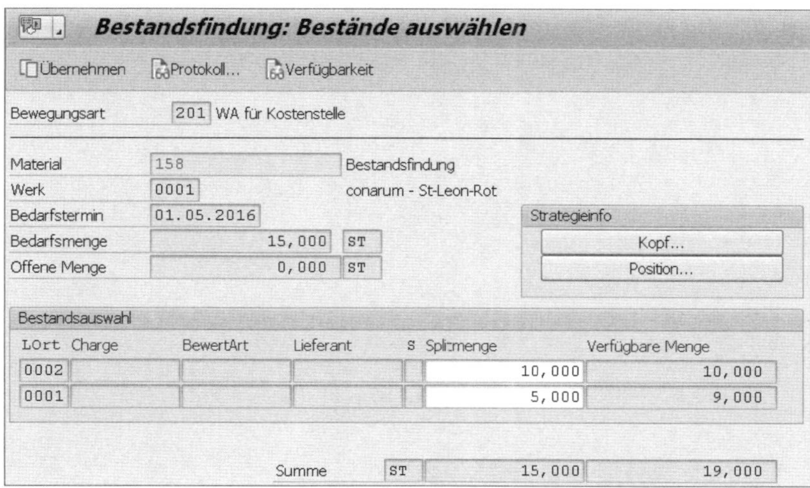

Transaktion MIGO: Dialog »Bestandsfindung«

Wenn Sie die Steuerung kundenindividueller gestalten möchten, bietet SAP auch die Möglichkeit, die Bestandsfindung mithilfe des Customer Exit EXIT_SAPLMDBF_002 (siehe Transaktion CMOD) zu steuern.

Tipp 59

Bestände kontrollieren und optimieren

Alles unter Kontrolle! SAP bietet Auswertungen zu Bestandskennzahlen an, die Ihnen helfen, Ihre Bestände zu optimieren. Damit können Sie die Verfügbarkeit eines Materials sicherstellen und zugleich das gebundene Kapital so niedrig wie möglich halten.

In der Bestandsführung gibt es Kennzahlen, mit deren Hilfe Sie Ihre Bestände überwachen und kontrollieren können. In SAP stehen folgende Bestandskennzahlen zur Verfügung:

- Umschlagshäufigkeit
- ABC-Analyse nach Verbrauch und nach Bedarf
- Auswertung von Lagerhütern
- Reichweitenanalyse
- Bestandswert aktuell und im Mittel
- Verbrauchswerte zum Material
- Bodensatzanalyse
- Bedarfswerte

Im Tipp gebe ich eine Übersicht über die wichtigsten Auswertungen. Als Beispiel beschreibe ich die Auswertung der Kennzahl *Umschlagshäufigkeit*.

Die Umschlagshäufigkeit ist eine Bestandskennzahl, die aufzeigt, wie häufig ein durchschnittlicher Bestand eines Materials in einer bestimmten Periode komplett entnommen wurde. Je höher die Kennzahl, desto häufiger ist der Umschlag des Bestands in der Periode.

› Und so geht's

Sie finden die Transaktionen zu den Bestandskennzahlen im folgenden Menü:

Logistik ▸ Materialwirtschaft ▸ Bestandsführung ▸ Umfeld ▸ Bestandscontrolling ▸ Umfeld

Die Transaktionscodes und Reportnamen sind in der folgenden Tabelle aufgeführt. Sie können diese Transaktion im Dialog starten. Bei großen Datenmengen ist zu empfehlen, die Ausführung in den Hintergrund zu verlagern. Sie starten die Ausführung im Hintergrund, indem Sie die Auswertungstransaktion aufrufen. Im Selektionsbildschirm erfassen Sie die Selektionsparameter. Gehen Sie anschließend in den Menüpunkt **Programm ▸ Im Hintergrund** ausführen. Die Ausführung erfolgt im Hintergrund. Das Ergebnis rufen Sie mit dem Menüpunkt **System ▸ Eigene Spoolaufträge** auf.

Transaktion	Reportname	Beschreibung
MC40	RMCBAB20	ABC Analyse nach Verbrauch
MC41	RMCBAB25	ABC Analyse nach Bedarf
MC42	RMCBRW30	Reichweitenanalyse nach Verbrauch
MC43	RMCBRW40	Reichweitenanalyse nach Bedarf
MC44	RMCBUH30	Umschlagshäufigkeit
MC45	RMCBVW30	Verbrauchswerte
MC46	RMCBLH30	Lagerhüter
MC47	RMCBBE30	Bedarfswerte
MC48	RMCBBW30	Bestandswert aktuell
MC49	RMCBBW40	Bestandswert im Mittel
MC50	RMCBBS30	Bodensatz

Transaktionen zu den Bestandskennzahlen

Der Aufbau und die Funktionalität der Auswertungen sind ähnlich. Anhand der Umschlagshäufigkeit möchte ich Ihnen das Bedienkonzept erläutern. Rufen Sie dazu Transaktion MC44 auf.

Kennzahl: Umschlagshäufigkeit

Analyseobjekte

☐ Alle Werke kumuliert

Verkaufsorganisation		bis	
Einkaufsorganisation		bis	
Werk	0001	bis	

Analysezeitraum

Umschlagshäufigkeit im Zeitraum	01.04.2016	bis	30.04.2016

☐ Verbräuche tagesgenau

Analysebereich

Material	160	bis	170
☐ Materialien mit Löschvormerkung			
Warengruppe		bis	
Materialart		bis	
ABC - Kz.		bis	
Einkaufsgruppe		bis	
Dispomerkmal		bis	
Disponent		bis	
☐ Inclusiv Dispoverbrauch			
Dispobereich		bis	

Eingrenzung Hitliste

◉ Keine Eingrenzung				
○ Umschlagshäufigkeit	ab	1	bis	
○ Anzahl Materialien größte Umschlagshäufigkeit		5		
○ Anzahl Materialien kleinste Umschlagshäufigkeit		5		

Transaktion MC44: Selektionsmaske

Der Selektionsbildschirm unterteilt sich in folgende Bildbereiche:

- **Analyseobjekte**
  In diesem Bereich erfassen Sie die organisatorischen Selektionskriterien wie **Werk** oder **Einkaufsorganisation**.

  Mithilfe des Kennzeichens **Alle Werke kumuliert** können Sie sich die Umschlagshäufigkeit je Material über alle Werke berechnen und kumuliert darstellen lassen.

  In diesem Beispiel erfassen Sie das Werk 0001.

- **Analysezeitraum**
  Im Feld **Umschlagshäufigkeit im Zeitraum** erfassen Sie den Analysezeitraum.

Mithilfe des Kennzeichens **Verbräuche tagesgenau** können Sie erzwingen, dass die Verbräuche direkt aus den Materialbelegen ermittelt werden. Ansonsten verwendet das System die Verbrauchsstatistik im Materialstamm.

Um die Verbrauchsstatistik anzuzeigen, wechseln Sie in Transaktion MM03 (Materialstamm anzeigen). Erfassen Sie das gewünschte Material, selektieren Sie im Dialogfenster **Sichtenauswahl** die Sicht **Werksdaten/ Lagerung1** und drücken Sie anschließend [↵]. Erfassen Sie im Dialogfenster **Organisationsebenen** das gewünschte **Werk** und drücken Sie [↵].

Klicken Sie nun auf die Schaltfläche **Zusatzdaten** und wechseln Sie in die Registerkarte **Verbrauch**. Es werden Ihnen die Verbrauchswerte des Materials angezeigt – in diesem Fall monatsbezogen, da das Feld **Periodenkennzeichen** auf M (Monat) gesetzt ist.

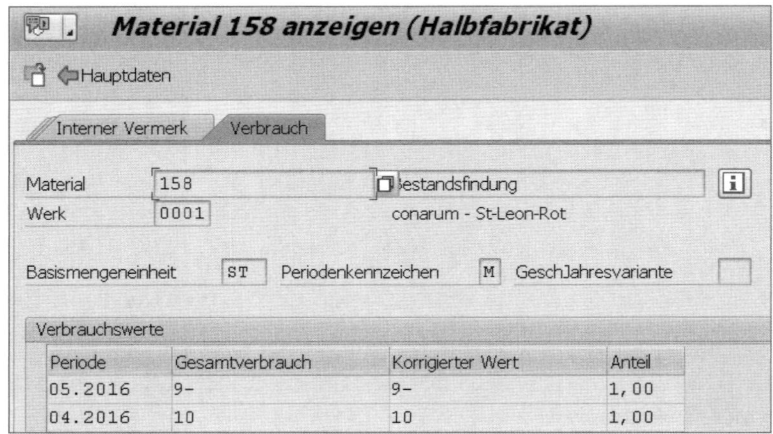

Transaktion MM03: Verbrauchsstatistik im Materialstamm

- **Analysebereich**
  Hier können Sie die Selektion weiter einschränken. Für dieses Beispiel erfassen Sie die Materialnummern 160-170 zum Bestandscontrolling.
- **Eingrenzung Hitliste**
  In diesem Bereich können Sie die Ausgabe der Liste noch weiter beeinflussen. Dieser Bildbereich variiert in Abhängigkeit von der aufgerufenen Auswertung. Aktivieren Sie den Auswahlknopf **Keine Eingrenzung**. Im Beispiel sollen alle Materialien unabhängig von deren Umschlagshäufigkeit angezeigt werden.

Drücken Sie [F8], um die Auswertung auszuführen.

Kennzahl: Umschlagshäufigkeit

Detailanzeige ABC-Analyse Klassifizierung Zweizeilig Dreizeilig Sort abst. Sort aufst.

Werk 0001 Analysedatum 03.05.2016

Analyse: Umschlagshäufigkeit

Anzahl selektierter Materialien: 11

Material	Kurztext	Umschlagshäufigkeit
166	166 - BCO	11,76
163	163 - BCO	8,03
169	169 - BCO	2,90
164	164 - BCO	2,13
168	168 - BCO	1,31
170	170 - BCO	0,78
162	162 - BCO	0,73
161	161 - BCO	0,53
165	165 - BCO	0,15
167	167 - BCO	0,06
160	160 - BCO	0,00

Transaktion MC44: Umschlagshäufigkeit

Über die Schaltflächen am oberen Rand stehen Ihnen unterschiedliche Funktionen zur Verfügung. Mithilfe der Schaltflächen **Zweizeilig** und **Dreizeilig** können Sie sich mehr Informationen in der Ergebnisliste anzeigen lassen. Wenn Sie auf die Schaltfläche **Dreizeilig** klicken, werden Ihnen Daten wie zum Beispiel der Disponent oder das Dispomerkmal aus dem Materialstamm sowie der mittlere Bestand (Spalte **Bestand mittel**) in der angegebenen Periode angezeigt.

Material	Kurztext			Umschlagshäufigkeit		
	Verbrauch (Zeitraum)			Bestand mittel		
	Disponent	Dispomerkmal	ABC-Kz.	Warengrp	Materialart	EK-Gruppe
166	166 - BCO			11,76		
	2.000,000 ST			170,000 ST		
	001	VB	C	19010000	HALB	

Transaktion MC44: Dreispaltige Anzeige

Die Auswertung ermöglicht Ihnen auch, eine ABC-Analyse ausführen zu lassen. Klicken Sie dazu auf die Schaltfläche **ABC-Analyse**. Nun wird das Dialogfenster **ABC-Analyse: Strategie wählen** angezeigt.

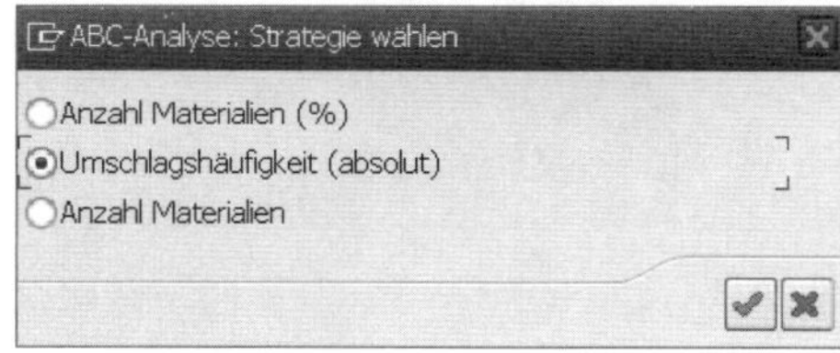

Transaktion MC44: ABC-Analyse

Wählen Sie den Auswahlknopf **Umschlagshäufigkeit (absolut)** und bestätigen Sie mit [↵], um die ABC-Analyse nach Umschlagshäufigkeit anzuzeigen. Im nächsten Dialogfenster erfassen Sie die Grenzen zwischen den Segmenten A, B und C. Im Feld **Grenze A/B-Segment** erfassen Sie den Wert 6 und in **Grenze B/C-Segment** den Wert 2. Dadurch werden alle Materialien mit einer Umschlagshäufigkeit von mehr als 6 dem Segment A zugeteilt. Alle Materialien mit einer Umschlagshäufigkeit geringer als 2 werden dem Segment C zugeteilt.

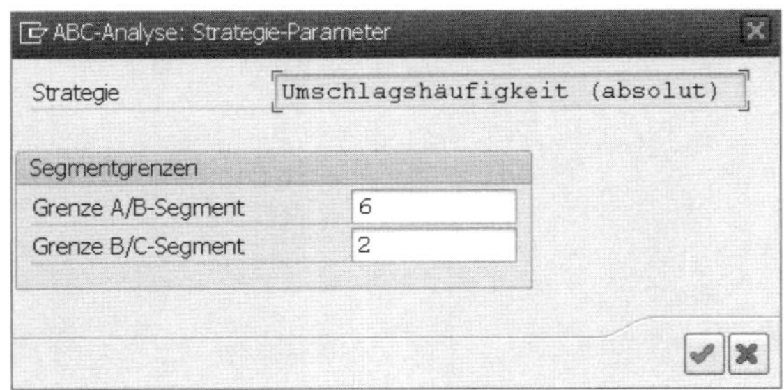

Transaktion MC44: ABC-Analyse Strategie-Parameter

Drücken Sie [↵]. Im Dialogfenster **SAP-Präsentationsgrafik** wird Ihnen das Ergebnis als Balkendiagramm angezeigt. Das hohe C-Segment weist auf eine Vielzahl von Materialien mit niedriger Umschlagshäufigkeit hin. Sie können nun reagieren und gegebenenfalls die Dispositionsparameter wie Melde- oder Sicherheitsbestand anpassen.

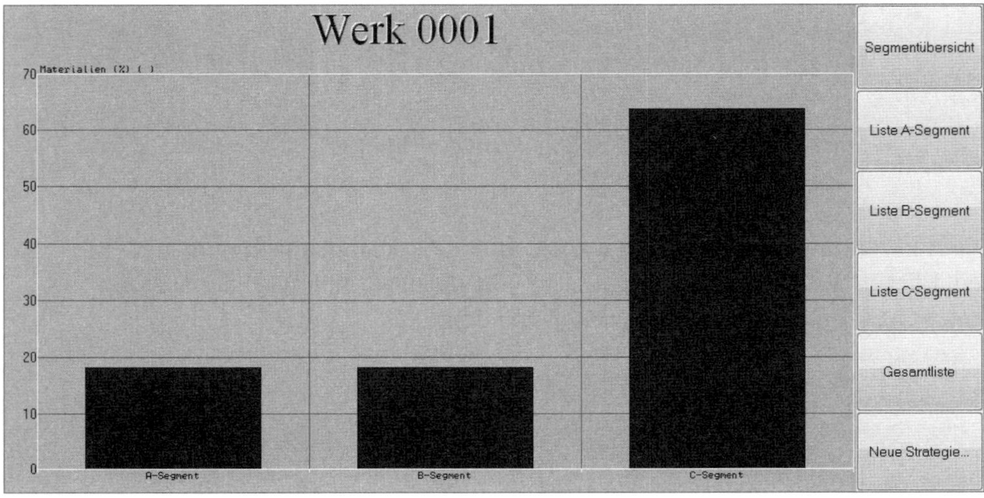

Transaktion MC44: Grafische Darstellung der ABC-Analyse.

Um die Materialien im C-Segment einzusehen, klicken Sie auf die Schaltfläche **Liste C-Segment**. Sie erhalten eine Auflistung der Materialnummern mit ihrer jeweiligen Umschlagshäufigkeit. Schließen Sie die Grafik mit einem Klick auf die Schaltfläche .

Mithilfe der Schaltfläche **Klassifizierung** können Sie das Ergebnis in Klassen aufteilen und gruppieren. Klicken Sie auf die Schaltfläche, und das Dialogfenster **SAP-Präsentationsgrafik** öffnet sich.

Um die Klassenanzahl und -grenzen festzulegen, klicken Sie auf die Schaltfläche **Klassengrenzen**. Es erscheint das Dialogfenster **Klassengrenzen: Klassenanzahl**. Bis zu sechs Klassen können verwendet werden. Sie möchten in diesem Fall das Ergebnis in vier Klassen gruppieren und wählen deshalb den Auswahlknopf **4 Klassen**. Bestätigen Sie mit [↵].

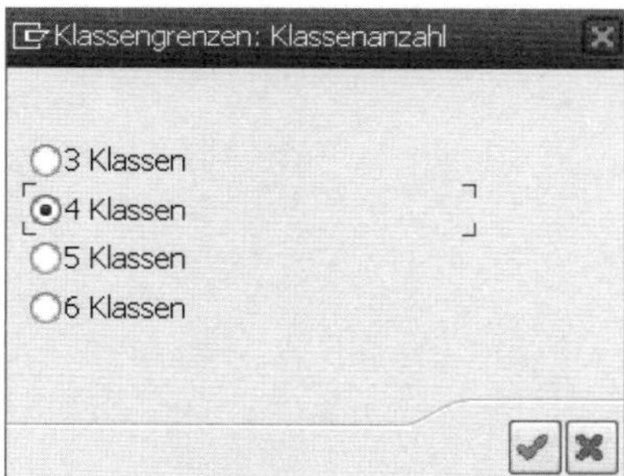

Transaktion MC44: Klassenanzahl festlegen

Anschließend hinterlegen Sie zur Umschlagshäufigkeit die Klassenobergrenzen im Dialogfenster **Klassenobergrenzen**. Folgende Klassen sollen angelegt werden:

- Klasse 1: Umschlagshäufigkeit < 2
- Klasse 2: Umschlagshäufigkeit 2–5
- Klasse 3: Umschlagshäufigkeit 5–9
- Klasse 4: Umschlagshäufigkeit > 9

Dazu pflegen Sie folgende Werte im Dialogfenster:

- Feld **Klasse 1**: 2
- Feld **Klasse 2**: 5
- Feld **Klasse 3**: 9

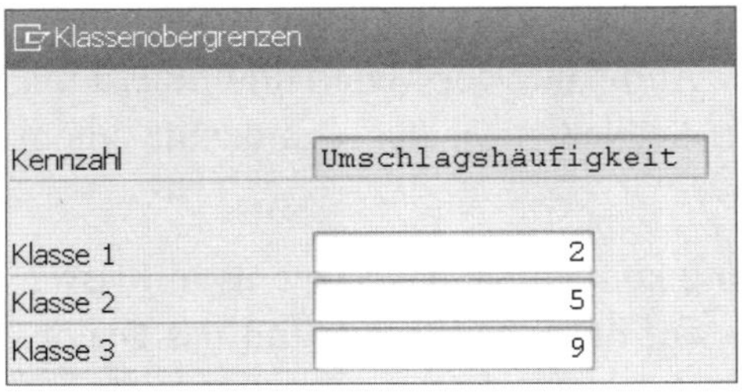

Klassenobergrenzen

Kennzahl	Umschlagshäufigkeit
Klasse 1	2
Klasse 2	5
Klasse 3	9

Transaktion MC44: Festlegen der Klassenobergrenzen

Im Dialogfenster **SAP-Präsentationsgrafik** wird Ihnen ein Balkendiagram angezeigt. Jeder Balken entspricht einer Klasse. Die zugeordneten Materialien je Klasse können Sie sich mithilfe der Schaltflächen **Liste Klasse 1–4** anzeigen lassen.

Die gezeigten Funktionen stehen Ihnen in fast allen aufgelisteten Auswertungen zur Verfügung.

Tipp 60

Layout der Bestandsübersicht optimieren

Wenn Sie häufig die Bestandsübersicht (Transaktion MMBE) verwenden, sollten Sie diesen Tipp aufmerksam lesen. Mithilfe von Anzeigeversionen können Sie die Ergebnisliste Ihren Anforderungen anpassen.

Wenn Sie Transaktion MMBE (Bestandsübersicht) starten, können Sie im Feld **Anzeigeversion** vordefinierte Layouts für die Ergebnisanzeige der Bestandsübersicht auswählen.

Im Customizing können Sie Anzeigeversionen hinterlegen. Ich zeige Ihnen in diesem Beispiel, wie Sie eine Anzeigeversion erstellen, die nur die Bestandsarten »Frei verwendbar«, »in Qualitätsprüfung« und »gesperrt« in der Bestandsübersicht darstellt.

› Und so geht's

Rufen Sie folgenden Customizing-Pfad auf:

Materialwirtschaft ▸ Bestandsführung und Inventur ▸ Berichtswesen ▸ Anzeige für Bestandslisten festlegen

In der Sicht **Bestandsanzeige** werden drei Schaltflächen angezeigt. Klicken Sie auf die Schaltfläche **Anzeigeversion**.

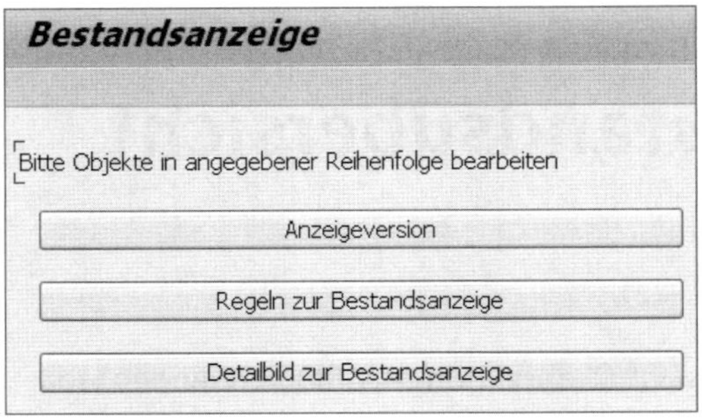

Bestandsanzeige

Bitte Objekte in angegebener Reihenfolge bearbeiten

Anzeigeversion

Regeln zur Bestandsanzeige

Detailbild zur Bestandsanzeige

Customizing Bestandsanzeige

In der Sicht **»Anzeigeversion Bestandsübersicht« ändern: Übersicht** klicken Sie auf die Schaltfläche **Neue Einträge**. In der Spalte **Anzeigenversion** erfassen Sie eine Nummer und in der Spalte **Bezeichnung** einen beliebigen Text für die neue Anzeigeversion. Anschließend speichern Sie die erfassten Werte und drücken zweimal [F3].

Anzeigeversion	Bezeichnung
90	Einfach

Customizing: Anzeigeversion anlegen

Danach klicken Sie in die Sicht **Bestandsanzeige** auf die Schaltfläche **Regeln zur Bestandsanzeige**. In der angezeigten Sicht klicken Sie auf die Schaltfläche **Neue Einträge**, um eine neue Regel für die Bestandsanzeige festzulegen.

Vers	Fensternr.	Spaltennr	Feldname	Bezeichnung
90	1	1	LABST	Frei verwendbar
90	1	2	INSME	Qualitätsprüfung
90	1	3	SPEME	Gesperrt

Customizing: Regeln zur Bestandsanzeige

Im Feld **Vers** erfassen Sie die zuvor erfasste Versionsnummer der Anzeigeversion. Als **Fensternr.** geben Sie eine fortlaufende Nummer ein und als **Spaltennr** einen möglichen Wert zwischen 1 und 3. In der Spalte **Feldname** erfassen Sie das Datenfeld, das angezeigt werden soll. Nach dem Sie [↵] gedrückt haben, zeigt das System in der Spalte **Bezeichnung** den Namen des erfassen Datenfeldes an.

Die Kombination aus Fensternummer (**Fensternr.**) und Spaltennummer (**Spaltennr**) bestimmt die Spaltenposition in der Bestandsübersicht, wie Sie der folgenden Tabelle entnehmen können:

Fensternr.	Spaltennr.	Spalte in der Anzeige
1	1	1
1	2	2
1	3	3
2	1	4
2	2	5
...	...	...

Bestimmung der Spaltenposition

Speichern Sie die Daten ab und drücken Sie erneut zweimal F3. Zurück in der Sicht **Bestandsanzeige** können Sie mit der Schaltfläche **Detailbild zur Bestandsanzeige** die Detailansicht beeinflussen. Für dieses Beispiel lassen Sie die Einstellung zur angelegten Anzeigenversion leer. Im Detailbild der Bestandsübersicht werden daher alle Bestandsarten angezeigt.

Verlassen Sie das Customizing und starten Sie Transaktion MMBE. Im Selektionsbildschirm erfassen Sie das Beispielmaterial und die zuvor angelegte **Anzeigeversion** 90.

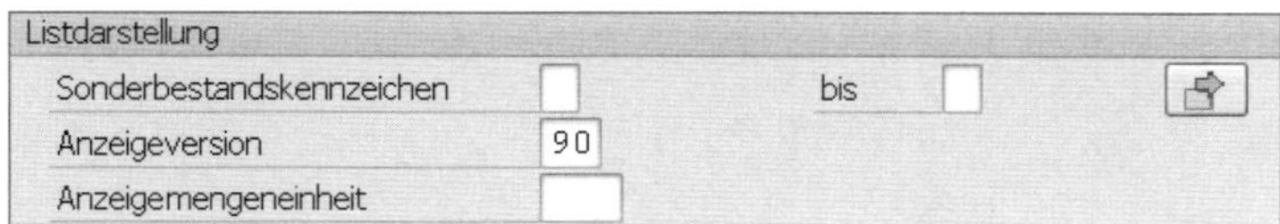

Transaktion MMBE: Verwenden der Anzeigeversion

In der Bestandsübersicht werden nur die drei im Customizing eingestellten Spalten angezeigt.

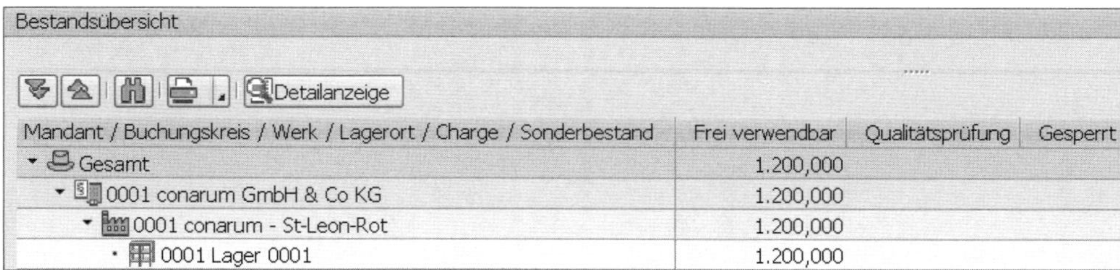

Transaktion MMBE: Bestandsübersicht

Klicken Sie auf die Schaltfläche **Detailanzeige**. In der Detailanzeige werden alle Bestandsarten angezeigt.

Mithilfe der **Set-/Get-Parameter-Id** VNR können Sie sich die Anzeigeversion vorbelegen lassen.

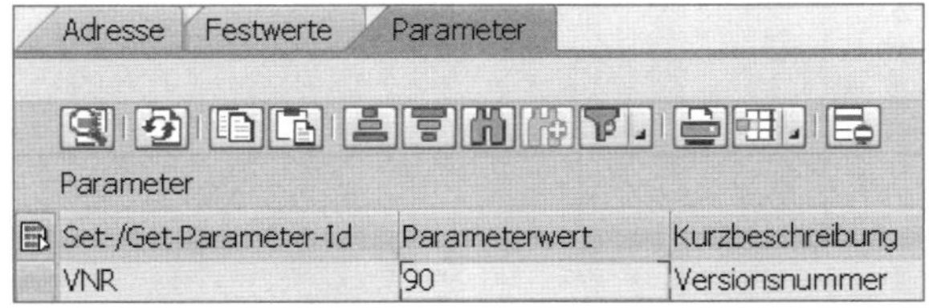

Set-/Get-Parameter VNR

Rufen Sie dazu folgenden Menüpunkt **System ▸ Benutzervorgaben ▸ Eigene Daten** auf. In der Registerkarte **Parameter** erfassen Sie in der Spalte **Set-/Get-Parameter-Id** den Wert VNR und in der Spalte **Parameter** den Wert 90. Zuletzt speichern Sie die Vorschlagswerte.

Tipp 61
Chargenverwaltung aktivieren

In diesem Tipp zeige ich Ihnen die wichtigsten Einstellungen und Funktionen, die Sie benötigen, um die Chargenverwaltung in der Bestandsführung zu verwenden.

Die Chargenverwaltung erstreckt sich über die gesamte Logistikkette. Sie ist verwendbar in Vertrieb, Produktion und Qualitätsmanagement.

Am Beispiel der Wareneingangsbuchung werde ich in diesem Tipp auf die wichtigsten Einstellungen, Funktionen und Transaktionen eingehen, die Sie benötigen, um mit der Chargenverwaltung zu starten.

› Und so geht's

Eine Charge wird in SAP mithilfe eines Chargenstammsatzes abgebildet. Der Chargenstammsatz hat eine Chargennummer. Sie können im System die Eindeutigkeit der Chargennummer festlegen. Folgende Möglichkeiten der Eindeutigkeit bietet das System:

- Eindeutigkeit auf Material-/Werksebene
- Eindeutigkeit auf Materialebene
- Eindeutigkeit auf Mandantenebene

Sie sollten sich im Vorfeld genau überlegen, auf welcher Ebene Sie die Eindeutigkeit der Chargennummer festlegen möchten. Eine Änderung der Eindeutigkeit ist gegebenenfalls mit größerem Aufwand verbunden.

Um die Einstellung durchzuführen, wechseln Sie in das Customizing der Chargenverwaltung im Bereich **Logistik Allgemein**. Rufen Sie folgenden Customizing-Pfad auf:

Logistik Allgemein ▸ Chargenverwaltung ▸ Chargenebene bestimmen und Zustandsverwaltung aktivieren

In der Sicht **Chargenebene und Chargenzustandsverwaltung** klicken Sie auf die Schaltfläche **Chargenebene**.

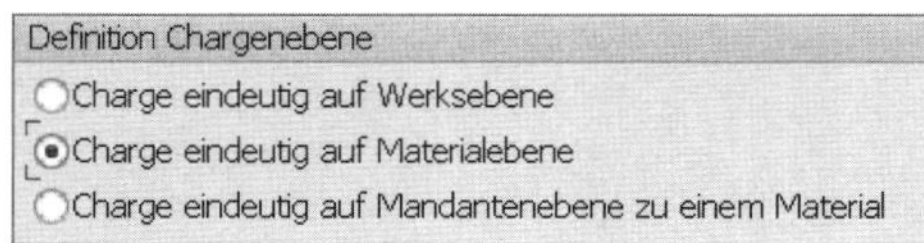

Customizing: Chargenebene

Aktivieren Sie den Auswahlknopf **Charge eindeutig auf Materialebene**. Dies bewirkt, dass die Chargennummer in Kombination mit einer Materialnummer eindeutig ist. Speichern Sie die Einstellung.

Die Chargennummern sollen beim Wareneingang extern vergeben werden können, jedoch in einem von Ihnen festgelegten Nummernkreisbereich. Um dies festzulegen, rufen Sie folgenden Customizing-Pfad auf:

Logistik Allgemein ▸ Chargenverwaltung ▸ Neuanlage von Chargen ▸ Neuanlage bei Warenbewegungen definieren

Anschließend klicken Sie auf die Schaltfläche **Intervalle**. Im angezeigten Fenster **Intervallpflege: Chargennummer Mandt** klicken Sie auf die Schaltfläche **Intervalle**. In der Spalte **Nr** pflegen Sie die 02.

Intervallpflege: Chargennummer Mandt

Nr	von Nummer	bis Nummer	Nummernstand	Ext
02	2000000000	2999999999	0	☑

Customizing: Externe Chargennummernvergabe

In den Spalten **von Nummer** und **bis Nummer** erfassen Sie das Intervall, innerhalb dessen die externen Chargennummern vergeben werden sollen. Zuletzt aktivieren Sie das Kennzeichen für den externen Nummernkreis (**Ext**) und speichern die Daten. Danach wechseln Sie in das Customizing **Neuanlage bei Warenbewegungen definieren.**

Logistik Allgemein ▸ Chargenverwaltung ▸ Neuanlage von Chargen ▸ Neuanlage bei Warenbewegungen definieren

Suchen Sie in der Tabelle nach der Bewegungsart 101 (Spalte **BewegArt**). In der Spalte **Chrg.neu** setzen Sie den Wert auf **A automatisch / manuell mit Prüfung gegen externen Nummernkreis**. Diese Einstellung bedeutet, dass die Chargennummer entweder vom Anwender manuell erfasst oder bei fehlender Eingabe durch das System generiert wird. Es erfolgt eine Prüfung gegen den eingestellten externen Nummernkreis. Speichern Sie die Einstellungen.

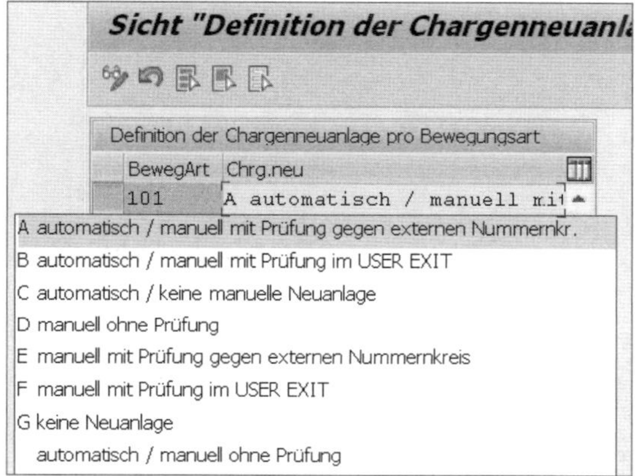

Customizing: Chargenneuanlage pro Bewegungsart

Um Chargen bei Warenbewegungen verwenden zu können, müssen Sie je Material das Kennzeichen **Chargenpflicht** im Materialstamm setzen. Dazu rufen Sie Transaktion MM02 auf, erfassen das Beispielmaterial 173 und drücken [↵]. Anschließend markieren Sie im Dialogfenster **Sichtenauswahl** die Sicht **Werksdaten/Lagerung1** und drücken [↵]. Im Dialogfenster **Organisationsebenen** erfassen Sie das Werk 0001 und drücken erneut [↵]. Aktivieren Sie das Kennzeichen **Chargenpflicht** und speichern Sie die Materialstammdaten.

Nun können Sie sich ansehen, was die Einstellungen bewirken. Starten Sie Transaktion MIGO und wählen Sie die Beispielbestellung mit der Beispielmaterialnummer 173 aus, die Sie zuvor angelegt haben. Anschließend drücken Sie [↵].

Im Positionsbereich wird die zusätzliche Registerkarte **Charge** angezeigt. Sie können entweder eine neue externe Chargennummer im Feld **Charge** erfassen oder anhand der Wertehilfe ([F4]) zum Feld **Charge** prüfen, ob bereits eine interne Charge zur Lieferantencharge erfasst wurde.

Rufen Sie die Wertehilfe ([F4]) des Felds **Charge** auf. Im Dialogfenster der Wertehilfe wählen Sie die Registerkarte **Chargen zum Lieferant** aus. Im Feld **Lieferantencharge** geben Sie die Nummer der Lieferantencharge ein. In der

Regel ist die Nummer der Lieferantencharge auf den Lieferpapieren des Lieferanten vermerkt. Anschließend drücken Sie [↵].

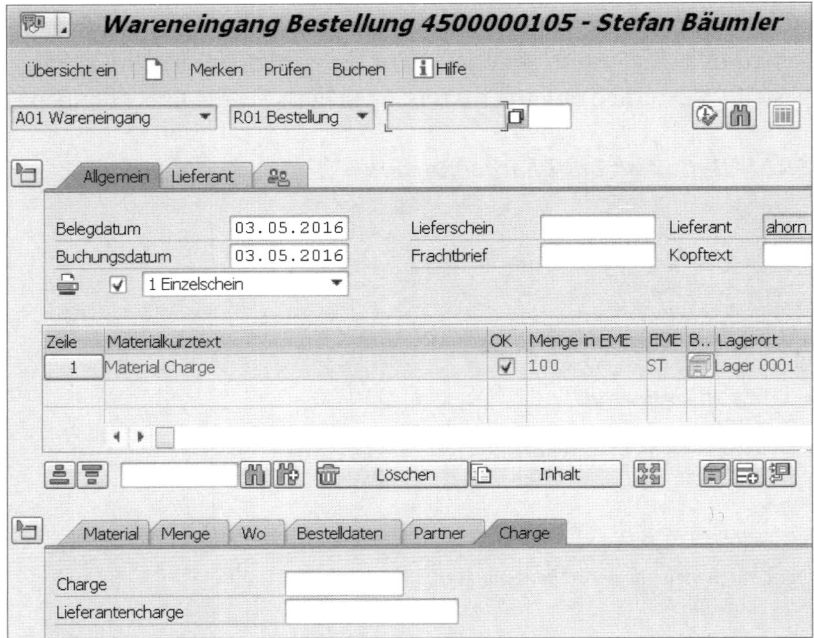

Transaktion MIGO: Registerkarte »Charge«

In der Ergebnisliste erscheint ein Eintrag. Wählen Sie diesen Eintrag per Doppelklick auf die Zeile aus. Die interne Chargennummer wird in das Feld **Charge** übernommen. Speichern Sie den erfassten Wareneingang.

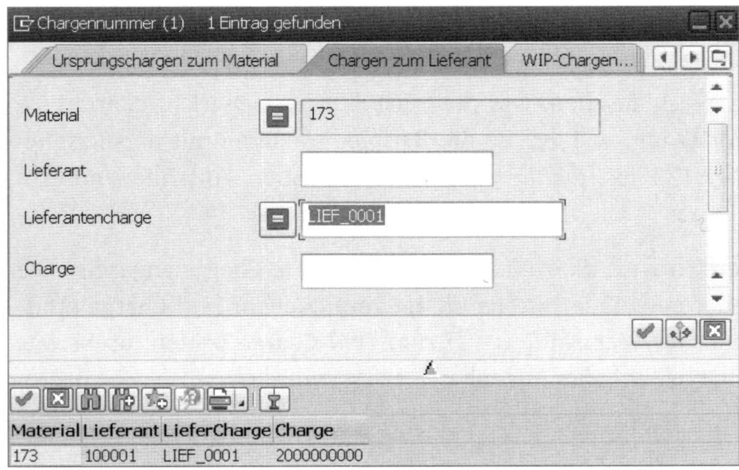

Transaktion MIGO: Wertehilfe »Charge zum Lieferant«

Wechseln Sie nun in die Bestandsübersicht mithilfe von Transaktion MMBE, um das Ergebnis der Warenbewegung anzuzeigen. Im Selektionsbild erfassen Sie Materialnummer 173 und das Werk 0001. Vergewissern Sie sich, ob das Kennzeichen **Charge** gesetzt ist.

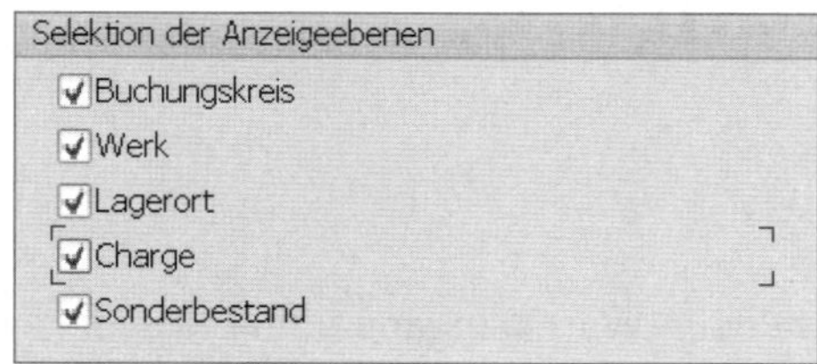

Transaktion MMBE: Feld »Charge« ist aktiv

In der Bestandsübersicht werden nun die auf Lager befindlichen Chargen angezeigt.

Mandant / Buchungskreis / Werk / Lagerort / Charge / Sonderbestand	Frei verwendbar
Gesamt	20,000
0001 conarum GmbH & Co KG	20,000
0001 conarum - St-Leon-Rot	20,000
0001 Lager 0001	20,000
2000000000	10,000
2000000001	5,000
2000000002	5,000

Transaktion MMBE: Ergebnisanzeige – Chargen

Tipp 62

Klassifizierung von Chargen in der Bestandsführung verwenden

Sie möchten Ihre Chargen beispielsweise beim Wareneingang direkt klassifizieren? Kein Problem! Lesen Sie in diesem Tipp, wie Sie Merkmale der Charge erfassen, die beispielsweise vom Lieferanten auf den Lieferpapieren angegeben sind.

Die SAP-Chargenverwaltung unterstützt die Klassifizierung von Chargen durch das SAP-Klassensystem. Das Klassensystem wird u.a. zur Klassifizierung von Materialstämmen oder Lieferantenstämmen verwendet.

Mithilfe des SAP-Klassensystems können Sie Chargenmerkmale frei definieren und festlegen. Chargenmerkmale können beispielsweise Haltbarkeitsdatum, Qualitätsstufe oder Toleranzen sein. Diese Merkmale werden zu einer Klasse zusammengefasst. Die Klasse wird anschließend dem Material zugeordnet, bei dem eine Chargenpflicht besteht. Zum einen beschreiben die Merkmale die jeweilige Charge, zum anderen können Sie die Klassenmerkmale zur Suche verwenden.

Im folgenden Beispiel zeige ich Ihnen, wie Sie beim Wareneingang die Merkmalswerte der jeweiligen Charge erfassen.

› Und so geht's

Mithilfe von Transaktion CT04 habe ich im Vorfeld zwei Beispielmerkmale angelegt:

- Z_CHARG_LACKDICKE – Lackdicke
- Z_CHARG_Q_KLASSE – Qualitätsklasse

Anschließend habe ich mithilfe von Transaktion CL01 die Klasse Z_CHARG_173 angelegt. Die Klasse hat die **Klassenart** 023 (Charge). Die zuvor angelegten Merkmale der Klasse habe ich in der Registerkarte **Merkmale** in der Transaktion CL01 zugeordnet. Das Merkmal Z_CHARG_LACKDICKE erfordert eine Musseingabe, in der Spalte **Mußeingabe** ist deshalb das Kennzeichen gesetzt.

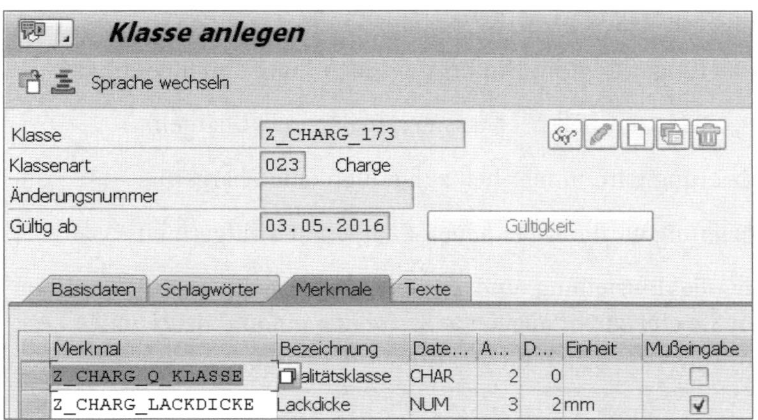

Transaktion CL01: Chargenklasse – Klassenart 023

Ordnen Sie nun die angelegte Klasse dem Material bei, zu dem Chargen erfasst werden sollen. Gehen Sie dazu in Transaktion MM01 (Materialstamm anlegen), geben Sie im Feld **Material** die Materialnummer 173 ein und drücken Sie [↵]. Im Dialogfenster **Sichtenauswahl** markieren Sie die Sicht **Klassifizierung** und drücken [↵].

In der Sicht **Klassifizierung** klicken Sie auf die Schaltfläche (**Klassenart wechseln**) und wählen mit Doppelklick die **Klassenart** 023 aus. Anschließend geben Sie im Bildbereich **Zuordnungen** in der Spalte **Klasse** die zuvor angelegte Klasse Z_CHARG_173 ein und speichern die Änderung. Die Zuordnung zum Materialstamm hat den Vorteil, dass beim Wareneingang und bei Neuanlage der Charge automatisch die richtige Klasse vorgeschlagen wird.

Anschließend legen Sie im Customizing fest, dass beim Wareneingang die Klassifizierung der zu erfassenden Charge direkt in der Transaktion durchgeführt werden kann. Rufen Sie dazu den folgenden Customizing-Pfad auf:

Logistik Allgemein ▸ Chargenverwaltung ▸ Chargenbewertung ▸ Bewertung bei Warenbewegungen in der Bestandsführung ▸ Chargenklassifizierung bei Warenbewegungen aktivieren

In der Tabelle suchen Sie in der Spalte **BwA** nach der Bewegungsart 101. In dieser Zeile erfassen Sie in der Spalte **CK** den Wert 3 (Klassifizierung wird immer hell aufgerufen (alle Chargen)). Wenn ein Wareneingang zu Ihrem Material erfasst wird, erscheint ab jetzt immer das Dialogfenster zur Klassifizierung. Der Mitarbeiter kann die Merkmale überprüfen und gegebenenfalls anpassen. Folgende Werte können Sie einstellen:

- Leer – Kein Ansprung der Chargenklassifizierung
- 1 – Klassifizierung erfolgt im Hintergrund (Befüllung durch User Exit)
- 2 – Klassifizierung nur hell bei Mussmerkmalen (alle Chargen)
- 3 – Klassifizierung wird immer hell aufgerufen (alle Chargen)
- 4 – Klassifizierung wird nur bei neuen Chargen hell aufgerufen

Speichern Sie die Einstellung und starten Sie anschließend Transaktion MIGO. Geben Sie eine zuvor angelegte Bestellung ein und drücken Sie [↵]. Anschließend wechseln Sie auf die Registerkarte **Charge**.

Transaktion MIGO: Registerkarte »Charge« mit Klassifizierung

Erfassen Sie nun eine neue Chargennummer und eine Lieferantencharge. Klicken Sie auf die Schaltfläche **Prüfen**. Es erscheint die Warnmeldung »Die Merkmalsbewertung der Charge ist unvollständig«. Diese Meldung erscheint, weil in der Beispielklasse das Merkmal Z_CHARG_LACKDICKE als obligatorisch (Kennzeichen **Mußeingabe**) festgelegt wurde.

Im Customizing der Systemmeldungen können Sie die Meldung (**Arbeitsgebiet** LB und **Nummer** 045) in der Spalte **Typ** auf E (Fehler) umschalten. Damit erzwingen Sie eine Eingabe der obligatorischen Merkmale bei der Wareneingangsbuchung:

Logistik Allgemein ▸ Chargenverwaltung ▸ Eigenschaften der Systemmeldungen festlegen

Klicken Sie auf die Schaltfläche **Klassifizierung** und erfassen Sie in den Merkmalen **Qualitätsklasse** und **Lackdicke** Beispielwerte. Wechseln Sie mit [F3] zurück in Transaktion MIGO und speichern Sie den Wareneingangsbeleg.

Transaktion MIGO: Klassifizierung zur Charge erfassen

Nun können Sie sich die neu angelegte Charge anzeigen lassen. Starten Sie Transaktion MSC3N (Charge anzeigen), erfassen Sie die zuvor erfasste Chargennummer im Feld **Charge** und das zugehörige Material 173. Bestätigen Sie mit [↵].

In der Registerkarte **Grunddaten 1** sehen Sie im Bildbereich **Handelsdaten** die Nummer der **Lieferantencharge**, die Sie zuvor in Transaktion MIGO erfasst haben. Zusätzlich ist auch der Lieferant und das Datum des letzten Wareneingangs zur Charge zu sehen.

Handelsdaten			
Lieferant	100001	Ursprungsland	
Lieferantencharge	LIEF_0010	Ursprungsregion	
Letzter WE	03.05.2016	Export Gruppe	

Transaktion MSC3N: Grunddaten 1 – Handelsdaten

Wechseln Sie in die Registerkarte **Klassifizierung**. Darin sehen Sie die zuvor in Transaktion MIGO erfassten Klassifizierungsdaten zur Charge.

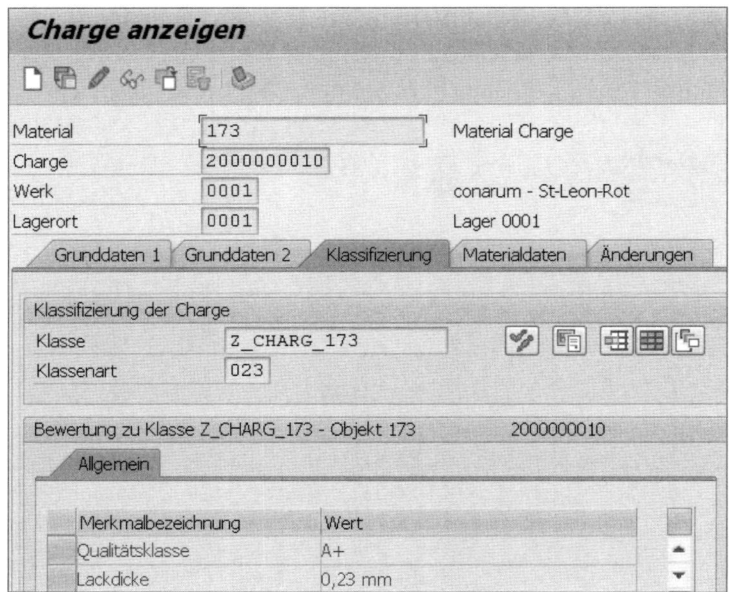

Transaktion MSC3N: Charge anzeigen – Klassifizierung

Die gepflegte Chargenklassifizierung können Sie nun verwenden, um mithilfe der Feldsuchhilfe nach der richtigen Chargennummer zu suchen.

Tipp 63
Chargenhistorie nutzen

Sie wollen wissen, in welchen Materialbelegen, Fertigungsaufträgen oder Lieferungen eine Charge verwendet wird. Auch die Änderungen am Chargenstamm interessieren Sie. In diesem Tipp lernen Sie, wie Sie die Historie einer Charge chronologisch ausgeben.

SAP stellt seit dem Release SAP ERP 6.0 EHP 4 die neue Chargenhistorie zur Verfügung. Sie können den gesamten Lebenszyklus einer Charge über alle Geschäftsobjekte hinweg verfolgen. Warenbewegungen, Lieferungen oder Fertigungsaufträge werden in chronologischer Reihenfolge angezeigt. Um die Chargenhistorie nutzen zu können, muss die Business Function LOG_PP_604_BATHIS (LOG_PP_BATCH_HISTORY) mithilfe von Transaktion SFW5 aktiviert werden.

Umfang und Aufbau der Chargenhistorie können im Customizing flexibel gesteuert werden. Im Detail steuern Sie, welche Businessobjekte und welche Felder in die Chargenhistorie aufgenommen werden. Im Tipp zeige ich alle notwendigen Einstellungen und Schritte, die Sie durchführen müssen, um die Chargenhistorie zu verwenden.

› Und so geht's

Nachdem Sie die Business Function LOG_PP_604_BATHIS aktiviert haben, erweitern Sie zunächst die Bildsteuerung für Transaktion BMBC. Dazu rufen Sie folgenden Customizing-Pfad auf:

Logistik Allgemein ▸ Chargenverwaltung ▸ Batch Information Cockpit ▸ Benutzergruppenspezifische Selektion definieren

Im angezeigten Fenster markieren Sie in der Tabelle **Benutzergruppe** die Benutzergruppe SAP 1.

Sicht "Benutzergruppen" ändern: Übersicht

Neue Einträge

Dialogstruktur
- Benutzergruppen
  - Selektionsreiter
    - Selektionsfelder

Benutzergruppe simulieren | SAP-Standard simulieren

Benutzergruppen

Benutzergruppe	Text	Standardgruppe	Max. Anzahl	werksbezog. Sel	Bestandsselektion
SAP 1	SAP-Bsp. 1: Bestandsübersicht	☐		☐	Keine Einsc.
SAP 2	SAP-Bsp. 2: Klassifizierung	☐		☐	Keine Einsc.

Customizing: Benutzergruppen

Klicken Sie auf die Schaltfläche [Neu], um eine neue Benutzergruppe zu erstellen. Für die neue Gruppe vergeben Sie den Namen Z_CHGHST (Text: Chargenhistorie) und drücken [↵]. Anschließend erscheint die Meldung »Anzahl kopierter abhängiger Einträge: 16«, die Sie mit [↵] bestätigen. Es sind nun auch die abhängigen Tabelleneinträge der Vorlagebenutzergruppe SAP 1 kopiert worden.

Sicht "Benutzergruppen" ändern: Übersicht

Neue Einträge

Dialogstruktur
- Benutzergruppen
  - Selektionsreiter
    - Selektionsfelder

Benutzergruppe simulieren | SAP-Standard simulieren

Benutzergruppen

Benutzergruppe	Text	Standardgruppe	Max. Anzahl	werksbezog. Sel	Bestandsselektion
Z_CHGHST	Chargenhistorie	☐		☐	Keine Einsc.

Customizing: Neu erstellte Benutzergruppe

Markieren Sie die neu erstellte Zeile mit der **Benutzergruppe** Z_CHGHST und klicken Sie doppelt auf den Ordner **Selektionsreiter**. Anschließend klicken Sie auf die Schaltfläche **Neue Einträge** und erfassen die Einstellung für einen neuen Selektionsreiter.

In der Spalte **Benutzergruppe** geben Sie die neu angelegte Benutzergruppe Z_CHGHST ein. In der Spalte **Selektionsreiter** erfassen Sie den Wert 0240 (Dynpronummer der Chargenhistorie). Anschließend geben Sie in der Spalte **Text** den Text »Chargenhistorie« ein. In der Spalte **Position** erfassen Sie die Position der Registerkarte, an der die Chargenhistorie später angezeigt werden soll. Zuletzt setzen Sie das Kennzeichen in der Spalte **Aktiv** und speichern die Customizing-Einstellungen.

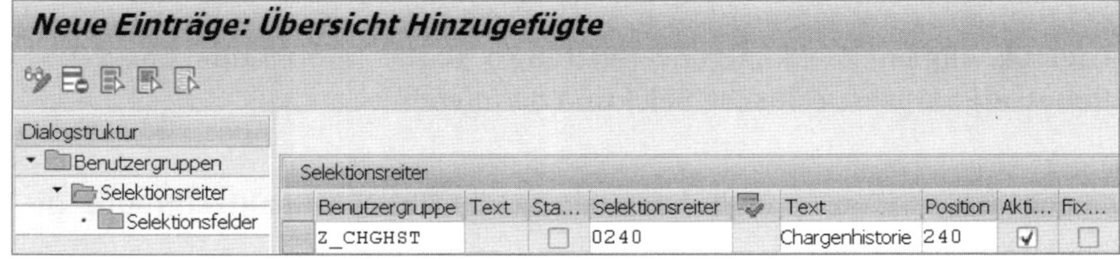

Customizing: Neuer Selektionsreiter für die Anzeige der Chargenhistorie

Anschließend überprüfen Sie das Customizing der Chargenhistorie:

Logistik Allgemein ▸ Chargenverwaltung ▸ Batch Information Cockpit ▸ Chargenhistorie ▸ Chargenbezogene Objekttypen ▸ Chargenbezogene Objekttypen und Parameter definieren

Da das notwendige Customizing eher komplex ist, empfiehlt es sich, beispielhafte Customizing-Einträge im System zu kopieren und anzupassen.

Im ersten Schritt rufen Sie den Customizing-Punkt **Chargenbezogene Objekttypen und Parameter definieren** auf, um zu prüfen, ob die Standardobjekttypen bereits eingetragen sind. Sie finden keine Einträge vor, die Tabellen sind leer.

Um die Tabellen mit Standardwerten zu füllen, starten Sie mithilfe von Transaktion SA38 den Report RVBOBJTABCUST. Geben Sie im Feld **Programm** den Namen RVBOBJTABCUST ein und drücken Sie [F8]. Es erscheint die Erfolgsmeldung »Einträge zu [...] chargenbezogenen Objekttypen angelegt«.

Starten Sie nochmals den Customizing-Punkt **Chargenbezogene Objekttypen und Parameter definieren**. Das System hat Standardeinträge für alle in der Chargenhistorie unterstützen Objekttypen erzeugt.

Sicht "Chargenbezogene Objekttypen" ändern: Übersicht

Neue Einträge

Dialogstruktur
- Chargenbezogene Objekttypen
  - Benutzergruppen
  - Ereignisse
    - Attribute

Chargenbezogene Objekttypen

ChBz. ObjT	Text	Aktiv	E	Tabellenna...	Feldname	Feldname	Feldname
BAHMAS	Chargenstamm	☐	☐	MCH1	MATNR	CHARG	
DELVRY	Lieferung	☐	☐	LIPS	VBELN	POSNR	
INRSLT	Prüfergebnis	☐	☐	QALS	PRUEFLOS		
INSLOT	Prüflos	☐	☐	QALS	PRUEFLOS		
MATDOC	Materialbeleg	☐	☐	MSEG	MBLNR	MJAHR	ZEILE
ORDITM	Auftragsposition (Fertigung/Prozes...	☐	☐	AFPO	AUFNR	POSNR	
POITEM	Bestellposition	☐	☐	EKPO	EBELN	EBELP	
QUALNF	Qualitätsmeldung	☐	☐	QMEL	QMNUM		
QUANTS	Quant	☐	☐	LQUA	LGNUM	LQNUM	
RESVAN	Reservierung	☐	☐	RESB	RSNUM	RSPOS	RSART
SALORD	Kundenauftrag	☐	☐	VBAP	VBELN	POSNR	
SAPEBR	Chargenprotokoll	☐	☐	MCHP	MATNR	CHARG	EBRID
TRNORD	Transportauftrag	☐	☐	LTAP	LGNUM	TANUM	TAPOS
USGDEC	Verwendungsentscheid	☐	☐	QALS	PRUEFLOS		

Customizing: Chargenbezogene Objekttypen

Nun aktivieren Sie die Objekttypen, die in Ihrer Beispiel-Chargenhistorie angezeigt werden sollen. In der Spalte **Aktiv** setzen Sie das Kennzeichen für die chargenbezogenen Objekttypen BAHMAS (Chargenstamm), POITEM (Bestellposition) und MATDOC (Materialbeleg).

Des Weiteren prüfen Sie, welche Tabelle für den chargenbezogenen Objekttypen BAHMAS eingetragen ist. Dies ist abhängig von der Chargenebene, die Sie verwenden (siehe dazu Tipp 61).

Tabelle	Chargenebene
MCH1	▪ Charge eindeutig auf Materialebene ▪ Charge eindeutig auf Mandantenebene zu einem Material
MCHA	▪ Charge eindeutig auf Werksebene

Zuordnung von Tabelle und Chargenebene

Jetzt ordnen Sie jedem chargenbezogenen Objekttyp die zuvor angelegte Benutzergruppe Z_CHGHST zu. Dazu markieren Sie den Objekttyp **BAHMAS** und klicken doppelt auf den Ordner **Benutzergruppen** im Bildbereich **Dialogstruktur**. Anschließend klicken Sie auf die Schaltfläche **Neue Einträge** und erfassen in der Spalte **Benutzergruppe Selektion** Z_CHGHST. Zum Schluss speichern Sie die Eingaben. Wiederholen Sie die Zuordnung der Benutzergruppe für die Beispielobjekttypen POITEM und MATDOC.

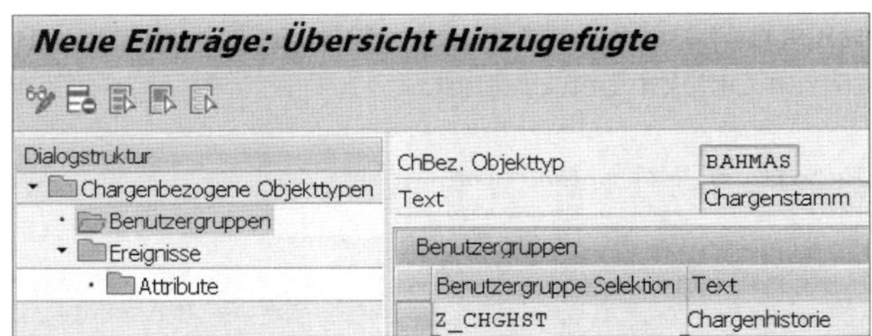

Customizing: Zuordnung der Benutzergruppe zum chargenbezogenen Objekttyp

Wechseln Sie mit Doppelklick in den Ordner **Ereignisse**. Hier wurden vom System in der Spalte **Ereig.** die Ereignisse CHNG (Änderung) und CRTD (Neuanlage) für den chargenbezogenen Objekttyp BAHMAS eingetragen. Mithilfe des Parameters können Sie festlegen, bei welchen Ereignissen (Anlage oder Änderung des Objekttyps) Daten in die Chargenhistorie aufgenommen werden. In diesem Beispiel werden sowohl bei der Anlage als auch bei der Änderung des Chargenstamms Daten in die Chargenhistorie übernommen.

Markieren Sie die Zeile mit dem Ereignis CHNG und klicken Sie doppelt auf den Ordner **Attribute**. Hier legen Sie fest, welche Werte aus den Datenbanktabellen in die Attribute (Spalte **Attribut**) der Chargenhistorie aufgenommen werden. Dies ist abhängig vom chargenbezogenen Objekttyp und vom Ereignis.

Beispielsweise möchten Sie im Fall des Ereignisses Neuanlage (CRTD) das **Attribut** EVDT (Ereignisdatum) mit dem Wert aus dem Datenbankfeld MCH1- ERSDA (Erstellungsdatum des Chargenstamms) füllen. Im Fall des Ereignisses Änderung (CHNG) möchten Sie das **Attribut** EVDT (Ereignisdatum) mit dem Wert aus dem Datenbankfeld **MCH1-LAEDA** (Letzte Änderung des Chargenstamms) füllen.

Die Attribute **Material**, **Charge**, **Werk** (beim Objekttyp BAHMAS nur dann, wenn die Eindeutigkeit auf Material-/Werksebene gesetzt ist) und **Ereignisdatum** sind obligatorische Attribute und müssen gesetzt werden. Sie können bis zu zehn optionale Attribute setzen. Optionale Attribute sind in der Spalte **Attribut** mit **ATTB** gekennzeichnet. Zuletzt speichern Sie die Customizing-Einstellungen.

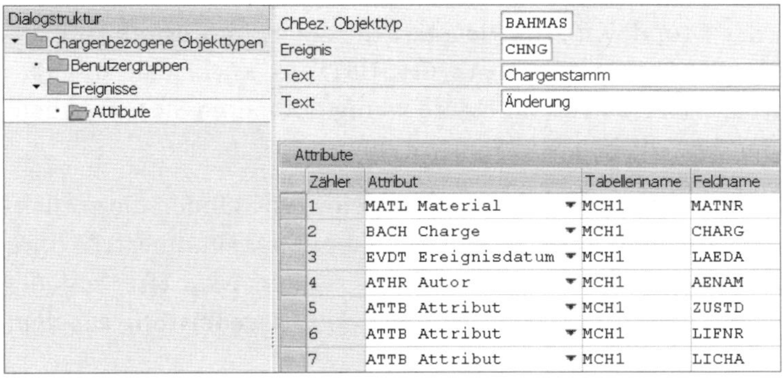

Dialogstruktur
- Chargenbezogene Objekttypen
  - Benutzergruppen
  - Ereignisse
    - Attribute

ChBez. Objekttyp: BAHMAS
Ereignis: CHNG
Text: Chargenstamm
Text: Änderung

Attribute

Zähler	Attribut	Tabellenname	Feldname
1	MATL Material	MCH1	MATNR
2	BACH Charge	MCH1	CHARG
3	EVDT Ereignisdatum	MCH1	LAEDA
4	ATHR Autor	MCH1	AENAM
5	ATTB Attribut	MCH1	ZUSTD
6	ATTB Attribut	MCH1	LIFNR
7	ATTB Attribut	MCH1	LICHA

Customizing: Attribute bei chargenbezogenen Objekttyp

Im nächsten Schritt starten Sie mithilfe von Transaktion SA38 den Report RVBOBJTABUPD (Batch History: Index Table Update). Der Report baut die Chargenhistorie auf. Im Feld **Chargenbezogene Objekttypen** erfassen Sie die drei zuvor aktivierten Objekttypen BAHMAS, POITEM und MATDOC und drücken [F8], um den Report auszuführen. Der Report baut die Indextabelle TOBJ_D_INDEX für die Chargenhistorie auf. Planen Sie den Report im Produktivbetrieb periodisch als Job ein (Transaktion SM36). Abhängig von der Anzahl an Materialien, Chargen und Belegen im System müssen Sie mit einer längeren Laufzeit rechnen.

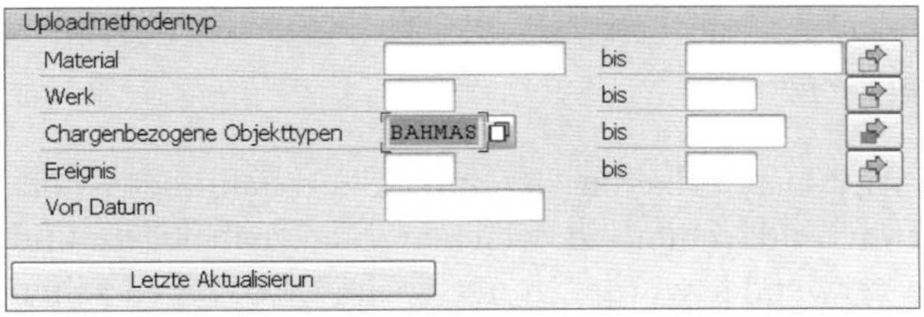

Uploadmethodentyp
Material — bis
Werk — bis
Chargenbezogene Objekttypen BAHMAS bis
Ereignis — bis
Von Datum
Letzte Aktualisierun

Report RVBOBJTABUPD

Mithilfe der Schaltfläche **Letzte Aktualisierung** können Sie sich die Zeitpunkte der letzten Aktualisierungen des Index anzeigen lassen. Nachdem der Report erfolgreich gelaufen ist, können Sie die Chargenhistorie aufrufen. Starten Sie dazu Transaktion BMBC.

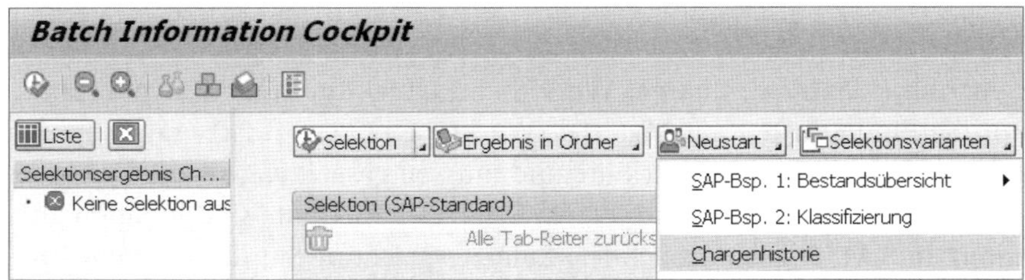

Transaktion BMBC – Batch Information Cockpit

Wählen Sie in der Dropdown-Liste **Neustart** die zuvor im Customizing anlegte Benutzergruppe **Chargenhistorie** (Z_CHGHST) aus. Klicken Sie anschließend auf die Schaltfläche **Selektion**. Da Sie wenige Daten im System haben, erfassen Sie keine zusätzlichen Selektionsparameter.

Im linken Bildbereich **Selektionsergebnis Chargen** werden Ihnen die vorhandenen Chargen angezeigt. Öffnen Sie den Knoten mit der Nummer **173** (Ihre Beispielmaterialnummer), klicken Sie mit der rechten Maustaste auf die Charge 2000000006 und wählen Sie die Funktion **Chargenhistorie** aus dem Kontextmenü aus.

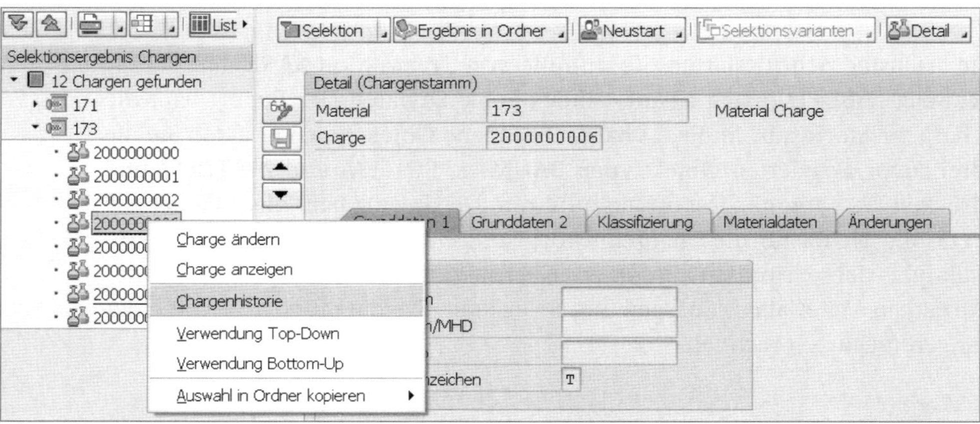

Transaktion BMBC: Chargenhistorie aufrufen

In der nun angezeigten ALV-Liste erhalten Sie einen Überblick über Änderungen am Chargenstamm und sehen, in welchen Materialbelegen und Bestellungen die Charge verwendet wurde. In der Spalte **CBO-Typen** sehen

Sie den Typ des Businessobjekts und in Spalte **CBO-ID1 – ID3** die jeweiligen Belegschlüssel.

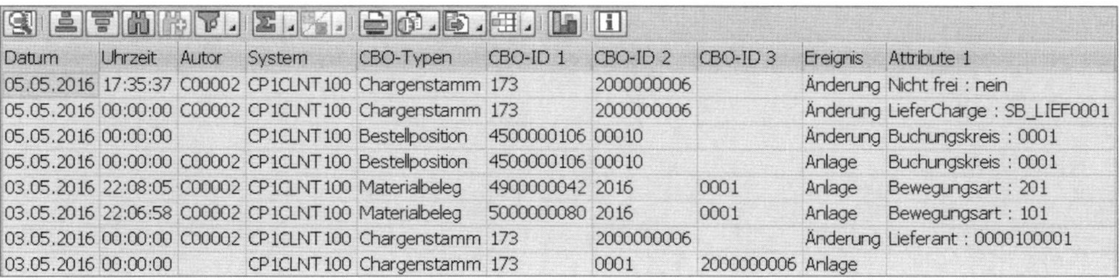

Datum	Uhrzeit	Autor	System	CBO-Typen	CBO-ID 1	CBO-ID 2	CBO-ID 3	Ereignis	Attribute 1
05.05.2016	17:35:37	C00002	CP1CLNT100	Chargenstamm	173	2000000006		Änderung	Nicht frei : nein
05.05.2016	00:00:00	C00002	CP1CLNT100	Chargenstamm	173	2000000006		Änderung	LieferCharge : SB_LIEF0001
05.05.2016	00:00:00		CP1CLNT100	Bestellposition	4500000106	00010		Änderung	Buchungskreis : 0001
05.05.2016	00:00:00	C00002	CP1CLNT100	Bestellposition	4500000106	00010		Anlage	Buchungskreis : 0001
03.05.2016	22:08:05	C00002	CP1CLNT100	Materialbeleg	4900000042	2016	0001	Anlage	Bewegungsart : 201
03.05.2016	22:06:58	C00002	CP1CLNT100	Materialbeleg	5000000080	2016	0001	Anlage	Bewegungsart : 101
03.05.2016	00:00:00	C00002	CP1CLNT100	Chargenstamm	173	2000000006		Änderung	Lieferant : 0000100001
03.05.2016	00:00:00		CP1CLNT100	Chargenstamm	173	0001	2000000006	Anlage	

Transaktion BMBC: Anzeige der Chargenhistorie

TEIL 6

Logistik-Rechnungsprüfung

In der Logistik-Rechnungsprüfung werden die eingehenden Rechnungen vom Lieferanten erfasst, geprüft und freigegeben. In diesem Teil erfahren Sie unter anderem, wie Sie Gutschriftanzeigen einsetzen, um Aufwand in der Rechnungsprüfung zu reduzieren. Lesen Sie, wie Sie Anzahlungen in Verbindung mit der Materialwirtschaft erfassen und buchen. Auch die Einrichtung einer stochastischen Zahlsperre und die Erfassung von direkten Sachkontenbuchungen in der Logistik-Rechnungsprüfung werden in den folgenden Tipps beschrieben.

› Tipps in diesem Teil

Tipp 64
ERS-Verfahren einsetzen

Anstatt die Rechnungsbelege Ihrer Lieferanten mühsam von Hand zu prüfen, können Sie für Ihre Lieferanten eine Wareneingangsabrechnung automatisch durchführen und Gutschriftanzeigen übermitteln. Sie erreichen dadurch eine Reduzierung des Aufwands in der Rechnungsprüfung.

Die Rechnungsprüfung ist einer der kostenintensivsten Teilprozesse in der Beschaffung. Die manuelle Prüfung und Klärung von Rechnungen ist umständlich und zum Teil sehr zeitintensiv. Durch die Einführung von integrierten Online-Katalogen im Beschaffungsprozess hat sich außerdem das Belegvolumen in der Rechnungsprüfung stark erhöht.

Eine einfache Methode zur Verringerung von Kosten und Mehraufwänden ist das ERS-Verfahren (*Evaluated Receipt Settlement*). Das ERS-Verfahren dreht den Belegfluss um. Sie erhalten vom Lieferanten keine Rechnungen mehr. Im Gegenzug schicken Sie dem Lieferanten periodisch Gutschriftanzeigen über die abgerechneten Materialien und Leistungen, die Sie vom Lieferanten erhalten haben.

Voraussetzung für ein gut funktionierendes ERS-Verfahren ist, dass die Preisinformationen Ihrer Materialien und Leistungen korrekt gepflegt sind.

› Und so geht's

Das ERS-Verfahren aktivieren Sie je Lieferant, indem Sie im Lieferantenstamm das Kennzeichen **Auto WEAbr Lieferung** bzw. **Auto WEAbr Retouren** (im Fall der Retourenabwicklung) aktivieren.

Dazu starten Sie Transaktion MK02 (Lieferant ändern). Sie erfassen Ihren Beispiellieferanten im Feld **Kreditor** und Ihre Einkaufsorganisation 0001. Zusätzlich markieren Sie im Bildbereich **Einkaufsorganisationsdaten** das Kennzeichen **Einkaufsdaten**. Anschließend drücken Sie [↵].

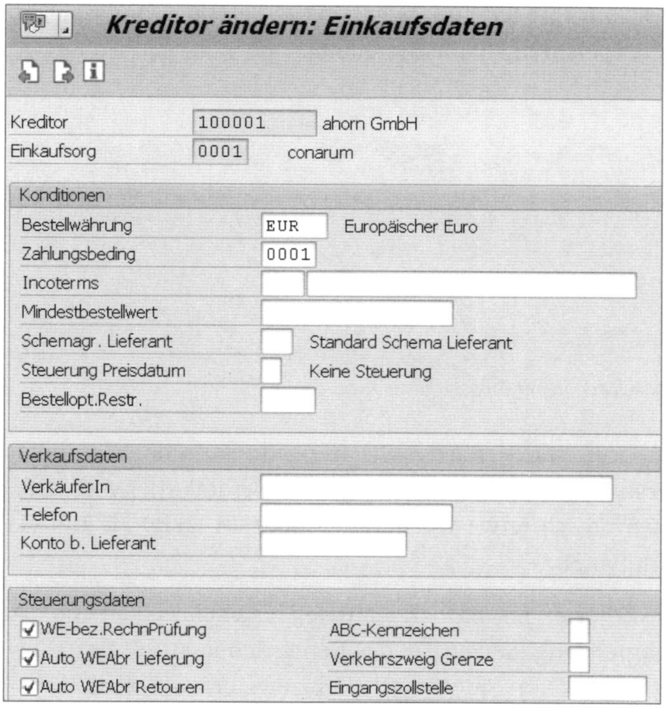

Kreditor ändern: Einkaufsdaten

Kreditor 100001 ahorn GmbH
Einkaufsorg 0001 conarum

Konditionen
Bestellwährung EUR Europäischer Euro
Zahlungsbeding 0001
Incoterms
Mindestbestellwert
Schemagr. Lieferant Standard Schema Lieferant
Steuerung Preisdatum Keine Steuerung
Bestellopt.Restr.

Verkaufsdaten
VerkäuferIn
Telefon
Konto b. Lieferant

Steuerungsdaten
☑ WE-bez.RechnPrüfung ABC-Kennzeichen
☑ Auto WEAbr Lieferung Verkehrszweig Grenze
☑ Auto WEAbr Retouren Eingangszollstelle

Transaktion MK02: Aktivierung des ERS-Verfahrens im Lieferantenstamm

Im Bildbereich **Steuerungsdaten** markieren Sie die Kennzeichen **Auto WEAbr Lieferung** und **Auto WEAbr Retouren**. Des Weiteren aktivieren Sie das Kennzeichen **WE-bez. RechnPrüfung**. Auf diese Weise erfolgt die Rechnungsprüfung auf Basis des Wareneingangs. Zu jedem Wareneingang wird später beim ERS-Verfahren eine Rechnungsposition erzeugt. Das System ordnet somit die Rechnung eindeutig einem Wareneingang zu.

Außerdem ist es sinnvoll, im Bildbereich **Konditionen** die Zahlungsbedingungen (Feld **Zahlungsbeding**) im Lieferantenstamm direkt zu pflegen. Sie ersparen sich Pflegeaufwand bei der Anlage der Bestellung. Speichern Sie den Lieferantenstamm.

Wechseln Sie nun in die Bestellanlage (Transaktion ME21N) und legen Sie eine Bestellung an. Aufgrund der geänderten Lieferantenstammdaten werden in der Bestellposition in der Registerkarte **Rechnung** die Kennzeichen **WE-bez. RP** und **Auto WEAbrech** gesetzt.

Für das ERS-Verfahren muss auch das Steuerkennzeichen gesetzt werden, damit das System die Steuerberechnung durchführen kann. Im Feld **Steuerkennz** tragen Sie das Steuerkennzeichen Z1 für 19% Vorsteuer ein. (In Tipp 19 erfahren Sie, wie Sie sich das Steuerkennzeichen in der Bestellung vorschlagen lassen können.) Zuletzt speichern Sie die Bestellung.

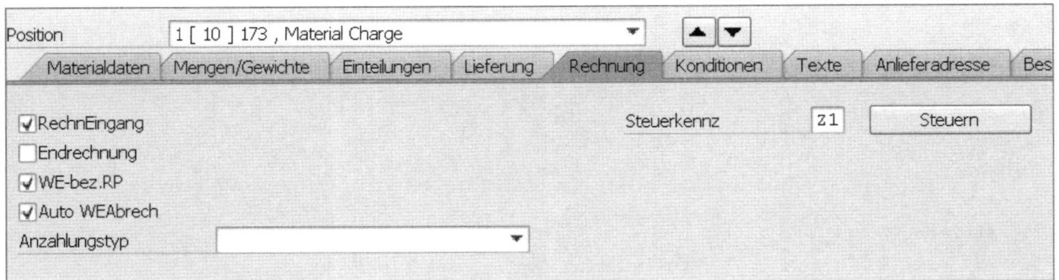

Transaktion ME21N: Kennzeichen in der Registerkarte »Rechnung«

Mithilfe von Transaktion MRRL starten Sie die automatische Wareneingangsabrechnung. Transaktion MRRL startet den Report RMMR1MRS. Den Report können Sie periodisch (etwa wöchentlich oder 14-tägig) als Job via Transaktion SM36 einplanen.

Neben den Selektionskriterien im Bildbereich **Belegauswahl** erfassen Sie das Kennzeichen **Belegabgrenzung**. Setzen Sie das Kennzeichen auf 3. Der Wert 3 sagt aus, dass je Bestellposition eine Gutschriftanzeige erzeugt wird.

Automat. Wareneingangsabrechnung (ERS) mit Logistik-Rechnungsprüfung

Belegauswahl

Buchungskreis	0001	bis	
Werk	0001	bis	
Buchungsdatum Wareneingang		bis	
Wareneingangsbeleg		bis	
Geschäftsjahr Wareneingang		bis	
Lieferant		bis	
Einkaufsbeleg		bis	
Position		bis	

Verarbeitungsoptionen

Belegabgrenzung 3 Belegabgrenzung pro Bestellposition

Testlauf

Warenpositionen + geplante Nebenk

Anzeigeoptionen

Layout

ERS-Verfahren: Art der Belegabgrenzung (1) 4 Einträge g...

Belegabgrenzung	Kurzbeschreibung
1	Belegabgrenzung pro Lieferant
2	Belegabgrenzung pro Bestellung
3	Belegabgrenzung pro Bestellposition
4	Belegabgrenzung pro Lieferbeleg/Leistungserfassung

Transaktion MRRL: ERS-Verfahren

Um die Übersichtlichkeit zu gewährleisten und die Handhabung zu verbessern, empfehle ich Ihnen, das Kennzeichen so zu wählen, dass die Anzahl der Rechnungspositionen je Rechnung nicht allzu groß ist. Dies hängt sehr stark vom Einkaufsverhalten Ihres Unternehmens ab. Wenn Sie sehr viele Lieferungen, aber nur wenige Lieferanten haben, ist es sinnvoll, die Belegabgrenzung eher auf Bestellpositionsebene (3) oder sogar auf Lieferungsebene (4) durchzuführen.

Sie können gegebenenfalls auch den Report mehrmals mit unterschiedlichen Selektionskriterien und unterschiedlicher Belegabgrenzung starten. Für bestimmte Lieferanten, die sehr viele Lieferungen ausführen, starten Sie den Report beispielsweise mit der Belegabgrenzung 3 (je Bestellposition). Für alle anderen Lieferanten wählen Sie Belegabgrenzung 1 (je Lieferant).

In der Ergebnisliste werden Ihnen die abgerechneten Materialbelege und Einkaufsbelege angezeigt. In diesem Fall ist aber noch kein Rechnungsbeleg erzeugt worden, weil die Nachrichtenausgabe noch nicht eingerichtet ist. Wie das geht, erfahren Sie im nächsten Tipp.

Tipp 65

Nachrichtenausgabe im ERS-Verfahren verwenden

Sie haben das ERS-Verfahren eingerichtet und getestet. Nun soll der Rechnungsbeleg im System angelegt werden und eine Gutschriftanzeige erzeugt werden.

Wenn Sie den Wareneingang automatisch abrechnen (ERS-Verfahren), teilen Sie dem Lieferanten mit einer Gutschriftanzeige mit, welche Wareneingänge Sie abgerechnet haben. Auf der Gutschriftanzeige wird die zu zahlende Vorsteuer ausgewiesen. Die Gutschriftanzeige wird mithilfe der Nachrichtensteuerung erzeugt, sobald der Rechnungsbeleg im System gebucht wurde.

› Und so geht's

Wechseln Sie in das Customizing der Logistik-Rechnungsprüfung und rufen Sie das Customizing auf:

Materialwirtschaft ▸ Logistik-Rechnungsprüfung ▸ Nachrichtenfindung ▸ Konditionen pflegen

Im Dialogfenster **Aktion auswählen** doppelklicken Sie auf die Zeile **Kondition anlegen: Rechnungsprüfung**. SAP bietet für das ERS-Verfahren zwei Vorlagenachrichtenarten an:

- Nachrichtenart ERS: unterstützt Druck- und Faxausgabe (Medium 1 und 2)
- Nachrichtenart ERS6: unterstützt Ausgabe via EDI/IDoc (Medium 6)

Für dieses Beispiel wählen Sie die Nachrichtenart ERS und drücken [↵]. Im nachfolgenden Dialogfenster **Schlüsselkombination** wählen Sie den Auswahlknopf **Bukrs** aus. Mithilfe dieser Schlüsselkombination können Sie abhängig vom Buchungskreis die Konditionseinstellungen für die Nachrichtenfindung festlegen. Bestätigen Sie mit [↵].

In der angezeigten Sicht **Konditionssätze (ERS-Verfahren) anlegen: Schnellerfassung** pflegen Sie den Konditionssatz. In der Spalte **BuKr.** erfassen Sie Ihren Beispielbuchungskreis 0001. Sobald nun ein Rechnungsbeleg im ERS-Verfahren erzeugt wird und dieser im Buchungskreis 0001 angelegt wurde, wird dieser Konditionssatz mit der Nachrichtenart ERS ermittelt.

Konditionssätze (ERS-Verfahren) anlegen: Schnellerfassung

Kommunikation

Konditionssätze

BuKr.	Bezeichnung	Rolle	Partner	Medium	Zeitpunkt	Spra...
0001	conarum GmbH & Co KG	RS		1	1	

Customizing: Pflege der Kondition in der Nachrichtenfindung

In der Spalte **Rolle** erfassen Sie die Partnerart RS (Rechnungssteller). Zusätzlich erfassen Sie in der Spalte **Medium** den Wert 1 (Druckausgabe) und in der Spalte **Zeitpunkt** auch den Wert 1 (Versenden durch periodisch eingeplanten Job). Der Wert 1 in der Spalte **Zeitpunkt** bewirkt, dass nur der Nachrichtensatz erzeugt wird. Die Druckausgabe erfolgt separat mithilfe des Reports RSNAST00, der in der Regel als Job eingeplant wird. Markieren Sie die Zeile und klicken Sie auf die Schaltfläche **Kommunikation**.

In der Sicht erfassen Sie im Feld **Ausgabegerät** Ihren Drucker und speichern anschließend den Konditionssatz. Alternativ können Sie je Benutzer im Customizing oder in den Benutzerfestwerten im Benutzerstamm einen Drucker hinterlegen. Dies ist abhängig vom **Druckparameter** in der Nachrichtenart:

- Druckparameter S: Der Drucker wird anhand des Festwerts im Benutzerstamm ermittelt
- Druckparameter U: Der Drucker wird anhand der Einstellung aus dem Customizing ermittelt
- Das Customizing der Nachrichtenart finden Sie unter folgendem Pfad:

Materialwirtschaft ▸ Logistik-Rechnungsprüfung ▸ Nachrichtenfindung ▸ Nachrichtenarten pflegen

In der angezeigten Tabelle **Nachrichtenarten** markieren Sie die gewünschte Nachrichtenart (Spalte **Nachr.art**). In diesem Beispiel ist es **ERS**. Anschließend wechseln Sie auf die Schaltfläche **Detail** und klicken auf die Registerkarte **Druck**, um den **Druckparameter** einzustellen.

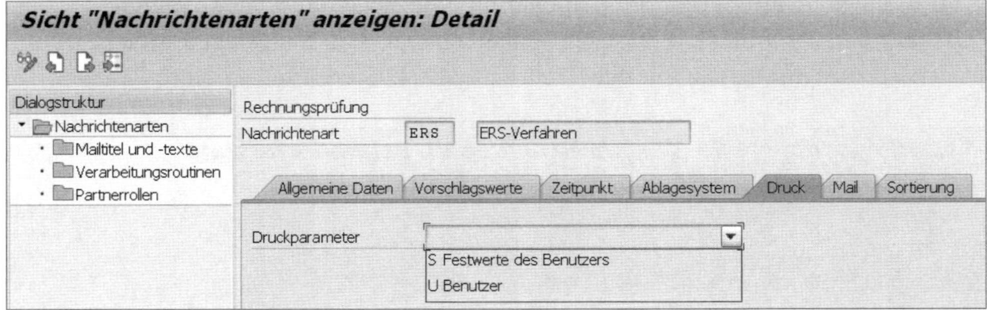

Customizing: Nachrichtenart

Die Druckerfindung je Benutzer und Nachrichtenart finden Sie unter folgendem Pfad:

Materialwirtschaft ▸ Logistik-Rechnungsprüfung ▸ Nachrichtenfindung ▸ Druckerfindung nach Nachrichtenart/Benutzer

Nachdem Sie alle Einstellungen vorgenommen haben, starten Sie die im letzten Tipp beschriebene Transaktion MRRL und führen die automatische Wareneingangsabrechnung aus. In der Ergebnisliste werden Ihnen nun alle Rechnungsbelege angezeigt, die durch das ERS-Verfahren im Hintergrund angelegt wurden.

Automat. Wareneingangsabrechnung (ERS) mit Logistik-Rechnungsprüfung

Buchbar	Lieferant	Referenzbeleg	GjahrR	PosR	Einkaufsbeleg	Pos	Referenz	RechnBelegnum.	Jahr	Infotext	Buchhaltungsbeleg	NK	Frachtbrf	konf.BelNr
X	100001	5000000088	2016	1	4500000107	10		5105600762	2016		5100000002			
	100001	5000000089	2016	1	4500000107	10		5105600762	2016		5100000002			
	100001	5000000090	2016	1	4500000107	10		5105600762	2016		5100000002			
	100001	5000000091	2016	1	4500000107	10		5105600762	2016		5100000002			

Transaktion MRRL: Ergebnisliste ERS-Verfahren

Klicken Sie in der Spalte **RechnBelegnum.** auf die erste erzeugte Rechnungsnummer. Die Rechnung wird nun angezeigt. Den erzeugten Nachrichtensatz können Sie über **Springen ▸ Nachrichten ▸ Kopf** im Menü der Transaktion einsehen.

Tipp 66

Direkte Buchung auf Sach- und Materialkonten

Machen Sie die Logistik-Rechnungsprüfung zu Ihrem zentralen Werkzeug für die Erfassung von Eingangsrechnungen. In diesem Tipp lernen Sie, wie Sie selbst Rechnungen ohne Bestellbezug direkt in Transaktion MIRO erfassen können.

Lange war es in der Logistik-Rechnungsprüfung nicht möglich, Rechnungen ohne Bestellbezug zu buchen. Die Rechnung musste in der Finanzbuchhaltung gebucht werden. Je nach Rechnungsart musste der Rechnungsprüfer dabei zwischen den Transaktionen wechseln. Das war umständlich und zeitraubend.

Mithilfe eines Customizing-Schalters kann diese Funktion in der Logistik-Rechnungsprüfung aktiviert werden.

› Und so geht's

Rufen Sie folgenden Customizing-Pfad auf:

Materialwirtschaft ▸ Logistik-Rechnungsprüfung ▸ Eingangsrechnung ▸ Direktes Buchen auf Sach- und Materialkonto aktivieren

Im Customizing aktivieren Sie das Kennzeichen **Direktbuchen auf Sachkonto aktiv** und speichern die Einstellung.

Sicht "Customizing Direktbuchen Logistik-Rechnungsprüfung" ändern:

Customizing Direktbuchen Logistik-Rechnungsprüfung
☑ Direktbuchen auf Sachkonto aktiv
☐ Direktbuchen auf Material aktiv

Customizing: Direktbuchen auf Sachkonto aktiv

Wenn Sie Transaktion MIRO starten, wird Ihnen eine zusätzliche Registerkarte **Sachkonto** angezeigt.

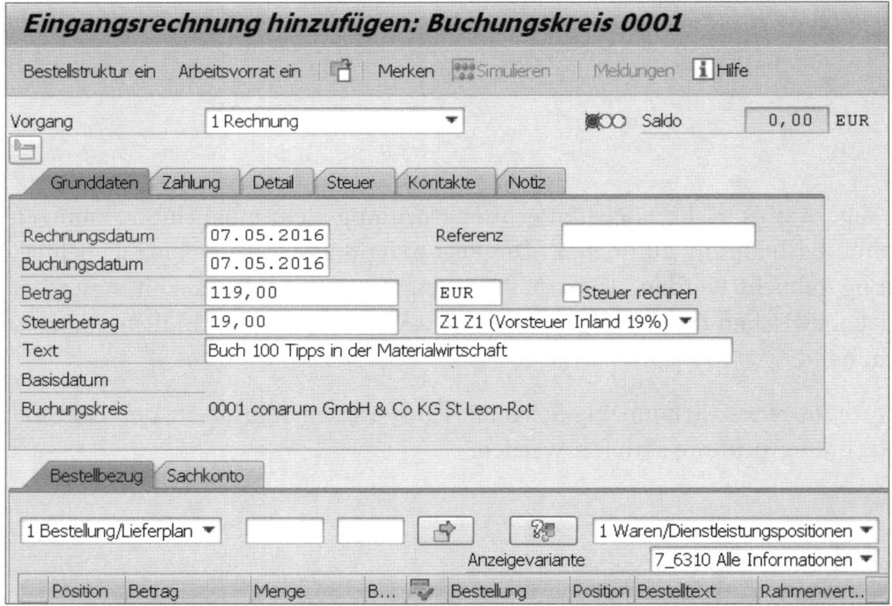

Transaktion MIRO: Startbildschirm

Erfassen Sie nun beispielhaft eine Rechnung in Höhe von 119,00 Euro, die direkt auf eine Kostenstelle verrechnet werden soll. Erfassen Sie dazu im Feld **Rechnungsdatum** das Datum der Rechnung, im Feld **Betrag** den Bruttobetrag von 119,00, die **Währung** EUR und im Feld **Steuerbetrag** die Vorsteuer von 19,00. Wählen Sie das Beispielsteuerkennzeichen Z1 (Vorsteuer Inland 19%) aus.

Wechseln Sie in den Registerkarte **Zahlung** und erfassen Sie im Feld **Basisdatum** das Zahlungsfristenbasisdatum, auf dessen Grundlage die Skontofälligkeit berechnet wird. Danach wechseln Sie auf die Registerkarte **Detail** und erfassen im Feld **RechnSteller** die Lieferantennummer bzw. die Nummer des Rechnungsstellers. In diesem Beispiel ist es die Nummer 100001. Bestätigen Sie mit [↵].

Wenn Sie eine Rechnung ohne Bezug zu einer Bestellung erfassen, müssen Sie zunächst die Kopfdaten des Vorgangs erfassen, darunter auch den Rechnungssteller. Ansonsten können Sie nicht auf die Registerkarte **Sachkonto** wechseln.

Wechseln Sie nun auf die Registerkarte **Sachkonto** und erfassen Sie in der Spalte **Sachkonto** das Beispielverbrauchskonto 400099, den Nettobetrag der Rechnung von 100,00 in der Spalte **Betrag Belegwährung** und die **Kostenstelle** 1000.

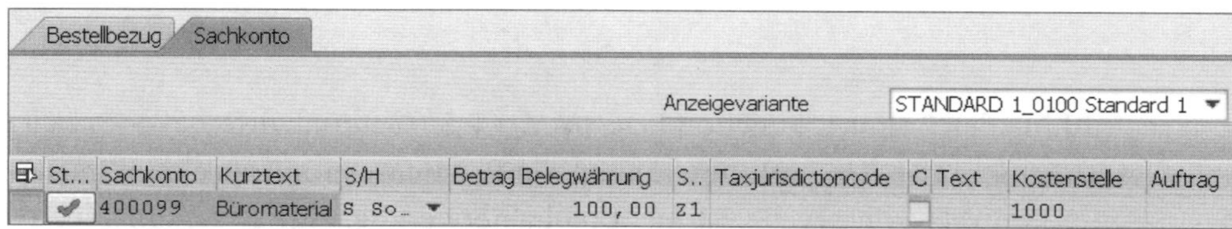

Transaktion MIRO: Direkte Sachkontenbuchung

Anschließend speichern Sie die Rechnung. Mithilfe von Transaktion MIR4 können Sie sich den gebuchten Beleg anzeigen lassen.

Tipp 67
Buchung direkt auf Kontrakt

Es ist wenig effizient, für Kleinteile, Dienstleistungen oder Büromaterial jeweils eine eigene Bestellung anzulegen. In diesem Tipp erfahren Sie, wie Sie stattdessen einen Kontrakt mit eigener Laufzeit verwenden, in dem das Gesamtvolumen und die Rahmenbedingungen dokumentiert sind.

Mithilfe der Business Function LOG_MM_CI_3 (Materialwirtschaft – Erweiterungen in der Beschaffung) können Sie Rechnungen mit direktem Bezug zum Kontrakt erfassen. Es ist nicht mehr notwendig, eine Bestellung anzulegen. Die Rechnung wird im Kontrakt in der Abrufdokumentation fortgeschrieben.

Diese Funktion können Sie für ERP-Kontrakte oder SRM-Zentralkontrakte verwenden. Im Folgenden zeige ich Ihnen, welche Einstellungen für diese Funktion notwendig sind.

› Und so geht's

Um das direkte Buchen auf einen Kontrakt zu ermöglichen, gehen Sie zuerst in das Customizing:

Materialwirtschaft ▸ Eingangsrechnung ▸ Direktes Buchen auf Kontrakte aktivieren

In der Sicht **»Logistik-Rechnungsprüfung: Kontraktreiter« ändern: Detail** aktivieren Sie das Kennzeichen **KontraktRegKarte ak.** und speichern die Einstellung.

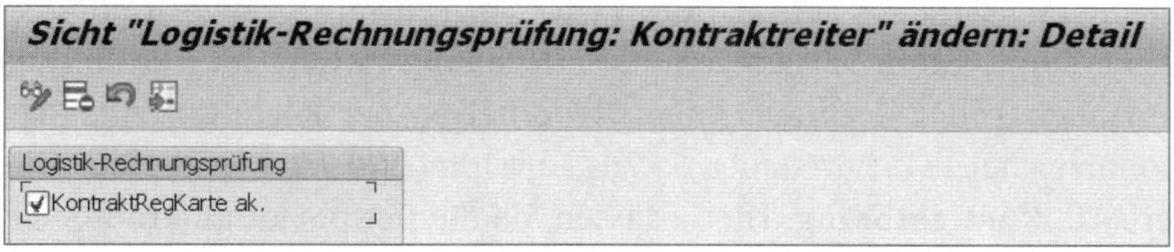

Sicht "Logistik-Rechnungsprüfung: Kontraktreiter" ändern: Detail

Logistik-Rechnungsprüfung

☑ KontraktRegKarte ak.

Customizing: Direktes Buchen auf Kontrakt aktivieren

Anschließend rufen Sie folgenden Customizing-Pfad auf:

Materialwirtschaft ▸ Logistik-Rechnungsprüfung ▸ Rechnungssperre ▸ Toleranzgrenzen festlegen

Um Rechnungen mit direktem Bezug zum Kontrakt buchen zu können, ist es notwendig, dass ein Satz mit dem Toleranzschlüssel PC im System vorhanden ist, auch wenn keine Prüfung gegen Toleranzgrenzen eingestellt wird.

Klicken Sie auf die Schaltfläche **Neue Einträge**, um einen neuen Satz anzulegen. Im Feld **Toleranzschlüssel** pflegen Sie den Wert PC (Preisabweichung Kontrakt). Im Feld **Buchungskreis** erfassen Sie den Beispielbuchungskreis 0001. Im Feld **Beträge in** geben Sie den Referenzwährungsschlüssel EUR ein, auf dessen Basis die Abweichungsgrenzen gepflegt werden. Für dieses Beispiel möchten Sie keine Toleranzgrenzen aktivieren und setzen deshalb in den vier Bildbereichen den Auswahlknopf **Nicht prüfen**. Anschließend speichern Sie die Einstellung.

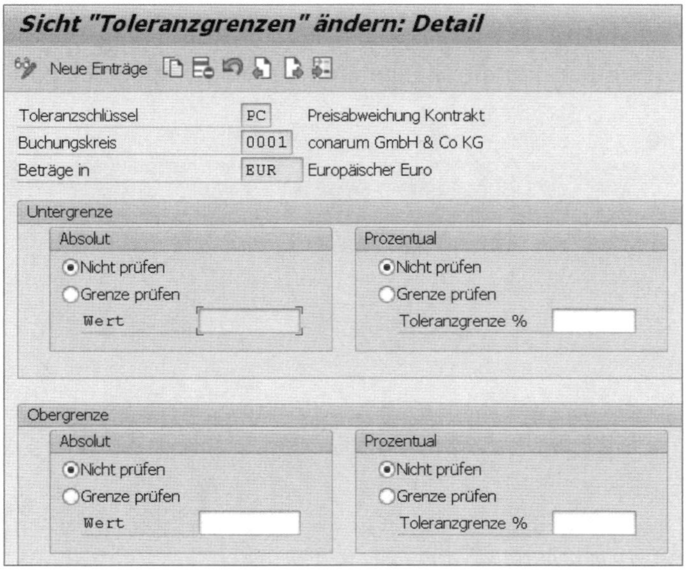

Sicht "Toleranzgrenzen" ändern: Detail

Neue Einträge

Toleranzschlüssel	PC	Preisabweichung Kontrakt
Buchungskreis	0001	conarum GmbH & Co KG
Beträge in	EUR	Europäischer Euro

Untergrenze

Absolut	Prozentual
◉ Nicht prüfen	◉ Nicht prüfen
○ Grenze prüfen	○ Grenze prüfen
Wert	Toleranzgrenze %

Obergrenze

Absolut	Prozentual
◉ Nicht prüfen	◉ Nicht prüfen
○ Grenze prüfen	○ Grenze prüfen
Wert	Toleranzgrenze %

Customizing: Toleranzgrenzen Preisabweichung Kontrakt

Anschließend starten Sie Transaktion MIRO. Im Fenster erscheint nun eine zusätzliche Registerkarte. Erfassen Sie das **Rechnungsdatum**, im Feld **Betrag** den Bruttobetrag der Rechnung, den **Steuerbetrag** der Rechnung und das Steuerkennzeichen Z1 (Vorsteuer 19%). Anschließend klicken Sie auf die Registerkarte **Kontraktbezug**. Hier erfassen Sie die Beispielkontraktnummer 4600000011 und drücken [↵]. Nun wird Ihnen die Kontraktposition angezeigt.

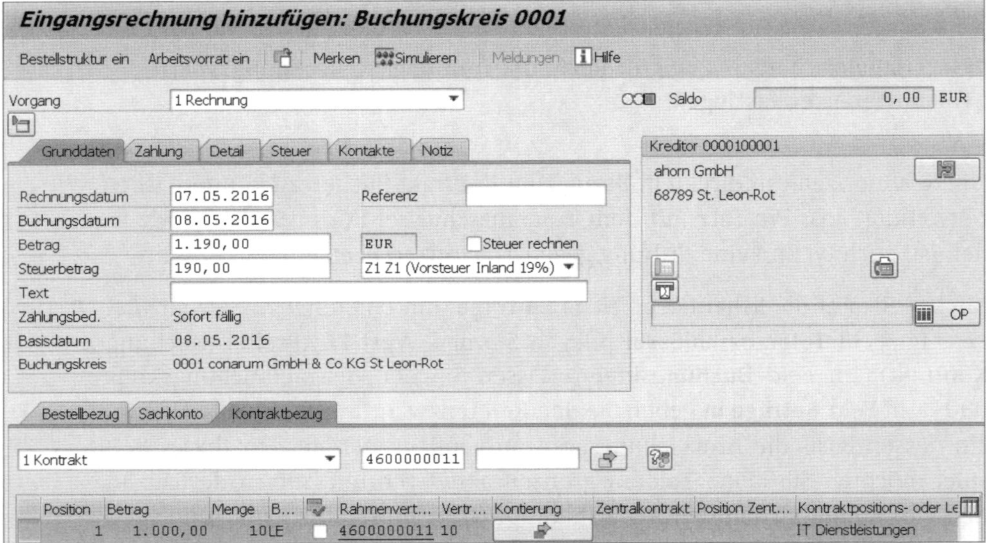

Transaktion MIRO: Erfassen einer Rechnung mit direktem Bezug zur Rechnung

Klicken Sie auf die Schaltfläche in der Spalte **Kontierung**, um die Kontierungsdaten zu prüfen und die Menge und den Nettobetrag der Position zu erfassen.

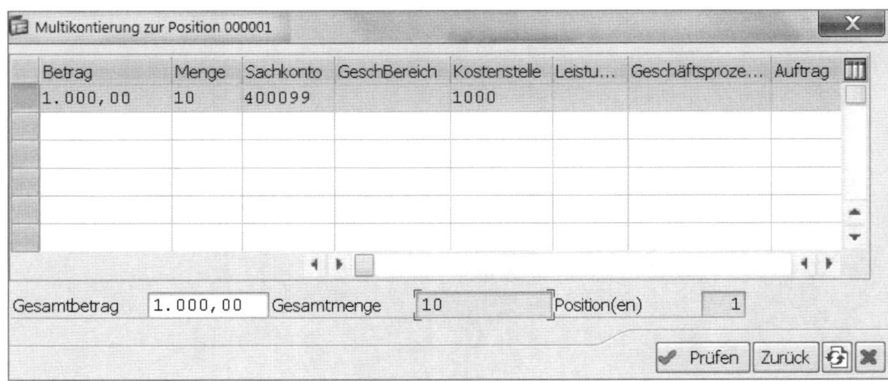

Transaktion MIRO: Erfassen von Kontierung, Menge und Nettobetrag

Erfassen Sie den **Betrag** und die **Menge** der Position. Zusätzlich können Sie das vorgeschlagene Sachkonto und die Kontierung anpassen. Prüfen Sie die Daten mithilfe der Schaltfläche **Prüfen** und wechseln Sie über die Schaltfläche **Zurück** in den Ausgangsbildschirm **Eingangsrechnung hinzufügen**. Zuletzt buchen Sie die erfasste Rechnung.

Um nun die Abrufdokumentation im Kontrakt anzeigen zu lassen, starten Sie Transaktion ME33K und erfassen Sie im Feld **Vertrag** die Beispielkontraktnummer. Anschließend drücken Sie [↵].

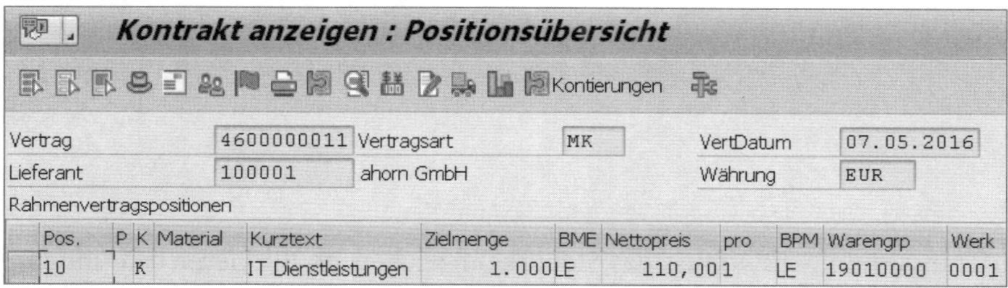

Transaktion ME33K: Kontrakt anzeigen

Markieren Sie die angezeigte Position und klicken Sie auf die Schaltfläche (**Abrufdokumentation**). In der Abrufdokumentation (Beleghistorie) wird Ihnen die zuvor erfasste Rechnung mit der Rechnungsnummer 5105600766/2016 angezeigt.

Kontrakt Beleghistorie

Kurztext	BwA	Materialbeleg	Pos	Buch.dat.	ΣMenge	BME	ΣBetrag Hauswähr	HWähr	ΣMenge in BPME	BNK-Menge in BPME	BestellpreisME	Σ Betrag	Währg
RE-L		5105600766	1	08.05.2016	10	LE	1.000,00	EUR	10	0	LE	1.000,00	EUR
RE-L		5105600765	1	07.05.2016	1	LE	100,00	EUR	1	0	LE	100,00	EUR
Vorgang	**Rechnungseingang**				▪ **11**	**LE**	▪ **1.100,00**	**EUR**	▪ **11**		**LE**	▪ **1.100,00**	**EUR**

Transaktion ME33K: Abrufdokumentation Kontrakt

Tipp 68

Steuerkennzeichen vorschlagen lassen

Erleichtern Sie sich die Datenerfassung. Stellen Sie mit wenigen Klicks ein, dass das Steuerkennzeichen immer vorgeschlagen wird.

In Transaktion MIRO muss das Steuerkennzeichen im Bildbereich **Grunddaten** erfasst werden. In der Regel gibt es ein Steuerkennzeichen, das Sie häufig verwenden. Je Buchungskreis können Sie festlegen, welches Steuerkennzeichen in Transaktion MIRO vorgeschlagen werden soll.

› Und so geht's

Rufen Sie folgenden Customizing-Pfad auf:

Materialwirtschaft ▸ Logistik-Rechnungsprüfung ▸ Eingangsrechnung ▸ Vorschlagswerte für Steuerkennzeichen pflegen

In der angezeigten Liste markieren Sie den Buchungskreis 0001 (Spalte **BuKr**) und klicken auf die Schaltfläche (**Detail**).

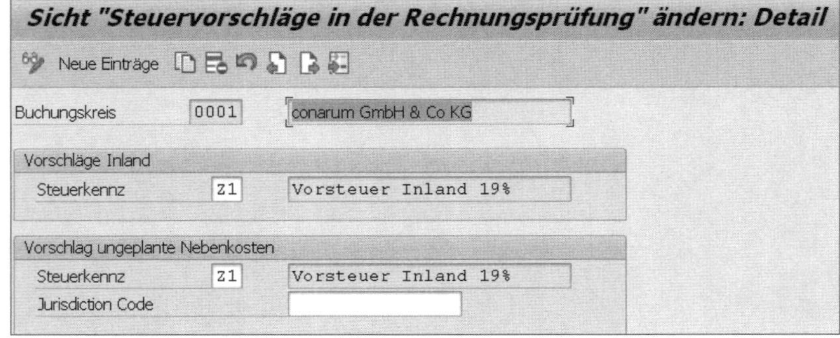

Customizing: Vorschlag des Steuerkennzeichens in der Rechnungsprüfung

In den Feldern **Steuerkennz** im Bildbereich **Vorschläge Inland** und **Vorschlag ungeplante Nebenkosten** erfassen Sie das Steuerkennzeichen, das in Transaktion MIRO vorgeschlagen werden soll. Speichern Sie die Einstellung.

Anschließend starten Sie Transaktion MIRO. Das im Customizing hinterlegte Steuerkennzeichen Z1 (Vorsteuer Inland 19%) wird nun vorgeschlagen.

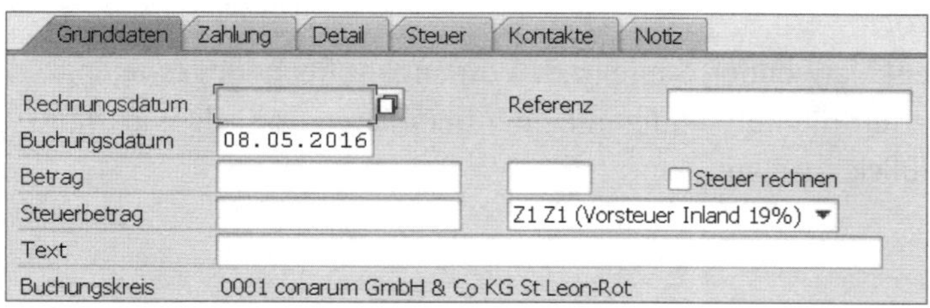

Transaktion MIRO: Steuerkennzeichenvorschlag

Tipp 69

Varianten in der Positionsliste der Rechnungsprüfung

Schluss mit Scrollen! Verwenden Sie je nach Vorgang im Rechnungseingang Positionslisten, die nur die notwendigen Felder beinhalten und alle wichtigen Spalten auf einen Blick anzeigen.

In Transaktion MIRO lässt sich die Ansicht der Positionsliste mithilfe sogenannter *Anzeigevarianten* oder Screenvarianten anpassen. SAP liefert im Standard bereits eine Reihe vordefinierter Anzeigevarianten aus.

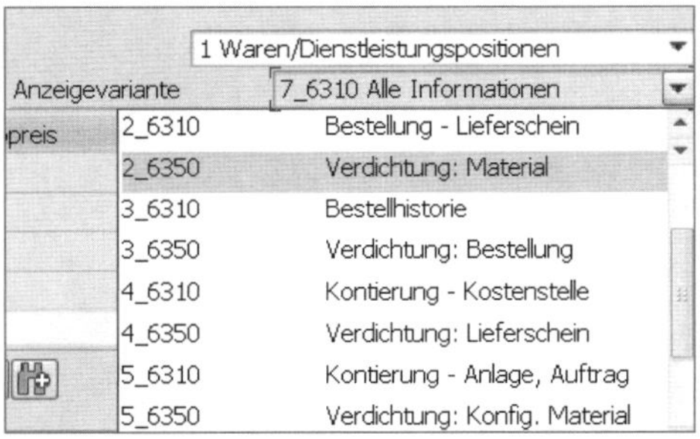

1 Waren/Dienstleistungspositionen

Anzeigevariante 7_6310 Alle Informationen

preis	2_6310	Bestellung - Lieferschein
	2_6350	Verdichtung: Material
	3_6310	Bestellhistorie
	3_6350	Verdichtung: Bestellung
	4_6310	Kontierung - Kostenstelle
	4_6350	Verdichtung: Lieferschein
	5_6310	Kontierung - Anlage, Auftrag
	5_6350	Verdichtung: Konfig. Material

Transaktion MIRO: SAP-Standardanzeigevarianten

In diesem Beispiel zeige Ich Ihnen, wie Sie eine neue Anzeigevariante anlegen. Sie lernen, wie Sie Spalten ausblenden, die Breite der Spalten anpassen und die Position der Spalten ändern.

› Und so geht's

Rufen Sie folgenden Customizing-Pfad auf:

Materialwirtschaft ▸ Logistik-Rechnungsprüfung ▸ Eingangsrechnung ▸ Varianten für Positionsliste pflegen

Im Fenster **Screenvarianten** erfassen Sie im Feld **Screenvariante** den Schlüsselbegriff Z_TIPP68_DEMO für die neu zu erstellende Screenvariante. Anschließend klicken Sie auf die Schaltfläche (**Anlegen**).

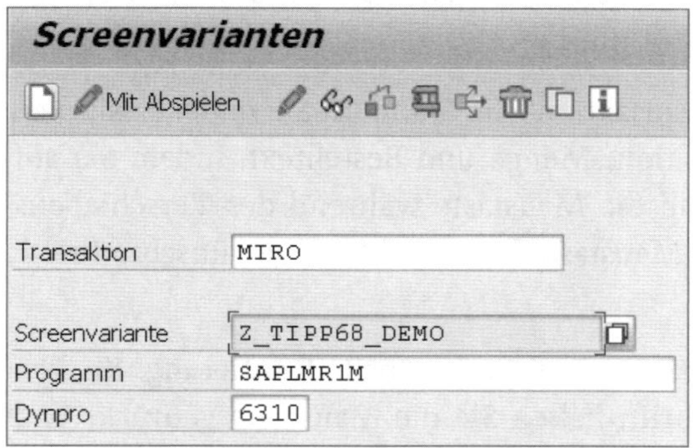

Customizing: Anzeigevariante anlegen – Einstieg

Das System zeigt Ihnen die Transaktion MIRO an. Erfassen Sie im Mussfeld **Rechnungsdatum** das heutige Datum, um Fehlermeldungen zu vermeiden. Verzeichnen Sie auch eine Beispielbestellnummer, damit Sie anschließend die Positionsliste bearbeiten können. Die Bestellung umfasst eine kontierte Bestellposition. Bestätigen Sie mit [↵].

Es erscheint das Dialogfenster **Bildeingaben bestätigen**. Darin erfassen Sie im Feld **Kurztext Screenvariante** die Bezeichnung der Anzeigevariante. Der Kurztext wird später in Transaktion MIRO als Bezeichnung der Anzeigevariante angezeigt.

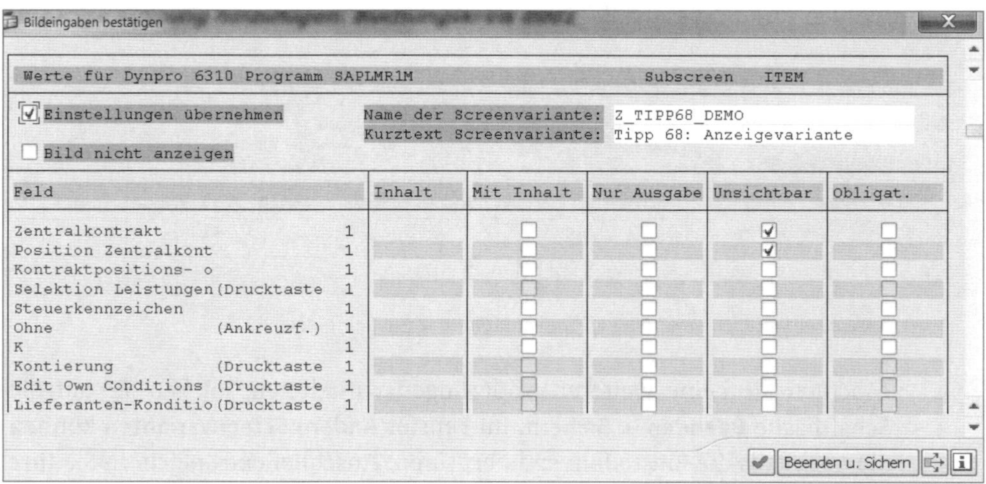

Anzeigevariante: Kurztext Screenvariante erfassen

In der angezeigten Feldliste suchen Sie nach den Spaltennamen in der Spalte **Feld**, die Sie in der Positionsliste von Transaktion MIRO ausblenden möchten. Die Spalten **Zentralkontrakt** und **Position Zentralkont** können Sie für dieses Beispiel ausblenden, indem Sie in der Spalte **Unsichtbar** das jeweilige Kennzeichen setzen. Bestätigen Sie mit [↵].

In der wiederum angezeigten Transaktion MIRO ändern Sie in der Positionsliste die Breiten der Felder Position, Menge und Bestelltext, indem Sie auf die Positionsrahmen klicken und die Maustaste während des Verschiebens gedrückt halten. Lassen Sie die Maustaste los, sobald die gewünschte Breite erreicht ist.

Anschließend ändern Sie die Spaltenposition der Spalte **Kontierung**. Klicken Sie dazu auf die Spaltenüberschrift, halten Sie die Maustaste gedrückt und bewegen Sie die Maus auf die Spalte **Bestelltext**. Danach lassen Sie die Maustaste los. Die Spalte **Kontierung** wird vor die Spalte **Bestelltext** verschoben. Drücken Sie wiederum [↵].

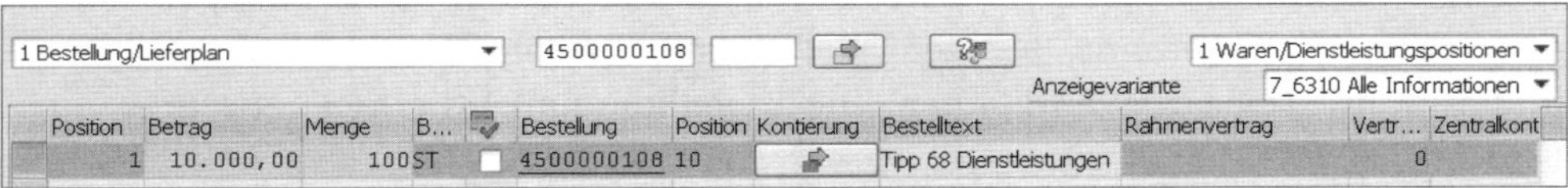

Customizing: Anlegen der Anzeigevariante

Es erscheint wieder das Dialogfenster **Bildeingaben bestätigen**. Darin markieren Sie die Kennzeichen **Spaltenreihenf. übernehmen** und **Spaltenbr. übern**. Die zuvor eingestellten Spaltenbreiten und die Spaltenreihenfolge werden nun in die Anzeigevariante übernommen.

Werte für Dynpro 6310 Programm SAPLMR1M Subscreen ITEM

☑ Einstellungen übernehmen Name der Screenvariante: Z_TIPP68_DEMO
Kurztext Screenvariante: Tipp 68: Anzeigevariante
☐ Bild nicht anzeigen

Feld	Inhalt	Mit Inhalt	Nur Ausgabe	Unsichtbar	Obligat.
Anzeigevariante	Z_TIPP68_DEMO	☐	☐	☐	☐
TC_MR1M (Table Ctrl)	☑ Spaltenreihenf. übernehmen ☑ Spaltenbr. übern. ☐ Unsichtbar				

Anzeigevariante: Übernahme von Spaltenbreite und -reihenfolge

Möchten Sie keine weiteren Änderungen vornehmen, klicken Sie auf die Schaltfläche **Beenden u. Sichern**. Im Fenster **Ändern Screenvarianten** können Sie nochmals die Einstellungen überprüfen. Anschließend speichern Sie Ihre erstellte Anzeigevariante Z_TIPP68_DEMO (siehe Tipp 69).

Um die neu erstellte Anzeigevariante zu testen, starten Sie Transaktion MIRO. Im Feld **Anzeigevariante** wählen Sie die neu angelegte Variante Z_TIPP68_DEMO aus. Wie zuvor eingestellt werden die gewünschten Felder ausgeblendet sowie die Spalten in der gewünschten Breite und Reihenfolge angezeigt.

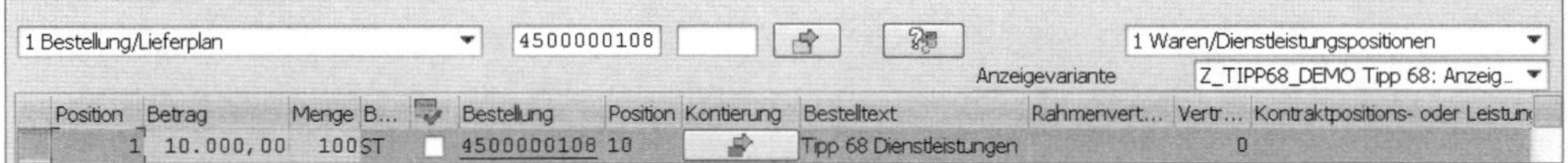

Transaktion MIRO: Anzeigevariante

Tipp 70

Stochastische Zahlsperre verwenden

Sie wollen eingehende Rechnungen zufällig zur Zahlung sperren und prüfen lassen? Abhängig von einem im Customizing eingestellten Wahrscheinlichkeitswert können Rechnungen in der Logistik-Rechnungsprüfung gesperrt werden.

Neben den Zahlsperren Preis- und Mengenabweichung können Sie in der Logistik-Rechnungsprüfung auch die stochastische Zahlsperre aktivieren. Die Wahrscheinlichkeit, dass eine Rechnung geprüft werden soll, können Sie auf zwei Arten berechnen lassen:

- Sie erfassen im Customizing einen Wahrscheinlichkeitswert in Prozent, der für alle Rechnungen gleich ist.
- Sie erfassen im Customizing einen Wahrscheinlichkeitswert in Prozent und einen Schwellenwert. Wenn der Rechnungsnettobetrag kleiner als der eingestellte Schwellenwert ist, dann verringert sich die Wahrscheinlichkeit, dass eine stochastische Zahlsperre gesetzt wird. Wenn der Rechnungsnettobetrag gleich oder größer ist, dann entspricht die Wahrscheinlichkeit dem im Customizing eingestellten Wert.

› Und so geht's:

Wenn Sie im Customizing einen Schwellenwert eintragen, berechnet sich die Wahrscheinlichkeit wie folgt.

Ist der Rechnungsnettobetrag kleiner als der Schwellenwert (Rechnungsnettobetrag < Schwellenwert), wird die Wahrscheinlichkeit für das Setzen einer Zahlsperre wie folgt berechnet:

Wahrscheinlichkeit = Wahrscheinlichkeitswert × Rechnungsnettobetrag / Schwellenwert

Ist der Rechnungsnettobetrag größer oder gleich dem Schwellenwert (Rechnungsnettobetrag >= Schwellenwert) wird die Wahrscheinlichkeit für das Setzen einer Zahlsperre gleich dem Wahrscheinlichkeitswert gesetzt (Wahrscheinlichkeit = Wahrscheinlichkeitswert).

Für dieses Beispiel wählen Sie einen Schwellenwert von 10.000 im Customizing. Den Wahrscheinlichkeitswert für Rechnungen mit einem Nettobetrag setzen Sie auf 20%. Es ergeben sich folgende Wahrscheinlichkeiten, dass die Rechnung gesperrt wird:

Rechnungs-nettobetrag	Berechnung	Wahrschein-lichkeit
1.000	20% * 1.000 / 10.000	2%
5.000	20% * 5.000 / 10.000	10%
10.000	20% * 10.000 / 10.000	20%
250.000	Rechnungsbetrag > Schwellenwert	20%

Wahrscheinlichkeiten

Zuerst aktivieren Sie für den Beispielbuchungskreis 0001 die Funktion der stochastischen Sperre. Dazu rufen Sie den folgenden Customizing-Pfad auf:

Materialwirtschaft ▸ Logistik-Rechnungsprüfung ▸ Rechnungssperre ▸ Stochastisches Sperren ▸ Stochastisches Sperren aktivieren

In der Spalte **Stochastisches Sperren** aktivieren Sie für den Buchungskreis 0001 das Kennzeichen. Anschließend speichern Sie die Einstellung.

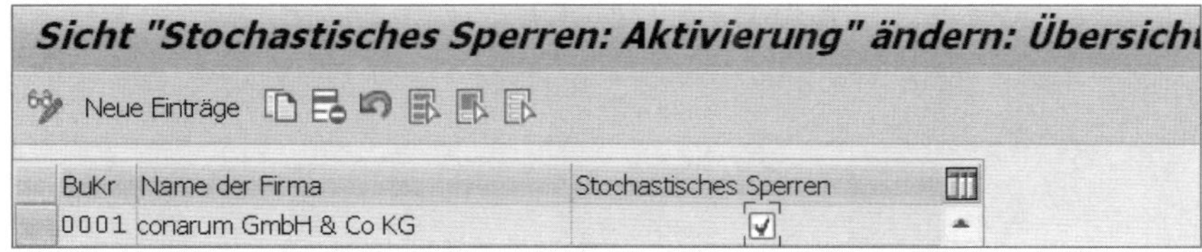

Customizing: Aktivieren der stochastischen Sperre im Buchungskreis

Starten Sie nun das Customizing, um die stochastische Sperre einzustellen:

Materialwirtschaft ▸ Logistik-Rechnungsprüfung ▸ Rechnungssperre ▸ Stochastisches Sperren ▸ Stochastisches Sperren einstellen

Erfassen Sie in der Sicht **»Stochastisches Sperren: Werte« ändern: Übersicht** den **Schwellenwert** von 10.000 und den Wahrscheinlichkeitswert von 20% (Feld **Prozentsatz**). Speichern Sie die Einstellungen.

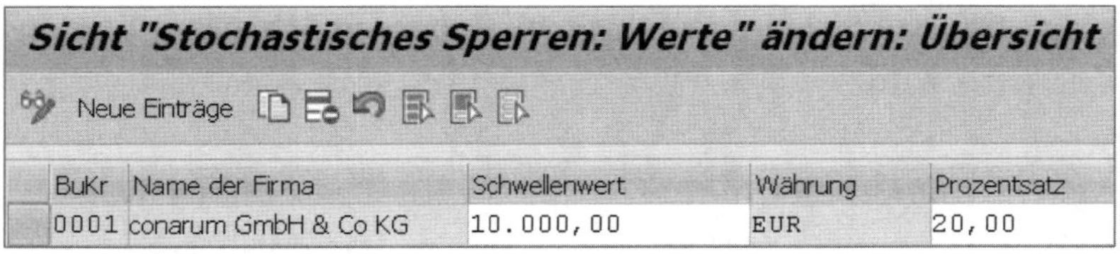

Sicht "Stochastisches Sperren: Werte" ändern: Übersicht

Neue Einträge

BuKr	Name der Firma	Schwellenwert	Währung	Prozentsatz
0001	conarum GmbH & Co KG	10.000,00	EUR	20,00

Customizing: Einstellen der stochastischen Sperre

Wenn nun Rechnungen erfasst werden, wird abhängig vom eingetragenen Schwellenwert und Prozentsatz (Wahrscheinlichkeitswert) die stochastische Zahlsperre gesetzt.

Tipp 71

Elektronische Belege via IDoc in der Rechnungsprüfung verarbeiten

Welche Einstellungen in der Logistik-Rechnungsprüfung notwendig sind, wenn Sie Eingangsrechnungen per IDoc-Schnittstelle erhalten, lesen Sie in diesem Tipp.

Rechnungen werden zunehmend häufiger elektronisch verschickt und verarbeitet. SAP bietet im Standard zur Verarbeitung von elektronischen Eingangsrechnungen die IDoc-Schnittstelle an.

Neben den technischen Einstellungen in der IDoc-Schnittstelle und einem vorgelagerten Subsystem für Datenkonvertierung und Mapping müssen auch Einstellungen in der Logistik-Rechnungsprüfung durchgeführt werden.

› Und so geht's

Die wichtigsten technischen Parameter in der IDoc-Eingangsschnittstelle sind wie folgt:

- IDoc-Basistyp INVOIC02
- IDoc-Nachrichtentyp INVOIC
- Vorgangscode INVL
- Verarbeitungsbaustein IDOC_INPUT_INVOIC_MRM

Die Parameter werden in Transaktion WE20 (Partnervereinbarung pflegen) hinterlegt.

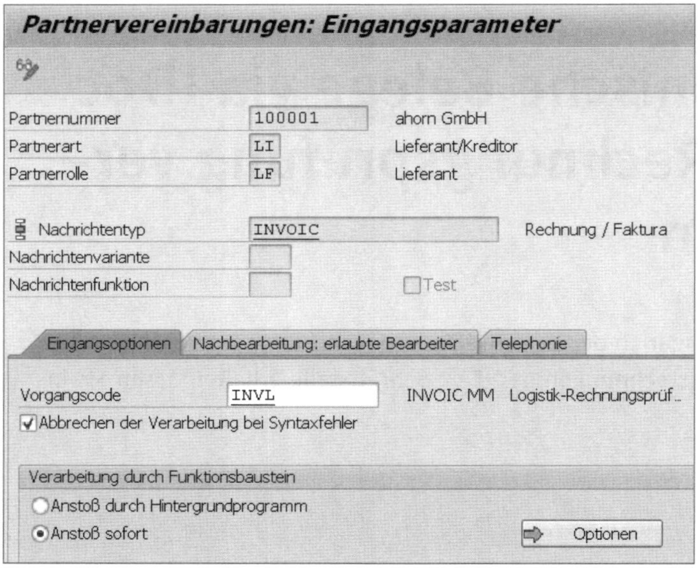

Transaktion WE20: Eingangsparameter

In Folgenden zeige ich Ihnen, wie Sie die Parameter für den Beispiellieferanten 100001 im Customizing der Rechnungsprüfung einstellen.

Die IDoc-Partnervereinbarung (Transaktion WE20) habe ich in diesem Beispiel bereits gepflegt. Im Feld **Partnernummer** habe ich die Lieferantennummer eingetragen, im Feld **Partnerart** den Wert LI (Lieferant). Anschließend habe ich die weiteren Felder **Nachrichtentyp** mit dem Wert INVOIC und **Vorgangscode** mit dem Wert INVL gepflegt.

Das Customizing für den Eingang elektronischer Eingangsrechnungen ist auf drei Customizing-Punkte aufgeteilt. Im ersten Punkt ordnen Sie den im IDoc verwendeten IDoc-Parametern ein gültiges Steuerkennzeichen zu. Mit dieser Einstellung wird auf Basis der IDoc-Daten das interne Steuerkennzeichen ermittelt, das für die Rechnungsanlage verwendet wird:

Materialwirtschaft ▸ Logistik-Rechnungsprüfung ▸ EDI ▸ Steuerkennzeichen zuordnen

Klicken Sie auf die Schaltfläche **Neue Einträge** und setzen Sie das Feld **Partnerart** auf LI. Der Wert im Feld **Partnerart** muss dem Feld in der Partnervereinbarung (Transaktion WE20) entsprechen. Im Feld **PartnerNr** tragen Sie die Lieferantennummer 100001 ein. Der Wert muss dem Feld **Partnernummer** in der Partnervereinbarung entsprechen.

Sicht "EDI: Umschluesselung externer Steuersatz <->

Neue Einträge

Partnerart	PartnerNr	Steuerart	Steuersatz	Lnd	St
LI	0001	VAT	19.00	DE	Z1

Customizing: Steuerkennzeichen zuordnen

Im Feld **Steuerart** tragen Sie für dieses Beispiel VAT ein. Den Standardwert VAT verwenden Sie, wenn Sie die Steuerkennzeichenfindung unabhängig von der im IDoc angegebenen Steuerart durchführen. Wenn Sie abhängig von der Steuerart das Steuerkennzeichen ermitteln, tragen Sie den Wert ein, den der Lieferant Ihnen übermittelt. Sie finden den Wert im IDoc im Segment E1EDK04, Feld MWSKZ bzw. auf Positionsebene im Segment E1EDP04, Feld MWSKZ. Den Inhalt des IDocs können Sie mithilfe von Transaktion WE02 anzeigen lassen.

Im Feld **Steuersatz** tragen Sie den externen Steuersatz ein, der im IDoc vom Lieferanten übertragen wird. Wichtig ist hier, dass der Wert exakt dem Wert im IDoc entspricht. Wenn also im IDoc Nachkommastellen übertragen werden, müssen Sie diese auch im Feld **Steuersatz** eintragen. Der Steuersatz wird im IDoc im Segment E1EDK04, Feld MSATZ bzw. auf Positionsebene E1EDP04, Feld MSATZ übermittelt.

Inhalt des ausgewählten Segments

Feldname	Feldinhalt
MWSKZ	VAT
MSATZ	19.00
MWSBT	19

Transaktion WE02: Beispielinhalt Segment E1EDK04

In diesem Beispiel wird im IDoc der externe Steuersatz mit 19.00 angegeben. Entsprechend tragen Sie 19.00 in das Feld **Steuersatz** ein.

Im Feld **Lnd** vermerken Sie das Land, in dem der Steuersatz gültig ist. In diesem Beispiel ist es DE. Zuletzt tragen Sie im Feld **St** das Steuerkennzeichen Z1 ein, das bei der Verbuchung der Rechnung für einen Steuersatz von 19% verwendet wird. Speichern Sie die Einstellungen.

Im zweiten Customizing-Punkt legen Sie nun fest, in welchem Buchungskreis die Rechnung angelegt wird. Rufen Sie dazu den folgenden Customizing-Pfad auf und klicken Sie anschließend auf die Schaltfläche **Neue Einträge**.

Materialwirtschaft ▸ Logistik-Rechnungsprüfung ▸ EDI ▸ Buchungskreis zuordnen

Wie zuvor tragen Sie **Partnerart** LI und **PartnerNr** 100001 ein. Vergleichen Sie die Werte wiederum mit der Einstellung zum Lieferanten in der Partnervereinbarung (Transaktion WE20).

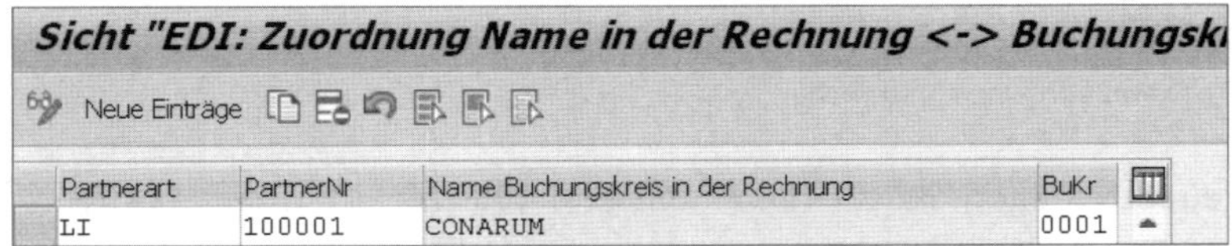

Partnerart	PartnerNr	Name Buchungskreis in der Rechnung	BuKr
LI	100001	CONARUM	0001

Customizing: Buchungskreis zuordnen

Anschließend pflegen Sie das Feld **Name Buchungskreis in der Rechnung**. Das Feld ist abhängig von den Einträgen im IDoc, Segment E1EDKA1. Zur Ermittlung des Vergleichswertes durchläuft das System folgende Logik:

- Es liest das Segment E1EDKA1, welches die Partnerverwendung (Feld **PARVW**) RE (Rechnungsempfänger) hat
- Im ermittelten E1EDKA1-Segment wird zuerst das Feld **PARTN** ausgelesen und mit dem Wert im Customizing-Feld **Name Buchungskreis in der Rechnung** verglichen.
- Falls kein Eintrag gefunden wurde, wird das Feld **NAME1** ausgelesen und mit dem Wert im Customizing-Feld **Name Buchungskreis in der Rechnung** verglichen. Der Vergleich erfolgt in Großbuchstaben. Verwenden Sie daher bei der Pflege des Customizing-Felds immer Großbuchstaben.

Für dieses Beispiel habe ich das Feld NAME1 im IDoc gefüllt.

Inhalt des ausgewählten Segments	
Feldname	Feldinhalt
PARVW	RE
NAME1	CONARUM

Transaktion WE02: Segment E1EDKA1 mit Partnerverwendung RE

Pflegen Sie im Feld **Bukrs** den gewünschten Buchungskreis 0001, der für die Rechnungserfassung verwendet werden soll, und speichern Sie.

Rufen Sie den dritten Customizing-Punkt **Programmparameter eingeben** auf und klicken Sie auf **Neue Einträge**.

Materialwirtschaft ▸ Logistik-Rechnungsprüfung ▸ EDI ▸ Programmparameter eingeben

Erfassen Sie im Feld **Partnerart** den Wert LI, als **Partnernummer** 100001 und als **Buchungskreis** den ermittelten Buchungskreis 0001.

Anschließend legen Sie fest, welche Belegart bei der Buchung verwendet werden soll. Für dieses Beispiel unterscheiden Sie nicht zwischen Rechnung (Feld **Belegart Rechnung**) und Gutschrift (Feld **Belegart Gutschrift**). Verwenden Sie deshalb an dieser Stelle für beide die Belegart RE.

Im Feld **Verarbeitung** erfassen Sie den Wert 1 (ungeklärter Fehler: Rechnung vorerfassen). Die folgenden Einstellmöglichkeiten haben Sie im Feld **Verarbeitung**:

- **Leer – kein Fehler**
  Der Rechnungsbeleg wird auch bei bestehender Zahlsperre gebucht. Wenn beispielsweise eine Preisabweichung vorliegt, die größer als die eingestellte Toleranz ist, wird die Rechnung mit der Zahlsperre Preisabweichung angelegt.
- **1 – Ungeklärter Fehler: Rechnung vorerfassen**
  Wenn z. B. eine Preis- oder Mengenabweichung vorliegt, die höher als die eingestellte Toleranzgrenze ist, wird der Rechnungsbeleg vorerfasst. Der Rechnungsbeleg kann anschließend mithilfe von Transaktion MIR6 durch einen Mitarbeiter geprüft und gebucht werden.
- **2 – Lieferantenfehler: Rechnung kürzen**
  Wenn der ermittelte Betrag vom vorgegebenen Preis abweicht, wird die Rechnung automatisch um den abweichenden Betrag gekürzt.
- **3 – Lieferantenabhängige Toleranzen: Entweder » « oder »1«**
  Es wird die lieferantenabhängige Toleranz **Positive Kleindifferenz** geprüft. Wenn die Abweichung der Rechnungsposition kleiner als die eingestellte positive Kleindifferenz ist, wird der Betrag in die Rechnung übernommen und verbucht. Wenn die Abweichung der Rechnungsposition größer als die positive Kleindifferenz ist, dann wird die Rechnung vorerfasst. Der Vorteil der Einstellung ist, dass bei kleinen Abweichungen keine manuelle Nachbearbeitung mehr notwendig ist und somit die Rechnungsprüfung entlastet wird. Die Einstellung der lieferantenabhängigen Toleranzen finden Sie im Customizing unter folgendem Pfad:

Materialwirtschaft ▸ Logistik-Rechnungsprüfung ▸ Eingangsrechnung ▸ Lieferantenabhängige Toleranzen einstellen

- **4 – Toleranzen entsprechend der Online-Verarbeitung**
  Es werden die Toleranzschlüssel der Dialogverarbeitung verwendet.

Lassen Sie die drei Kennzeichen **Neg. Abweichungen prüfen**, **Materialnr prüfen** und **Mengeneinheit prüfen** leer. Über das Kennzeichen **Neg. Abweichungen prüfen** können Sie festlegen, ob eine Rechnung auch dann einen ungeklärten Fehler beinhalten soll, wenn der Lieferant die Rechnung zu seinen Ungunsten erstellt hat (Beispiel: Preis ist zu niedrig).

Mithilfe der Kennzeichen **Materialnr prüfen** und **Mengeneinheit prüfen** untersucht das System zusätzlich die in der Rechnung angegebene Materialnummer und Mengeneinheit. Falls diese von der Bestellung abweichen, wird die Rechnung nicht erfasst oder vorerfasst. Das IDoc ist fehlerhaft und kann nicht eingebucht werden.

Wenn Sie die Einstellung speichern, haben Sie das System entsprechend eingerichtet. Mithilfe des IDoc-Testwerkzeugs Transaktion WE19 können Sie nun eine Rechnungs-IDoc erstellen und die Eingangsverarbeitung starten, um die Konfiguration zu prüfen.

Anschließend starten Sie Transaktion MIR6. Im Bildbereich **Erfassungsart** markieren Sie das Kennzeichen **EDI** und drücken [↵].

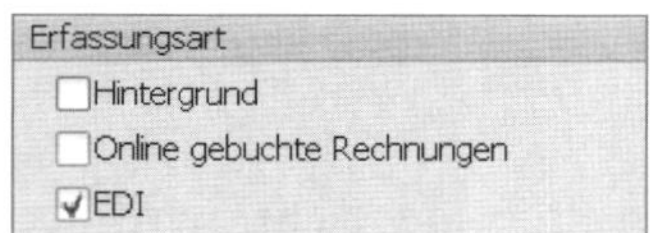

Transaktion MIR6: Anzeige EDI-Rechnungen

Sie erhalten in der Übersicht die Rechnungen, die mithilfe der IDoc-Schnittstelle erfasst wurden, aufgelistet.

Übersicht Rechnungen - Rechnungsbelege

Sta...	Belegnummer	Positionen	Meldungsprotokoll	K...	Hi...	L..	R..	Verdichtung	M...	Ungeklärte Fehler
	5105600769					✓	✓			
	5105600770					✓	✓			
	5105600773					✓	✓			
	5105600776					✓	✓			
	5105600779					✓	✓			

Transaktion MIR6: Übersicht vorerfasste Rechnungen

In der Liste können Sie mithilfe der angezeigten Schaltflächen u.a. die Rechnung bearbeiten (Spalte **Positionen** bzw. **Ungeklärte Fehler**) oder sich die Meldung anzeigen lassen (Spalte **Meldungsprotokoll**).

Tipp 72

Anzahlungen in der Logistik-Rechnungsprüfung verrechnen

Sie haben mit dem Lieferanten vertraglich Anzahlungen vereinbart. Mit diesem Tipp können Sie die Anzahlungen in der Logistik-Rechnungsprüfung automatisch mit der Schlussrechnung verrechnen lassen. Dies erleichtert Ihnen auch die Dokumentation der Vereinbarungen.

In Projekten mit langer Laufzeit oder teuren Maschinen werden häufig Anzahlungen zwischen Kunde und Lieferant vereinbart. Diese werden in der Bestellung vertraglich festgehalten. Die geleisteten Anzahlungen werden mit Erhalt der Schlussrechnung verrechnet.

In SAP können Sie geleistete Anzahlungen wie folgt mit der Rechnung verrechnen:

- Direkt in der Finanzbuchhaltung
- In der Logistik-Rechnungsprüfung

Im Folgenden zeige ich Ihnen, wie Sie die vereinbarten Anzahlungen in der Bestellung dokumentieren und anschließend auf Basis der Bestellung eine Anzahlung anlegen. Außerdem sehen Sie, wie sich Transaktion MIRO (Rechnung erfassen) verhält, wenn Anzahlungen vorhanden sind.

› Und so geht's

Zuerst legen Sie eine kontierte Bestellung mit Beispieldaten an. Sie starten Transaktion ME21N (Bestellung anlegen) und erfassen im Feld **Lieferant** die Beispiellieferantennummer 100001. In der Spalte **K** erfassen Sie den Wert K (Kontierung), einen **Kurztext**, die **Menge** 100 mit Bestellmengeneinheit ST (Spalte **BME**), das **Lieferdatum** 01.07.2016, einen **Nettopreis** von 100 EUR, die **Warengruppe** 19010000 und das **Werk** 0001. Bestätigen Sie mit [↵].

Nun wechseln Sie in die Registerkarte **Kontierung** und erfassen eine Beispielkontierung. Im Feld **Sachkonto** verzeichnen Sie das Sachkonto 400000 und im Feld **Kostenstelle** die gültige Kostenstelle 1000. Da Sie keinen Wareneingang zur Bestellung erwarten, wechseln Sie in die Registerkarte **Lieferung** und deaktivieren das Kennzeichen **Wareneingang**.

Zuletzt rufen Sie die Registerkarte **Rechnung** auf, wählen im Dropdown-Menü **Anzahlungstyp** den Wert »V Freiwillige Anzahlung« und bestätigen mit [↵]. Die möglichen Werte für den Anzahlungtyp sind:

- **M Anzahlung verpflichtend**: Sie können diesen Anzahlungstyp wählen, um zu dokumentieren, dass eine Anzahlung gesetzlich vorgeschrieben ist.
- **N Anzahlung nicht aktiv**: Wenn Sie explizit keine Anzahlungsdaten hinterlegen möchten, wählen Sie diesen Anzahlungstyp.
- **V Anzahlung freiwillig**: Sie verwenden diesen Anzahlungstyp, wenn keine gesetzlichen Regelungen vorhanden sind.

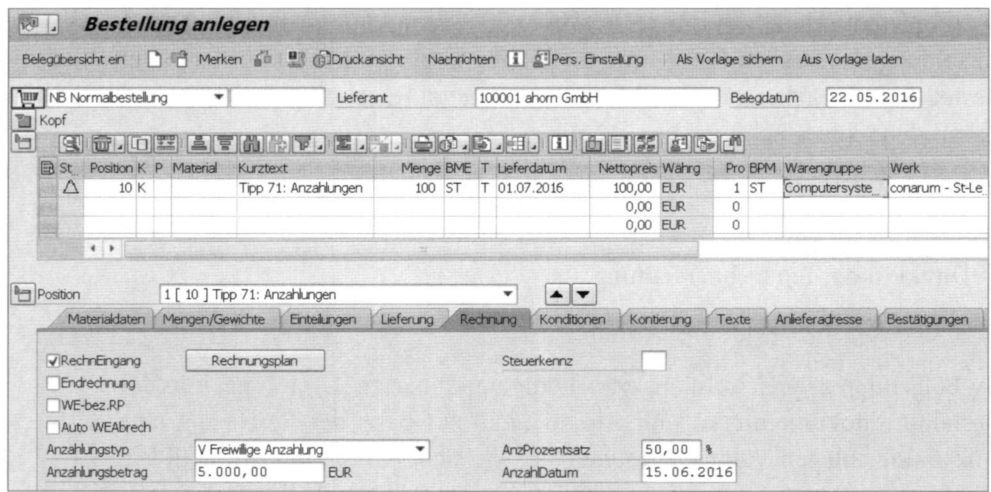

Transaktion ME21N: Anzahlungstyp: V Freiwillige Anzahlung

Erfassen Sie das geplante Anzahlungsdatum (**AnzahlDatum**) und den Anzahlungsbetrag in Prozent des Positionswertes (**AnzProzentsatz**). Mit Druck auf [↵] errechnet das System den Betrag auf Basis des eingegebenen Prozentsatzes und füllt das Feld **Anzahlungsbetrag** automatisch. Alternativ können Sie direkt einen Festbetrag im Feld **Anzahlungsbetrag** erfassen. Zuletzt speichern Sie die Bestellung.

Sie können auch den Anzahlungstyp auf Bestellkopfebene festlegen. Klicken Sie dazu auf die Schaltfläche **Kopf**. Es öffnet sich der Bildbereich **Kopf der**

Bestellung. In der Registerkarte **Zahlungsabwicklung** finden Sie das Feld **Anzahlungstyp**.

Nun buchen Sie die vereinbarte Anzahlung. Dazu starten Sie Transaktion FPDP_CREATE (Anzahlung auf Basis von Bestellungen). Sie erfassen die **Bestellnummer** und die **Bestellposition**, die Sie zuvor eingegeben haben. Da Sie in der Bestellung keine Steuerkennzeichen gepflegt haben, deaktivieren Sie das Kennzeichen **Umsatzsteuerkennzeichen aus Bestellung übernehmen**. In diesem Beispiel möchten Sie direkt eine Anzahlung anlegen und markieren daher den Auswahlknopf **Anzahlung**. Anschließend drücken Sie [↵].

Anzahlungen auf Basis von Bestellungen

Eingabedaten Bestellung
Bestellung 4500000111
Bestellposition 10
laufende Nr. der Kontierung
Umsatzsteuerkennzeichen aus Bestellung übernehmen

Ausführung
Anzahlungsanforderung
Anzahlung

Transaktion FPDP_CREATE: Anzahlung auf Basis von Bestellungen

Die Daten aus der Bestellung werden Ihnen vorgeschlagen. Erfassen Sie im Feld **Steuerkz** das gültige Steuerkennzeichen und drücken Sie [F8].

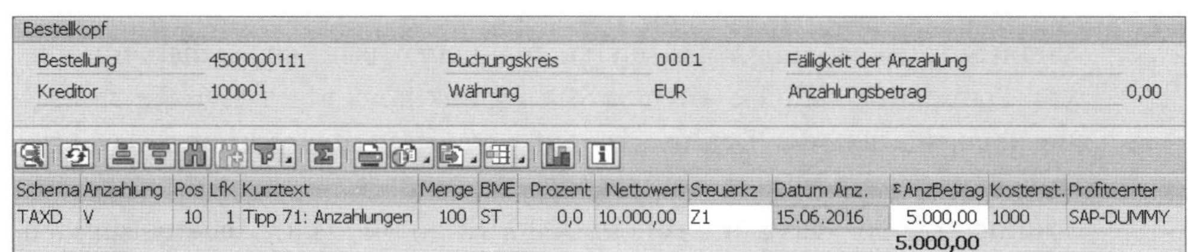

Transaktion FPDP_CREATE: Übersicht Anzahlungsinformationen aus der Bestellung

Es wird Transaktion F-48 (Kreditorenanzahlung buchen) gestartet. In der Sicht **Kopfdaten** erfassen Sie zusätzlich die folgenden notwendigen Felder:

- **Belegdatum**: Hier erfassen Sie das aktuelle Tagesdatum.
- **Sonderhauptb.Kz**: Als Beispiel wählen Sie das Kennzeichen A (= Anzahlung auf Umlaufvermögen).

- **Konto**: Wählen Sie das Sachkonto 113100, das dem gewünschten Bankkonto entspricht.
- **Valutadatum**: Hier wählen Sie das Datum, zu dem die Anzahlung geplant ist.

Belegdatum	24.05.2016	Belegart	KZ	Buchungskreis	0001
Buchungsdatum	24.05.2016	Periode	5	Währung/Kurs	EUR
Belegnummer				Umrechnungsdat	
Referenz				Übergreifd.Nr	
Belegkopftext				Filialnummer	
PartnerGsber		Anzahl Seiten		Steuermeldedat.	

Kreditor

Konto	0000100001	Sonderhauptb.Kz	A
Abweich.Buchkrs			

Bank

Konto	113100	GeschBereich	
Betrag	5.000,00	HW-Betrag	
Spesen		HW-Spesen	
Valutadatum	15.06.2016	Profitcenter	
Text		Zuordnung	

Transaktion F-48 : Kreditorenanzahlung buchen

Wenn Sie mit [↵] bestätigen, wird Ihnen die Sicht **Kreditorenanzahlung buchen Anzeigen Übersicht** angezeigt. Speichern Sie die Daten. In der Statusleiste erscheint die Meldung, dass die Anzahlung angelegt wurde.

Wenn Sie die Rechnung vom Lieferanten erhalten, erfassen Sie diese mithilfe von Transaktion MIRO. Starten Sie die Transaktion und erfassen Sie im Feld **Rechnungsdatum** das Datum, das auf der Lieferantenrechnung als Rechnungsdatum ausgewiesen ist. Anschließend erfassen Sie im Feld **Betrag** den Bruttobetrag der Rechnung von 11.900 EUR und im Feld **Steuerbetrag** den auf der Rechnung ausgewiesenen Steuerbetrag von 1.190 EUR. Im Feld **Bestellung (1 Bestellung/Lieferplan)** erfassen Sie Ihre Beispielbestellung 4500000111. Mit einem Druck auf [↵] wird Ihnen die Meldung angezeigt, dass Anzahlungen vorhanden sind. Bestätigen Sie die Meldung mit [↵].

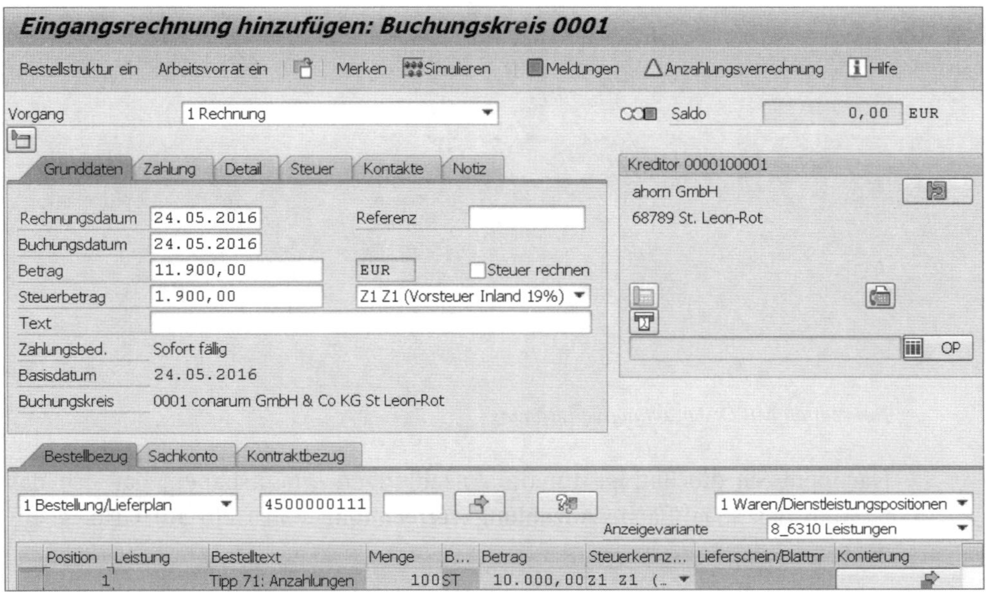

Transaktion MIRO: Eingangsrechnung mit Anzahlungsverrechnung

Wenn Sie erneut mit [↵] bestätigen, erscheint eine weitere Meldung. Diese informiert Sie über die Gesamtsumme der noch nicht verrechneten Anzahlungen. In diesem Beispiel beträgt die Gesamtsumme 15.000,00 EUR.

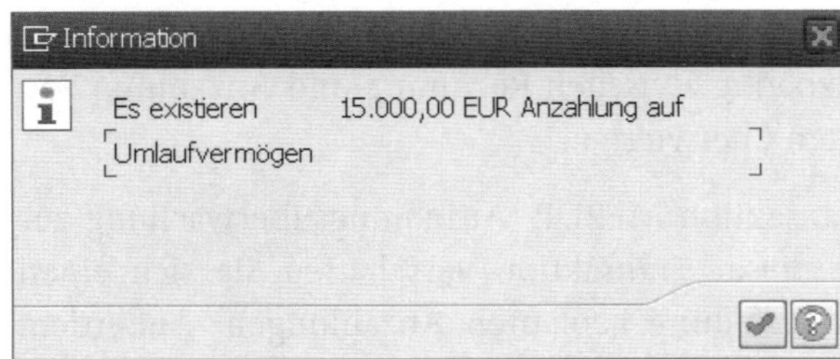

Informationsmeldung: Gesamtsumme Anzahlungen zum Sonderbuchkennzeichen

In der Funktionsleiste wird Ihnen zusätzlich die Schaltfläche **Anzahlungsverrechnung** mit einem gelben Symbol angezeigt. Mit einem Klick auf die Schaltfläche öffnet sich das Dialogfenster für die Anzahlungsverrechnung.

Dieses enthält eine Auflistung über die geplanten Anzahlungen der zuvor erfassten Bestellung. Im Feld **Erfasster Betrag** verzeichnen Sie den Betrag der Anzahlung von 5.000 EUR (in der Regel weist der Lieferant den angezahlten Betrag auf seiner Rechnung aus). Schließen Sie das Dialogfenster danach mit einem Klick auf die Schaltfläche ✓.

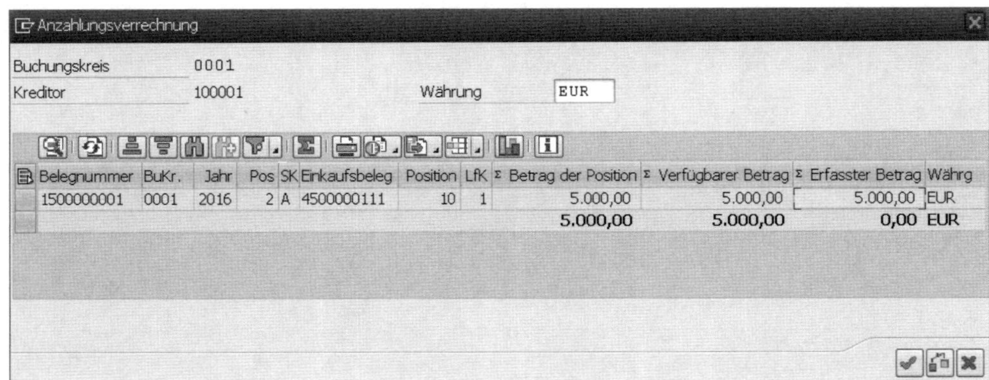

Transaktion MIRO: Anzahlungsverrechnung

Nachdem Sie die Beträge für die Anzahlungen erfasst haben, hat sich das Symbol der Schaltfläche **Anzahlungsverrechnung** von Gelb auf Grün geändert.

Transaktion MIRO: Funktionsleiste nach Erfassung der Anzahlungen

Zuletzt speichern Sie die Rechnung. Die erfasste Anzahlung von 5.000 Euro wird mit der erfassten Rechnung von 11.900 verrechnet. Beim nächsten Zahlungslauf wird der Differenzbetrag zwischen Rechnung und Anzahlung von 6.900 Euro an den Lieferanten überwiesen.

SAP stellt außerdem die Transaktion ME2DP (Anzahlungsüberwachung zur Bestellung) bereit. Mithilfe dieser Transaktion verschaffen Sie sich einen Überblick über die in der Bestellung geplanten Anzahlungen. Außerdem sehen Sie, ob und in welcher Höhe bereits Anzahlungen geleistet wurden.

Tipp 73
Kleindifferenzen automatisch ausbuchen

Man soll zwar jeden Cent wertschätzen, aber in der Unternehmenspraxis kann es in einigen Fällen günstiger sein, auch einmal Fünfe gerade sein zu lassen. Dieser Tipp veranschaulicht, wie Sie Rundungsdifferenzen im Cent-Bereich automatisch ausgleichen lassen.

Üblicherweise kann eine Rechnung nur dann gebucht werden, wenn der Saldo gleich Null ist. Wenn Kleindifferenzen auftreten, ist es oft einfacher, diese Differenz auszubuchen als nach dem Grund der Differenz zu suchen.

Auftretende Kleindifferenzen, die nicht einen eingestellten absoluten Betrag übersteigen, können automatisch ausgeglichen werden. Das System erzeugt in solchen Fällen eine zusätzliche Buchungszeile über dem Differenzbetrag, sodass der Saldo der Buchung wieder Null ist.

› Und so geht's

Rufen Sie folgenden Customizing-Pfad auf:

Materialwirtschaft ▸ Logistik-Rechnungsprüfung ▸ Rechnungssperre ▸ Toleranzgrenzen festlegen

In der angezeigten Übersicht wählen Sie die Zeile mit dem Buchungskreis 0001 (Spalte **BuKr**) und dem Toleranzschlüssel BD (Spalte **TolS**) aus. Markieren Sie die Zeile und klicken Sie auf die Schaltfläche **Details**.

Aktivieren Sie den Auswahlknopf **Grenze prüfen** und erfassen Sie einen **Wert** von 0,02 Euro. Beträgt also der Saldo der Rechnung maximal 2 Cent, dann wird die Kleindifferenz zwischen Soll und Haben automatisch ausgebucht. Speichern Sie die Einstellung.

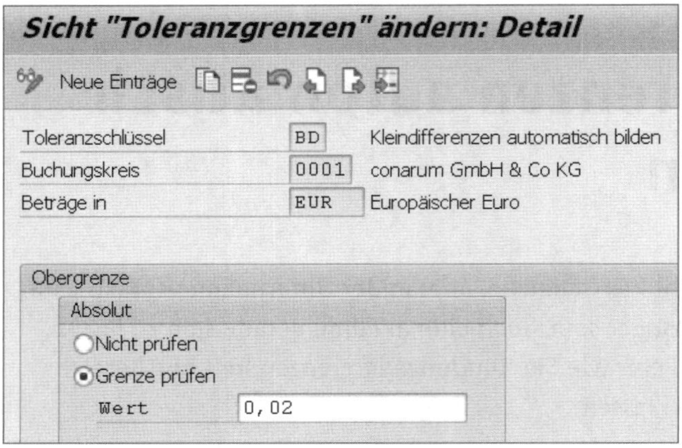

Sicht "Toleranzgrenzen" ändern: Detail

Neue Einträge

Toleranzschlüssel	BD	Kleindifferenzen automatisch bilden
Buchungskreis	0001	conarum GmbH & Co KG
Beträge in	EUR	Europäischer Euro

Obergrenze

Absolut

Nicht prüfen

Grenze prüfen

Wert 0,02

Customizing: Toleranzschlüssel BD – Kleindifferenzen

Anschließend stellen Sie die Sachkonten für die automatische Buchung der Kleindifferenz ein. Dazu rufen Sie folgenden Customizing-Pfad auf:

Materialwirtschaft ▸ Logistik-Rechnungsprüfung ▸ Automatische Buchungen einstellen

In der Sicht **Automatische Buchung** klicken Sie auf die Schaltfläche **Kontierung**. Es wird die Sicht **Konf.Buchhaltung pflegen: Autom. Buchungen – Vorgänge** angezeigt. In der Tabelle **Vorgänge** klicken Sie in die Zeile mit der Bezeichnung **Kleindifferenzen Materialwirtschaft**. Anschließend drücken Sie [F2]. Es erscheint ein Dialogfenster mit dem Titel **Kontenplaneingabe**. Dort erfassen Sie im Feld **Kontenplan** den Kontenplan INT und bestätigen mit [↵].

In der nun angezeigten Sicht erfassen Sie in der Tabelle **Kontenzuordnung** zwei Beispielsachkonten (Soll: 231900, Haben: 281900), die Sie für die automatische Buchung der Kleindifferenzen verwenden. Speichern Sie die Einstellung.

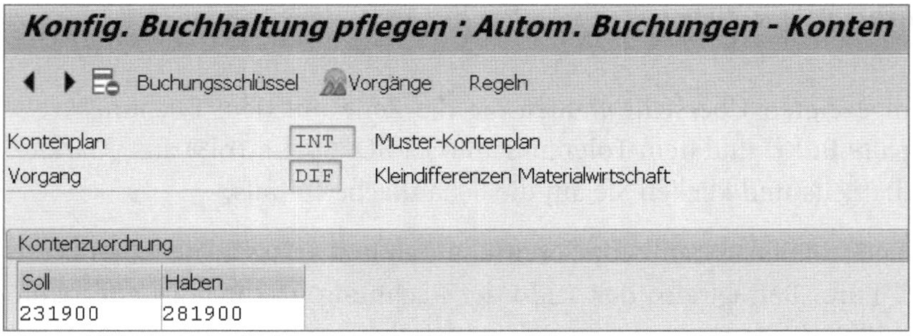

Konfig. Buchhaltung pflegen : Autom. Buchungen - Konten

Buchungsschlüssel Vorgänge Regeln

Kontenplan	INT	Muster-Kontenplan
Vorgang	DIF	Kleindifferenzen Materialwirtschaft

Kontenzuordnung

Soll	Haben
231900	281900

Customizing: Automatische Buchungen

Starten Sie Transaktion MIRO (Eingangsrechnung hinzufügen), um die Einstellung zu testen. Erfassen Sie eine Rechnung zu einer Beispielbestellung. Wie Sie sehen, weist die Rechnung einen **Saldo** von 0,02 Euro aus, der Sollbetrag ist 119,00 Euro und der Habenbetrag ist 119,02 Euro.

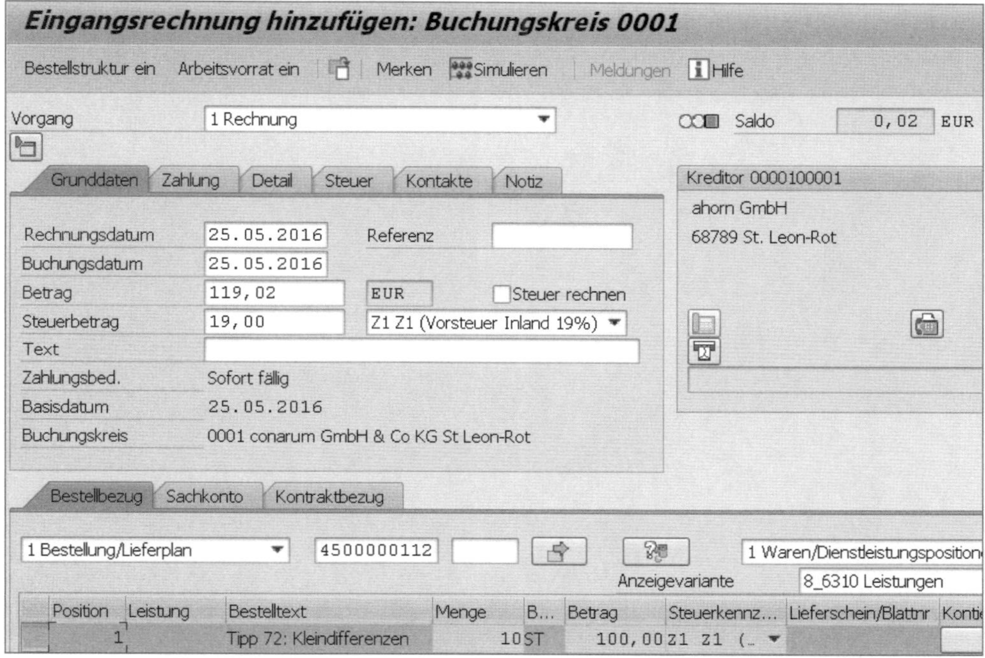

Transaktion MIRO: Rechnung mit Saldo ungleich Null

Klicken Sie auf die Schaltfläche **Simulieren**. Im angezeigten Dialogfenster können Sie erkennen, dass für den vorhandenen Saldo von 0,02 Euro automatisch eine Buchungszeile erzeugt wurde (Spalte **Kto/Mat/Anl/Kred** mit dem Wert »Aufwand aus Kleindifferenz Rechnungseingang (MM)«) und dadurch die Rechnung gebucht werden kann.

Beleg simulieren in EUR (Belegwährung)

Position	K	Hauptbuch	Kto/Mat/Anl/Kred	Betrag	Wä...	Einkaufsbeleg	Position	S..
1	K	160000	ahorn GmbH / 68789 St. Leon-Rot	119,02-	EUR			Z1
3	S	400000	Verbrauch Rohstoffe 1	100,00	EUR	4500000112	10	Z1
4	S	154000	Eingangssteuer	19,00	EUR			Z1
5	S	231900	Aufwand aus Kleindifferenz Rechnungseingang (MM)	0,02	EUR			Z1

Transaktion MIRO: Rechnung simulieren

Als Sachkonto wird das zuvor eingestellte Konto 231900 (**Hauptbuch**) verwendet.

TEIL 7

Dienstleistungen

Die Dienstleistungsbeschaffung spielt in vielen Branchen eine wichtige Rolle, zum Beispiel in der Prozessindustrie. Dieser Teil unterstützt Sie bei der Abbildung Ihrer Geschäftsprozesse im Bereich Dienstleistungsbeschaffung. Sie erfahren, wie Sie die Stammdaten im Bereich Dienstleistungen schneller pflegen und diese auch besser in Ihre Geschäftsprozesse integrieren. Darüber hinaus gebe ich Ihnen Tipps zur schnelleren Preispflege und zum Einsatz der Bezugsquellenfindung im Bereich Dienstleistungen.

› Tipps in diesem Teil

Tipp 74

Feldsteuerung des Leistungsstamms

Sie verwenden Leistungsstämme, benötigen aber nur einen Teil der zahlreichen Felder? Dann erleichtern Sie sich die Pflege, indem Sie unnötige Felder und Bildbereiche ausblenden.

Wie beim Materialstamm kann in SAP auch der Bildaufbau des Leistungsstamms verändert werden. Sie können beispielsweise Felder ausblenden, die für Ihr Unternehmen nicht relevant sind, oder Felder als Mussfelder ausprägen, die notwendig sind. Durch die Anpassung der Feldauswahlsteuerung im Leistungsstamm erreichen Sie so nicht nur eine einfachere Pflege, sondern verbessern auch die Qualität der Stammdaten.

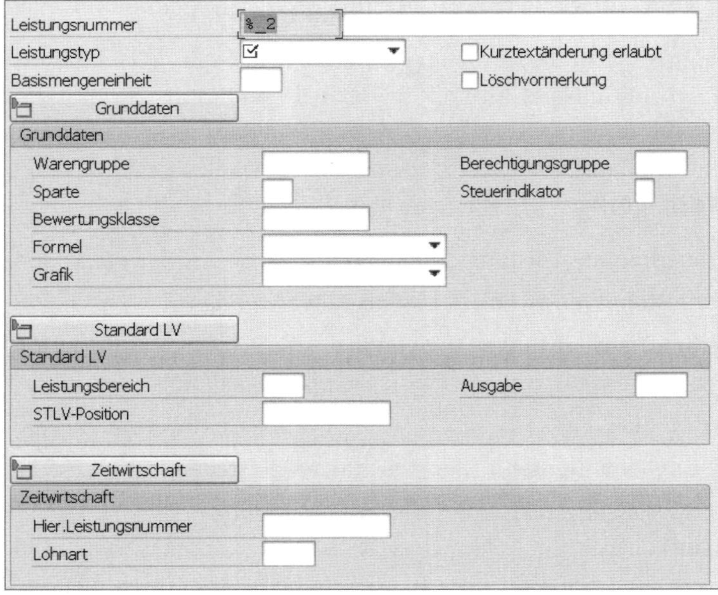

Transaktion AC01: Bildbereich »Standard LV« wird angezeigt

In diesem Tipp zeige ich Ihnen, wie Sie die Feldauswahl der Einzelpflege des Leistungsstamms steuern. Im beschriebenen Beispiel sollen für den Leistungstyp GRND (Basisleistung) alle Felder im Bildbereich **Standard LV** von Transaktion AC01 ausgeblendet werden.

› Und so geht's

Rufen Sie folgenden Customizing-Pfad auf:

Materialwirtschaft ▸ Leistungsstamm ▸ Feldauswahl für Leistungsstamm ▸ Feldauswahl für Leistungsstamm (Einzelpflege) einstellen

Ihnen wird die Sicht **Feldauswahl: Modifizierbare Felder** angezeigt.

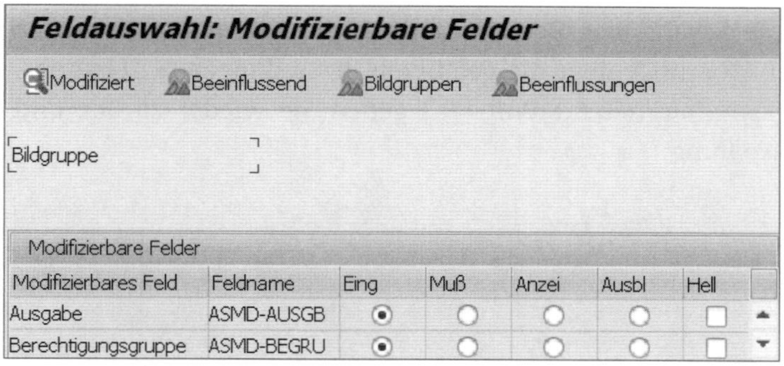

Feldauswahl: Modifizierbare Felder

Modifiziert Beeinflussend Bildgruppen Beeinflussungen

Bildgruppe

Modifizierbare Felder

Modifizierbares Feld	Feldname	Eing	Muß	Anzei	Ausbl	Hell
Ausgabe	ASMD-AUSGB	◉	○	○	○	☐
Berechtigungsgruppe	ASMD-BEGRU	◉	○	○	○	☐

Customizing: Feldsteuerung unabhängig vom Leistungstyp

Wechseln Sie mithilfe der Schaltfläche **Beeinflussend** in die Sicht **Feldauswahl: Beeinflussendes Feld**. In dieser Sicht können Sie in der Standardauslieferung je Leistungstyp die Feldauswahlsteuerung einstellen. Sie können also abhängig vom eingestellten Leistungstyp die Feldsteuerung ausprägen. In diesem Beispiel soll der Bildbereich **Standard LV** nur dann ausgeblendet werden, wenn der Leistungstyp gleich GRND (Basisleistung) gesetzt wird.

Wählen Sie im Feld **Beeinfluss. Wert** den Wert GRND. In der Übersicht suchen Sie in der Spalte **Modifizierbares Feld** nach den Feldnamen **Leistungsbereich**, **STLV-Position** und **Ausgabe**. Diese drei Felder werden im Bildbereich **Standard LV** angezeigt.

Um die Felder auszublenden, aktivieren Sie zu den genannten Feldnamen den jeweiligen Auswählknopf in der Spalte **Ausbl**.

Feldauswahl: Beeinflussendes Feld

Wert löschen Beeinflussend Modifizierbar Bildgruppen Beeinflussungen

Bildgruppe
Beeinfluss.Feld Leistungstyp
Beeinfluss.Wert GRND

Modifizierte Felder

Modifizierbares Feld	Feldname	Eing	Muß	Anzei	Ausbl	Hell
Ausgabe	ASMD-AUSGB	○	○	○	◉	☐
Hier.Leistungsnummer	ASMD-LSTHI	◉	○	○	○	☐
Leistungsbereich	ASMD-LBNUM	○	○	○	◉	☐
Lohnart	ASMD-LGART	◉	○	○	○	☐
Nenner	ASMD-IWUMN	◉	○	○	○	☐
STLV-Position	ASMD-STLVPOS	○	○	○	◉	☐

Customizing: Leistungstypabhängige Feldsteuerung

Klicken Sie auf die Schaltfläche **Beeinflussungen.** In der angezeigten Liste erhalten Sie einen Überblick über die getätigten Einstellungen je Leistungstyp und leistungstypübergreifend. Mit [F3] gehen Sie wieder zurück und speichern die Einstellung.

Liste aller Beeinflussungen zu einer Bildgruppe

Liste aller Beeinflussungen zu einer Bildgruppe

Einstellungen ohne beeinflussendes Feld

Modifiziertes Feld	Eing	Muss	Anzei	Ausbl	Hell
Steuertarifcode				X	

Einstellungen mit beeinflussendem Feld (Feld 1 beeinflußt Feld 2)

Beeinflussendes Feld	Modifiziertes Feld	Eing	Muss	Anzei	Ausbl	Hell	Beeinflussender Wert
Leistungstyp	Formel			X			ALL
Leistungstyp	Leistungsbereich				X		GRND
Leistungstyp	Ausgabe				X		GRND
Leistungstyp	STLV-Position				X		GRND

Customizing: Liste der Beeinflussungen

Starten Sie anschließend Transaktion AC01. Um einen neuen Leistungsstamm anzulegen, klicken Sie auf die Schaltfläche **Neue Leistung anlegen**. Im Feld **Leistungstyp** erfassen Sie den Wert GRND, im Feld **Basismengeneinheit** LE (Leistungseinheit) und eine **Beschreibung** der Leistung. Anschließend drücken Sie [↵]. Die drei Felder Leistungsbereich, STLV-Position und Ausgabe werden nun ausgeblendet. Da im Bildbereich **Standard LV** kein Feld mehr aktiv ist, blendet das System auch den Bildbereich inklusive Schaltfläche **Standard LV** und Bildrahmen aus.

Leistungsnummer %_1 Tipp 73: Beschreibung der Leistung
Leistungstyp GRND Basisleistung Kurztextänderung erlaubt
Basismengeneinheit LE LeistEinh. Löschvormerkung
Grunddaten
Grunddaten
Warengruppe Berechtigungsgruppe
Sparte Steuerindikator
Bewertungsklasse
Formel
Grafik
Zeitwirtschaft
Zeitwirtschaft
Hier.Leistungsnummer
Lohnart

Transaktion AC01: Anzeige ohne Bildbereich »Standard LV«

Tipp 75

Musterleistungsverzeichnisse im Einkauf verwenden

Leistungsverzeichnisse sind eine gute Möglichkeit, um die Arbeit in der Dienstleistungsbeschaffung zu erleichtern. In diesem Tipp erfahren Sie, wie Sie Ihre Leistungen in Verzeichnissen organisieren und strukturieren.

Um Leistungen zu strukturieren, können Sie in SAP Musterleistungsverzeichnisse anlegen. Die Muster verwenden Anwender anschließend als Vorlage in den Geschäftsprozessen.

Beispielsweise können Sie ein Musterleistungsverzeichnis über Beratungsleistungen erstellen. Anschließend kann ein Projektleiter mithilfe des Musters die notwendigen Beratungsleistungen für sein Organisations- und IT-Projekt auswählen und in eine Bestellanforderung übernehmen. Im folgenden Beispiel zeige ich, wie Sie Musterleistungsverzeichnisse anlegen und verwenden.

› Und so geht's

Die Transaktionen zur Pflege der Musterleistungsverzeichnisse (Muster-LV) finden Sie im Menü des Leistungsstamms unter **Logistik ▸ Materialwirtschaft ▸ Leistungsstamm ▸ Muster-LV**. SAP bietet folgende Transaktionen zur Pflege an:

- Transaktion ML10: Muster-LV anlegen
- Transaktion ML11: Muster-LV ändern
- Transaktion ML12: Muster-LV anzeigen
- Transaktion ML15: Listenanzeige von Muster-LVs

Starten Sie Transaktion ML10 (Muster-LV anlegen). In der Sicht **Hinzufügen Muster-Leistungsverzeichnis** erfassen Sie im Feld **Muster-Leistungsverzeichnis** eine externe Muster-Leistungsverzeichnisidentifikation. Das Feld ist alphanumerisch.

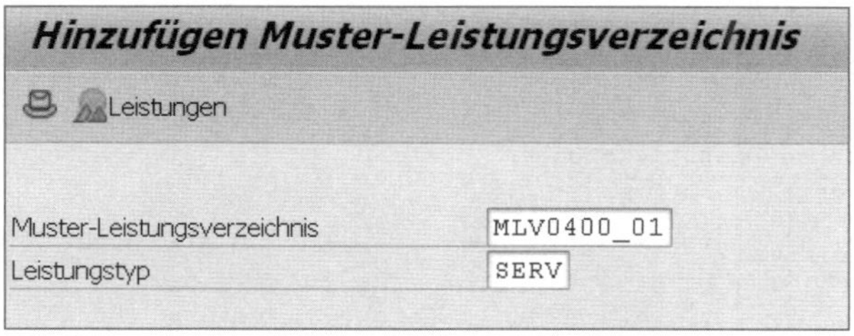

Hinzufügen Muster-Leistungsverzeichnis

Leistungen

Muster-Leistungsverzeichnis MLV0400_01

Leistungstyp SERV

Transaktion ML10: Hinzufügen Muster-Leistungsverzeichnis

Für dieses Beispiel können Sie eine Identifikation aus dem Schlüssel MLV0400, einem Unterstrich und der zweistelligen Versionsnummer 01 aufbauen. Die Version des Muster-Leistungsverzeichnisses bilden Sie ab, da SAP hier keine Versionsverwaltung unterstützt. Da die Muster-Leistungsverzeichnisse im Einkauf verwendet werden, wählen Sie als **Leistungstyp** SERV (Dienstleistung Einkauf) aus.

Im Bereich Muster-Leistungsverzeichnis dient der Leistungstyp vor allem zur Grobgliederung der Muster-Leistungsverzeichnisse und zur Steuerung der Zugriffsberechtigung (Berechtigungsobjekt M_SRV_LV). Anschließend drücken Sie **Enter**.

Sie können nun die Kopfdaten des Muster-LVs erfassen. Im Bildbereich **Allgemeine Daten** erfassen Sie die **Bezeichnung** und einen **Suchbegriff**. Im Feld **Währung** erfassen Sie EUR. Die Währung wird Ihnen später bei der Erfassung der Leistungszeilen vorgeschlagen, sodass der Erfassungsaufwand etwas reduziert wird.

Den Bildbereich **Vorschlagsdaten für Bestellanforderung** lassen Sie leer. Hier können Sie mögliche Vorschlagswerte pflegen, die bei der Verwendung des Muster-LVs in die Position der Bestellanforderung übernommen werden.

Im Bildbereich **Prüfdaten** erfassen Sie die Berechtigungsgruppe 0001. Über das Feld **Berechtigungsgruppe** steuern Sie den Zugriff auf einzelne Muster-LVs.

Sie können Muster-LVs auch über das Kennzeichen **Sperr-Kennzeichen** für die weitere Verwendung sperren. Dieses Kennzeichen gilt anwendungsübergreifend.

Im Feld **Gültig ab** geben Sie das Datum 01.01.2016 ein. Ab dem eingetragenen Datum kann das Muster-LV als Vorlage in den Geschäftsprozessen verwendet werden.

Muster-Leistungsverzeichnis	MLV0400_01	☐ Sperr-Kennzeichen	
Leistungstyp	SERV	☐ Konfigurieren bei Leistungsselektion	
Allgemeine Daten			
Bezeichnung	Elektro Dienstleistungen		
Suchbegriff	ELEKTRO		
Währung	EUR		
Warengruppe	22000000	Bautechnik	
Vorschlagsdaten für Bestellanforderung			
EinkOrganisation			
Fst.Lieferant			
Kontrakt			
Prüfdaten		**Verwaltungsdaten**	
Berechtigungsgruppe	0001	Angelegt am	08.06.2016
		Angelegt von	C00002
Einkaufs-Status		Geändert am	08.06.2016
Gültig ab	01.01.2016	Geändert von	C00002

Transaktion ML10: Kopfdaten Muster-LV

Das Kennzeichen **Konfigurieren bei Leistungsselektion** können Sie aktivieren, wenn Sie mithilfe der Variantenkonfiguration die Selektionsauswahl einschränken wollen. Wenn Sie beispielsweise ein Muster-LV im Bereich Rohrleistungsbau im Einsatz haben, können Sie eine Konfiguration integrieren, die sich auf die Dicke der Rohrleitungen bezieht. Wenn der Anwender anschließend beim Start der Selektion eine mögliche Rohrleitungsdicke auswählt, werden nur Leistungen in der Auswahl angeboten, die für diese Rohrleitungsdicke relevant sind. Auf diese Weise findet der Anwender schneller die gewünschten Leistungen. Der Nachteil besteht in einer aufwendigeren Pflege des Muster-LVs bzw. des Regelwerks in der Variantenkonfiguration.

Anschließend klicken Sie auf die Schaltfläche **Leistungen**, um die Leistungen im Muster-LV zu erfassen. Nun erfassen Sie ein Beispiel für ein Muster-LV, das Leistungen in mehrere Hierarchiestufen gliedert. Die einzelnen Leistungen habe ich für dieses Beispiel bereits als Leistungsstämme angelegt.

Um die Hierarchie zu pflegen, klicken Sie auf die Schaltfläche (**Gliederung an/aus**). Ihnen wird nun der Bildbereich **Leistungsgliederung** angezeigt. Legen Sie einen Gliederungspunkt an, indem Sie den Ordner **ELEKTRO**

DIENSTLEISTUNGEN markieren und anschließend auf die Schaltfläche (**Neue Untergruppe**) klicken. Sie können maximal vier Hierarchieebenen zusätzlich einfügen.

Im Dialogfenster **Gliederungsstufe pflegen** erfassen Sie im Feld **GlStufe** einen Schlüssel für die Gliederungsstufe. Das Feld ist acht Zeichen lang, je Hierarchiestufe verwenden Sie daher eine zweistellige Nummerierung. Für dieses Beispiel pflegen Sie im Feld **GlStufe** den Schlüssel 02000000, im Feld **Kurztext** die Leistungsbezeichnung »Stromverteilung«. Der Gliederungspunkt ist auf der ersten Hierarchieebene (Auswahlknopf **Hierarchieebene 1**). Die Felder **von** und **bis** im Bildbereich **Zeilenintervall** lassen Sie leer. Auf Wunsch können Sie mit diesen Feldern Positionsnummern je Gliederungsstufe reservieren.

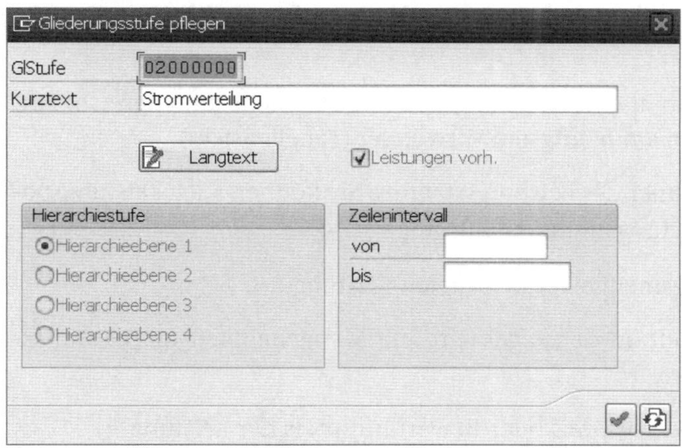

Transaktion ML10: Pflege der Gliederungsstufe

Beachten Sie, dass Sie den **Kurztext** der Gliederungsstufe nicht mehrsprachig erfassen können. Zum Schluss bestätigen Sie die Eingabe mit [↵].

Als nächstes legen Sie eine weitere Gliederungsstufe unterhalb der angelegten Gliederungsstufe 02000000 (Stromverteilung) an. Dazu markieren Sie die Gliederungsstufe 02000000 im Bildbereich **Leistungsgliederung** und klicken auf die Schaltfläche (**Neue Untergruppe**). Es erscheint wieder das Dialogfenster **Gliederungsstufe pflegen**. Sie erfassen im Feld **GlStufe** den Wert 02010000, im Feld **Kurztext** eine Beschreibung und drücken anschließend [↵]. Wiederholen Sie diese Schritte, bis Sie alle Gliederungsstufen erstellt haben.

Transaktion ML10: Leistungsgliederung

Im nächsten Schritt pflegen Sie die einzelnen Leistungspositionen im Muster-LV. Markieren Sie die Gliederungsstufe **01000000 Trafo** in der Leistungsgliederung, um Leistungspositionen zur Gliederungsstufe hinzuzufügen. Für dieses Beispiel erfassen Sie vier Leistungspositionen in der Gliederungsstufe **01000000 Trafo**.

Die möglichen Werte in einer Leistungsposition sind sehr umfangreich. Folgende Felder werden am häufigsten verwendet (Tabellensicht):

- **Leistungsnr**: Nummer des Leistungsstamms; Sie können auch Leistungspositionen ohne Leistungsnummer anlegen
- **Menge**: Vorschlagsmenge der benötigten Leistung
- **ME**: Mengeneinheit; in der Regel wird die Mengeneinheit LE (Leistungseinheit) verwendet.
- **Bruttopreis**: Vorschlagspreis oder Bewertungspreis der Leistung
- **Leistungstext** und **Zeilentext**: Langtexte zur Leistungsposition; Sie pflegen die Texte mithilfe der Schaltfläche .
- **Konditionen**: Es können Zuschläge oder Rabatte hinterlegt werden, die in die Konditionen der Geschäftsobjekte (z. B. einer Bestellung) übernommen werden und in der Preiskalkulation berücksichtigt werden. Sie pflegen die Konditionen mithilfe der Schaltfläche .

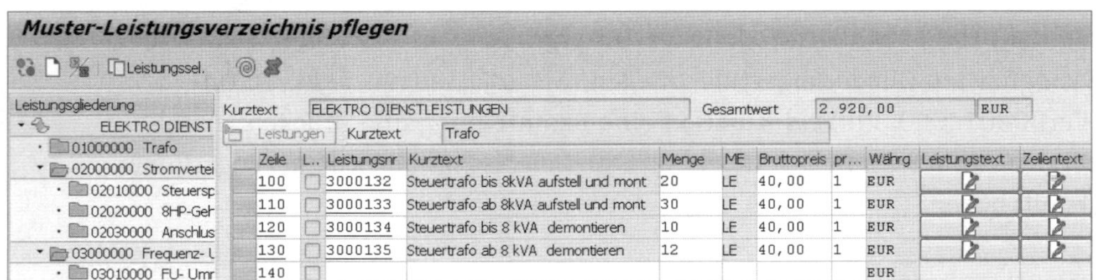

Transaktion ML10: Pflege der Leistungsposition zu einer Gliederungsstufe

Durch Doppelklick auf die Positionsnummer in der Spalte **Zeile** gelangen Sie in das Dialogfenster **Leistungsdetails pflegen**. Hier können Sie weitere Detailinformationen pflegen. Nachdem Sie die Positionen erfasst haben, speichern Sie das Muster-LV.

Um die Einstellungen zu testen, legen Sie eine auf Kostenstelle kontierte Bestellanforderung an, in der Sie auf Ihr angelegtes Muster-LV zugreifen. Starten Sie dazu Transaktion ME51N. In der Positionsübersicht erfassen Sie in der Spalte **K** den Kontierungstyp K (Kostenstelle), in Spalte **P** den Positionstyp D (Dienstleistungen), sowie einen **Kurztext** und die **Warengruppe** 22000000. Anschließend drücken Sie [↵].

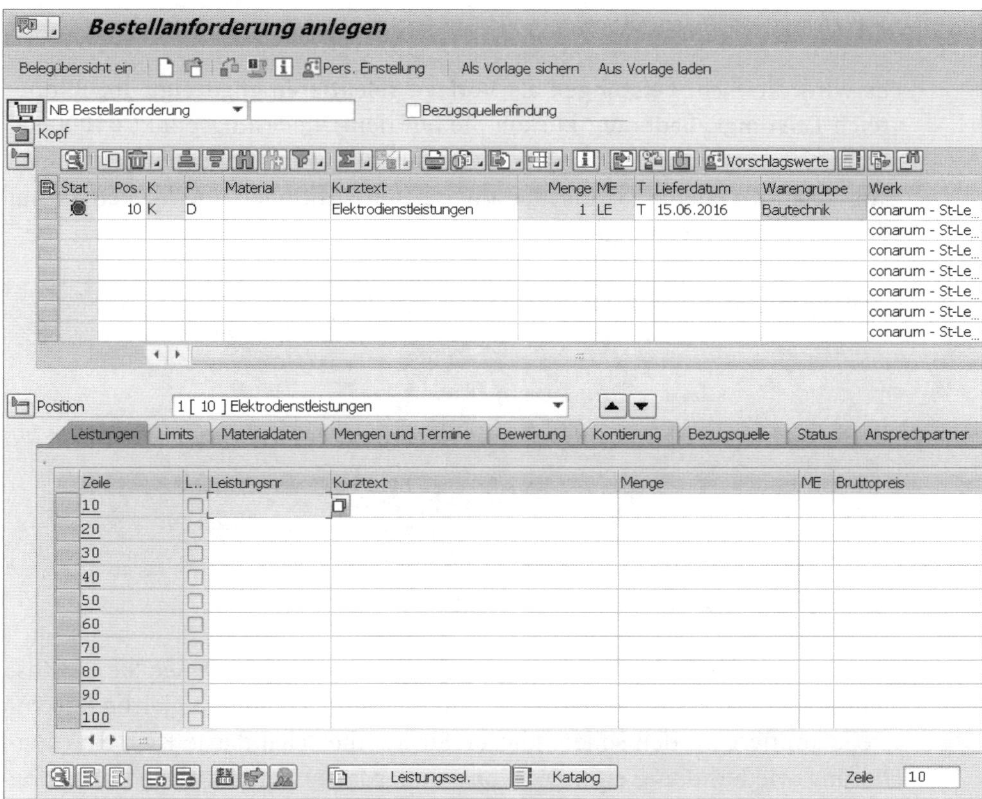

Transaktion ME51N: Anlegen einer BANF mit Dienstleistungen

Das System vervollständigt die Position mit weiteren Daten und in den Positionsdetails wird die Registerkarte **Leistungen** angezeigt. Nun klicken Sie im unteren Bereich des Fensters auf die Schaltfläche **Leistungssel.**. Im angezeigten Dialogfenster **Leistungsselektion** aktivieren Sie den Auswahknopf **Mus-**

ter-LV und erfassen die Nummer des Muster-LV »MLV400_01«, das Sie zuvor angelegt haben. Drücken Sie anschließend [↵].

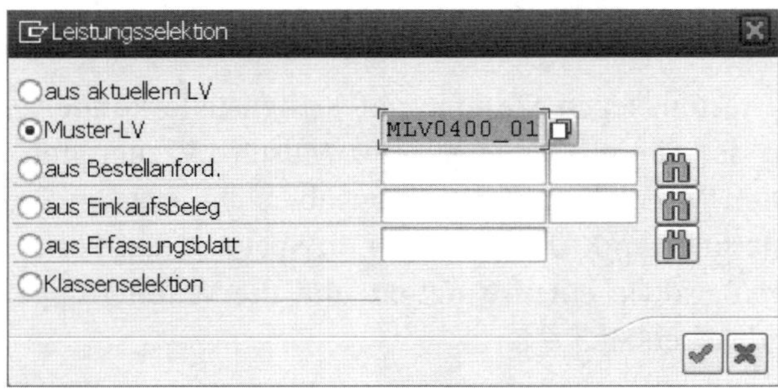

Dialogfenster »Leistungsselektion«

Es wird die Sicht **Leistungen als Vorlage selektieren angezeigt**. Im Bildbereich **Leistungsgliederung** klicken Sie auf den Gliederungspunkt **01000000 Trafo**. In der Positionsübersicht werden die zuvor gepflegten Leistungen angezeigt. Markieren Sie die vier angezeigten Positionen und klicken Sie auf die Schaltfläche **Leistungen.**

Leistungen als Vorlage selektieren

Leistungen

Leistungsgliederung: ELEKTRO DIENST; 01000000 Trafo; 02000000 Stromvertei; 02010000 Steuersp; 02020000 8HP-Geh; 02030000 Anschlus; 03000000 Frequenz- (

Kurztext: ELEKTRO DIENSTLEISTUNGEN

Leistungen – Kurztext: Trafo

Zeile	L..	Leistungsnr	Kurztext	Menge	ME	L...	Aus...
100		3000132	Steuertrafo bis 8kVA aufstell und mont	20	LE		0
110		3000133	Steuertrafo ab 8kVA aufstell und mont	30	LE		0
120		3000134	Steuertrafo bis 8 kVA demontieren	10	LE		0
130		3000135	Steuertrafo ab 8 kVA demontieren	12	LE		0

Transaktion ME51N: Auswahl Leistungen aus Muster-LV

Es erscheint das Dialogfenster **Kontierung der Leistung**. Erfassen Sie die Kostenstelle 1000. Da alle vier ausgewählten Leistungen auf die gleiche Kostenstelle kontiert werden sollen, klicken Sie auf die Schaltfläche **Kwh ein** (Kontierungswiederholung ein). Die Kontierungsdaten werden für jede Position vorgeschlagen. Es ist keine weitere Eingabe der Kostenstelle notwendig.

Anschließend klicken Sie auf die Schaltfläche **Kwh automatisch**. Mithilfe dieser Schaltfläche wird die Kontierung automatisch für alle vier Leistungen im Hintergrund gesetzt. Übernehmen Sie die ausgewählten Leistungen mit [↵] und speichern Sie die Bestellanforderung.

Tipp 76

Limits bei Dienstleistungen verwenden

Sie wollen im Fall der Leistungsrückmeldung die Erfassung ungeplanter Leistungen limitieren. Ungeplante Leistungen sollen nur bis zu einer bestimmten Betragshöhe erfasst werden können.

Im SAP-System können Sie geplante Leistungen oder ungeplante Leistungen in der Leistungserfassung zurückmelden. *Geplante Leistungen* sind Leistungen, deren Menge und Betrag explizit in der Bestellung festgelegt sind. *Ungeplante Leistungen* hingegen sind in der Bestellung nicht beschrieben. Erst bei der Leistungserfassung wird die Art der Leistung, die geleistete Menge und der Preis erfasst.

Den Gesamtbetrag erfasster ungeplanter Leistungen können Sie in der Bestellung limitieren, sodass nur bis zu diesem Betrag ungeplante Leistungen erfasst werden können. Wird der hinterlegte Betrag überschritten, kann keine ungeplante Leistung mehr erfasst werden. Folgende Limits können Sie setzen:

- *Gesamtlimit zur Position*: Gesamtlimit über alle zur Position erfassten ungeplanten Leistungen
- *Kontraktlimit*: Das Limit berücksichtigt Leistungszeilen, die sich auf einen bestimmten Kontrakt beziehen.
- *Sonstiges Limit*: Das Limit berücksichtigt Leistungszeilen, die nicht von einem Kontraktlimit oder Muster-LV-Limit (falls diese eingestellt sind) berücksichtigt werden.
- *Muster-LV- bzw. Standardlimit*: Das Limit berücksichtigt Leistungszeilen, die aus einem bestimmten Muster-LV oder Standard-LV ausgewählt wurden.

- *Erwarteter Wert*: Der erwartete Wert ist der geschätzte Gesamtwert aller ungeplanten Leistungen, die im »Normalfall« anfallen. In der Regel liegt dieser etwas unterhalb des eingetragenen Gesamtlimits. Der erwartete Wert ist wichtig für das Bestellobligo, zur Berechnung des Gesamtwerts der Bestellposition, der Ermittlung der korrekten Freigabestrategie und für die Statistik im Einkauf.

› Und so geht's

Als Beispiel legen Sie eine Dienstleistungsposition mit einem entsprechenden Limit an. Starten Sie dazu Transaktion ME21N, erfassen Sie den Beispiellieferanten 100001 und drücken Sie [↵].

In der Positionsübersicht erfassen Sie in der Spalte **K** den Wert K (Kostenstelle), in der Spalte **P** den Wert D (Dienstleistungen), einen **Kurztext** und in der Spalte **Warengruppe** die Beispielwarengruppe 22000000. Anschließend drücken Sie [↵].

In den Positionsdetails wechseln Sie auf die Registerkarte **Limits**. Sie erfassen ein **Gesamtlimit** von 10.000,00 EUR und einen erwarteten Wert von 8.000,00 EUR. Zusätzlich erfassen Sie ein Kontraktlimit zu einem Dienstleistungskontrakt in der Registerkarte **Kontrakt-Limits**. Dazu erfassen Sie in der Spalte **Kontrakt** und **Position** die Kontraktnummer und die Positionsnummer des Dienstleistungskontraktes. In der Spalte **Limit** erfassen Sie ein Limit von 8.000,00 EUR.

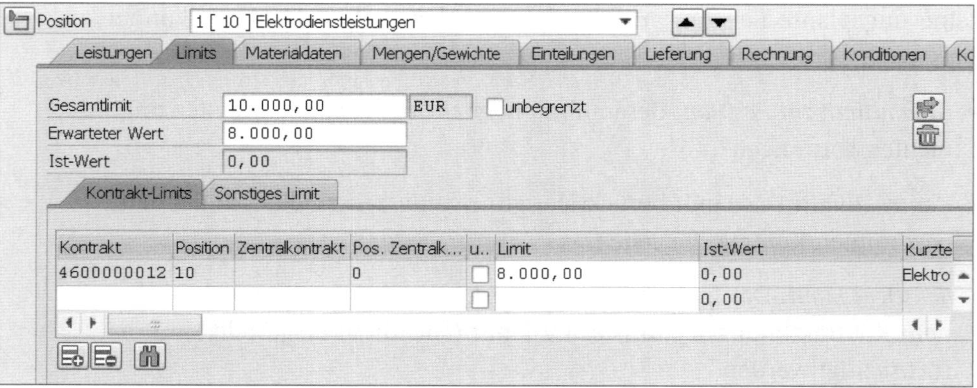

Transaktion ME21N: Erfassen eines kombinierten Limits

Wechseln Sie in die Registerkarte **Sonstiges Limit** und erfassen Sie im Feld **Limit** den Wert 2.000,00 EUR. Zuletzt speichern Sie die Bestellung.

Wenn Sie mithilfe von Transaktion ML81N Leistungsrückmeldungen erfassen, die ungeplante Leistungen enthalten, sehen Sie im Feld **Ist-Wert** den aktuellen ausgeschöpften Wert des jeweiligen Limits. Im Standard sind die Registerkarten **Muster-LV** und **Standard-LV** in der Registerkarte **Limits** ausgeblendet. Um diese einzublenden, wechseln Sie in das Customizing:

Materialwirtschaft ▸ Dienstleistung ▸ Bildaufbau festlegen

Schalten Sie die Registerkarte für **MusterLV-Limits** in der Bestellung aktiv. Klicken Sie auf die Zeile mit der **Bezeichnung Bestellung** (Spalte **FAusw** = 4) und anschließend auf die Details.

In der angezeigten Darstellung ist es sehr schwierig, die Feldsteuerung für das jeweilige Feld zu finden. Jedes Zeichen in den Feldern **Feldauswahl1** und **Feldauswahl2** stellt die Feldsteuerung für jeweils ein Feld, eine Registerkarte oder eine Schaltfläche dar. In Tipp 81 finden Sie weitere Erläuterungen zur Bildsteuerung.

Für die Registerkarte **MusterLV-Limit** ist es das Zeichen an der Stelle 31 (**StandardLV-Limit**: Stelle 32). Im Standard ist das eingetragene Zeichen ein Strich (Strich bedeutet Ausblenden). Ändern Sie das Zeichen auf einen Punkt (Punkt bedeutet Kannfeld) und speichern Sie die Daten.

Customizing: Bildaufbau festlegen – Registerkarte »Muster-LV-Limit«

Weitere Details finden Sie in der Customizing-Dokumentation des Customizing-Punktes.

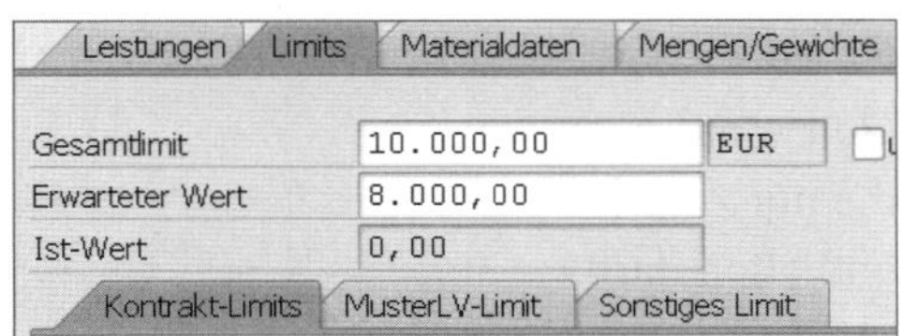

Transaktion ME21N: Registerkarte »MusterLV-Limit« wird angezeigt

Tipp 77

Überschriften für benutzerdefinierte Felder individuell setzen

Um Ihre Dienstleistungsprozesse in SAP abzubilden, benötigen Sie weitere kundeneigene Eingabefelder je Leistungsposition. Das System bietet Ihnen im Standard vier Eingabefelder an. In diesem Tipp lesen Sie, wie Sie die Überschriften und Bezeichnungen im Customizing individuell anpassen können.

In der SAP-Leistungsposition sind vier benutzerdefinierte Felder vorgesehen, die der Kunde für die Abbildung seiner Geschäftsprozesse individuell belegen kann. Die Felder sind im SAP-System wie folgt definiert:

Tabellenname	Feldname	Datentyp	Länge	Position Feld Feldauswahl2
ESLL	USERF1_NUM	NUMC (Zeichenfolge, die nur Ziffern enthalten darf)	10	28
ESLL	USERF2_NUM	NUMC (Zeichenfolge, die nur Ziffern enthalten darf)	13	29

Benutzerdefinierte Felder für Leistungspositionen

Tabellenname	Feldname	Datentyp	Länge	Position Feld Feldauswahl2
USERF1_TXT	USERF1_TXT	CHAR (Zeichenfolge, die aus Zeichen und Nummern bestehen kann)	40	30
USERF2_TXT	USERF2_TXT	CHAR (Zeichenfolge, die aus Zeichen und Nummern bestehen kann)	10	31

Benutzerdefinierte Felder für Leistungspositionen (Forts.)

Die jeweiligen Felder sind sowohl in der Leistungspositionsübersicht als auch in den Leistungsdetails sichtbar.

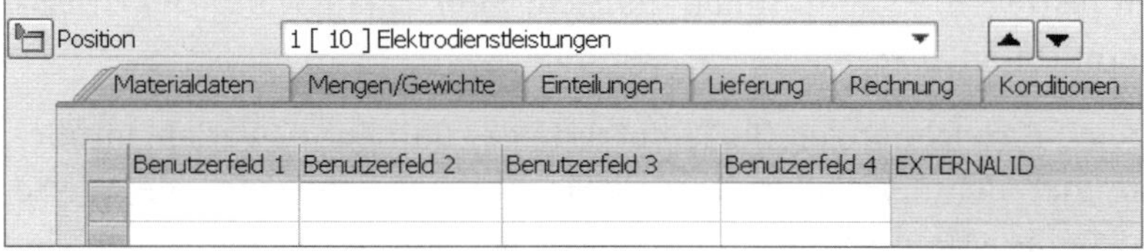

Transaktion ME21N: Leistungspositionsübersicht – benutzerdefinierte Felder

Transaktion ME21N: Leistungsdetails – benutzerdefinierte Felder

Im Tipp zeige ich, wie Sie im Customizing die angezeigte Bezeichnung der Felder ändern können.

› Und so geht's

Die Bezeichnung der benutzerdefinierten Felder können Sie auf der Organisationsebene des Mandanten oder auf der Ebene der Einkaufsorganisation einstellen.

Customizing der Organisationsebene Einkaufsorganisation:

Materialwirtschaft ▸ Dienstleistung ▸ Bezugsquellenfindung und Vorschlagswerte ▸ für Einkaufsorganisationen festlegen

Customizing der Organisationsebene Mandant:

Materialwirtschaft ▸ Dienstleistung ▸ Bezugsquellenfindung und Vorschlagswerte ▸ für den Mandanten festlegen

Stellen Sie die Bezeichnung für die benutzerdefinierten Felder auf der Organisationsebene Mandant ein. Starten Sie den Customizing-Punkt **für den Mandanten festlegen**. Es wird Ihnen die Sicht **»Vorschlagswerte Dienstleistung« ändern: Detail** angezeigt.

Im Bildbereich **Bezeichnungen für Benutzerfelder und Formelvariablen** pflegen Sie die vier Benutzerfelder. Tragen Sie für dieses Beispiel die Werte »Mein Feld 1« bis »Mein Feld 4« ein und speichern Sie die Daten.

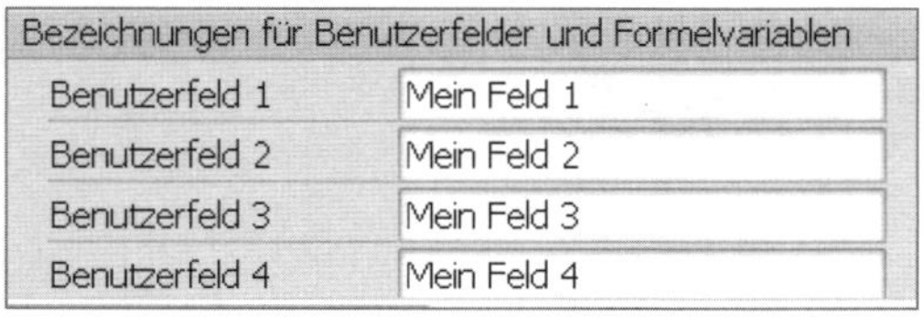

Bezeichnungen für Benutzerfelder und Formelvariablen	
Benutzerfeld 1	Mein Feld 1
Benutzerfeld 2	Mein Feld 2
Benutzerfeld 3	Mein Feld 3
Benutzerfeld 4	Mein Feld 4

Customizing: Bezeichnung der benutzerdefinierten Felder

Nun starten Sie eine zuvor angelegte Dienstleistungsbestellung mithilfe von Transaktion ME22N. In den Positionsdetails rufen Sie die Registerkarte **Leistungen** auf. In der Übersicht sehen Sie die zuvor im Customizing eingetragenen Bezeichnungen.

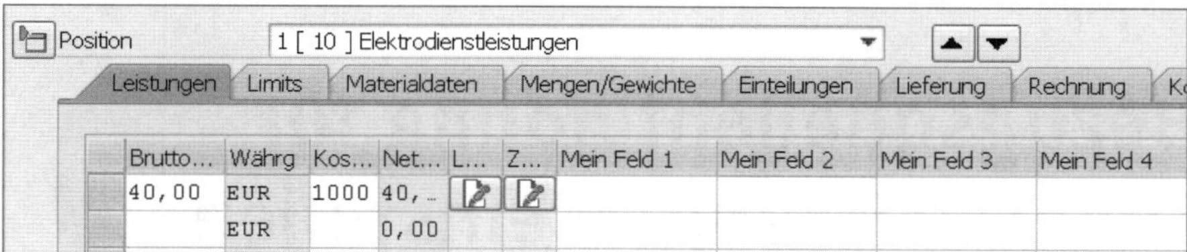

Transaktion ME22N: Registerkarte »Leistungen« – benutzerdefinierte Felder

Falls Sie die benutzerdefinierten Felder nicht benötigen, können Sie diese im Customizing auch ausblenden. Rufen Sie dazu den folgenden Customizing-Punkt auf:

Materialwirtschaft ▸ Dienstleistung ▸ Bildaufbau festlegen

Blenden Sie nun die Felder für das Geschäftsobjekt Bestellung aus. Dazu markieren Sie in der angezeigten Übersicht die Zeile mit dem Wert 4 (Bestellung) in der Spalte **FAusw** und klicken auf die Schaltfläche **Details**.

Im Feld **Feldauswahl2** ändern Sie die Zeichen an den Positionen 28, 29, 30 und 31 von einem Punkt (Kann-Eingabe) in einen Strich (Ausblenden).

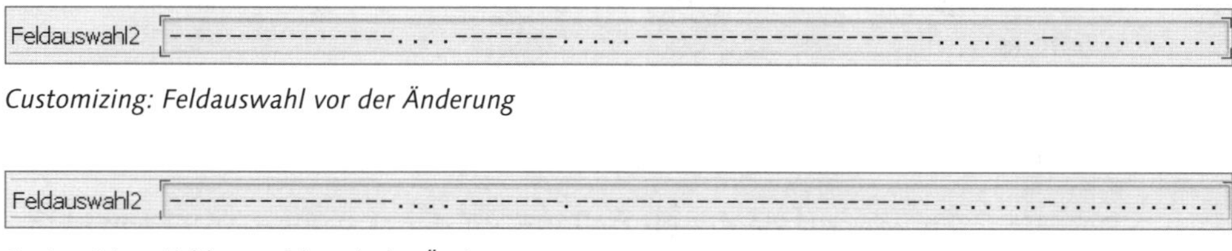

Customizing: Feldauswahl vor der Änderung

Customizing: Feldauswahl nach der Änderung

Tipp 78

Bezugsquellenfindung für Dienstleistungen einstellen

Setzen Sie Leistungsstämme ein und verwenden Sie Dienstleistungskontrakte als mögliche Bezugsquelle? Dann sollten Sie die Bezugsquellenfindung auch für Dienstleistungen einstellen.

In SAP können Sie eine Bezugsquellenfindung für Leistungen bei der Erfassung einer Bestellanforderung durchführen lassen. Die Bezugsquellenfindung kann auf zwei Ebenen erfolgen:

- Die Bezugsquellenfindung berücksichtigt die Warengruppe auf Positionsebene.
- Die Bezugsquellenfindung berücksichtigt die eingetragenen Leistungsstämme in den Leistungspositionen.

Des Weiteren können Sie die Einstellung auf der Organisationsebene Mandant oder auf der Organisationsebene Einkaufsorganisation vornehmen. Im Beispiel zeige ich Ihnen, wie Sie die Einstellungen auf Mandantenebene durchführen.

› Und so geht's

Die Einstellungen zur Bezugsquellenfindung bei Dienstleistungen führen Sie im Customizing durch.

Customizing der Organisationsebene Einkaufsorganisation:

Materialwirtschaft ▸ Dienstleistung ▸ Bezugsquellenfindung und Vorschlagswerte ▸ für Einkaufsorganisationen festlegen

Customizing der Organisationsebene Mandant:

Materialwirtschaft ▸ Dienstleistung ▸ Bezugsquellenfindung und Vorschlagswerte ▸ für den Mandanten festlegen

Starten Sie den Customizing-Punkt **für den Mandanten festlegen**. Im Bildbereich **Bezugsquellenfindung** legen Sie fest, ob die Bezugsquellenfindung auf Ebene der Warengruppe und/oder auf Leistungsebene erfolgt.

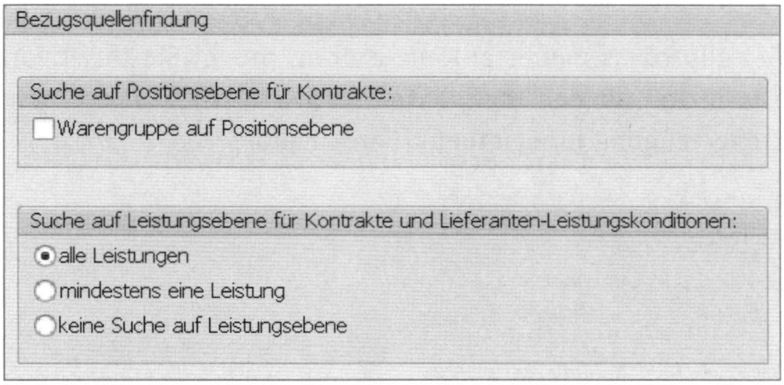

Bezugsquellenfindung

Suche auf Positionsebene für Kontrakte:

☐ Warengruppe auf Positionsebene

Suche auf Leistungsebene für Kontrakte und Lieferanten-Leistungskonditionen:

◉ alle Leistungen

○ mindestens eine Leistung

○ keine Suche auf Leistungsebene

Customizing: Bezugsquellenfindung bei Leistungen

Wenn das Kennzeichen **Warengruppe auf Positionsebene** aktiviert ist, schlägt das System Kontraktpositionen vor, deren Positionstyp D (Dienstleistungsposition) ist und deren Warengruppe gleich der Warengruppe in der Dienstleistungsposition der Bestellanforderung ist. Es spielt dabei keine Rolle, ob die ausgewählte Leistung im Kontrakt vorkommt oder nicht. Die Einstellung dient dazu, dem Einkäufer anzuzeigen, welche möglichen Lieferanten für die jeweiligen Warengruppen bzw. Leistungsbereiche zugelassen sind. Die Einstellung ist nicht dazu geeignet, sich einen gültigen Preis für die zu bestellende Leistung vorschlagen zu lassen.

Für dieses Beispiel wünschen Sie, dass bei der Umsetzung der Bestellanforderung in eine Bestellung ein gültiger Preis zur bestellenden Leistung zugeordnet wird. Deshalb deaktivieren Sie das Kennzeichen **Warengruppe auf Positionsebene** und aktivieren den Auswahlknopf **alle Leistungen**. Dadurch erreichen Sie, dass nur Kontrakte als Bezugsquelle vorgeschlagen werden, die alle zu bestellenden Leistungen umfassen. Das System berücksichtigt dabei nur Leistungszeilen mit gepflegter Leistungsnummer (Feld **Leistungsnr**). Speichern Sie die Einstellung.

Position 1 [10] DL

Leistungen | Limits | Materialdaten | Mengen und Termine | Bewertung | Kontierung | Bezugsquelle

Zeile	L..	Leistungsnr	Kurztext	Menge
10	☐	3000138	Zweit.Steuerspannungsverteilung aufbauen	1
20	☐		Nicht berücksichtigt in Bezugquell.find	1

Transaktion ME51N: Leistungszeilen mit und ohne gepflegte Leistungsnummer

Mithilfe von Transaktion ME57 oder ME51N, in denen Sie das Kennzeichen **Bezugsquellenfindung** setzen, können Sie die Einstellung testen.

Sie können den Bestellprozess weiter automatisieren, indem Sie im zuvor beschriebenen Customizing **für den Mandanten festlegen** das Kennzeichen **Automatische Bestellerzeugung für Leistungs-Banfen** aktivieren.

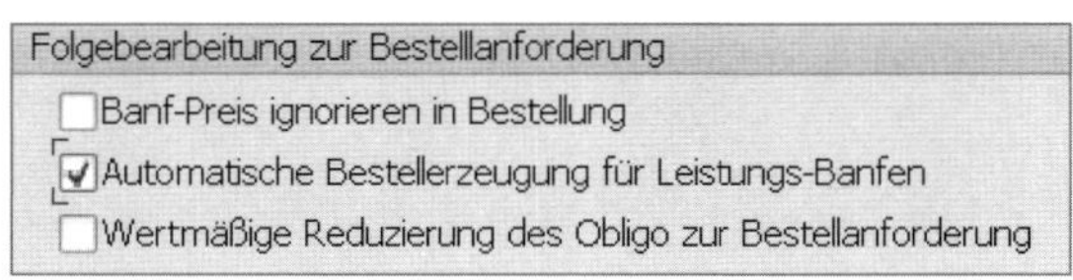

Customizing: Automatische Bestellerzeugung aktivieren.

Mithilfe von Transaktion ME59N können dann Bestellanforderungen automatisch in eine Bestellung umgesetzt werden, sobald eindeutig eine Bezugsquelle und ein gültiger Preis für die zu bestellenden Leistungszeilen gefunden werden. Außerdem muss im Lieferantenstamm (Transaktion MK01 bzw. MK02) der gewünschten Bezugsquelle in der Sicht **Einkauf** das Kennzeichen **Automatische Bestellung** gesetzt sein.

Tipp 79

Leistungserfassungsblätter aus der Instandhaltung erzeugen

Wenn Sie Ihre Instandhaltungsmaßnamen in EAM (vormals PM) planen und die Beschaffung sowie die Rückmeldung von extern durchgeführten Dienstleistungen vereinfachen möchten, sollten Sie diesen Tipp beherzigen.

Sie planen Ihre Instandhaltung mithilfe von Wartungsplänen in der SAP-Komponente EAM (vormals PM). Abhängig von bestimmten Zeitintervallen oder Zählerständen werden Instandhaltungsmaßnahmen an Maschinen oder Gebäuden durchgeführt.

Der Standardprozess für die Beschaffung von Fremdleistungen oder Komponenten läuft wie folgt ab:

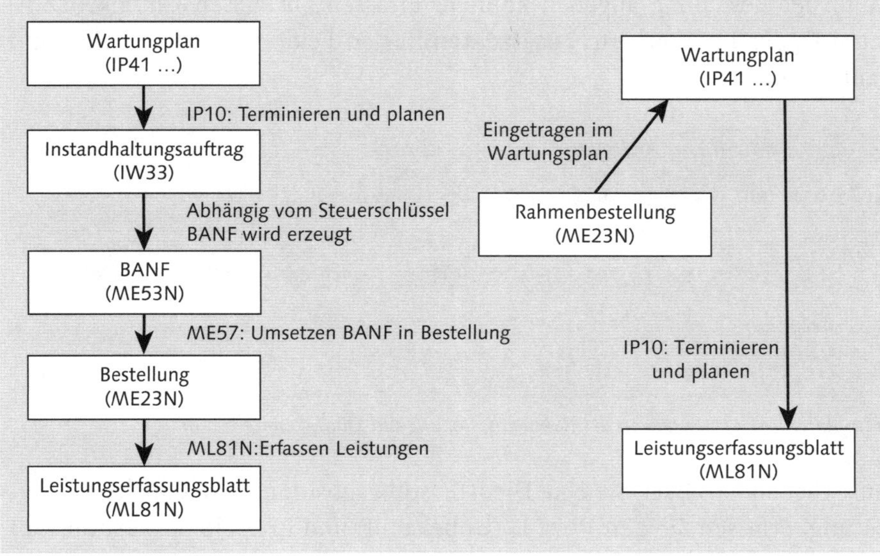

Standardablauf (links) und reduzierter Ablauf (rechts) bei der Beschaffung externer Instandhaltungsdienstleistungen

Der Beschaffungsprozess soll dahingehend reduziert werden, dass bei der Terminierung des Wartungsplans direkt ein Leistungserfassungsblatt mit den notwendigen geplanten Leistungen erzeugt wird. Die Erzeugung der Geschäftsobjekte Instandhaltungsauftrag, Bestellanforderung und Einzelbestellung im SAP-System ist nicht mehr notwendig. Der Beschaffungsprozess wird dadurch beschleunigt. Auch die manuelle Erfassung des Leistungserfassungsblattes entfällt. Außerdem kann das generierte Leistungserfassungsblatt als eine Art Arbeitsplan für den externen Dienstleister verwendet werden.

Voraussetzung für den Prozess ist, dass Sie eine Bestellung anlegen. In der Bestellung wird der gewünschte Zeitraum festgelegt. In der Regel erfassen Sie keine Einzelbestellung, sondern eine Rahmenbestellung, die über einen längeren Zeitraum gültig ist. In der Rahmenbestellung legen Sie die notwendigen zu beschaffenden Leistungen, die Gesamtmenge der Leistungen und den gültigen Preis fest.

› Und so geht's

Im ersten Schritt legen Sie eine Bestellung an. Dazu starten Sie Transaktion ME21N. Als Belegart wählen Sie **FO Rahmenbestellung** und erfassen im Feld **Lieferant** Ihren Lieferanten, der die geplanten Wartungsarbeiten durchführen soll. Anschließend drücken Sie [↵]. Die Belegart FO verwenden Sie, da Sie im Gegensatz zur Belegart NB (Normalbestellung) einen Gültigkeitszeitraum der Bestellung angeben können. Erfassen Sie diesen Gültigkeitszeitraum in der Registerkarte **Zusatzdaten** in den Feldern **Laufzeitbeginn** und **Laufzeitende**.

Transaktion ME21N: Anlegen der Rahmenbestellung mit Gültigkeitszeitraum

Anschließend erfassen Sie eine Dienstleistungsposition. In der Spalte **K** (Kontierung) erfassen Sie den Wert U (Unbekannt) und in Spalte **P** (Positonstyp) den Wert D (Dienstleistungsposition). Die Kontierung U (Unbekannt) wählen Sie, da die Bestellung für mehrere Wartungspläne verwendet werden soll. Zusätzlich erfassen Sie einen **Kurztext** und eine **Warengruppe** und bestätigen mit [↵].

St..	Position	K	P	Material	Kurztext	Menge	BME	T	Lieferdatum
	10	U	D		Elektro Wartungsarbeiten	1	LE	T	19.06.2016

Transaktion ME21N: Dienstleistungsposition – Kontierungstyp U

Im Bildbereich **Position** wechseln Sie nun auf die Registerkarte **Leistungen**. Darin erfassen Sie die Leistungsnummern, die in der geplanten Instandhaltung benötigt werden.

Position: 1 [10] Elektro Wartungsarbeiten

Leistungen | Limits | Materialdaten | Mengen/Gewichte | Einteilungen | Lieferung | Rechnung

Zeile	L..	Leistungsnr	Kurztext	Menge
10	☐	3000174	Thermografie elektrische Anlage	10
20	☐	3000173	Fehler-Stromschutzeinrichtungen	10
30	☐	3000172	Elektrische Anlagen besonderer Art	20
40	☐	3000171	Elektr.Anlagen/ortsfeste Betriebsmittel	40

Transaktion ME21N: Leistungszeilen

Zuletzt speichern Sie die Bestellung und starten Transaktion IP41 (Einzelzyklusplan), um einen Wartungsplan anzulegen. Als Wartungsplantyp wählen Sie MM (Dienstleistungsbeschaffung) und drücken [↵].

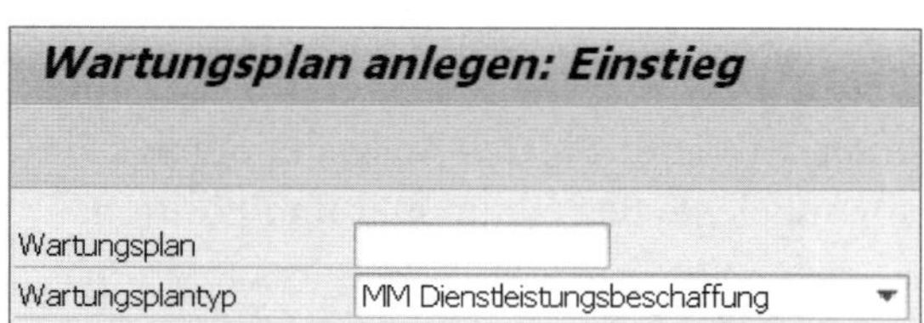

Transaktion IP41: Wartungsplan – Einzelzyklus – anlegen

Anschließend erfassen Sie die notwendigen Daten für den Wartungsplan. Die Prüfung soll z.B. alle sechs Monate stattfinden. In den Feldern **Zyklus/Einheit** erfassen Sie **6 MON**. Des Weiteren erfassen Sie in der Registerkarte **Position** einen Kurztext zur **Wartungsposition**, die **Equipmentnummer** der Anlage und die zuvor angelegte Bestellnummer und -position. Drücken Sie [↵]. Da Sie als Kontierung U (Unbekannt) gewählt haben, erfassen Sie eine Beispielkontierung in den Feldern **Sachkonto** und **Abrechnungsauftrag**. Die Kontierung wird bei Anlage des Leistungserfassungsblatts übernommen.

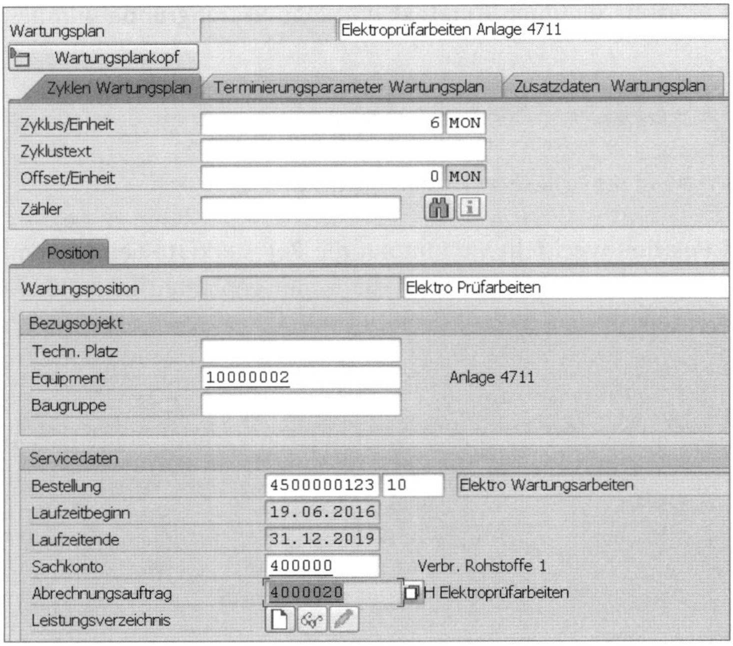

Transaktion IP41: Wartungsplan anlegen

Zuletzt ergänzen Sie den Wartungsplan um die notwendigen Leistungen, die periodisch durchgeführt werden sollen. Dazu klicken Sie auf die Schaltfläche (**Anlegen**) in der Zeile **Leistungsverzeichnis** und gelangen in die Sicht **Leistungsverzeichnis pflegen**. Dort klicken Sie auf die Schaltfläche **Leistungssel.**.

Im Dialogfenster **Leistungsselektion** markieren Sie den Auswalknopf **aus Einkaufsbeleg** und erfassen die zuvor angelegte Bestellnummer und Position.

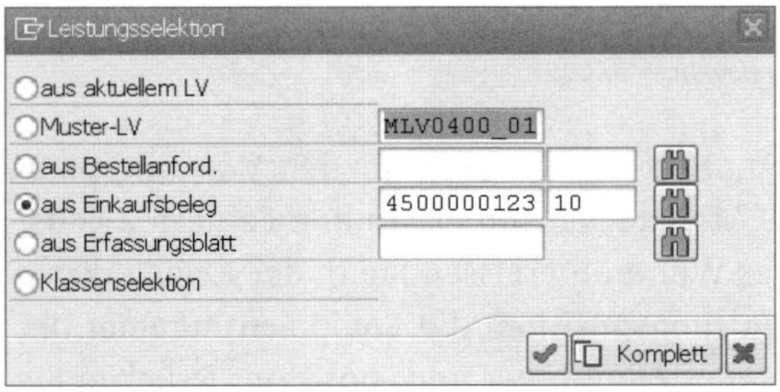

Transaktion IP41: Dialogfenster »Leistungsselektion«

Anschließend klicken Sie auf die Schaltfläche **Komplett**. Es werden alle Leistungszeilen aus der Bestellung in die Sicht **Leistungsverzeichnis pflegen** übernommen. Drücken Sie die Taste F3, um in den Wartungsplan zurückzukehren, und speichern Sie den Wartungsplan.

Starten Sie nun Transaktion IP10, um den Wartungsplan zu terminieren. Geben Sie die Nummer des zuvor angelegten Wartungsplans ein und drücken Sie [↵]. Klicken Sie auf die Schaltfläche **Starten**, erfassen Sie im Dialogfenster **Startdatum** im Feld **Zyklusstart** das aktuelle Datum und drücken Sie [↵].

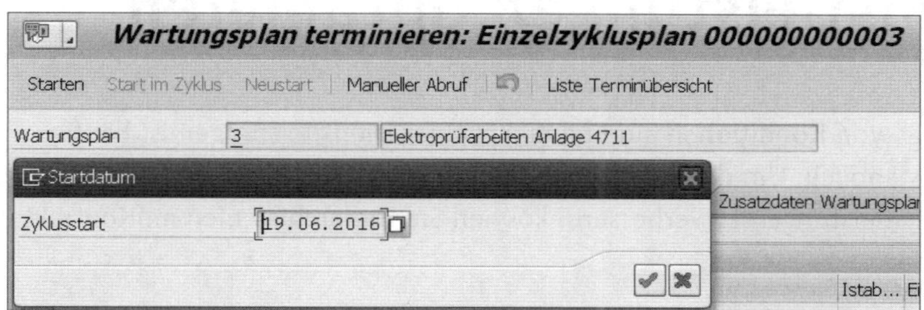

Transaktion IP10: Zyklusstart Wartungsplanterminierung

Anschließend sichern Sie das Terminierungsergebnis. Da im Wartungsplan kein Eröffnungshorizont hinterlegt ist, wird im Hintergrund ein Leistungserfassungsblatt erzeugt.

Um das Leistungserfassungsblatt anzuzeigen, starten Sie Transaktion ML81N. Klicken Sie auf die Schaltfläche **Andere Bestellung**, erfassen Sie im Feld **Bestellung** die zuvor angelegte Bestellnummer und -position und drücken Sie [↵]. Im Bildbereich **Bestellungen/Erfassungsblätter** wird die Bestellung **Elektro Wartungsarbeiten** und das im Hintergrund angelegte Leistungserfassungsblatt in Hierarchiedarstellung angezeigt.

Wenn Sie nun auf das Leistungserfassungsblatt **Elektro Prüfarbeiten** klicken, können Sie das Leistungserfassungsblatt anpassen und mit der Schaltfläche abnehmen. Zuletzt speichern Sie das abgenommene Leistungserfassungsblatt.

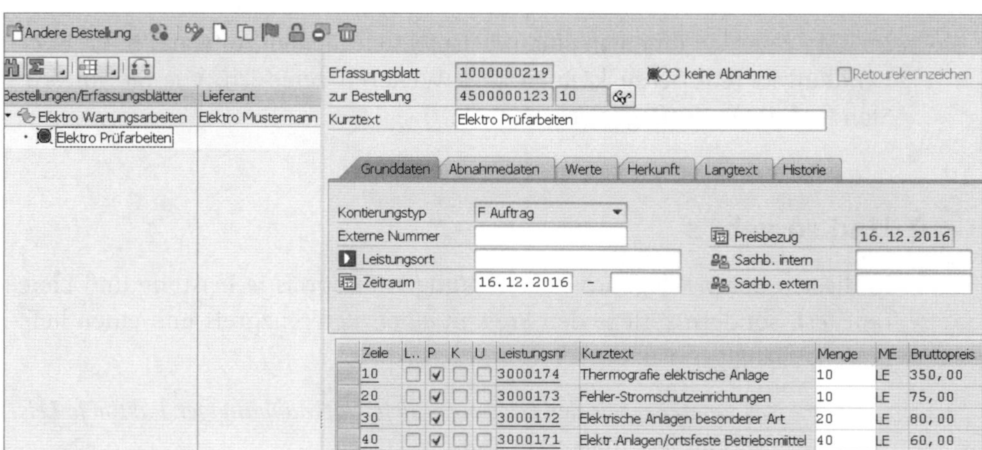

Transaktion ML81N: Leistungserfassungsblatt

Tipp 80

Preispflege bei Dienstleistungen optimieren

Die Pflege von Konditionen auf Ebene einzelner Dienstleistungen ist häufig sehr umständlich. Um die Preisverhandlung und die Pflege der zu beschaffenden Dienstleistungen zu verbessern, können Sie Hierarchiestufen im Kontrakt verwenden.

Meine Erfahrung in der Beratung zeigt, dass viele Firmen nicht genau wissen, wie Sie die Beschaffung von Dienstleistungen systemseitig abbilden sollen und können. »Einfache« Dienstleistungen wie Beratungsdienstleistungen stellen in der Regel kein Problem dar. Schwierig wird es im Bereich Instandhaltungs- oder Baudienstleistungen. Hier sind oftmals größere Leistungsverzeichnisse notwendig, um das zu beschaffende Leistungsspektrum abzubilden.

Wenn Sie die Preise je Leistung pflegen, ist die Preisverhandlung und die Pflege im System sehr aufwendig und oftmals für den Einkäufer nicht mehr sinnvoll.

Im Tipp zeige ich Ihnen an einem Beispiel, wie Sie den Aufwand in Preisverhandlungen reduzieren können. Des Weiteren zeige ich, wie Sie im SAP-Standard die Preispflege vereinfachen.

› Und so geht's

In diesem Beispiel lege ich keinen gültigen Endpreis je Leistung und Lieferant fest, sondern zerlege den Preis in einen Referenzpreis und einen lieferantenabhängigen Faktor:

Endpreis = Referenzpreis der Leistung × lieferantenabhängiger Faktor je Leistungsverzeichnis bzw. -hierarchiestufe

Der Referenzpreis stellt eine Art »Basispreis« für die zu erbringende Leistung dar. Diesen Preis legen Sie für Ihre zu beschaffenden Leistungen einmalig fest.

In der Regel fassen Sie Leistungen in Leistungsverzeichnissen und Hierarchiestufen zusammen. Beispiele für Leistungsverzeichnisse wären »Rohrleistungsbau«, »Gerüstbau« oder »Isolierung«. In der Preisverhandlung mit dem Lieferanten verhandeln Sie nicht mehr jede einzelne Leistung, sondern nur noch den Faktor, mit dem die Referenzpreise des Leistungsverzeichnisses multipliziert werden.

Referenzpreise können Sie je Leistung in Transaktion ML45 pflegen. Wenn Sie Muster-Leistungsverzeichnisse verwenden, können Sie den Preis auch direkt im jeweiligen Muster-LV pflegen. Die erstellten Muster-LVs können anschließend als Vorlage für die Erstellung von Einkaufskontrakten verwendet werden. Sie erreichen dadurch eine erhebliche Vereinfachung der Kontraktanlage im Einkauf.

In den Kontrakten pflegt der Einkäufer den lieferantenspezifischen Faktor. Für dieses Beispiel habe ich mithilfe von Transaktion ML10 bereits ein Muster-LV »LV_DAEMM_1 – Rohrleitungsdämmung« mit Leistungen und Referenzpreisen aufgebaut. In Tipp 75 finden Sie weitere Informationen zur Pflege eines Muster-LVs.

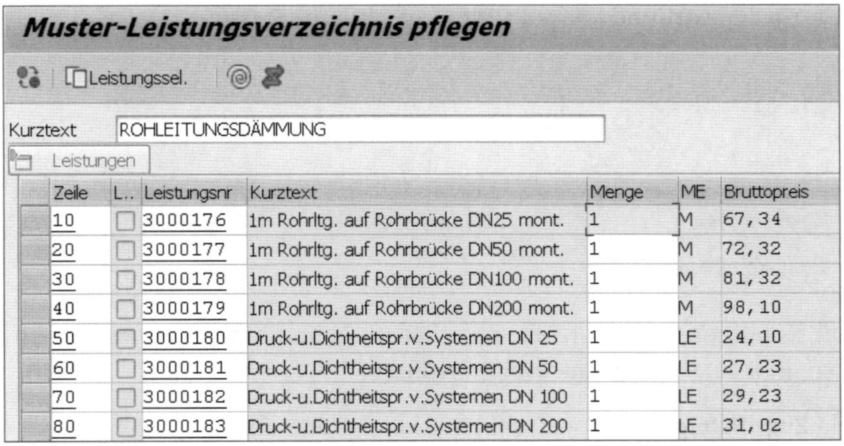

Muster-Leistungsverzeichnis pflegen

Leistungssel.

Kurztext: ROHLEITUNGSDÄMMUNG

Leistungen

Zeile	L..	Leistungsnr	Kurztext	Menge	ME	Bruttopreis
10		3000176	1m Rohrltg. auf Rohrbrücke DN25 mont.	1	M	67,34
20		3000177	1m Rohrltg. auf Rohrbrücke DN50 mont.	1	M	72,32
30		3000178	1m Rohrltg. auf Rohrbrücke DN100 mont.	1	M	81,32
40		3000179	1m Rohrltg. auf Rohrbrücke DN200 mont.	1	M	98,10
50		3000180	Druck-u.Dichtheitspr.v.Systemen DN 25	1	LE	24,10
60		3000181	Druck-u.Dichtheitspr.v.Systemen DN 50	1	LE	27,23
70		3000182	Druck-u.Dichtheitspr.v.Systemen DN 100	1	LE	29,23
80		3000183	Druck-u.Dichtheitspr.v.Systemen DN 200	1	LE	31,02

Transaktion ML10: Muster-Leistungsverzeichnis

Im Beispiel bewerten Sie die Leistung mit der **Leistungsnr** 3000176 mit einem Referenzpreis von 67,34 EUR (Feld **Bruttopreis**) für jeden geleisteten Meter Rohrdämmung bei einem Rohrdurchmesser von DN25.

Um den lieferantenabhängigen Faktor je Leistungsverzeichnis bzw. Hierarchiestufe zu pflegen, legen Sie einen Kontrakt an. Starten Sie Transaktion ME31K und übernehmen Sie die im Muster-Leistungsverzeichnis zuvor hinterlegten Leistungen inklusive der Referenzpreise in den Kontrakt. Danach pflegen Sie den lieferantenabhängigen Faktor in der Sicht **Leistungsgliederung**. Als Beispielfaktor wählen Sie 1,3 (30%).

Den Faktor legen Sie im Kontrakt als Kondition an. Als Konditionsart verwenden Sie die Standardkonditionsart KZ01 (Kopfzuschlag). Wenn es sich um einen Abschlag handeln würde, könnten Sie im Standard die Kondition KR01 verwenden.

Bevor Sie die Kondition im Kontrakt pflegen können, überprüfen Sie das Customizing zur Konditionsart KZ01 und ergänzen diese. Für dieses Beispiel verwenden Sie die Standardkonditionsart (die Neuanlage einer Konditionsart würde an dieser Stelle zu weit führen). Starten Sie nun das Customizing:

Materialwirtschaft ▸ Dienstleistung ▸ Konditionen für Dienstleistungen pflegen

Im Dialogfenster **Aktion auswählen** klicken Sie doppelt auf die Zeile **Konditionen: Konditionsarten**. Anschließend markieren Sie die Zeile mit dem Wert KZ01 in Spalte **KArt** und klicken auf die Schaltfläche **Detail**.

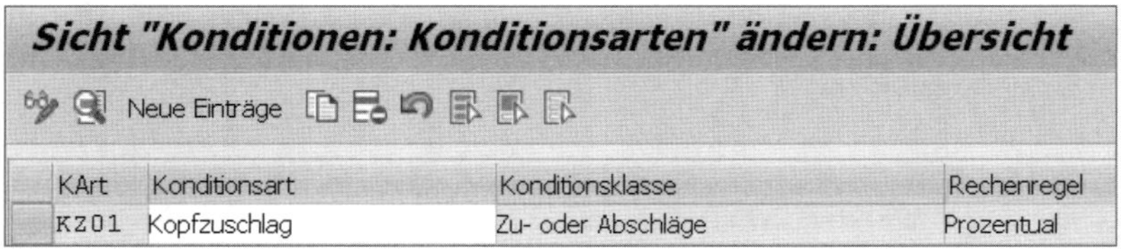

Sicht "Konditionen: Konditionsarten" ändern: Übersicht

Neue Einträge

KArt	Konditionsart	Konditionsklasse	Rechenregel
KZ01	Kopfzuschlag	Zu- oder Abschläge	Prozentual

Customizing: Konditionsart KZ01

Um die Konditionsart in der Leistungsgliederung im Kontrakt verwenden zu können, müssen Sie folgende Werte ergänzen:

- Feld **Zugriffsfolge**: KO01 – Kopfkonditionen Kontrakt
- Feld **Kalk. Schema**: MS0002 – Zusatzkonditionen Kopf

Anschließend speichern Sie die Einstellung.

Sicht "Konditionen: Konditionsarten" ändern: Detail

Neue Einträge

Konditionsart KZ01 Kopfzuschlag Zugriffsfolge KO01

Sätze zum Zugr

Steuerungsdaten 1

Kond.Klasse A Zu- oder Abschläge Vorzeichen A positiv

Rechenregel A Prozentual

Konditionstyp

Rundungsregel Kaufmännisch

Strukturkond.

Gruppenkondition

Gruppenkond. GrpKonRoutine

RundDiffAusgl

Änderungsmöglichkeiten

Manuelle Eingaben C Die Manuelle hat Priorität

Kopfkondition Betrag/Prozent Mengenrelation

Pos.kondition Löschen Wert Rechenregel

Stammdaten

Gültig ab Vor Tagesdatum Kalk.Schema MS0002

Gültig bis Vo 31.12.9999 auf DB lösche nicht löschen (nur Setzen der Lösc...

Customizing: Konditionsart KZ01

Sie gelangen zurück in das Dialogfenster **Aktion auswählen** und selektieren per Doppelklick die Zeile **Konditionen: Schema für Leistungen**. Im Kalkulationsschema MS0002 tragen Sie die Konditionsart KZ01 ein. Dazu markieren Sie in der Sicht **»Schemata« ändern: Übersicht** die Zeile mit dem Wert MS0002 in der Spalte **Schema** und klicken doppelt auf den Ordner **Steuerung**.

Klicken Sie auf die Schaltfläche **Neue Einträge** und erfassen Sie in der Spalte **Stufe** die Stufennummer 20, in der Spalte **KArt** die Konditionsart KZ01 und in der Spalte **D** das Druckkennzeichen X. Speichern Sie die Einstellung.

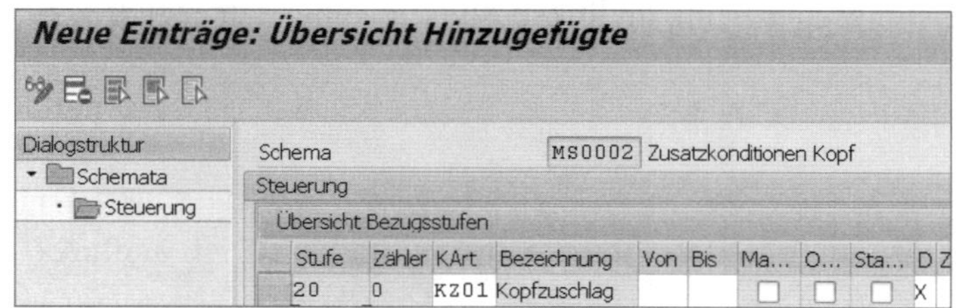

Customizing: Zusatzkalkulationsschema

Die Schemata **MS0000 Leistungenschema** und **MS0001 Leistungsschema Stammkond.** sind bereits im Standard gepflegt und müssen nicht geändert werden. Verlassen Sie das Customizing und starten Sie Transaktion ME31K.

Im Startbildschirm erfassen Sie im Feld **Lieferant** den Lieferanten, als **Vertragsart** wählen Sie den Wert WK (Wertkontrakt). Im Feld **EinkOrganisation** erfassen Sie die Einkaufsorganisation 0001 und im Feld **Einkäufergruppe** die Gruppe 001. Im Bildbereich **Vorschlagsdaten Positionen** erfassen Sie im Feld **Positionstyp** D (Dienstleistungen), im Feld **Kontierungstyp** den Wert U (unbekannt) und im Feld **Warengruppe** die Gruppe 22000000. Danach drücken Sie [↵].

In der Sicht **Kontrakt anlegen: Kopfdaten** erfassen Sie im Mussfeld **Laufzeitende** den Wert 31.12.2016 und als **Zielwert** die 100.000. Anschließend drücken Sie [↵].

In der Sicht **Kontrakt anlegen: Positionsübersicht** erfassen Sie in der ersten Spalte den Beispieltext »Rohrleistungsdämmung«. Danach markieren Sie die Zeile und klicken auf die Schaltfläche (**Leistungen**).

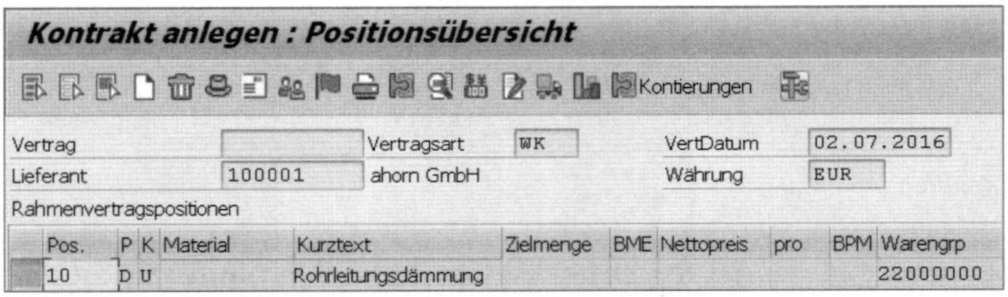

Transaktion ME31K: Leistungsposition anlegen

In der Sicht **Leistungsverzeichnis: Kontrakt-LV zu Position pflegen** klicken Sie auf die Schaltfläche **Leistungssel.**. Im Dialogfenster **Leistungsselektion** markieren Sie den Auswahlknopf **Muster-LV**, erfassen im Feld **Muster-LV** das zuvor angelegte Muster LV LV_DAEMM_1 und klicken auf die Schaltfläche **Komplett.** Es werden alle Leistungszeilen aus dem Muster-LV in den Kontrakt übernommen. Anschließend klicken Sie auf die Schaltfläche (**Gliederung an/aus**), um die Leistungsgliederung im linken Bildschirmbereich anzuzeigen.

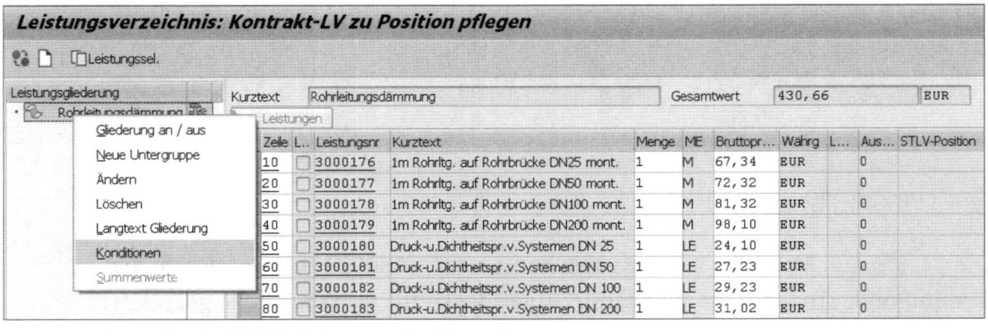

Transaktion ME31K: Leistungen im Kontrakt

Um den lieferantenabhängigen Faktor zu pflegen, klicken Sie mit der rechten Maustaste auf die Gliederungsstufe **Rohrleitungsdämmung**. Im Kontextmenü wählen Sie den Menüpunkt **Konditionen** aus.

Aufgrund der zuvor durchgeführten Einstellungen werden Ihnen die zwei Konditionsarten KR01 und KZ01 im Dialogfenster **Übersicht Konditionsarten** angezeigt. Wählen Sie für dieses Beispiel die Konditionsart KZ01 **Kopfzuschlag** und drücken Sie auf die Schaltfläche **Auswählen**.

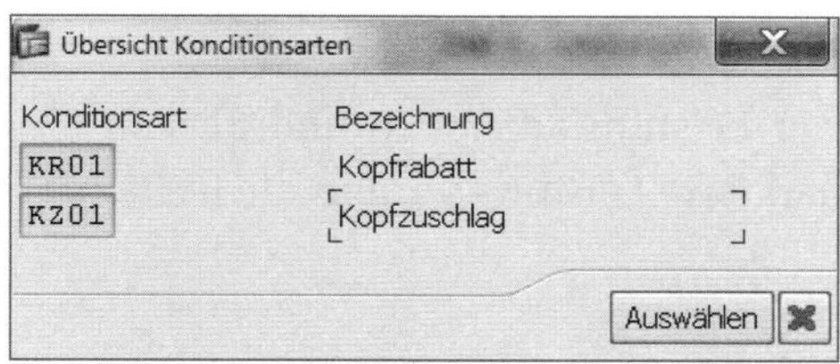

Transaktion ME31K: Pflege des lieferantenabhängigen Faktors

In der Spalte **Betrag** pflegen Sie den lieferantenabhängigen Faktor in Prozent. Der Aufschlag entspricht 30% des Referenzpreises.

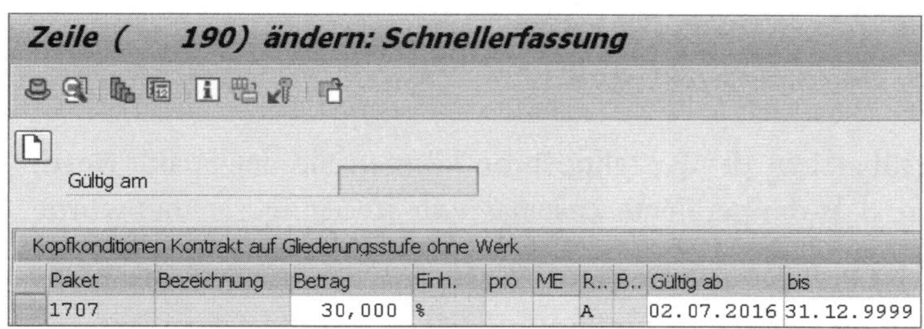

Paket	Bezeichnung	Betrag	Einh.	pro	ME	R..	B..	Gültig ab	bis
1707		30,000	%			A		02.07.2016	31.12.9999

Transaktion ME31K: Pflege des Beispielfaktors 1,3 (130%)

Wechseln Sie mit [F3] zurück in die Sicht **Leistungsverzeichnis: Kontrakt-LV zu Position pflegen** und speichern Sie den Kontrakt.

Um die Einstellung zu testen, legen Sie eine Bestellung mit Transaktion ME21N an. Sie erfassen im Feld **Lieferant** den Lieferanten 100001, eine Dienstleistungsposition mit Positionstyp D (Spalte **P**), Kontierungstyp K (Spalte **K**) sowie einen **Kurztext** und im Feld **Warengruppe** die Gruppe Bautechnik. Anschließend drücken Sie [↵].

Anschließend wechseln Sie im Bildbereich **Position** auf die Registerkarte **Leistungen** und klicken auf die Schaltfläche **Leistungssel.**. Im Dialogfenster **Leistungsselektion** markieren Sie den Auswahlknopf **aus Einkaufsbeleg** und erfassen im Feld die zuvor angelegte Kontraktnummer 4600000016 und die Position 10. Anschließend drücken Sie [↵].

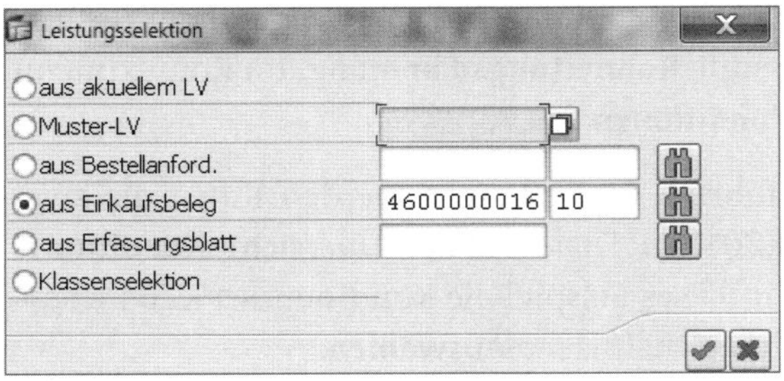

Leistungsselektion

- aus aktuellem LV
- Muster-LV
- aus Bestellanford.
- (•) aus Einkaufsbeleg 4600000016 10
- aus Erfassungsblatt
- Klassenselektion

Transaktion ME21N: Auswahl des Kontrakts

Markieren Sie die erste Position in der Leistungsübersicht und klicken Sie auf die Schaltfläche **Leistungen**. Die markierte Leistung wird in die Bestellposition übernommen.

Position 1 [10] Rohrdämmung Anlage XY

Leistungen | Limits | Materialdaten | Mengen/Gewichte | Einteilungen | Lieferung | Rechnung | Konditionen | Kontierung | Texte

Zeile	L..	Leistungsnr	Kurztext	Menge	ME	Bruttopreis	Nettowert	Währg
10		3000176	1m Rohrltg. auf Rohrbrücke DN25 mont.	1	M	67,34	87,54	EUR
100							0,00	EUR

Leistungssel. | Katalog | Confirmations | Zeile 10

Transaktion ME21N: Übernommene Leistungszeile

In der Leistungsübersicht der Bestellposition können Sie der Spalte **Nettowert** entnehmen, dass der gepflegte Zuschlag von 30% eingerechnet wurde.

Um die Details der Preisberechnung anzuzeigen, markieren Sie in der Bestellung die übernommene Leistungszeile und klicken auf die Schaltfläche (**Konditionen**). In der Konditionsübersicht wird Ihnen die verwendete Kondition KZ01 (Spalte **KArt**) mit dem prozentualen Zuschlag von 30% und dem errechneten Konditionswert angezeigt.

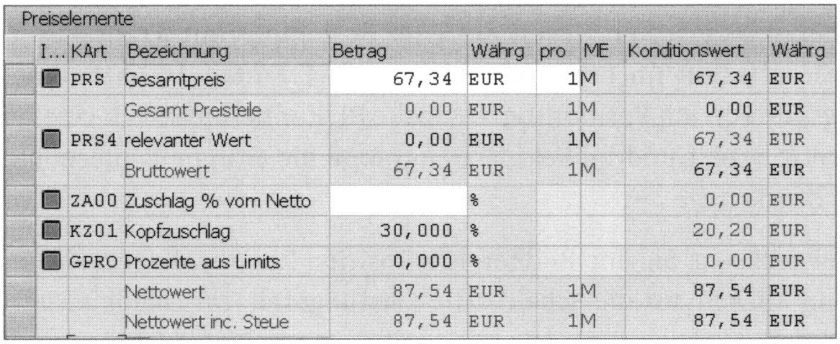

Preiselemente

I...	KArt	Bezeichnung	Betrag	Währg	pro	ME	Konditionswert	Währg
	PRS	Gesamtpreis	67,34	EUR	1	M	67,34	EUR
		Gesamt Preisteile	0,00	EUR	1	M	0,00	EUR
	PRS4	relevanter Wert	0,00	EUR	1	M	67,34	EUR
		Bruttowert	67,34	EUR	1	M	67,34	EUR
	ZA00	Zuschlag % vom Netto		%			0,00	EUR
	KZ01	Kopfzuschlag	30,000	%			20,20	EUR
	GPRO	Prozente aus Limits	0,000	%			0,00	EUR
		Nettowert	87,54	EUR	1	M	87,54	EUR
		Nettowert inc. Steue	87,54	EUR	1	M	87,54	EUR

Transaktion ME21: Konditionen

Tipp 81

Bildaufbau von Leistungszeilen anpassen

In diesem Tipp zeige ich Ihnen, wie Sie den Bildaufbau der Leistungszeilen anpassen, um die Erfassung für den Anwender zu vereinfachen.

Den Bildaufbau des Bildbereichs zur Erfassung von Leistungszeilen können Sie im Customizing steuern. Im Folgenden stelle ich Ihnen die Logik der Bildsteuerung vor.

› Und so geht's

Die Bildsteuerung finden Sie im Customizing **Bildaufbau festlegen**.

Materialwirtschaft ▸ Dienstleistung ▸ Bildaufbau festlegen

Nach dem Aufruf des Customizings gelangen Sie in die Bildaufbausteuerung, die nur auf den ersten Blick kryptisch wirkt. Die Steuerung des Bildaufbaus im Customizing setzt sich zusammen aus dem Feldauswahlschlüssel (Spalte **FAusw**), den Spalten **Feldauswahlleiste1** und **Feldauswahlleiste2** sowie dem Typ der Feldsteuerung (nur sichtbar in der Detailansicht).

Der Feldauswahlschlüssel enthält Ausprägungen vom Typ der Feldauswahl. Feldauswahlschlüssel können Vorgänge (leer), Belegarten (1), Transaktionscodes (2), Freigabekennzeichen (3) oder Positionstypen (4) sein.

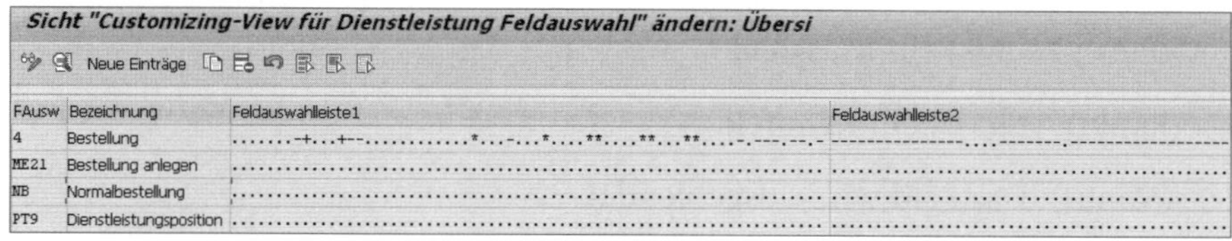

Customizing: Bildaufbau Leistungszeilen – Übersicht

Markieren Sie die erste Zeile und klicken Sie auf **Detail**, um das Feld **Typ der Feldauswahl** anzuzeigen.

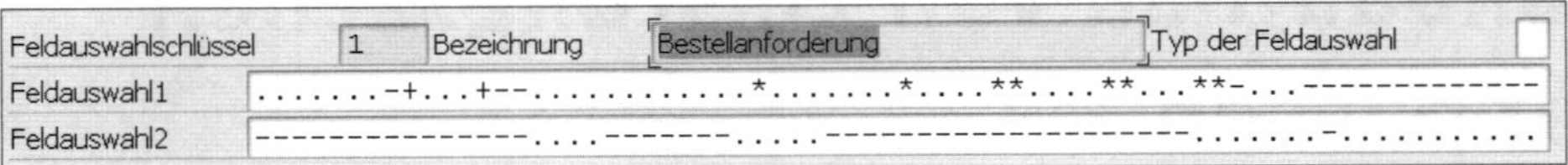

Customizing: Bildaufbau Leistungszeilen – Details

Im gezeigten Beispiel ist der Wert 1 im Feld **Feldauswahlschlüssel** ein Vorgang, da das Feld **Typ der Feldauswahl** leer ist.

Anhand eines Beispiels möchte ich erklären, wie das Customizing des Bildaufbaus ausgewertet wird. Legen Sie dazu eine Bestellung mit Dienstleistungspositionen mittels Transaktion ME21N an und verwenden Sie die Belegart NB. Die Bestellung durchläuft kein Freigabeverfahren.

Zur Ermittlung des Bildaufbaus werden in diesem Fall folgende Zeilen gelesen und die Felder **Feldauswahl1** und **Feldauswahl2** wie folgt interpretiert:

- Da es sich um eine Bestellung handelt, wird die Zeile im Customizing des Bildaufbaus mit Feldauswahlschlüssel 4 (Bestellung) und Typ leer (Vorgang) gelesen
- Da es sich um eine Bestellung mit Belegart NB handelt, wird die Zeile mit Feldauswahlschlüssel NB (Belegart NB) und Typ 1 (Belegart) gelesen
- Da der Benutzer mit Transaktion ME21N arbeitet, wird die Zeile mit Feldauswahlschlüssel ME21 (Bestelltransaktion ME21N; gekürzt auf 4 Stellen) und Typ 2 (Transaktion) gelesen
- Da es sich um eine Dienstleistungsposition handelt, wie die Zeile Feldauswahlschlüssel PT9 (9 ist die interne Darstellung des Positionstyps D für Dienstleistung) und Typ 4 (Positionstyp) gelesen.

In diesem Beispiel werden also vier Zeilen im Customizing des Bildaufbaus gelesen.

Jedes Zeichen in den Zeichenketten von **Feldauswahl1** und **Feldauswahl2** stellt die Feldsteuerung für jeweils ein Feld, eine Registerkarte oder Schaltfläche dar. Folgende Zeichen sind in den Feldern zulässig:

- + (Plus): Feld ist ein Mussfeld
- . (Punkt): Feld ist ein Kannfeld
- – (Minus): Das Feld wird ausgeblendet
- * (Stern): Das Feld wird nur anzeigt

Die vier zuvor gefundenen Zeilen werden nun nach folgender Logik ausgewertet:

	Ausblenden (–)	Anzeigen (*)	Muss (+)	Kann (.)
Ausblenden (–)	–	–	–	–
Anzeigen (*)	–	*	*	*
Muss (+)	–	*	+	+
Kann (.)	–	*	+	.

Auswertungslogik

Beispiel 1: Zeichen an Stelle 1 ist für die gelesene Zeile mit Feldauswahlschlüssel NB auf (–) gesetzt und für Feldauswahlschlüssel 4 auf (+) gesetzt, dann wird das Feld ausgeblendet (–).

Beispiel 2: Zeichen an Stelle 2 ist für die gelesene Zeile mit Feldauswahlschlüssel NB auf (.) gesetzt und für Feldauswahlschlüssel 4 auf (+) gesetzt, dann ist das Feld ein Mussfeld (+).

In den folgenden drei Tabellen können Sie ablesen, welches Zeichen welches Feld bzw. welche Feldgruppe steuert. Die erste Tabelle gibt Ihnen einen Überblick über die allgemeinen Leistungszeilen:

Zeichenposition im Customizing	Feld	Bezeichnung im Dynpro	Beschreibung
1	Feldauswahl1	Zeile	Positionsnummer
2	Feldauswahl1	Leistungsnr	Leistungsnummer
4	Feldauswahl1	Menge	Menge
5	Feldauswahl1	ME	Mengeneinheit
18	Feldauswahl1	Bruttopreis	Bruttopreis
14	Feldauswahl2	Preiseinheit	Preiseinheit
19	Feldauswahl1	Leistungsbereich, STLV-Position, Ausgabe	Leistungsbereich, Standard LV Position, Ausgabe des Leistungsbereichs

Allgemeine Leistungszeilen

Zeichen-position im Customizing	Feld	Bezeichnung im Dynpro	Beschreibung
20	Feldauswahl1	Kurztext	Kurztext
21	Feldauswahl1	Ext. Leistungs-nummer	Externe Leistungs-nummer
55	Feldauswahl1	Nettowert	Nettowert
62	Feldauswahl1	Zielwert	Zielwert
24	Feldauswahl2	Warengruppe	Warengruppe
25	Feldauswahl2	Personalnr	Personalnummer
30	Feldauswahl2	Ext.Personalbez.	Externe Personal-bezeichnung
31	Feldauswahl2	Tag	Tag/Datum
32	Feldauswahl2	Beg.Uhrzeit	Uhrzeit Beginn
33	Feldauswahl2	Endeuhrzeit	Uhrzeit Ende
27	Feldauswahl2	Formel, Formelwert1, Formelwert2, Formelwert3, Formelwert4, Formelwert5	Formel, Formelwert1, Formelwert2, Formelwert3, Formelwert4, Formelwert5
28	Feldauswahl2	Benutzerfeld 1	Benutzerfeld 1
29	Feldauswahl2	Benutzerfeld 2	Benutzerfeld 2
30	Feldauswahl2	Benutzerfeld 4	Benutzerfeld 4
31	Feldauswahl2	Benutzerfeld 3	Benutzerfeld 3
45	Feldauswahl2	Steuerkennz	Steuerkennzeichen
55	Feldauswahl2	Kostenstelle	Kostenstelle

Allgemeine Leistungszeilen (Forts.)

In der folgenden Tabelle sehen Sie Felder, die in den Bestelltransaktionen ME21N, ME22N und ME23N verwendet werden:

Zeichen-position im Customizing	Feld	Bezeichnung im Dynpro	Beschreibung
31	Feldauswahl1	Registerkarte Muster-LV	In der Bestell-position in der Registerkarte **Limits** kann die Registerkarte **Muster-LV** einge-blendet werden.
32	Feldauswahl1	Registerkarte Standard-LV	In der Bestell-position in der Registerkarte **Limits** kann die Registerkarte **Standard-LV** einge-blendet werden.

Felder in den Bestelltransaktionen

Schließlich sehen Sie in der folgenden Tabelle Felder, die in Transaktion ML81N (Leistungserfassung) verwendet werden:

Zeichen-position im Customizing	Feld	Bezeichnung im Dynpro	Beschreibung
67	Feldauswahl1	Externe Nummer	Externe Leistungs-erfassungsnummer
68	Feldauswahl1	Preisbezug	Preisbezugsdatum des Erfassungs-blatts
69	Feldauswahl1	Sachb. Intern	Sachbearbeiter intern
70	Feldauswahl1	Sachb. Extern	Sachbearbeiter extern

Felder in der Leistungserfassung

Zeichen-position im Customizing	Feld	Bezeichnung im Dynpro	Beschreibung
1	Feldauswahl2	Zeitraum	Zeitraum von … bis
2	Feldauswahl2	Kurztext	Kurztext
5	Feldauswahl2	Nettowert incl. vst., Gesamtwert	Nettowert inkl. vst., Gesamtwert
6	Feldauswahl2	Ungeplanter Anteil, Anteil ohne Kontrakt	Ungeplanter Anteil, Anteil ohne Kontrakt
7	Feldauswahl2	Leistungsort	Leistungsort
8	Feldauswahl2	Anlegt, Anlegt, Geändert, Geändert	Ersteller, Erstellungsdatum, Letzter Änderer, Änderungsdatum
47	Feldauswahl2	Referenz	Referenz-Belegnummer
48	Feldauswahl2	Beleg	Belegdatum
49	Feldauswahl2	Belegtext	Belegtext
50	Feldauswahl2	Buchung	Buchungsdatum

Felder in der Leistungserfassung (Forts.)

TEIL 8

Stammdaten

Stammdaten spielen im SAP-System eine sehr wichtige Rolle. Die Verwaltung von Stammdaten soll schnell, fehlerfrei und nachvollziehbar sein. In diesem Teil erfahren Sie, wie Sie Vorschlagswerte effektiv einsetzen, um den Pflegeaufwand zu reduzieren. Sie lernen unter anderem, wie Sie den Pflegedialog im Material vereinfachen und welche Möglichkeiten der Änderungsdienst im Materialstamm bietet. Auch lernen Sie einen Weg kennen, wie Sie Nachhaltigkeitsdaten im Lieferantenstamm erfassen können oder Lieferantendaten auf Werksebene pflegen.

› Tipps in diesem Teil

Tipp 82

Material für die Verwendung im Einkauf sperren

Wenn Sie Materialien im Einkauf für die weitere Verwendung sperren möchten, können Sie die Sperre in SAP sowohl auf Werksebene als auch werksübergreifend setzen. Im Tipp zeige ich die dazu notwendigen Einstellungen im Customizing und im Materialstamm.

Die Steuerung der Verwendbarkeit eines Materials ist in vielen Geschäftsabläufen erforderlich. Um dies in SAP abzubilden, können Sie im Materialstamm einen Material- bzw. Vertriebsstatus setzen. Anschließend können Sie beispielsweise anhand des Materialstatus eine einfache Ein- und Auslaufsteuerung für Materialstämme implementieren.

Der Materialstatus kann werksübergreifend oder werksspezifisch gesetzt werden. Er steuert u.a. die Verwendbarkeit in folgenden Applikationen:

- Einkauf
- Stücklisten
- Arbeitsplan
- Materialkalkulation
- Bestandsführung bzw. Warehouse Management
- Instandhaltung
- Fertigung

Im Vertrieb verwenden Sie einen separaten Status. Hier können Sie beispielsweise einen Materialstamm für den Verkauf sperren. Das Material kann dann z.B. nicht mehr in einem Kundenauftrag verwendet werden. Diesen Vertriebsstatus pflegen Sie im Materialstamm entweder auf Mandantenebene oder auf der Ebene Verkaufsorganisation/Vertriebsweg.

Den Vertriebsstatus stellen Sie im Customizing unter folgendem Pfad ein:

Logistik Allgemein ▸ Materialstamm ▸ Einstellungen zu zentralen Feldern ▸ Vertriebsrelevante Daten ▸ Vertriebsstatus definieren

Im folgenden Beispiel zeige ich Ihnen, wie Sie einen Materialstatus anlegen, der den Einkauf eines Materials sperrt.

› Und so geht's

Sie starten den Customizing-Punkt über folgenden Pfad:

Logistik Allgemein ▸ Materialstamm ▸ Einstellungen zu zentralen Feldern ▸ Materialstatus definieren

Klicken Sie auf die Schaltfläche **Neue Einträge**. Dort erfassen Sie als Beispiel im Feld **Materialstatus** den zweistelligen Schlüssel EL und eine Bezeichnung. Im Feld **Hinweis Einkauf** erfassen Sie den Wert B (Fehlermeldung) und speichern die Einstellung.

Customizing: Materialstatus

Starten Sie die Pflege des Materialstamms mithilfe von Transaktion MM02, geben Sie im Feld **Material** die Materialnummer ein und drücken Sie [↵]. Im Dialogfenster **Sichtenauswahl** markieren Sie die Sichten **Grunddaten 1** und **Einkauf** und drücken [↵]. Im Dialogfenster **Organisationsebenen** erfassen Sie das Werk und drücken [↵].

In der angezeigten Sicht **Grunddaten 1** erfassen Sie im Feld **Werksüb. Mat-Status** (Werksübergreifender Materialstatus) den zuvor angelegten Wert EL.

Grunddaten 1 | Grunddaten 2 | Einkauf | Außenhandel: Import

Material 182 Tipp 81: Status Sperre Einkauf

Allgemeine Daten

Basismengeneinheit	ST	Stück	Warengruppe
Alte Materialnummer			Ext.Warengrp.
Sparte			Labor/Büro
KontingentSchema			Produkthierar.
Werksüb. MatStatus	EL		Gültig ab

Transaktion MM02: Pflege werksübergreifender Materialstatus

Wechseln Sie nun auf die Registerkarte **Einkauf**. Im Feld **Werksspez. Mat-Status** können Sie den Materialstatus auf Werksebene festlegen. Sowohl werksübergreifender als auch werksspezifischer Materialstatus greifen auf dieselbe Customizing-Einstellung zurück. Speichern Sie die Einstellungen.

Transaktion MM02: Werksspezifischer Materialstatus

Sie testen die Einstellung, indem Sie Transaktion ME21N aufrufen und eine Bestellung erfassen – hier beispielhaft mit der Materialnummer 182. Aufgrund des gesetzten Materialstatus erscheint eine Fehlermeldung.

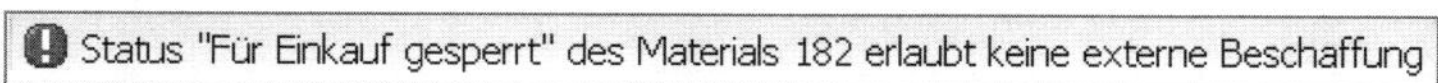

Transaktion ME21N: Fehlermeldung aufgrund von gesetztem Materialstatus im Material

Den Vertriebsstatus pflegen Sie im Materialstamm in der Sicht **Vertrieb: VerkaufsorgDaten 1** (Registerkarte **Vertrieb: VkOrg1**) in den Feldern **VTL überg. Status** (Vertriebslinienübergreifender Materialstatus) und **VTL-spez.Status** (Vertriebslinienspezifischer Materialstatus).

Tipp 83
Feldsteuerung des Materialstamms

Sie möchten die Oberfläche im Materialstamm anpassen, um die Erfassung zu erleichtern und die Qualität der erfassten Daten zu erhöhen. Nicht benötigte Felder sollen ausgeblendet werden. Felder hingegen, die für Ihre Prozesse zwingend notwendig sind, sollen auf Musseingabe gestellt werden. Im Tipp zeige ich Ihnen anhand des Beispielfelds »Alte Materialnummer«, wie Sie die Feldsteuerung der Materialstammfelder anpassen.

Ob ein Feld im Materialstamm eingabebereit, ausgeblendet, Pflichtfeld oder optional ist, hängt von den Einstellungen in der Feldsteuerung ab. Da der Materialstamm ein komplexes Geschäftsobjekt ist und in allen SAP-Komponenten eingesetzt wird, ist die Feldsteuerung sehr flexibel. Beispielsweise werden für ein Material, das nur eingekauft wird, im Materialstamm andere Felder benötigt und gepflegt als für ein Material, das produziert oder verkauft wird.

Die Feldsteuerung dient dazu, abhängig von bestimmten Kriterien die Pflege des Materialstamms möglichst einfach und übersichtlich zu gestalten. Sie sorgt auch dafür, dass alle notwendigen Felder für den jeweiligen geplanten Einsatz des Materialstamms gefüllt sind. Mithilfe folgender Kriterien können Sie Einfluss auf die Feldsteuerung nehmen:

- Materialart (Beispiel: ROH = Rohteil, HALB = Halbfabrikat, FERT = Fertigprodukt)
- Branche (Standardauslieferung: A = Anlagenbau, 1 = Handel, M = Maschinenbau, C = Chemie, P = Pharma)
- Werk
- Transaktionscode

- Beschaffungsarten (F = Fremd, E = Eigen, X = Beides)

Im folgenden Tipp zeige ich Ihnen, wie Sie das Feld **Alte Materialnummer** ausblenden.

› Und so geht's

Das Feld **Alte Materialnummer** befindet sich organisatorisch auf Mandantenebene (werksunabhängig) und wird im Standard in der Sicht **Grunddaten 1** angezeigt.

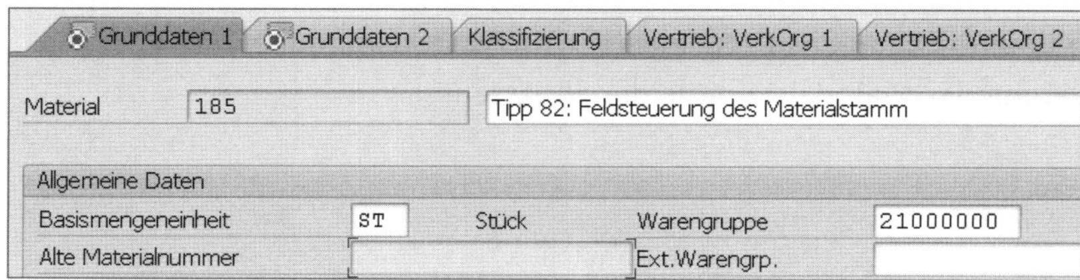

Transaktion MM01: Alte Materialnummer

Lassen Sie sich die technischen Daten zum Feld anzeigen, indem Sie den Cursor in das Feld setzen und F1 drücken. Im angezeigten Dialogfenster klicken Sie auf das Symbol (**Technische Info**). Im Dialogfenster **Technische Info** sehen Sie im Feld **Dynprofeld** den technischen Namen MARA-BISMT.

Dynprofeld	MARA-BISMT
Programmname	SAPLMGMM
Bildnummer	4004

Transaktion MM02: Technische Info zum Feld »Alte Materialnummer«

Diese technische Information benötigen Sie für die weiteren Schritte im Customizing. Notieren Sie sich daher den Namen.

Die Felder im Materialstamm sind Feldauswahlgruppen zugeordnet. Für jede Feldauswahlgruppe stellen Sie die Anzeigensteuerung ein. Im ersten Schritt müssen Sie herausfinden, zu welcher Feldauswahlgruppe das Feld **Alte Materialnummer** zugeordnet ist. Rufen Sie dazu folgenden Customizing-Pfad auf:

Logistik Allgemein ▸ Materialstamm ▸ Feldauswahl ▸ Felder zu Feldauswahlgruppen zuordnen

Die Sicht »**Feldgruppen**« **ändern: Übersicht** enthält eine längere Liste mit technischen Feldnamen (Spalte **Feldname vollständig**) und die Zuordnung zur Feldauswahlgruppe (Spalte **AuswGrp**).

In der Spalte **Feldname vollständig** suchen Sie nach dem technischen Namen des Felds **Alte Materialnummer** (MARA-BISMT). Um die Suche zu beschleunigen, klicken Sie auf die Schaltfläche **Feldname**. Im Dialogfenster **Anderer Eintrag** erfassen Sie im Feld **Feldname** den technischen Feldnamen MARA-BISMT und drücken [↵]. In der Übersicht erkennen Sie, dass das Feld der Feldauswahlgruppe 11 zugeordnet ist.

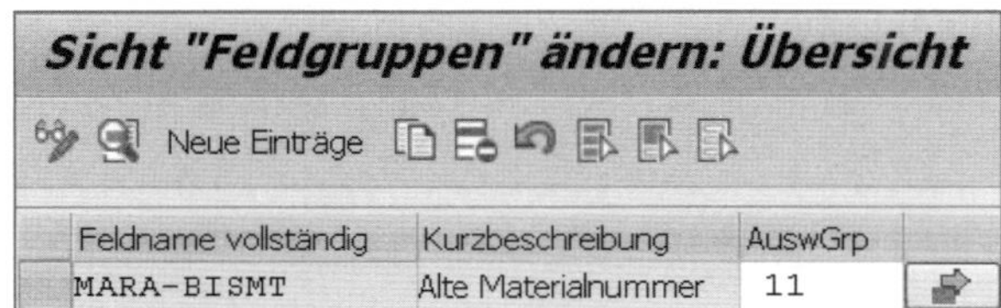

Customizing: Felder zu Feldauswahlgruppen zuordnen.

Um die Feldsteuerung für die Feldauswahlgruppe zu pflegen, klicken Sie auf das Symbol [Symbol] (**Zur Feldauswahlpflege**). Alternativ können Sie auch folgenden Customizing-Pfad verwenden:

Logistik Allgemein ▸ Materialstamm ▸ Feldauswahl ▸ Feldauswahl für Datenbilder pflegen

In der gezeigten Sicht »**Feldauswahl Datenbilder**« **ändern: Übersicht** können Sie wiederum der Tabelle **Felder** entnehmen, welche Felder (Spalte **Feldname**) der Feldauswahlgruppe zugeordnet sind. In diesem Beispiel ist der Feldauswahlgruppe 11 nur das Feld MARA-BISMT (Alte Materialnummer) zugeordnet.

Im Bildbereich **Feldauswahl** steuern Sie die Ausgabe des Felds. In der Spalte **Feldref.** sind die Kriterien eingetragen, die die Feldsteuerung beeinflussen. Darin finden Sie die Schlüssel für die Transaktionscodes (MM01, MM02, MM03), Materialart (ROH, HALB, etc.), Werksnummern (hier 0001), Branche (M, C, etc.) und Beschaffungsarten (F, E, X).

In diesem Beispiel soll das Feld unabhängig von Materialart, Branche, Beschaffungsart oder Werk in den Transaktionen MM01, MM02 und MM03 ausgeblendet werden. Zur Steuerung wählen Sie daher in der Spalte **Feldref.** die

Transaktionscodes für Anlage (MM01), Ändern (MM02) und Anzeige (MM03) des Materialstamms und aktivieren jeweils den Auswahlknopf in der Spalte **Ausblenden**.

Sicht "Feldauswahl Datenbilder" ändern: Übersicht

Neue Einträge

Feldauswahlgruppe 11

Felder (Feldauswahlgruppe 11)

Feldname	Kurzbeschreibung
MARA-BISMT	Alte Materialnummer

Feldauswahl (Feldauswahlgruppe 11)

Feldref.	Ausblenden	Anzeigen	Mußeingabe	Kanneingabe
0001	○	○	○	◉
E	○	○	○	◉
F	○	○	○	◉
MM01	○	○	○	◉
MM02	◉	○	○	◉
MM03	○	○	○	○
ROH	○	○	○	◉
M	○	○	○	◉

Customizing: Feldauswahl für Datenbilder pflegen

Wenn Sie Transaktion MM02 starten und die Registerkarte **Grunddaten 1** mit dem Feld **Alte Materialnummer** wählen, wird die Feldsteuerung zum Feld **Alte Materialnummer** ausgewertet. Das System ermittelt mehrere Feldreferenzen. In diesem Beispiel werden zum Ändern des Materialstamms (Transaktion MM02), der der Branche M und der Materialart ROH zugeordnet ist, die Feldreferenzen MM02, M und ROH ermittelt. Der Auswertung der Feldreferenzen liegt folgende Regel zugrunde:

	Ausblenden	**Anzeigen**	**Muss-eingabe**	**Kann-eingabe**
Ausblenden	Ausblenden	Ausblenden	Ausblenden	Ausblenden
Anzeigen	Ausblenden	Anzeigen	Anzeigen	Anzeigen
Muss-eingabe	Ausblenden	Anzeigen	Muss-eingabe	Muss-eingabe
Kann-eingabe	Ausblenden	Anzeigen	Muss-eingabe	Kann-eingabe

Auswertung der Feldreferenzen

Beispiel 1: Wenn für ein bestimmtes Feld die Feldreferenz Branche auf **Ausblenden** gestellt ist und die Feldreferenz Materialart auf **Anzeigen** gestellt ist, wird laut Matrix das Feld ausgeblendet.

Beispiel 2: Wenn für ein bestimmtes Feld die Feldreferenz Branche auf **Musseingabe** gestellt ist und die Feldreferenz Materialart auf **Anzeigen** gestellt ist, wird laut Matrix das Feld angezeigt.

In diesem Beispiel habe ich die Feldreferenz MM02 für das Feld **Alte Materialnummer** auf **Ausblenden** gestellt. Laut Matrix übersteuert die Ausprägung **Ausblenden** alle anderen Ausprägungen. Um das Feld also wirklich auszublenden, müssen Sie die anderen Feldreferenzen nicht explizit prüfen. Sie können daher die Daten speichern.

Zum Schluss können Sie die Einstellung noch testen. Starten Sie Transaktion MM02 (Materialstamm ändern) und wechseln Sie in die Sicht **Grunddaten 1**. Wie Sie sehen, sehen Sie nichts: Das Feld **Alte Materialnummer** wird nicht mehr angezeigt.

Transaktion MM02: Materialstamm ändern

Tipp 84

Unterschiedliche Nummernkreise im Materialstamm festlegen

Sorgen Sie für Ordnung in Ihrem System. Setzen Sie Nummernkreise ein, um z. B. unterschiedliche Materialarten schneller identifizieren zu können.

In SAP können Sie je Materialart unterschiedliche Nummernkreise verwenden. So können Sie schon anhand der Nummer erkennen, um welche Art von Material es sich handelt. Ich zeige Ihnen im Folgenden, welche Schritte im Customizing notwendig sind, um einen neuen Nummernkreis anzulegen und diesem die Materialart ROH zuzuordnen.

› Und so geht's

Rufen Sie zunächst folgenden Customizing-Pfad auf:

Logistik Allgemein ▸ Materialstamm ▸ Grundeinstellungen ▸ Materialarten ▸ Nummernkreise pro Materialart festlegen

Alternativ können Sie die zentrale Pflegetransaktion SNRO für Nummernkreise verwenden. Im Feld **Objektname** erfassen Sie das Nummernkreisobjekt MATERIALNR für den Materialstamm und klicken anschließend auf die Schaltfläche **Intervalle**.

Im ersten Schritt definieren Sie einen neuen Nummernkreis. Da im Materialstamm Nummernkreise in Gruppen organisiert sind, legen Sie eine neue Gruppe an und definieren darin den gewünschten Nummernkreis. Klicken Sie auf die Schaltfläche **Gruppe**.

Intervallpflege: Materialstamm

Gruppen · Gruppen · Änderungsbelege

Intervalle · Intervalle · Nummernstand

Customizing: Nummernkreise pro Materialart festlegen

Anschließend klicken Sie in der Sicht **Gruppenpflege Nummernkreis MATERIALNR** auf das Symbol (**Anlegen**).

Intervallpflege: Materialstamm

Gruppe: conarum Gruppe Tipp 83
Objekt: MATERIALNR
Unterobjekt:

Intervalle

von Nummer	bis Nummer	Nummernstand	Ext
00000000000010000000	00000000000019999999	0	

Customizing: Gruppe festlegen

In der Sicht **Intervallpflege: Materialstamm** vergeben Sie im Feld **Gruppe** eine Gruppenbezeichnung und tragen in der Tabelle **Intervalle** das Nummernkreisintervall ein. In der Spalte **von Nummer** pflegen Sie die untere Intervallgrenze (Beispielwert: 10000000), im Feld **bis Nummer** die obere Intervallgrenze (Beispielwert: 19999999).

Speichern Sie die Einträge und gehen Sie zurück mit F3. In der Übersicht wird nun die neue Gruppe anzeigt.

Im zweiten Schritt ordnen Sie die Materialart ROH der neuen Gruppe zu. Markieren Sie in der Liste die Materialart **ROH** (Spalte **Element**) und klicken Sie auf die Schaltfläche **Element/Gruppe**.

Customizing: Zuordnung Materialart – Gruppe

Im Dialogfenster **Gruppenauswahl** markieren Sie die Zeile mit dem **Gruppentext** der neu angelegten Gruppe und drücken [↵].

Die Materialart ist nun der neuen Gruppe zugeordnet. Speichern Sie die Einstellungen.

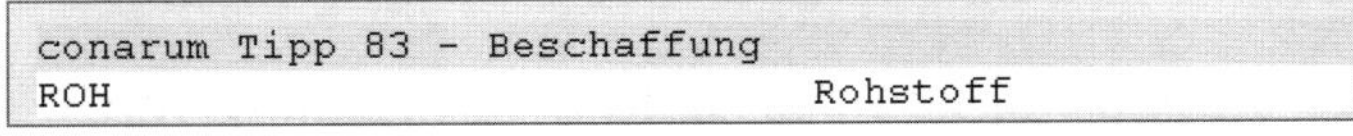

Customizing: Zuordnung Gruppe – Materialart ROH

Wenn Sie nun mittels Transaktion MM01 ein neues Material mit Materialart ROH anlegen, wird der neu angelegte Nummernkreis verwendet und die erste Nummer (10000000) aus dem Nummernkreisintervall verwendet.

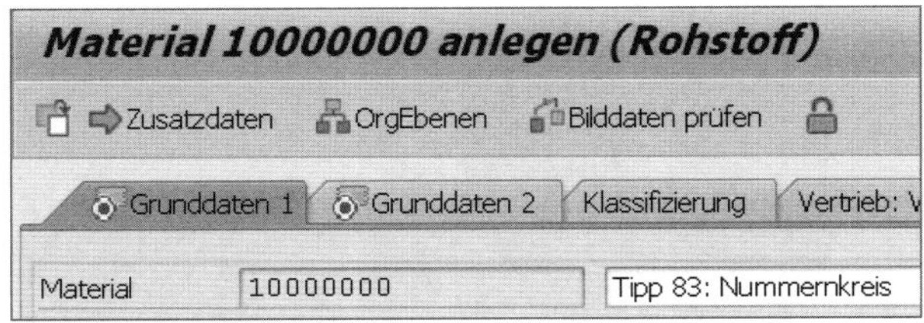

MM01: Materialart ROH – Neuer Nummernkreis

Tipp 85

Materialart im Materialstamm ändern

Es taucht immer wieder die Frage auf, wie sich die Materialart eines Materialstamms ändern lässt. Dies ist nicht ganz einfach. Daher sollten Sie bei der Einführung unbedingt darauf achten, welche Materialarten Sie verwenden wollen und müssen.

Die Steuerungsmöglichkeiten, die mit der Materialart verbunden sind, sind sehr umfangreich. Feldauswahlsteuerung, Bildaufbau, Festlegung der möglichen Sichten, Bewertung oder Mengen-/Wertfortschreibung sind Themen, die durch die Materialart im Materialstamm gesteuert werden.

In der Praxis kommt es beispielweise häufig vor, dass ein Beschaffungsteil, ausgeprägt mit Materialart ROH, plötzlich verkauft werden soll. Die Materialart ROH lässt jedoch die Pflege von Verkaufsdaten nicht zu. In diesem Fall können Sie entweder die Materialart so einrichten, dass auch Materialien mit Material ROH verkauft werden können, oder die Materialart ändern.

› Und so geht's

Voraussetzungen für eine Änderung der Materialart sind u.a. wie folgt:

- Zum Material sind Bestände, Reservierungen oder Einkaufsbelege vorhanden. Folgende Bedingungen gelten:
  - Die Bestandswerte des Materials der neuen Materialart werden auf dasselbe Sachkonto fortgeschrieben wie die Bestandswerte des Materials der alten Materialart. Die Steuerung erfolgt anhand der Bewertungsklasse.
  - Die Mengen- und Wertfortschreibung in allen gepflegten Werken stimmt bei der alten Materialart und neuen Materialart überein. Denkbar ist auch, dass Sie vorhandene Bestände ausbuchen, die Materialart umstellen und anschließend die Bestände wieder einbuchen.

- Wenn Sie Material-Ledger im Einsatz haben, müssen Sie das Material zuerst abrechnen, bevor Sie die Umsetzung durchführen können.
- Wenn Sie eine alte Materialart verwenden, die keine Preissteuerung erfordert, muss die neue Materialart sowohl Standardpreis (Preissteuerung **S** in der Sicht **Buchhaltung 1**) und gleitender Durchschnittspreis (Preissteuerung **S** in der Sicht **Buchhaltung 1**) zulassen.
- Wenn die alte Materialart die Pflege der Sicht **Fertigungshilfsmittel** im Materialstamm zulässt (Beispiel Materialart FHMI) und Sie diese auch gepflegt haben, muss die Sicht **Fertigungshilfsmittel** auch für die neue Materialart zulässig sein.
- Wenn das Material kein konfigurierbares Material ist, darf die neue Materialart nicht ausschließlich für konfigurierbare Materialien zulässig sein.
- Die Customizing-Einstellungen **Material zum Prozeß** und **Herstellerteil** müssen in der alten und neuen Materialart übereinstimmen. Sie überprüfen die Einstellung, indem Sie folgenden Customizing-Pfad aufrufen:

  Logistik Allgemein ▸ Grundeinstellungen ▸ Materialarten ▸ Eigenschaften der Materialarten festlegen

  Starten Sie den Customizing-Punkt. In der Übersicht markieren Sie die gewünschte Materialart (Spalte **MArt**) und klicken anschließend auf die Schaltfläche **Detail**.

  Spezielle Materialarten
  - [ ] Material ist konfigurierbar
  - [ ] Material zum Prozeß
  - [ ] Pipelineabw. oblig.
  - [ ] Herstellerteil

  Customizing: Materialart – Details

- Wenn Sie im Materialstamm in der Sicht **Qualitätsprüfung** (Schaltfläche **Prüfeinstellung)** das Kennzeichen **Prüfen mit Plan** gesetzt haben, muss in der neuen Materialart die Pflege des Kennzeichens **aus** möglich sein. Das setzt voraus, dass die Sicht **Qualitätsprüfung** für die neue Materialart auch zulässig ist.
- Wenn Transportbedarfe und Quants zu dem Material in der Lagerverwaltung vorhanden sind, muss für die neue Materialart die Pflege der Sicht **Lagerverwaltung** zulässig sein.

Für dieses Beispiel ändern Sie ein Material der Materialart ROH in die Materialart HALB. Die Materialart weicht u.a. in folgenden Einstellungen von der Materialart ROH ab:

- Die zulässige Bewertungsklasse für Materialart HALB ist 7900.
- Das Feld **Alte Materialnummer** ist ein Mussfeld.

Starten Sie dazu Transaktion MMAM und erfassen Sie im Feld **Material** die Materialnummer. Im Feld **Neue Materialart** geben Sie die neue Materialart HALB ein und drücken anschließend [↵]. Im Feld **Alte Materialart** wird Ihnen nun die aktuelle Materialart ROH angezeigt. Drücken Sie [F8], um die Umsetzung zu starten. Es erscheint eine Warnmeldung, die Sie mit [↵] bestätigen.

Transaktion MMAM: Ändern Materialart

Da die zugelassenen Bewertungsklassen bei den Materialarten ROH und HALB unterschiedlich sind, ist eine Neueingabe der Bewertungsklasse notwendig. Im Dialogfenster **Ändern Materialart** erfassen Sie die zulässige Bewertungsklasse 7900 für Materialart HALB im Feld **BewKl** und drücken anschließend [↵].

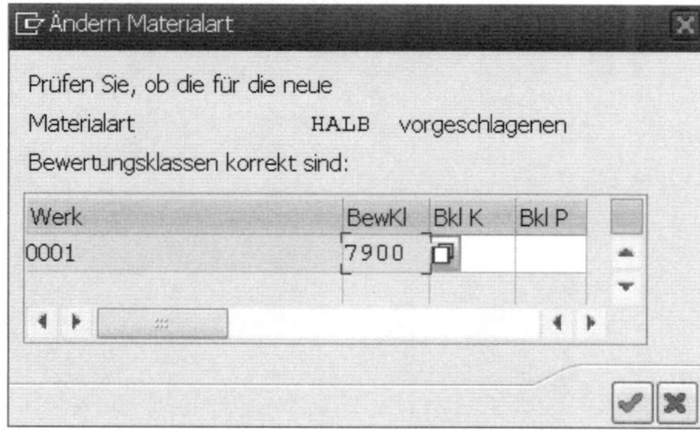

Transaktion MMAM: Ändern Bewertungsklasse

Aufgrund der Abweichung in der Feldsteuerung beim Feld **Alte Materialnummer** wird Ihnen ein Informationstext angezeigt, der Sie auffordert, das Feld **Alte Materialnummer** im Materialstamm nachzupflegen.

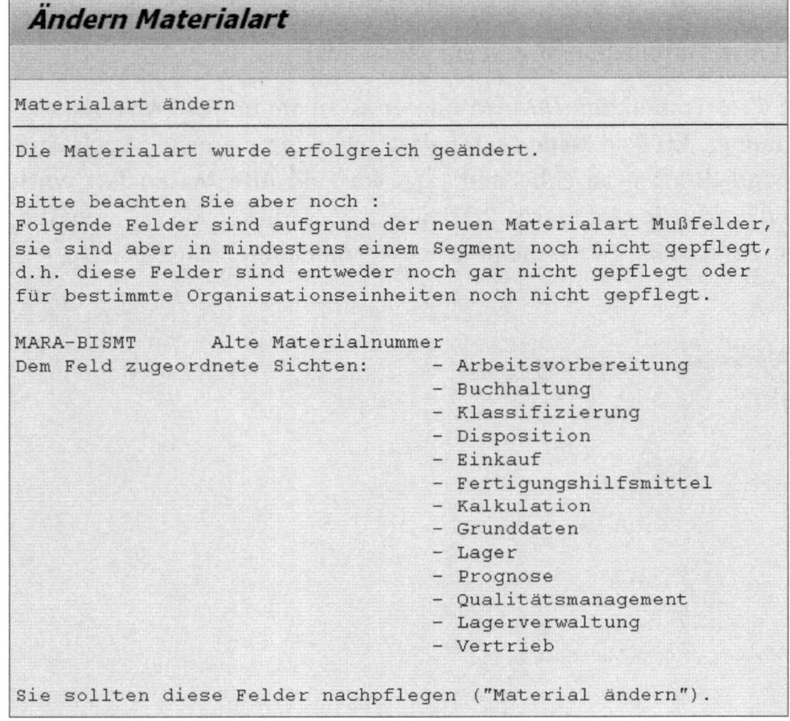
Ändern Materialart

```
Materialart ändern

Die Materialart wurde erfolgreich geändert.

Bitte beachten Sie aber noch :
Folgende Felder sind aufgrund der neuen Materialart Mußfelder,
sie sind aber in mindestens einem Segment noch nicht gepflegt,
d.h. diese Felder sind entweder noch gar nicht gepflegt oder
für bestimmte Organisationseinheiten noch nicht gepflegt.

MARA-BISMT        Alte Materialnummer
Dem Feld zugeordnete Sichten:       - Arbeitsvorbereitung
                                    - Buchhaltung
                                    - Klassifizierung
                                    - Disposition
                                    - Einkauf
                                    - Fertigungshilfsmittel
                                    - Kalkulation
                                    - Grunddaten
                                    - Lager
                                    - Prognose
                                    - Qualitätsmanagement
                                    - Lagerverwaltung
                                    - Vertrieb

Sie sollten diese Felder nachpflegen ("Material ändern").
```

Transaktion MMAM: Aufforderung, Mussfelder nachzupflegen

Wie Sie gesehen haben, sind die Voraussetzungen für eine Änderung der Materialart umfangreich. Bevor eine Materialart im produktiven Betrieb geändert wird, wird stattdessen oftmals ein neues Material angelegt, das mithilfe einer definierten Ein- und Auslaufsteuerung das alte Material ablöst.

Tipp 86

Basismengeneinheit im Materialstamm ändern

Auch die Anpassung der Basismengeneinheit ist alles andere als ein Spaziergang. Sollten Sie einmal keine andere Wahl haben, können Sie diesen Tipp zu Rate ziehen.

Ähnlich wie die Materialart ist eine Änderung der Basismengeneinheit nur unter bestimmten Voraussetzungen möglich und daher sehr schwierig durchzuführen.

Voraussetzungen sind u.a. (unvollständige Auflistung):

- Es dürfen keine Bestände vorhanden sein (auch nicht in der Vorperiode).
- Es dürfen keine Bestellanforderungen, Bestellungen oder Lieferpläne zu dem Material vorhanden sein.
- Es sind keine Kundenaufträge oder Lieferpläne vorhanden.
- Zum Material darf keine Stückliste vorhanden sein.
- Das Material darf nicht in einer Stückliste verwendet werden.

› Und so geht's

Für dieses Beispiel verwenden Sie ein Material, zu dem ein Kundenauftrag vorhanden ist. Sie starten Transaktion MM02 und erfassen im Feld **Material** die Materialnummer. Anschließend wählen Sie im Dialogfenster die Sicht **Grunddaten 1** aus und drücken [↵].

Ändern Sie im Feld **Basismengeneinheit** den Wert ST in PAK und drücken Sie [↵]. Der Wert im Feld **Basismengeneinheit** wird wieder auf den Wert ST zurückgesetzt und es erscheint die Meldung »Die Basismengeneinheit ist nicht änderbar; wählen Sie ›Fehler anzeigen‹«.

Material 205 ändern (Halbfabrikat)

Fehler anzeigen | Zusatzdaten | OrgEbenen | Bilddaten prüfen

Grunddaten 1 | Grunddaten 2 | Vertrieb: VerkOrg 1 | Vertrieb: VerkOrg 2 | Vertrieb: allg./Werk | Auße...

Material 205 Tipp 85: Ändern Basismengeneinheit

Allgemeine Daten

Basismengeneinheit	ST	Stück	Warengruppe	21000000
Alte Materialnummer	.		Ext.Warengrp.	

Die Basismengeneinheit ist nicht änderbar; wählen Sie "Fehler anzeigen"

Transaktion MM02: Basismengeneinheit ändern

In der Funktionsliste erscheint die Schaltfläche **Fehler anzeigen**. Wenn Sie auf die Schaltfläche klicken, wird Ihnen ein Fehlerprotokoll angezeigt, in dem zu sehen ist, warum die Basismengeneinheit nicht geändert werden kann. In diesem Beispiel ist die Kundenauftragsposition 35 / 10 (Spalten **Vertr.Bel.** und **Pos**) der Grund, da diese noch nicht vollständig bearbeitet wurde. Um die Basismengeneinheit im Beispielmaterial umzusetzen, müssen Sie die Kundenauftragsposition zuerst löschen.

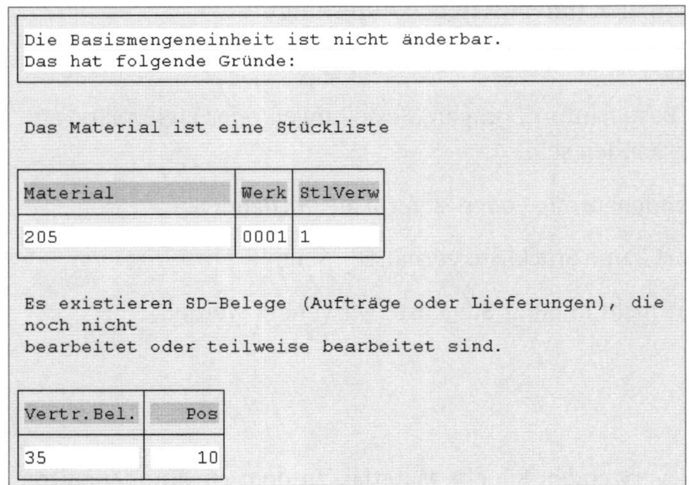

Die Basismengeneinheit ist nicht änderbar.
Das hat folgende Gründe:

Das Material ist eine Stückliste

Material	Werk	StlVerw
205	0001	1

Es existieren SD-Belege (Aufträge oder Lieferungen), die noch nicht bearbeitet oder teilweise bearbeitet sind.

Vertr.Bel.	Pos
35	10

Transaktion MM02: Fehlerprotokoll

Anschließend starten Sie nochmals Transaktion MM02 und ändern erfolgreich die Basismengeneinheit. Zuletzt speichern Sie die Änderung.

Tipp 87
Vorschlagswerte im Materialstamm nutzen

Sie möchten die Materialstammpflege beschleunigen und vereinfachen? Dann sollten Sie in jedem Fall Vorschlagswerte für Organisationsdaten und Sichten verwenden, die ohnehin immer gleich bleiben.

Wenn Sie mithilfe von Transaktion MM01 oder MM02 Materialstämme anlegen oder ändern, müssen Sie die Sichten auswählen, die Sie pflegen wollen, und die Organisationeinheiten wie Werk oder Verkaufsorganisation eingeben. Oftmals pflegen jedoch Mitarbeiter immer nur bestimmte Sichten für eine bestimmte Organisationseinheit.

Ein Disponent, der für die Disposition im Werk 0001 verantwortlich ist, wird in der Regel ausschließlich die Dispositionssichten 1 bis 4 im Materialstamm pflegen. Im folgenden Tipp zeige ich anhand dieses Beispiels, wie Sie die Datenerfassung vereinfachen.

› Und so geht's

Im Beispiel wurden durch die Konstruktionsabteilung die Grunddaten 1 und 2 bereits gepflegt. Der Disponent hat nun die Aufgabe, den Materialstamm und die Dispositionssichten zu erweitern. Da er immer nur die Dispositionssichten pflegen muss, sollen die Dispositionssichten automatisch in der Sichtenauswahl markiert werden. Auch das Dialogfenster **Sichtenauswahl** benötigt der Disponent nicht. Das Dialogfenster soll daher nur noch auf Anforderung durch den Disponenten angezeigt werden.

Starten Sie Transaktion MM01, erfassen Sie im Einstiegbild im Feld **Material** die Materialnummer, im Feld **Branche** M (Maschinenbau), im Feld **Materialart** HALB (Halbfabrikat) und drücken Sie anschließend [↵]. Im Dialogfenster **Sichtenauswahl** markieren Sie die Sichten **Disposition 1** bis

Disposition 4. Zusätzlich markieren Sie das Kennzeichen **Sichtenauswahl nur auf Anforderung**.

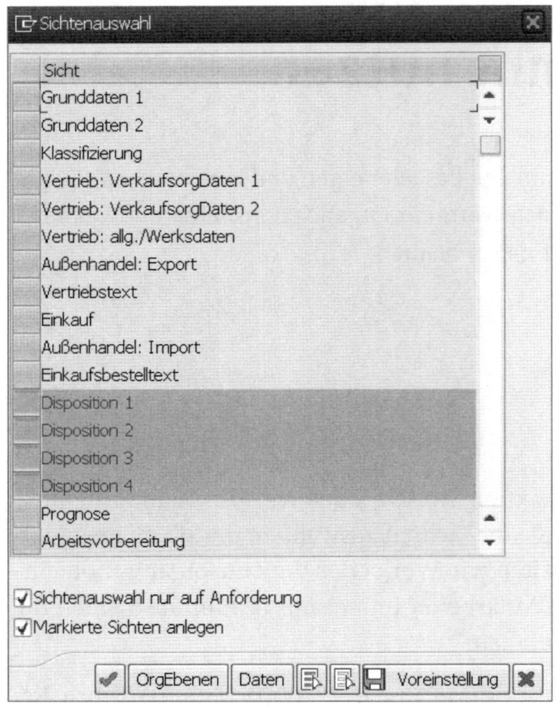

Transaktion MM01: Sichtenauswahl

Wenn der Haken gesetzt ist, wird das Dialogfenster nicht mehr automatisch angezeigt, sondern nur noch auf Anforderung. Damit erspart sich der Disponent zukünftig einen unnötigen Dialogschritt. Er muss das Dialogfenster nicht jedes Mal mit [↵] bestätigen.

Der Disponent kann mithilfe der Schaltfläche **Sichtenauswahl** auf dem Einstiegsbild der Transaktionen MM01, MM02 oder MM03 das Dialogfenster manuell öffnen.

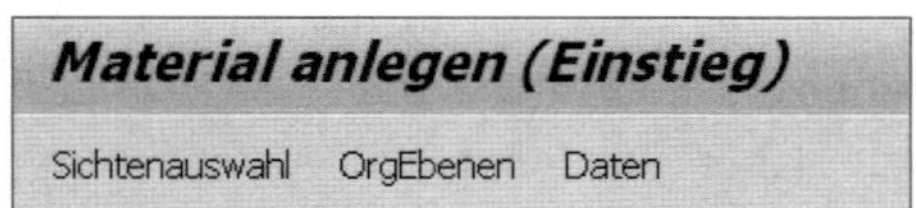

Transaktion MM01: Schaltflächen zum Öffnen der Dialogfenster für die Sichtenauswahl und der Organisationseinheiten

Anschließend klicken Sie auf die Schaltfläche **Voreinstellung** und drücken [↵]. Im angezeigten Dialogfenster **Organisationsebenen** erfassen Sie im Feld

Werk das Beispielwerk 0001 und aktivieren das Kennzeichen **OrgEbenen/ Profile nur auf Aufforderung**. Klicken Sie auf die Schaltfläche **Voreinstellung**.

Starten Sie nun Transaktion MM01 neu, um die Einstellungen zu überprüfen. Dazu erfassen Sie im Einstiegsbild die Beispieldaten und drücken [↵]. Das System unterdrückt die beiden Dialogfenster **Sichtenauswahl** und **Organisationsebenen** und setzt die zuvor gespeicherten Vorschlagswerte. Somit entfallen die Sichtenauswahl und das Bestätigen der Dialogfenster. Es wird die Registerkarte **Disposition 1** mit dem Werk 0001 direkt angezeigt.

Transaktion MM01: Direkte Pflege der Sicht »Disposition 1«

Tipp 88

Bildsteuerung des Materialstamms verstehen

Haben Sie sich auch schon gefragt, warum die Materialstammtransaktionen so aussehen, wie sie aussehen und wie diese angepasst werden können? Mit diesem Tipp gelingt Ihnen der Einstieg in die Oberflächensteuerung des SAP-Materialstamms.

Der SAP-Materialstamm ist vielfältig konfigurierbar. In diesem Tipp zeige ich, wie Sie die Anzeige der Registerkarten und der Bildbereiche anpassen können.

Dazu legen Sie eine eigene Materialart ZROH (eine Kopie von ROH) an. Die Materialart ZROH soll für sogenannte *C-Teile* verwendet werden, d.h. für Materialien, die ausschließlich beschafft werden. Da für diese C-Teile nur wenige Felder im Materialstamm relevant sind, passen Sie die Oberfläche an.

› Und so geht's

Rufen Sie folgenden Customizing-Pfad auf:

Logistik Allgemein ▸ Materialstamm ▸ Grundeinstellungen ▸ Materialarten ▸ Eigenschaften der Materialarten festlegen

In der angezeigten Tabelle markieren Sie die Zeile mit der Materialart ROH (Spalte **MArt**) und klicken auf die Schaltfläche (**Kopieren als**). Im Feld **Materialart** tragen Sie den neuen Materialartenschlüssel ZROH ein.

Im Bildbereich **Fachbereiche** deaktivieren Sie alle Statusbezeichnungen außer **Buchhaltung**, **Klassifizierung**, **Einkauf**, **Grunddaten**, **Lager**, **Werksbestände** und **Lagerortbestände**. Damit erreichen Sie, dass die Anzahl der Sichten und

Registerkarten in den Pflegetransaktionen des Materialstamms reduziert wird. Sie drücken [↵], bestätigen die Informationsmeldung, dass weitere Einträge kopiert wurden, und speichern die Einstellung.

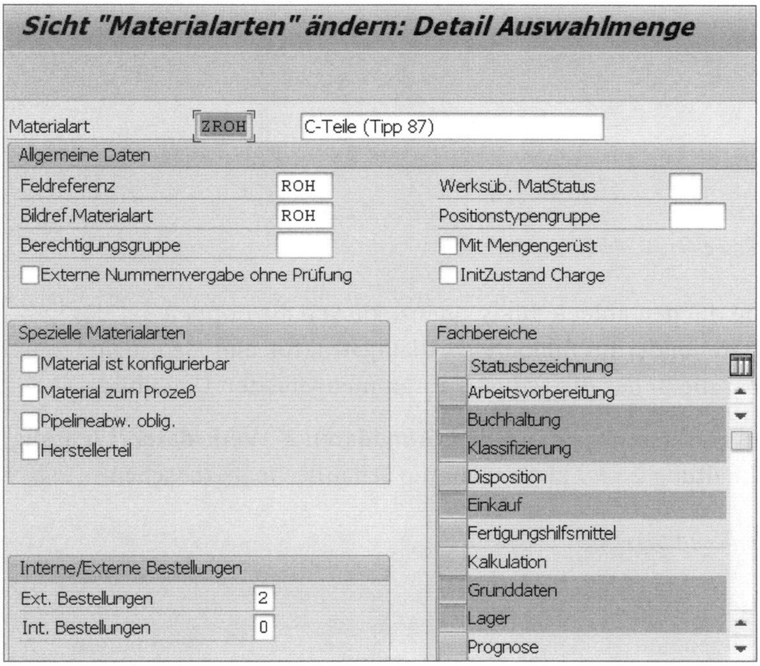

Customizing: Materialart

Im nächsten Schritt deaktivieren Sie Registerkarten, die aktiven Fachbereichen zugeordnet sind. Beispielsweise benötigen Sie den Bereich **Grunddaten**, darin jedoch nur die Registerkarte **Grunddaten 1**, nicht aber die Registerkarte **Grunddaten 2**.

Blenden Sie für dieses Beispiel die Registerkarten **Grunddaten 2**, **Werksdaten/Lagerung2**, und **Buchhaltung 2** aus. Dazu rufen Sie folgenden Customizing-Pfad auf:

Logistik Allgemein ▸ Materialstamm ▸ Konfigurieren des Materialstamms ▸ Aufbau der Datenbilder pro Bildsequenz definieren

Die Steuerung der Darstellung der Registerkarten und Bildbereiche wird im Customizing zu einer Bildsequenz (Spalte **Bsq**) zusammengefasst. Die Bildsequenz 21 (Ind-Std kurz TabStrips) wird in der Standardauslieferung sehr häufig verwendet und eignet sich daher als Kopiervorlage für eigene Bildsequenzen.

Sie kopieren die Bildsequenz 21, indem Sie die Zeile markieren und auf die Schaltfläche **Kopieren als** klicken. Erfassen Sie den neuen Bildsequenzschlüssel Z1 sowie eine Beschreibung und drücken Sie ↵. Bestätigen Sie auch die die Informationsmeldung **Anzahl kopierter abhängiger Einträge** mit ↵.

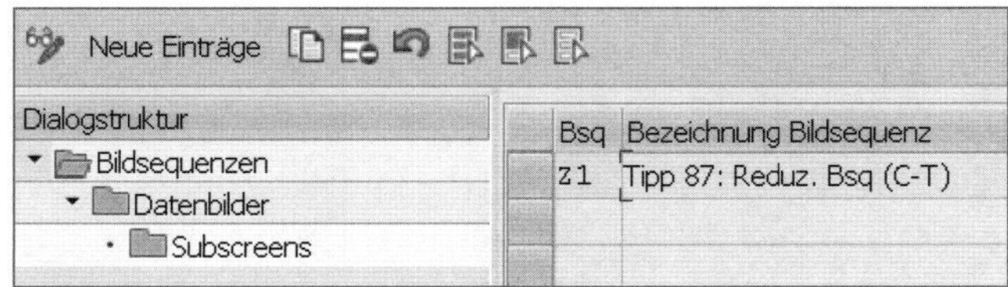

Customizing: Bildsequenz kopieren

Markieren Sie die neu anlegte Bildsequenz, klicken Sie doppelt auf das Ordnersymbol **Datenbilder** im Bildbereich **Dialogstruktur** und Sie erhalten eine Übersicht über die in der Bildsequenz zusammengefassten Datenbilder.

Anschließend markieren Sie die Zeilen **Grunddaten 2**, **Werksdaten/Lagerung 2** sowie **Buchhaltung 2** und klicken auf die Schaltfläche (**Löschen**).

Sicht "Datenbilder" ändern: Übersicht

Neue Einträge

Dialogstruktur
- Bildsequenzen
  - Datenbilder
    - Subscreens

Bsq	Bild	Bildbezeichnung	T	TrDy	Pflegestatus	Status	T..	Pflegestatus Ret	Altern.Bildbezeich.
Z1	07	Grunddaten 1	1	4004	K	DATE00	2		Grunddaten 1
Z1	09	Vertrieb: VerkaufsorgDaten 1	1	4000	V	DATE00	2		Vertrieb: VerkOrg 1

Customizing: Anpassung Datenbilder

Wenn Sie den Aufbau des jeweiligen Datenbilds ändern möchten, markieren Sie die gewünschte Zeile und klicken Sie doppelt auf den Ordner **Subscreens**. Speichern Sie die Daten.

Damit die neu angelegte Bildsequenz für die Materialart ZROH verwendet wird, müssen Sie den folgenden Customizing-Pfad aufrufen:

Logistik Allgemein ▸ Materialstamm ▸ Konfigurieren des Materialstamms ▸ Bildsequenzen zu Benutzern/Materialarten/Transaktionen/Branchen zuordnen

Die Findung der Bildsequenz erfolgt mittels sogenannter *Bildreferenzen*. Bildreferenzen dienen jeweils zur Gruppierung von Transaktion, Benutzer, Branche oder Materialart. Sie können etwa mehrere Materialarten (Beispiel ROH, HALB und FERT) zu einer Bildreferenz »Materialart« (Beispiel ZMA) zusammenfassen, die anschließend in der Findung der Bildsequenz (Beispiel Z1) verwendet wird. Wenn nun ein Material mit der Materialart ROH verwendet wird, wird die Bildreferenz Materialart ZMA ermittelt und in der Bildsequenzfindung verwendet.

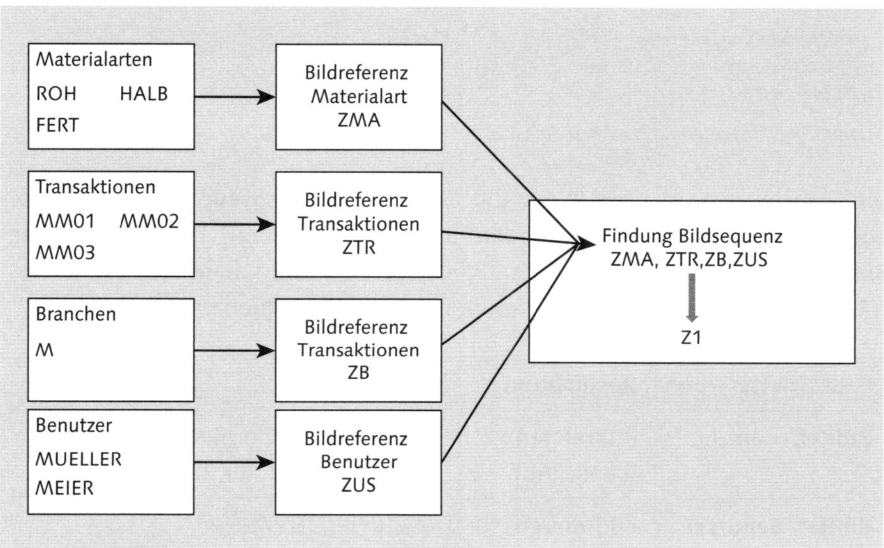

Findung Bildsequenz

Diese Bildreferenzen müssen Sie zuerst pflegen, damit Sie anschließend die Bildsequenzfindung eintragen können. Es gibt folgende Bildreferenzen:

- Bildreferenz Transaktion
- Bildreferenz Benutzer
- Bildreferenz Materialart
- Bildreferenz Branche

Sie pflegen die jeweiligen Bildreferenzen, indem Sie doppelt auf das Ordnersymbol auf der linken Seite klicken. Für dieses Beispiel pflegen Sie die **Bildreferenz Materialart** für die Materialart ZROH. Benennen Sie die neue Bildreferenz Material gleich der Materialart ZROH.

Per Doppelklick auf den Ordner **Bildreferenzen Materialart** gelangen Sie in die Sicht **»Bildreferenzen Materialart« ändern Übersicht**. Im Feld **BildRef MatArt** tragen Sie den Wert ZROH ein. Wenn Sie ein Material mit Materialart ZROH pflegen, wird nun zur Bildsequenzfindung die Bildreferenz Materialart ZROH ermittelt. Zuletzt speichern Sie die Daten.

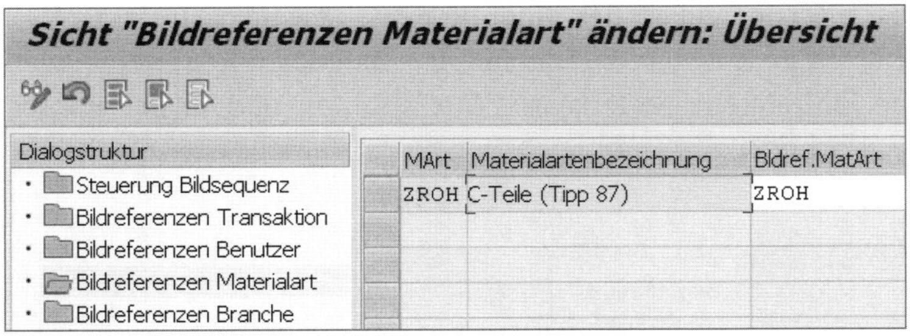

Sicht "Bildreferenzen Materialart" ändern: Übersicht

Dialogstruktur
- Steuerung Bildsequenz
- Bildreferenzen Transaktion
- Bildreferenzen Benutzer
- Bildreferenzen Materialart
- Bildreferenzen Branche

MArt	Materialartenbezeichnung	Bldref.MatArt
ZROH	C-Teile (Tipp 87)	ZROH

Customizing: Bildreferenz zur Materialart zuordnen

Im nächsten Schritt pflegen Sie die Einträge für die **Steuerung der Bildsequenz**. Sie starten die Pflege, indem Sie doppelt auf den Ordner **Steuerung Bildsequenz** klicken. Anschließend klicken Sie auf die Schaltfläche **Neue Einträge** und erfassen folgende Parameter für die Bildsequenz:

Feld/Spalte	Bezeichnung	Wert
BldRef.Transakt	Bildreferenz Transaktion	01 (Standard-Bildreferenz mit fast allen Materialstammtransaktionen)
BldRef. Benutzer	Bildreferenz Benutzer	* (Alle Benutzer)
Bldref.MatArt	Bildreferenz Materialart	ZROH
Bldref.Branche	Bildreferenz Branche	* (alle Branchen)
Bsq	Bildsequenz	Z1

Parameter für Bildsequenz

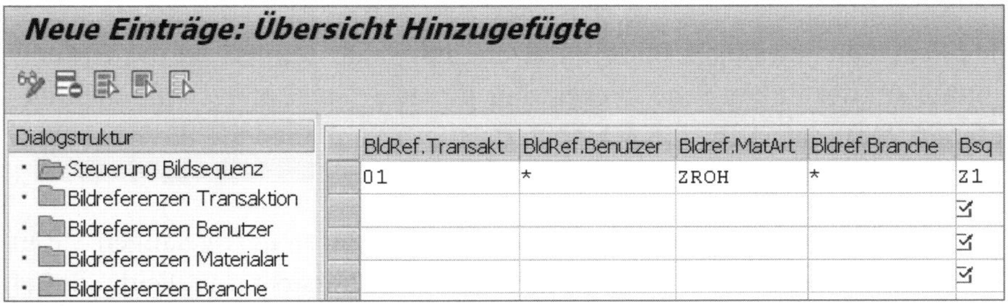

Neue Einträge: Übersicht Hinzugefügte

Dialogstruktur
- Steuerung Bildsequenz
- Bildreferenzen Transaktion
- Bildreferenzen Benutzer
- Bildreferenzen Materialart
- Bildreferenzen Branche

BldRef.Transakt	BldRef.Benutzer	Bldref.MatArt	Bldref.Branche	Bsq
01	*	ZROH	*	Z1

Customizing: Bildsequenzen zuordnen

Den Wert »*« tragen Sie ein, da keine Einschränkung auf die Bildreferenzen Benutzer und Branche notwendig ist. Das bedeutet, dass die Findung der Bildsequenz unabhängig vom aktuellen Benutzer und der im Materialstamm verwendeten Branche durchgeführt wird. Zuletzt speichern Sie die Daten.

Um die Einstellungen zu testen, starten Sie Transaktion MM01, erfassen im Feld **Branche** M, im Feld **Materialart** den Wert ZROH und drücken danach [↵]. Im Dialogfenster **Sichtenauswahl** erhalten Sie eine reduzierte Übersicht im Vergleich zur Standardausprägung der Materialart ROH.

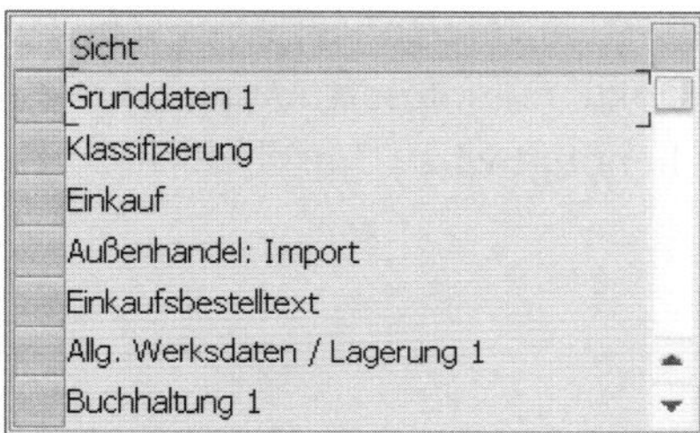

Transaktion MM01: Sichten für die Materialart ZROH

Tipp 89

Zugeordnete Konstruktionszeichnung direkt anzeigen

Wenn Sie das SAP-Dokumentenmanagementsystem verwenden, ist es sehr hilfreich, im Materialstamm die zugeordnete Dokumentinfosatznummer direkt anzeigen zu lassen, da diese Nummer häufig benötigt wird. Umständliches Verzweigen entfällt somit.

In der Sicht **Grunddaten 2** können Sie sich die Dokumentinfosatznummer der zugeordneten Konstruktionszeichnung anzeigen lassen.

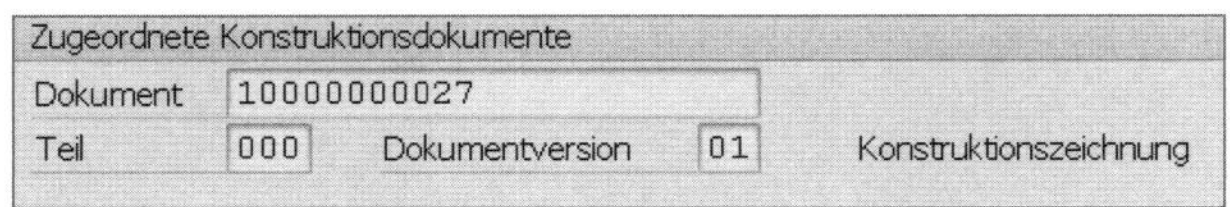

Transaktion MM02: Sicht »Grunddaten 2«

Voraussetzung ist eine Einstellung im Customizing des Materialstamms, die ich Ihnen im Folgenden vorstelle.

› Und so geht's

Rufen Sie folgenden Customizing-Pfad auf, um die Anzeige zu aktivieren:

Logistik Allgemein ▸ Materialstamm ▸ Grundeinstellungen ▸ Globale Einstellungen vornehmen

Im Feld **Standarddokumentart** tragen Sie die Dokumentart ein, mit der die Konstruktionszeichnungen im Dokumentenverwaltungssystem abgelegt werden. Im Beispiel ist es die Dokumentart DRW, die festlegt, dass es sich um eine Konstruktionszeichnung handelt. Anschließend speichern Sie die Einstellung.

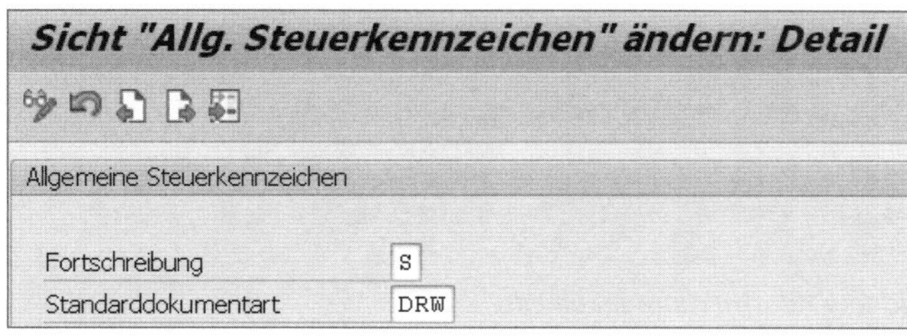

Customizing: Allgemeine Steuerkennzeichen

Starten Sie Transaktion MM02, geben Sie im Feld **Material** die Materialnummer ein und drücken Sie ↵. Anschließend klicken Sie auf die Registerkarte **Grunddaten 2**. Im Bildbereich **Zugeordnete Konstruktionselemente** wird Ihnen nur das aktivierte Kennzeichen **Keine Verknüpfung** angezeigt, da noch keine Zuordnung zu einem Dokumentinfosatz mit der eingestellten Dokumentart DRW erfolgt ist. Im nächsten Schritt ergänzen Sie die Dokumentzuordnung im Materialstamm.

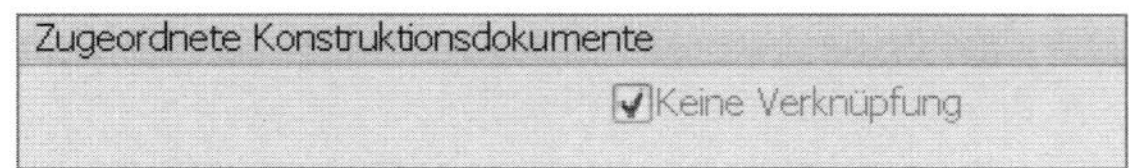

Transaktion MM02: Registerkarte »Grunddaten 2«

Sie klicken auf die Schaltfläche **Zusatzdaten** und anschließend auf die Registerkarte **Dokumentdaten**.

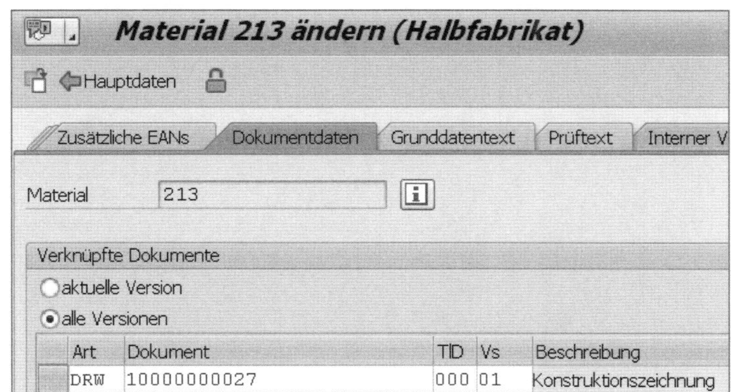

Transaktion MM02: Zusatzdaten – Registerkarte »Dokumentdaten«

Sie erfassen den Schlüssel des Dokumentinfosatzes, bestehend aus Dokumentart (Spalte **Art**), Dokumentnummer (Spalte **Dokument**), Teiledokument

(Spalte **TID**) und Version (Spalte **VS**) und klicken anschließend auf die Schaltfläche **Hauptdaten**. Im Bildbereich **Zugeordnete Konstruktionsdaten** in der Registerkarte **Grunddaten 2** wird nun die Dokumentinfosatznummer angezeigt.

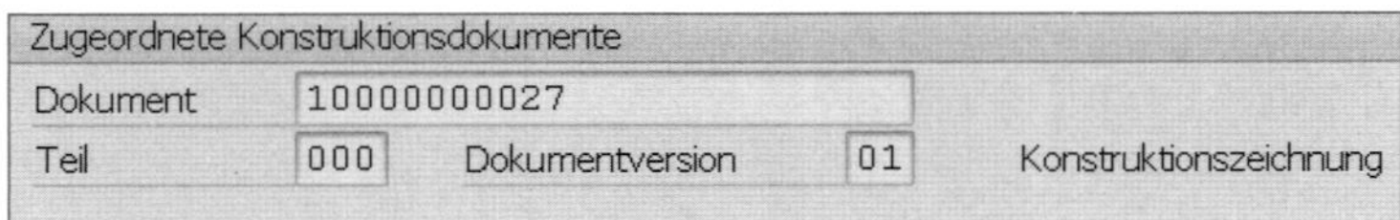

Transaktion MM02: Zugeordnete Konstruktionsdokumente

Abschließend sehen Sie, was passiert, wenn Sie mehrere Dokumentinfosätze der Dokumentart DRW dem Beispielmaterial zuordnen. Wenn mehrere zugeordnete Dokumentinfosätze die im Customizing eingestellte Dokumentart haben, wird in der Registerkarte **Grunddaten 2** das aktivierte Kennzeichen **Mehrere Verknüpfungen** angezeigt.

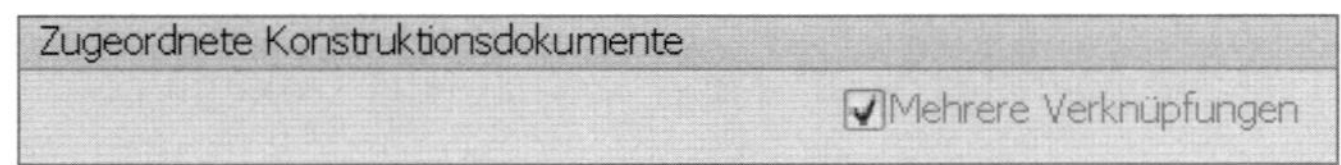

Transaktion MM02: Registerkarte »Grunddaten 2«

Tipp 90

Änderungsdienst im Materialstamm verwenden

Wenn Sie Änderungen im Materialstamm vornehmen möchten, die zu einem späteren Zeitpunkt gültig werden, hilft Ihnen dieser Tipp weiter.

Notwendige Änderungen am Materialstamm können Sie in SAP mithilfe des Änderungsdienstes einplanen. Die Änderungen werden dann nicht sofort wirksam, sondern erst zum angegebenen Zeitpunkt. Die geplanten Änderungen am Materialstamm können Sie sowohl mit einer Änderungsnummer als auch nur unter Eingabe eines Gültigkeitsdatums durchführen.

Mithilfe eines Änderungsdienstes können Sie jedoch auch komplexere Änderungsvorgänge an Ihren Stammdaten geplant und koordiniert durchführen. Die Änderungsvorgänge werden objektübergreifend dokumentiert. Sie können beispielsweise Änderungen an Stücklisten, Materialstämmen und Klassifizierungen mit nur einer Änderungsnummer durchführen. Die Änderungsnummer bündelt alle Änderungen, die bei dem durchgeführten Änderungsvorgang geändert werden. Später können Sie anhand der Änderungsnummer nachvollziehen, welche Stammdatenänderungen beim Änderungsvorgang durchgeführt worden sind.

Im folgenden Beispiel zeige ich Ihnen, wie Sie den werkübergreifenden Materialstatus geplant ändern.

› Und so geht's

Zuerst legen Sie einen Änderungsstamm an, mit dessen Hilfe Sie den Änderungsvorgang dokumentieren. Starten Sie Transaktion CC01. Im Einstiegsbild markieren Sie die Auswahlknöpfe **Änderungsstamm** und **Ohne Freigabeschlüssel** und bestätigen mit [↵].

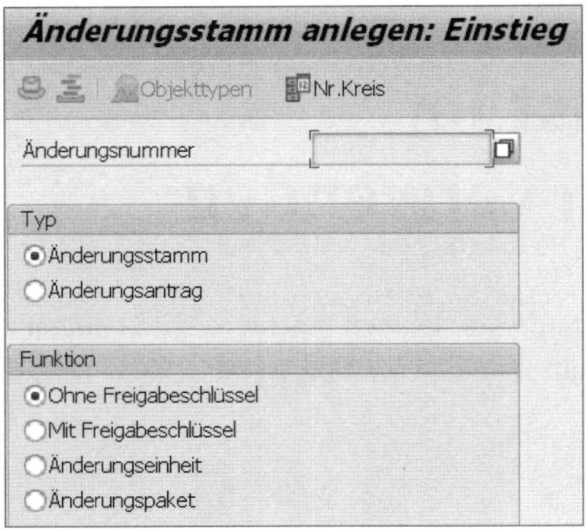

Transaktion CC01: Einstiegsbild

Sie erfassen einen Kurztext, der die durchzuführende Änderung beschreibt, sowie das Datum im Feld **Gültig ab**, ab welchem die Änderung gültig sein soll, und setzen den Status des Änderungsstamms (**Status Änderungsnr**) auf 01 (aktiv).

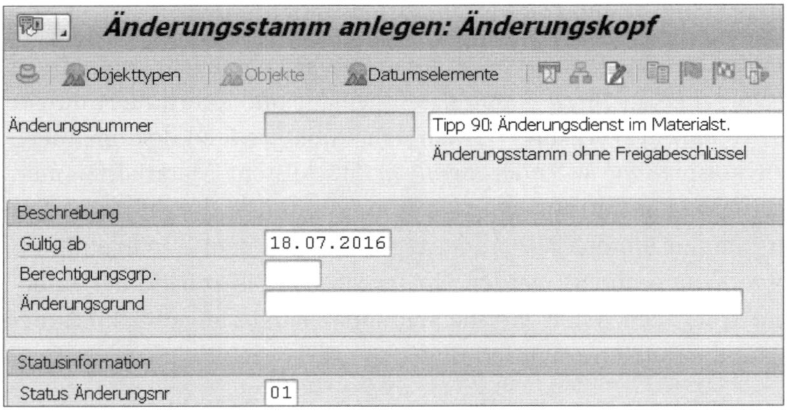

Transaktion CC01: Änderungskopf pflegen

Anschließend wechseln Sie über die Schaltfläche **Objekttypen** in die Sicht **Änderungsstamm anlegen: Objekttypen**. In der Tabelle **Objekttypen** markieren Sie in der Zeile **Material** das Kennzeichen in der Spalte **Aktiv**, um Materialstammänderungen mit dieser Änderungsnummer durchführen zu können. Danach markieren Sie das Kennzeichen in der Spalte **ObjVGen**. Dieses Feld bewirkt, dass bei durchgeführten Änderungen automatisch Objektverwaltungssätze generiert werden. Objektverwaltungssätze steuern und dokumentierten die einzelnen Änderungen.

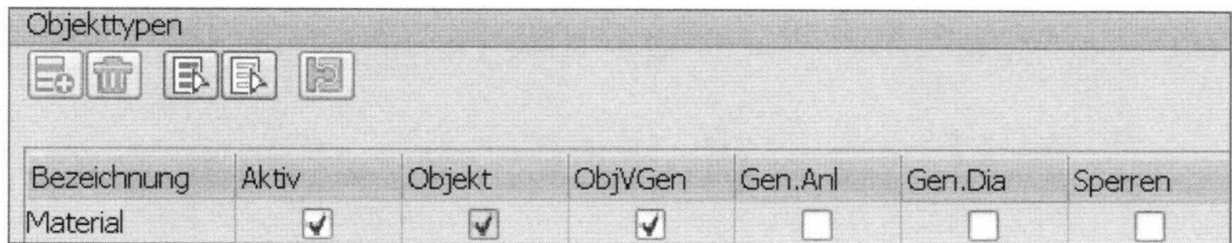

Transaktion CC01: Objekttypen pflegen

Anschließend speichern Sie den Änderungsstammsatz. Es wird eine Erfolgsmeldung mit der erzeugten Änderungsstammsatznummer angezeigt.

Starten Sie Transaktion MM12. Im Feld **Material** erfassen Sie die Materialnummer und im Feld **Änderungsnummer** die zuvor angelegte Änderungsnummer. Anschließend drücken Sie ↵. Im Dialogfenster wählen Sie die Sicht **Grunddaten 1** und drücken ↵. Für dieses Beispiel setzen Sie im Feld **Werksüb. MatStatus** den werksübergreifenden Materialstatus 01.

Beachten Sie, dass die geplanten Änderungen im Materialstamm zum angegebenen Datum im Feld **Gültig ab** zwar geändert werden, aber nicht automatisch aktiv sind. Die Aktivierung erfolgt mittels Report MMCHACTV bzw. Transaktion MM13. Der Selektionsbildschirm enthält folgende Parameter:

- **Materialnummer**: Selektion auf Basis der Materialnummer
- **Aktivieren ab dem** und **Aktivieren bis zum**: Das Programm aktiviert alle geplanten Änderungen, deren Stichtag zwischen dem Datum **Aktivieren ab dem** und dem Datum **Aktivieren bis zum** liegt. Wenn ein Feld leer ist, verwendet das System das aktuelle Tagesdatum. Das in den Feldern erfasste Datum muss aktuell oder zukünftig sein.
- **Benutzernamen beibehalten**: Wenn Sie dieses Kennzeichen setzen, wird der Benutzer zur Änderung des Materialstamms verwendet, der die Änderung eingeplant hat. Wenn Sie das Kennzeichen nicht setzen, wird der Benutzer verwendet, der Transaktion MM13 in diesem Moment ausführt.
- **Änderungen/Verarbeitungsblock**: Dieser Parameter dient zur Verbesserung der Programmlaufzeit, er sollte zwischen 100 und 300 liegen. Wenn das Kennzeichen **Benutzernamen beibehalten** gesetzt ist, muss der Parameter auf 1 gesetzt werden.

Am besten planen Sie den Report mithilfe von Transaktion SM36 als täglichen Job ein, sodass geplante Änderungen zum angegebenen Datum automatisch aktiviert werden.

Aktivierung von geplanten Änderungen zu einem Stichtag

Material		bis	
Aktivieren bis zum	18.07.2016		
Aktivieren ab dem			
☑ Benutzernamen beibehalten			
Änderungen/Verarbeitungsblock	1		
☐ Testmodus (keine Aktivierung)			

Transaktion MM13: Aktivierung geplanter Änderungen im Materialstamm

Führen Sie die Transaktion mit den angezeigten Selektionsparametern aus. In der Ergebnisliste erscheint die Informationsmeldung, dass die geplante Änderung in den Materialstamm übernommen wurde. Sie können sich die durchgeführte Änderung mittels Transaktion MM03 ansehen. Außerdem sehen Sie auch im verwendeten Änderungsstamm die durchgeführte Änderung. Dazu starten Sie Transaktion CC03, erfassen im Feld **Änderungsnummer** Ihre Änderungsnummer und drücken [↵]. Im Menü wechseln Sie über den Pfad **Umfeld ▸ Auswertungen ▸ Material** in die Auswertung der Materialänderungen. Nun werden Ihnen die Materialnummern angezeigt, die anhand der Änderungsnummer geändert wurden bzw. die für eine Änderung eingeplant sind.

Mithilfe der Schaltfläche [6ó°] in der Spalte **Änderungsbelege Material anzeigen** können Sie sich den Änderungsbeleg anzeigen lassen. Mit Klick auf die Schaltfläche [▦] in der Spalte **Anzeige der geplanten Änderungen** sehen Sie, welche Änderungen eingeplant sind.

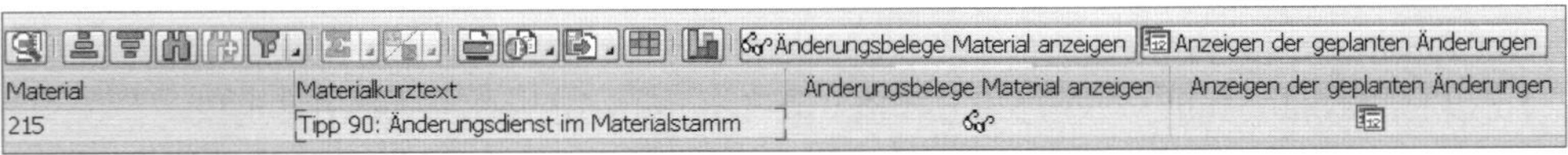

Änderungsbelege Material anzeigen | Anzeigen der geplanten Änderungen

Material	Materialkurztext	Änderungsbelege Material anzeigen	Anzeigen der geplanten Änderungen
215	Tipp 90: Änderungsdienst im Materialstamm		

Transaktion CC03: Änderungsnummer – Auswertung Material

Tipp 91

Lieferantenstamm konfigurieren und verwenden

Sie wollen den Lieferantenstamm konfigurieren und die Feldsteuerung anpassen, um die Datenpflege zu vereinfachen und zu verbessern. Nicht benötigte Felder sollen ausgeblendet werden, andere sollen Pflichtfelder sein. Im Tipp zeige ich Ihnen, wie Sie die Änderungen im Customizing vornehmen.

Die Daten im Lieferantenstamm werden fachbereichsübergreifend verwendet. Die Finanzabteilung pflegt Daten, die für die Buchhaltung und den Zahlprozess wichtig sind. Der Einkauf erfasst Daten, die für die Beschaffung relevant sind. Das SAP-System stellt für jeden Bereich eigene Transaktionen zur Verfügung:

Transaktionen Einkauf	Transaktionen Buchhaltung	Transaktionen zentral (Einkauf und Buchhaltung)
MK01/MK02/MK03 Lieferant anlegen/ändern/anzeigen	FK01/FK02/FK03 Kreditor anlegen/ändern/anzeigen	XK01/XK02/XK03 Kreditor anlegen/ändern/anzeigen
Datenerfassung ist für die allgemeinen Daten und einkaufsorganisations-abhängigen Daten möglich	Datenerfassung ist für die allgemeinen Daten und buchungskreisabhängigen Daten möglich	Datenerfassung ist für die allgemeinen Daten, buchungskreisabhängigen Daten und einkaufsorganisationsabhängigen Daten möglich

Transaktionen

Das zentrale Steuerelement zur Konfiguration des Lieferantenstamms ist die Kontengruppe. Die Kontengruppe steuert die Feldsteuerung im Lieferantenstamm.

Im Tipp zeige ich Ihnen, wie Sie die Feldsteuerung abhängig von der Kontengruppe anpassen. Das Feld **Einkäufergruppe** in den Einkaufsdaten soll als Pflichtfeld ausgeprägt werden.

› Und so geht's

Als Beispiel verwenden Sie den Lieferanten mit der Nummer 100001. Um herauszufinden, welcher Kontengruppe der Lieferant zugeordnet ist, starten Sie Transaktion MK02. Erfassen Sie im Feld **Kreditor** die Nummer 100001, aktivieren Sie das Kennzeichen **Anschrift** und drücken Sie [↵]. Anschließend gehen Sie in das Menü **Zusätze ▸ Verwaltungsdaten**.

Im Dialogfenster **Verwaltungsdaten** wird Ihnen im Feld **Kontengruppe** die Kontengruppe KRED angezeigt. Für diese Kontengruppe passen Sie nun die Feldsteuerung im Customizing an.

Transaktion MK02: Dialogfenster »Verwaltungsdaten«

Dazu rufen Sie folgenden Customizing-Pfad auf:

Finanzwesen (neu) ▸ Debitoren- und Kreditorenbuchhaltung ▸ Anlegen der Kreditorenstammdaten vorbereiten ▸ Kontengruppe mit Bildaufbau definieren (Kreditoren)

In der Tabelle **Kontengruppen Kreditoren** selektieren Sie in der Spalte **Gruppe** den Eintrag **KRED** und klicken auf die Schaltfläche **Detail**. In der Sicht **»Kontengruppen Kreditoren« ändern: Detail** klicken Sie auf die Bezeichnung **Einkaufsdaten**, um diese zu markieren. Anschließend klicken Sie auf die Schaltfläche **Feldstatus auflösen**.

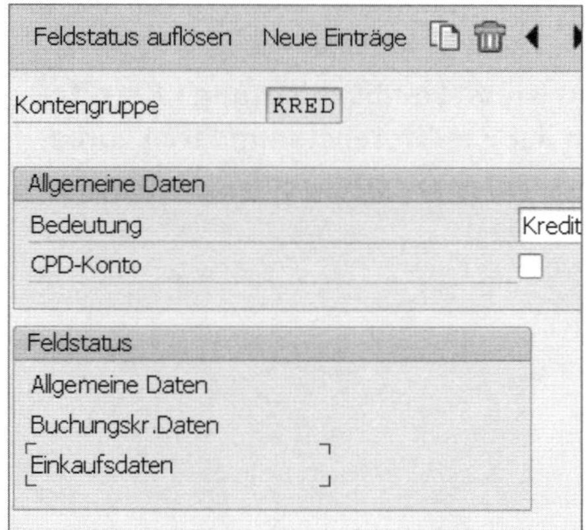

Customizing: Ändern der Feldsteuerung in der Kontengruppe

Danach klicken Sie im Bildbereich **Gruppe auswählen** auf die Bezeichnung **Einkaufsdaten** und anschließend auf die Schaltfläche (**Auswählen**).

In der angezeigten Liste im Bildbereich **Einkaufsdaten** suchen Sie in der ersten Spalte nach dem Feld **Einkäufergruppe**. Mithilfe der beiden Schaltflächen (**Vorherige Seite** und **Nächste Seite**) können Sie in der Tabelle blättern. Für das Feld **Einkäufergruppe** aktivieren Sie den Auswahlknopf in der Spalte **Musseingabe** und speichern die Eingabe.

Um die Einstellung zu prüfen, starten Sie Transaktion MK02. Im Feld **Kreditor** erfassen Sie die Lieferantennummer 100001 und die **Einkaufsorganisation** 0001. Sie markieren das Kennzeichen **Einkaufsdaten** und drücken [Enter]. Im Bildbereich **Vorschlagswerte Material** ist zu erkennen, dass die **Einkäufergruppe** nun ein Mussfeld ist.

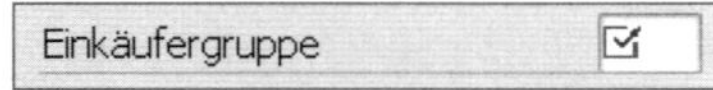

Transaktion MK02: Mussfeld »Einkäufergruppe«

Die Feldsteuerung im Lieferantenstamm können Sie auch abhängig vom Buchungskreis (buchungskreisabhängige Daten) und von der Transaktion beeinflussen:

- Feldsteuerung abhängig vom Buchungskreis:

  Finanzwesen (neu) ▸ Debitoren- und Kreditorenbuchhaltung ▸ Kreditorenkonten ▸ Stammdaten ▸ Anlegen der Kreditorenstammdaten vorbereiten ▸ Bildaufbau pro Buchungskreis definieren (Kreditoren)

- Feldsteuerung abhängig von der Transaktion:

  Finanzwesen (neu) ▸ Debitoren- und Kreditorenbuchhaltung ▸ Kreditorenkonten ▸ Stammdaten ▸ Anlegen der Kreditorenstammdaten vorbereiten ▸ Bildaufbau pro Aktivität definieren (Kreditoren)

Tipp 92

Werksspezifischer Lieferantenstamm

Halten Sie Lieferwege kurz: Sorgen Sie mit diesem Tipp dafür, dass Ihre Werke bei der Bestellung immer die nächstgelegene Adresse Ihres Lieferanten wählen, indem Sie abweichende Bestelladressen pflegen.

Sie haben im Lieferantenstamm die Möglichkeit, werksabhängig Einkaufsdaten zu hinterlegen. Dies ist zum Beispiel hilfreich, wenn Sie abweichende Bestelladressen hinterlegen möchten, um die Lieferwege kurz zu halten.

› Und so geht's

Voraussetzung ist, dass die Feldsteuerung in der Kontengruppe eine Pflege auf Werksebene zulässt. Um dies zu prüfen, rufen Sie folgenden Customizing-Pfad auf:

Finanzwesen (neu) ▸ Debitoren- und Kreditorenbuchhaltung ▸ Kreditorenkonten ▸ Stammdaten ▸ Anlegen der Kreditorenstammdaten vorbereiten ▸ Kontengruppe mit Bildaufbau definieren (Kreditoren)

In der Tabelle **Kontengruppen Kreditoren** markieren Sie die Zeile mit der **Gruppe** 0001 und klicken auf die Schaltfläche **Detail**. Anschließend klicken Sie doppelt auf die Bezeichnung **Einkaufsdaten**. In der angezeigten Sicht **Feldstatusgruppe pflegen: Übersicht** klicken Sie doppelt auf das Feld mit dem Inhalt **Zusatzdaten Einkauf**.

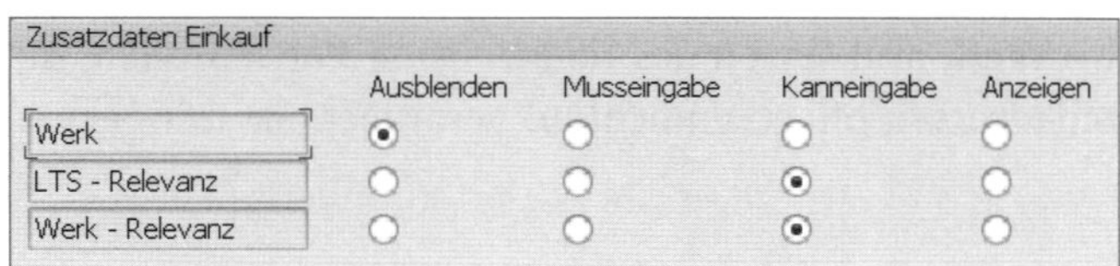

Customizing: Werksabhängige Sicht im Lieferantenstamm

Prüfen Sie, ob in der Zeile mit der Bezeichnung **Werk – Relevanz** der Auswahlknopf in der Spalte **Kanneingabe** aktiv ist. Für die Kontengruppe 0001 ist diese Einstellung gesetzt und die werksabhängigen Einkaufsdaten können gepflegt werden.

Achtung: Verwechseln Sie nicht das Feld **Werk – Relevanz** mit dem Feld **Werk**. Das Feld **Werk** steuert die Zuordnung des Lieferanten zum Werk bei Umlagerungsbestellungen.

Starten Sie Transaktion MK01, um einen Lieferanten anlegen. Im Feld **Einkaufsorganisation** erfassen Sie 0001 und im Feld **Kontengruppe** erfassen Sie die Kontengruppe 0001.

Anschließend geben Sie die allgemeine Anschrift des Lieferanten ein. Danach springen Sie über die Menüpunkte **Springen ▸ Einkaufsorg.Daten ▸ Einkaufsdaten** in die Sicht **Kreditor anlegen: Einkaufsdaten**. Füllen Sie die Mussfelder aus und rufen Sie anschließend den Menüpfad **Zusätze ▸ Zusatzdaten Einkauf** auf.

Im Dialogfenster **Kreditor anlegen: LTS-/WERK Relevanz** markieren Sie das Kennzeichen **Datenhaltung auf Werksebene erlaubt** und bestätigen mit [↵].

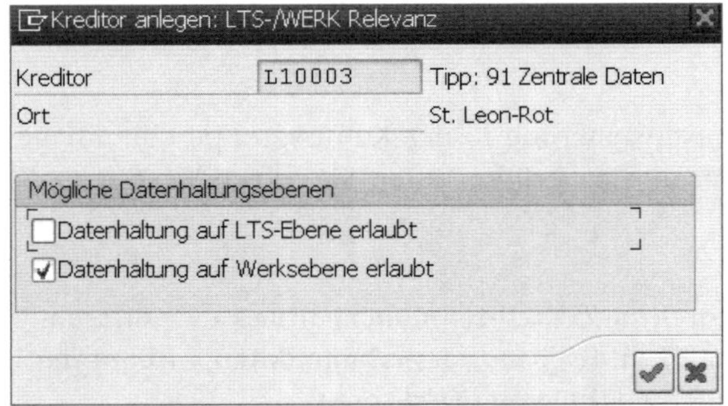

Transaktion MK01: Werkrelevanz im Lieferantenstamm

In der Sicht **Kreditor anlegen: Einkaufsdaten** wird Ihnen nun die Schaltfläche **Abweich. Daten** angezeigt. Klicken Sie auf die Schaltfläche und bestätigen Sie die Meldung »Es sind keine abweichenden Daten definiert. Möchten Sie abweichende Daten anlegen?« mit der Schaltfläche **Ja**.

Im Dialogfenster **Anlegen abweichende Daten** erfassen Sie die Werke 0001 und 0002 in der Spalte **Werk** und setzen das Kennzeichen **Partnerrollen**, da Sie abweichende Bestelladressen pflegen möchten. Bestätigen Sie mit [↵].

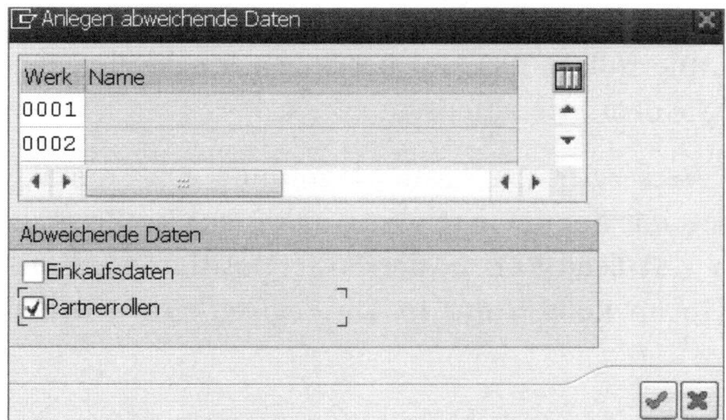

Transaktion MK01: Dialogfenster – Abweichende Daten

In der Sicht **Kreditor anlegen: Partnerrollen** pflegen Sie für das Werk 0001 (Feld **Werk**) die zuvor angelegte Bestelladresse (BA) L10003_1 (**Partnerrolle** = BA) und bestätigen die Eingabe mit [↵].

Einkaufsdaten Nächstes Detail Partneradresse Zeile löschen

Kreditor	L10003	Tipp: 91 Zentrale Daten
Einkaufsorg	0001	conarum
Werk	0001	conarum - St-Leon-Rot

Partnerrollen

Partnerrolle	Bezeichnung	Nummer	Name
BA	Bestelladresse	L10003_1	Tipp: 91 Zentrale Daten - Nord

Transaktion MK01: Abweichende Daten zum Werk

Um die Bestelladresse für das Werk 0002 zu pflegen, rufen Sie den Menüpfad **Zusätze ▸ Abweichende Daten** auf. In der Tabelle **Abweichende Daten** wählen Sie die Zeile **conarum – Burghausen** aus und klicken anschließend auf die Schaltfläche **Partner**.

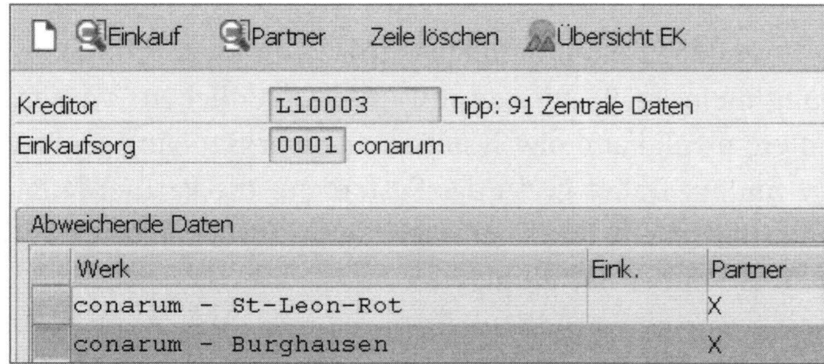

Transaktion MK01: Auswahl Abweichende Daten

Erfassen Sie für das Werk 0002 (Feld **Werk**) die zuvor angelegte Bestelladresse (BA) L10003_2 (Partnerrolle = BA) und bestätigen Sie die Eingabe mit [↵]. Zuletzt speichern Sie den Lieferantenstamm.

Um die Partnerfindung je Werk zu testen, legen Sie mithilfe von Transaktion ME21N eine Bestellung mit dem Lieferanten L10003 an. Im Beispiel des Werks 0001 (**conarum – St-Leon-Rot**) in der Bestellposition wird die Bestelladresse L10003_1 (Spalte **Rolle = BA**) in die Registerkarte **Partner** übernommen.

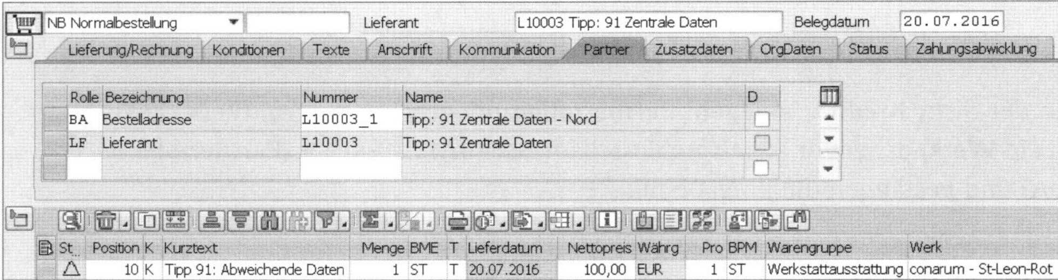

Transaktion ME21N: Werk 0001 – conarum – St-Leon-Rot

Ändern Sie das **Werk** auf 0002 (**conarum – Burghausen**). Die Bestelladresse in der Registerkarte **Partner** wird vom System in L10003_2 geändert.

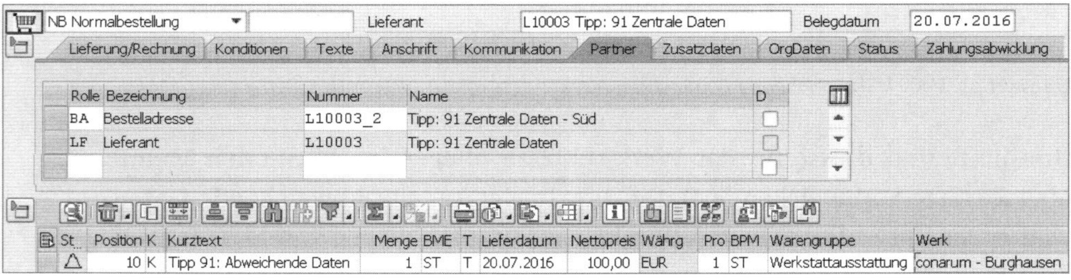

Transaktion ME21N: Werk 0002 – conarum – Burghausen

Da das Werk in den Bestellpositionen gepflegt wird, kann es vorkommen, dass in einer Bestellung mehrere Positionen mit unterschiedlichen Werken angelegt werden. In diesem Fall kann das System keine werksabhängige eindeutige Bestelladresse finden. Daher greift das System auf die Partnerdaten auf der Einkaufsorganisationsebene im Lieferantenstamm zurück und schlägt die gepflegte Bestelladresse in der Bestellung vor.

Tipp 93

Nachhaltigkeit im Lieferantenstamm sichern

Nachhaltigkeit wird für Unternehmen immer wichtiger. Wenn auch Sie Kennzahlen zu Energieverbrauch, sozialer Verantwortung oder Abfallwirtschaft erfassen möchten, lesen Sie weiter.

Mit EHP 6 für SAP ERP bietet SAP die Möglichkeit, Kennzahlen zur Nachhaltigkeit zu erfassen. Kennzahlen zum Energieverbrauch, sozialen Verantwortung oder Abfallwirtschaft können auf Mandantenebene des Lieferantenstamms erfasst werden. Sie können zusätzlich einen Nachhaltigkeitsinfosatz je Material/Lieferantenbeziehung anlegen, um zum Beispiel Umweltzertifikate, Daten zur Abfallerzeugung oder Emissionsdaten je Material zu pflegen.

Die Nachhaltigkeitskennzahlen werden entweder je Einkaufsorganisation oder je Werk gepflegt. Die Kennzahlen können Sie mit Transaktion MES11 oder mit der SAP-Lieferantenbeurteilung erheben. Voraussetzung ist die Aktivierung der Business Functions LOG_MM_ANALYTICS_01 und LOG_MM_SUSTAIN_1 in Transaktion SFW5.

Um das Beispiel nachvollziehen zu können, ordnen Sie außerdem Ihrem Benutzer in Transaktion SU01 die SAP-Standardrolle SAP_SR_BUYER_6 in der Registerkarte **Rollen** zu.

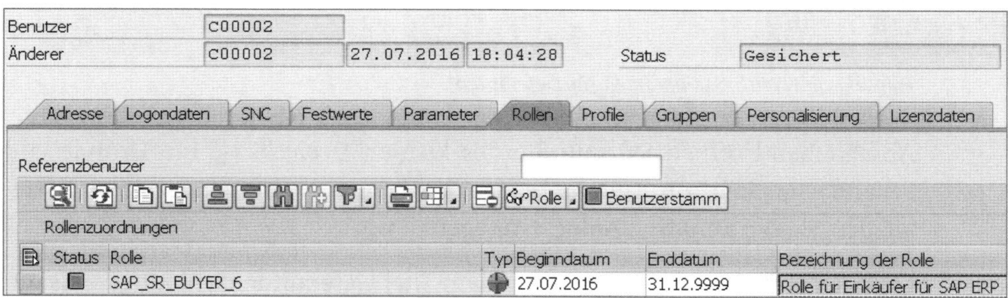

Transaktion SU01: Zuordnung Rolle zum Benutzer

Im Beispiel zeige ich Ihnen, wie Sie die Kennzahlen im Lieferantenstamm pflegen und darauf zugreifen.

› Und so geht's

Die Pflege der Nachhaltigkeitskennzahlen erfolgt nicht im SAP GUI, sondern über die Browser-Oberfläche. Sie können die Daten entweder mithilfe von SAP Enterprise Portal oder SAP Business Client (vormals SAP NetWeaver Business Client) pflegen. In diesem Beispiel verwende ich den SAP Business Client.

Im SAP GUI starten Sie Transaktion NWBC. Der Browser wird geöffnet. Im Browser klicken Sie auf den Link **SAP_SR_BUYER_6**.

Transaktion NWBC: Rolle SAP_SR_BUYER_6

SAP Business Client wird mit der **Rolle für Einkäufer für SAP ERP** gestartet. Im Menü auf der linken Bildschirmseite klicken Sie auf **Stammdaten für Lieferanten**. Im Hauptbereich des Browsers erscheint eine Arbeitsliste mit aktiven Lieferanten. Markieren Sie für dieses Beispiel den Lieferanten 100016.

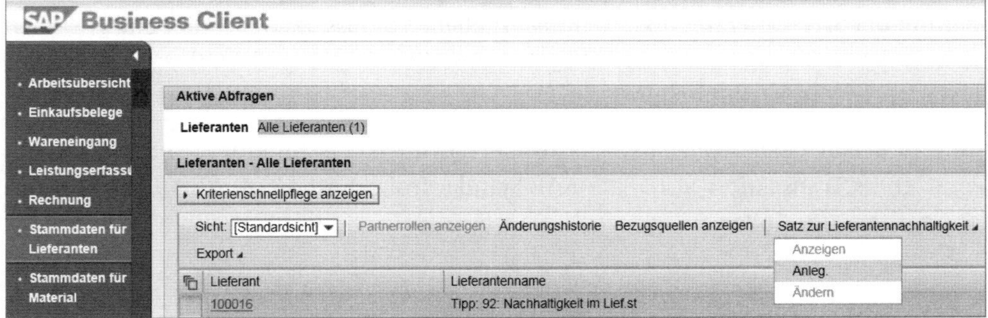

Transaktion NWBC: Stammdaten für Lieferanten

Anschließend öffnen Sie mithilfe des kleinen Dreiecks die Dropdown-Schaltfläche **Satz zur Lieferantennachhaltigkeit**. In der angezeigten Liste wählen Sie die Funktion **Anleg.** (Anlegen) aus.

Es öffnet sich ein neues Fenster mit dem Titel **Lieferantennachhaltigkeitssatz anlegen für Lieferant**. Sie können für einen Lieferanten mehrere Nachhaltigkeitssätze anlegen. Für jeden Nachhaltigkeitssatz müssen Sie einen Gültigkeitszeitraum festlegen. Dadurch können Sie über einen längeren Zeitraum die Nachhaltigkeitsentwicklung beim Lieferanten im System pflegen und später auswerten.

Alle anderen Felder sind optional. Einige Felder, zum Beispiel **Soziale Verantwortung**, sind als Regler dargestellt. Diese werden durch Anklicken und Verschieben der Maus gepflegt.

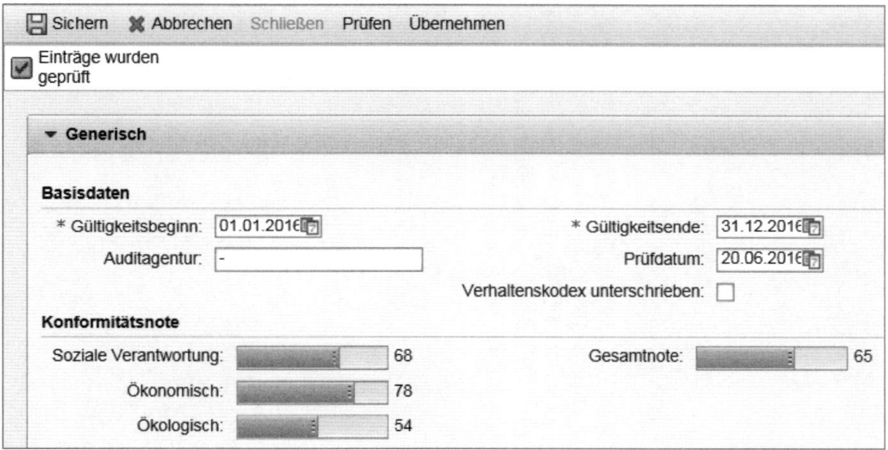

Lieferantennachhaltigkeitssatz

Mit einem Klick auf die Schaltfläche **Übernehmen** können Sie Daten aus einem alten Nachhaltigkeitssatz in den aktuellen übernehmen. Dadurch wird in der Regel die Erfassung beschleunigt. Speichern Sie die Daten ab.

Die Nachhaltigkeitssätze zum Lieferanten können Sie auch direkt aus der SAP-GUI-Transaktion MK03 heraus anzeigen. Rufen Sie dazu Transaktion MK03 auf, erfassen Sie den Lieferanten und die Einkaufsorganisation, setzen Sie das Kennzeichen **Anschrift** und drücken Sie [↵]. Wenn Sie anschließend den den Menüpunkt **Umfeld ▸ Satz zur Lieferantennachhaltigkeit** aufrufen, wird der Browser gestartet und der zuvor gepflegte Nachhaltigkeitssatz wird angezeigt.

TEIL 9
Sonstiges

In diesem Teil sind Tipps aufgeführt, die Sie prozess- und funktionsübergreifend umsetzen können. Sie erfahren, wie Sie die Nachrichtensteuerung zentral und schnell pflegen können, Dienste zum Objekt verwenden oder eine Volltextsuche im Materialstamm durchführen.

› Tipps in diesem Teil

Tipp 94
Bestellungen per EDI versenden

Sie möchten Bestellungen elektronisch an einen Lieferanten versenden? Dann nutzen Sie doch die IDoc-Schnittstelle. Lesen Sie, wie Sie die Schnittstelle im Nu einrichten.

Der elektronische Austausch von Geschäftsdokumenten zwischen Kunden und Lieferanten erfolgt in der Regel über die IDoc-Schnittstelle. *IDoc* steht für »Intermediate Document« (dt. »Zwischendokument« oder »Zwischenbeleg«) und ist eine Ablageform eines Geschäftsdokuments, das technisch einfach zu verarbeiten ist.

Grundsätzlich können Sie über die IDoc-Schnittstelle alle Arten von Geschäftsdokumenten und Daten mit Fremdsystemen austauschen. Fremdsysteme können externe Systeme beim Lieferanten oder Kunden sein, aber auch interne SAP-Systeme oder Nicht-SAP-Systeme. Beispiele für Geschäftsdokumente sind Bestellungen, Rechnungen, Lieferavise oder auch Stammdaten wie Materialstämme, Stücklisten oder Dokumentinfosätze.

In diesem Tipp zeige ich Ihnen, wie Sie eine Bestellung als IDoc in SAP erzeugen.

› Und so geht's

In zwei Bereichen müssen Sie Einstellungen vornehmen: in der IDoc-Schnittstelle und der Nachrichtensteuerung. Für die Einstellung in der IDoc-Schnittstelle sind zwei Transaktionen wichtig:

- Transaktion WE21 – Ports in der IDoc-Verarbeitung
- Transaktion WE20 – Partnervereinbarung

Im ersten Schritt starten Sie Transaktion WE21 und definieren Ports. Die Ports stellen in der IDoc-Schnittstelle die technische Verbindung zu Fremdsystemen her. Es werden verschiedene Porttypen angeboten:

- *Transaktionaler RFC*: Diesen Typen verwenden Sie unter anderem, wenn Sie IDocs in ein anderes System verteilen möchten.
- *Datei*: IDocs werden als Datei in einem definierten Dateiverzeichnis abgelegt.
- *ABAP-PSS*: Das IDoc wird an einen Funktionsbaustein übergeben, der die Weiterverarbeitung übernimmt.
- *XML-Datei*: IDocs werden als Datei in einem definierten Dateiverzeichnis abgelegt. Die Inhalte werden im XML-Format aufbereitet.
- *XML-HTTP*: IDocs werden an das Fremdsystem im XML-Format und per HTTP-Aufruf versendet.

Für dieses Beispiel wählen Sie den Porttyp **Datei**. In der Registerkarte **Ausgangsdatei** erfassen Sie im Feld **Verzeichnis** den Pfad des Ordners, in dem die IDoc-Datei abgelegt werden soll. Im Feld **Funktionsbaustein** wählen Sie einen Funktionsbaustein aus, der den IDoc-Dateinamen erzeugt. Hier ist es ein Baustein, der den Dateinamen aus dem IDoc-Nachrichtentyp und den letzten acht Stellen der IDoc-Nummer zusammensetzt.

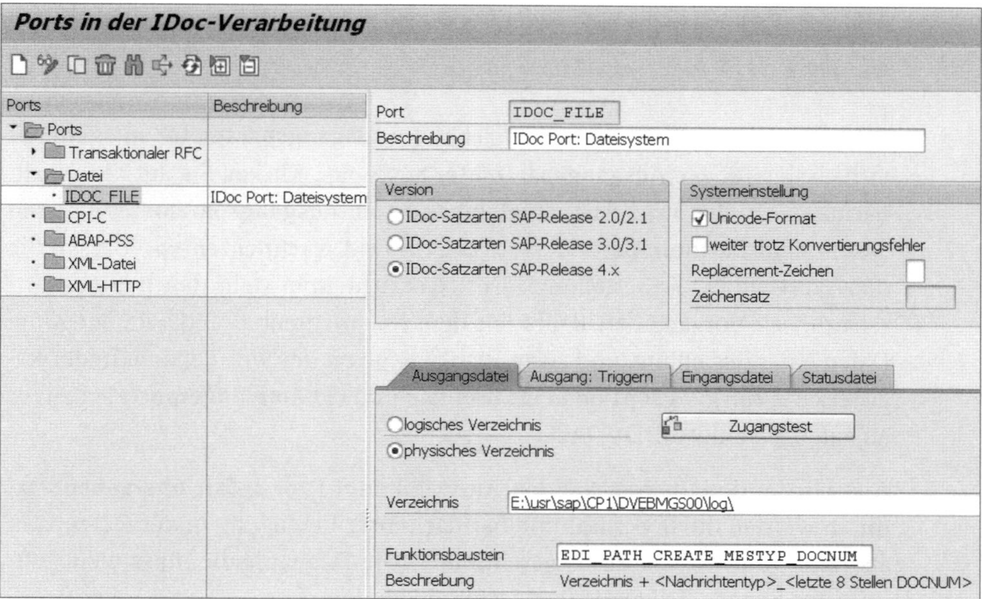

Transaktion WE21: Ports

Speichern Sie die Einstellungen. Im nächsten Schritt legen Sie zum Beispiellieferanten 100001 eine Partnerverbindung an.

Dazu rufen Sie zunächst Transaktion WE20 auf und klicken auf die Schaltfläche (**Anlegen**). Anschließend erfassen Sie im Feld **Partnernummer** die Lieferantennummer 100001 und im Feld **Partnerart** den Wert LI (Lieferant). In den Feldern **Art** und **Bearbeiter** erfassen Sie den Verantwortlichen für die Partnervereinbarung – in diesem Beispiel die **Art** US (Benutzer) und die Benutzer-ID des SAP-Benutzers im Feld **Bearbeiter**. Speichern Sie die Daten.

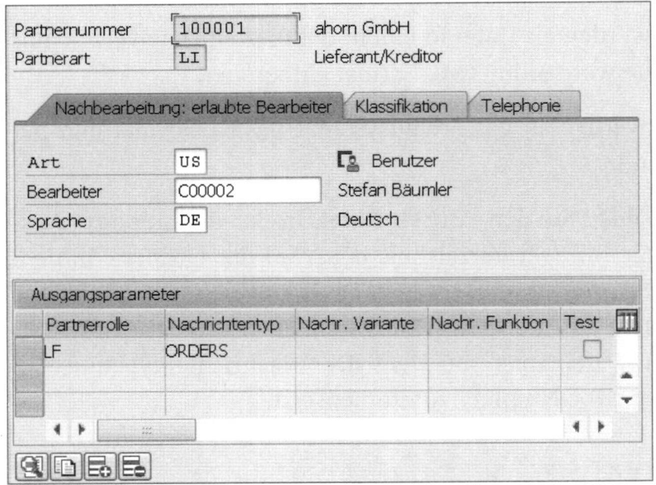

Transaktion WE20: Partnervereinbarung pflegen

Nach dem Speichern ist die Schaltfläche (**Ausgangsparameter anlegen**) unterhalb der Tabelle **Ausgangsparameter** angezeigt. Klicken Sie auf die Schaltfläche. In der Sicht **Partnervereinbarungen: Ausgangsparameter** erfassen Sie im Feld **Partnerrolle** den Wert LF. Im Feld **Nachrichtentyp** erfassen Sie den Wert ORDERS (Bestellung). Der Nachrichtentyp stellt den betriebswirtschaftlichen Vorgang dar. IDocs mit dem Nachrichtentyp ORDERS enthalten Daten einer Bestellung, und zwar unabhängig von der SAP-Version. In der Registerkarte **Ausgangsoptionen** erfassen Sie im Feld **Empfängerport** den zuvor anlegten Dateiport IDOC_FILE.

Anschließend markieren Sie den Auswahlknopf **IDoc sofort übergeben**. Dadurch werden die IDocs unmittelbar nach ihrer Erzeugung in der Datenbank als Datei in das Verzeichnis geschrieben. Die Dateiausgabe muss nicht mithilfe des Reports RSEOUT00 angestoßen werden.

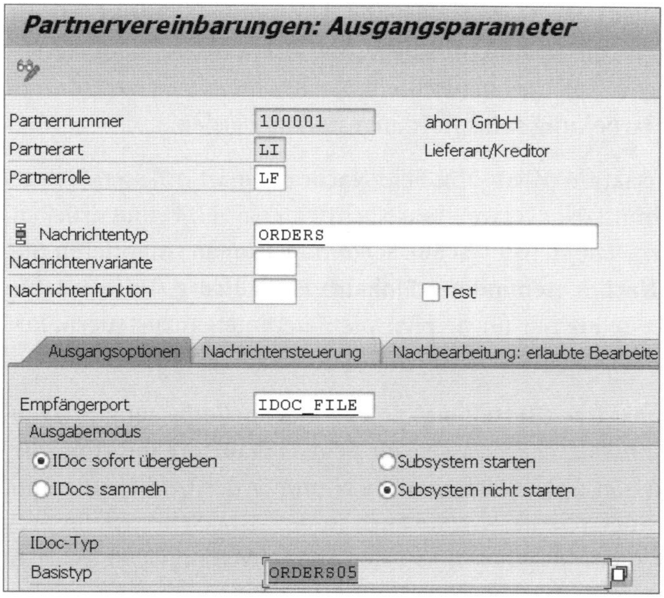

Transaktion WE20: Ausgangsparameter

Im Feld **Basistyp** erfassen Sie den IDoc-Basistypen ORDERS05. Der IDoc-Basistyp legt den technischen Aufbau und die Struktur des zu erzeugenden IDocs fest und ist einem Nachrichtentypen zugeordnet.

Wechseln Sie in die Registerkarte **Nachrichtensteuerung**. Hier stellen Sie die Verbindung zwischen der Nachrichtensteuerung und der IDoc-Schnittstelle her. Klicken Sie auf die Schaltfläche (**Zeile einfügen**). In der Tabelle **Nachrichtensteuerung** erfassen Sie in der Spalte **Applikation** den Wert EF (Einkauf Bestellung), in der Spalte **Nachrichtenart** den Wert NEU und in der Spalte **Vorgangscode** den Wert ME10 (ORDERS: Bestellung).

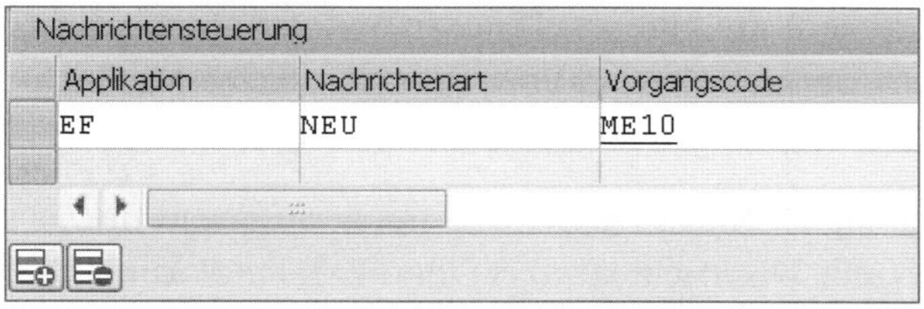

Transaktion WE20: Partnervereinbarung – Nachrichtensteuerung

Der Vorgangscode ME10 ist im Customizing der IDoc-Schnittstelle mit dem Funktionsbaustein IDOC_OUTPUT_ORDERS verknüpft, der die Daten der Bestellung ausliest und das IDoc erzeugt. Per Doppelklick auf den Vorgangscode gelangen Sie in die Customizing-Einstellung. Speichern Sie die Einstellung.

Die Einstellungen in der IDoc-Schnittstelle sind damit soweit abgeschlossen. Als nächstes müssen Sie die Nachrichtensteuerung konfigurieren. Sobald Sie eine Bestellung anlegen, soll automatisch ein Nachrichtensatz erzeugt werden und die IDoc-Verarbeitung soll sofort angestoßen werden.

Starten Sie dazu Transaktion MN04. Im Feld **Nachrichtenart** erfassen Sie die zuvor in der IDoc-Schnittstelle verwendete Nachrichtenart NEU und drücken [↵]. Es erscheint ein Dialogfenster **Schlüsselkombinationen**. Markieren Sie den Auswahlknopf **Nachrichtenfindung Einkauf: Einkaufsorg./Lieferant für EDI**, um die IDoc-Erzeugung nur für den Beispiellieferanten anzusteuern. Bestätigen Sie mit [↵].

In der Sicht **Konditionssätze (Bestellung) anlegen: Schnellerfassung** pflegen Sie nun den Konditionssatz. Sie erfassen im Feld **Einkaufsorganisation** die Organisation 0001, in der Spalte **Lieferant** die Nummer des Lieferanten und im Feld **Rolle** die Partnerrolle LF, die Sie auch in der IDoc-Schnittstelle verwendet haben. Außerdem erfassen Sie in der Spalte **Medium** den Wert 6 (EDI) und in der Spalte **Zeitpunkt** den Wert 4 (= sofort versenden (beim Sichern der Anwendung)). Zuletzt sichern Sie den Datensatz.

Konditionssätze (Bestellung) anlegen: Schnellerfassung

Kommunikation

EinkOrganisation 0001 conarum

Konditionssätze

Lieferant	Bezeichnung	Rolle	Partner	Medium	Zeitpunkt
100001		LF		6	4

Transaktion MN04: Konditionssatz anlegen für IDoc-Ausgangsnachricht

Um den IDoc-Ausgang zu testen, starten Sie Transaktion ME21N und legen zum Lieferanten 100001 eine Bestellung an. Erfassen Sie alle notwendigen Bestelldaten und wechseln Sie anschließend über die Schaltfläche **Nachrichten** in die Nachrichtensteuerung.

In der Sicht **Bestellung anlegen: Nachrichten** wird Ihnen aufgrund des gepflegten Konditionssatzes ein Nachrichtensatz in der Tabelle **Nachrichten** angezeigt.

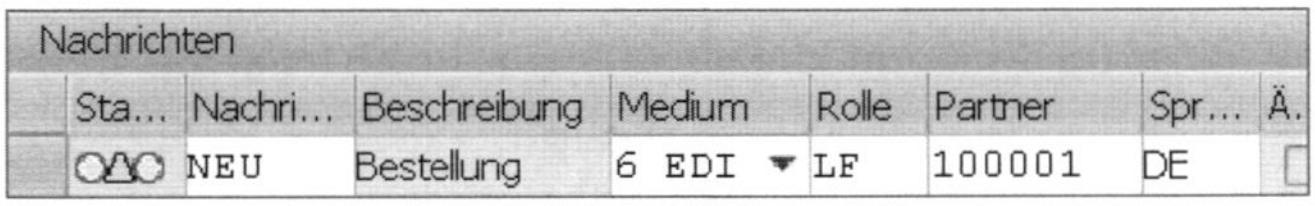

Nachrichten

Sta...	Nachri...	Beschreibung	Medium	Rolle	Partner	Spr...	Ä.
	NEU	Bestellung	6 EDI	LF	100001	DE	

Transaktion ME21N: Erzeugter Nachrichtensatz

Sobald Sie die Bestellung speichern, wird im Hintergrund ein IDoc erzeugt.

Sie können dies mithilfe von Transaktion WE02 überprüfen. Sie können aber auch direkt aus der erzeugten Bestellung in das IDoc wechseln. Starten Sie dazu Transaktion ME22N und selektieren Sie anschließend mit einem Klick auf die Schaltfläche (**Andere Bestellung**) die zuvor anlegte Bestellung.

In der Dropdown-Schaltfläche (**Dienste zum Objekt**) wählen Sie den Menüpunkt **Verknüpfungen** aus. Im Dialogfenster **Dienst: Verknüpfungen** wird die IDoc-Nummer des erzeugten IDocs angezeigt. Per Doppelklick können Sie in die IDoc-Details abspringen.

Transaktion ME22N: Dienste zum Objekt – Verknüpfungen

Wenn Sie die erzeugte IDoc-Datei ansehen möchten, können Sie – abhängig von Ihren Berechtigungen im System – Transaktion AL11 verwenden.

Tipp 95

Zentrale Pflege der Nachrichtensteuerung

Das Customizing der Nachrichtensteuerung im SAP-Einführungsleitfaden anwendungsübergreifend zu pflegen, ist sehr mühsam. Je nach Applikation befinden sich die Einstellungen an einer anderen Stelle. In diesem Tipp stelle ich Ihnen daher einen zentralen Einstiegspunkt für das Customizing der Nachrichtensteuerung vor.

Das Customizing der Nachrichtensteuerung ist im SAP-Einführungsleitfaden jeder Applikation zugewiesen. Im Einkauf stellen Sie die Nachrichtensteuerung für die Bestellung, Anfrage oder Kontrakt ein. Im Bereich Dienstleistungen erfassen Sie die Konfiguration für die Leistungserfassung. Im Bereich der Bestandsführung erfassen Sie die Nachrichtenausgabe für die Bestandsbelege.

SAP bietet jedoch auch eine zentrale Transaktion an, in der Sie fast alle Einstellungen der Nachrichtensteuerung vornehmen können.

› Und so geht's

Starten Sie Transaktion NACE (Konditionen der Nachrichtensteuerung). Diese Transaktion gibt Ihnen zuerst eine Übersicht über alle Applikationen (Spalte **Applikation**), die die Nachrichtensteuerung verwenden.

Um in die jeweiligen Customizing-Einstellungen der Applikation abzuspringen, markieren Sie eine Applikation und klicken anschließend auf die gewünschte Schaltfläche oder den gewünschten Menüpunkt.

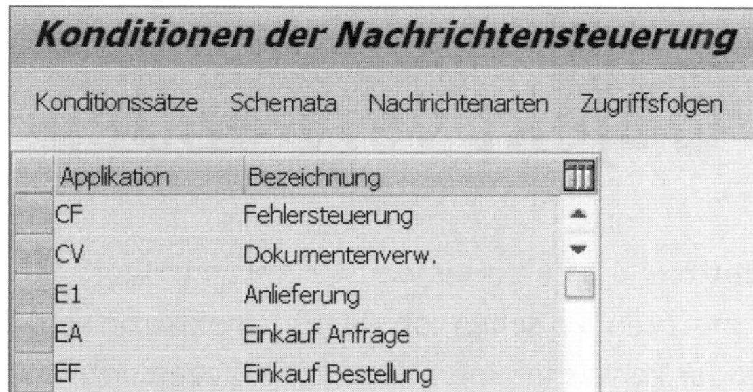

Transaktion NACE: Übersicht Applikationen in der Nachrichtensteuerung

Folgende Einstellungen können Sie mithilfe von Transaktion NACE direkt pflegen:

- Konditionssätze pflegen (Schaltfläche **Konditionssätze**)
- Konditionsschema pflegen (Schaltfläche **Konditionsschema**)
- Konditionsarten pflegen (Schaltfläche **Konditionsarten**)
- Zugriffsfolgen pflegen (Schaltfläche **Zugriffsfolgen**)

Im Menü finden Sie darüber hinaus weitere hilfreiche Funktionen:

- **Bearbeiten**
  - Konditionstabelle anlegen (**Bearbeiten ▸ Konditionstabelle**)
  - Felder für die Verwendung in Konditionstabellen im Feldkatalog pflegen (**Bearbeiten ▸ Feldkatalog**)
- **Springen**
  - Bedingungen pflegen, die in der Konditionsschemasteuerung verwendet werden (**Springen ▸ Bedingungen**)
  - Vollständigkeitsprüfung des Customizings (**Springen ▸ Customizing-Check**)

Wie Sie sehen, ist die Transaktion NACE in vielen Fällen hilfreich und kann Ihnen einige Klickwege ersparen.

Tipp 96

Dienste zum Objekt verwenden

Möchten Sie zu einem Beleg Notizen erfassen oder weitere Anlagen oder Dokumente hinzufügen? Oder möchten Sie sehen, ob der Beleg elektronisch durch ein IDoc erzeugt wurde oder gerade in einen Workflow-Prozess integriert ist? All diese Informationen sind nur wenige Klicks entfernt.

Mit den generischen Diensten zum Objekt stellt SAP allgemeine Funktionen zur Verfügung, die anwendungsübergreifend verwendet werden können. Im Tipp zeige ich Ihnen, wo Sie diese Dienste finden und welche Dienste besonders interessant sind.

› Und so geht's

Die Funktion »Dienste zum Objekt« rufen Sie in den jeweiligen Transaktionen mit einem Klick auf die Schaltfläche (**Dienste zum Objekt**) auf. Diese Schaltfläche steht Ihnen beispielsweise in den Transaktionen ME21N, MIGO, MIRO und MM02 zur Verfügung. Im folgenden Beispiel verwende ich Transaktion ME22N.

Öffnen Sie die Dropdown-Schaltfläche mit einem Klick auf das schwarze Dreieck unten rechts am Schaltflächenrand. Im Folgenden stelle ich Ihnen die wichtigsten Funktionen vor, die im Standard verwendet werden.

Dienste zum Objekt: Funktionsübersicht

Wenn Sie **Anlegen... ▸ Anlage anlegen** aufrufen, erscheint das Dialogfenster **Datei importieren**. Darin können Sie nach Dokumenten suchen, die lokal auf Ihrem Computer abgelegt sind. Wählen Sie ein Beispieldokument aus und laden Sie es hoch.

Über **Anlegen... ▸ Notiz anlegen** haben Sie die Möglichkeit, zur Bestellung Notizen und Anmerkungen zu hinterlegen. Dies ist vor allem für Einkäufer eine hilfreiche Funktion, die sich im Team absprechen müssen. Wenn Sie hingegen private Notizen festhalten möchten, die nicht für andere Nutzer sichtbar sein sollen, wählen Sie den Menüpunkt **Persönliche Notiz** aus.

Über **Anlegen... ▸ Externes Dokument (URL) anlegen** können Sie die Bestellung mit Online-Dokumenten oder Webseiten verknüpfen. Sie können den Dateipfad und -namen eines Dokuments, das auf einem Fileserver liegt, erfassen oder eine einfache Internet-Seite wie *www.conarum.com* eingeben. Erfassen Sie im Dialogfenster **Auswahl URL** einen **Titel** sowie eine gültige URL im Feld **Adresse** und bestätigen Sie die Eingabe mit [↵].

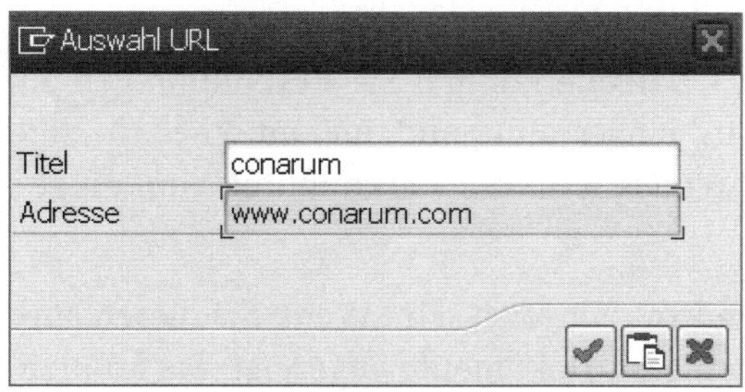

Hinzufügen von Verknüpfungen zu externen Dokumenten

Über **Anlegen... ▸ Business Document ablegen** können Sie Dokumente von einem bestimmten Typ und für einen definierten Prozessschritt zur Bestellung ablegen. Diese Dokumente werden abhängig von den Einstellungen im optischen Archiv abgelegt, das mit dem SAP-System verbunden ist.

Um diese Funktion zu verwenden sind weitere Customizing-Einstellungen im Bereich **ArchiveLink** notwendig, die Sie unter folgendem Pfad finden:

Application Server ▸ Basis-Services ▸ ArchiveLink ▸ Grundcustomizing

Wenn Sie **Anlegen... ▸ Business Document ablegen** aufrufen, erscheint das Dialogfenster **Ablage vom Frontend**.

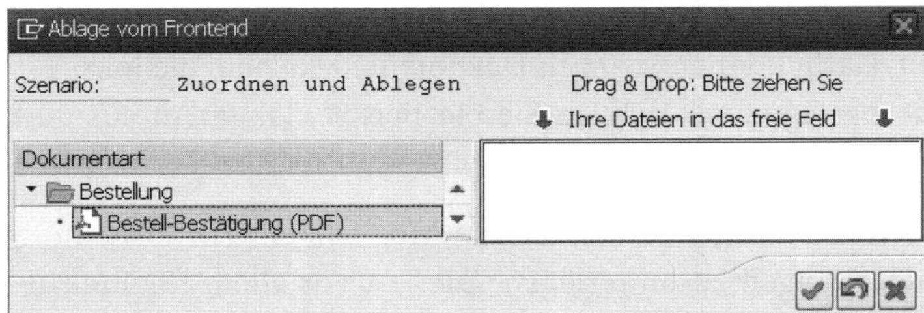

Business Document ablegen

Für dieses Beispiel legen Sie die erhaltene Bestellbestätigung als Dokument ab. Dazu markieren Sie die Dokumentart **Bestell-Bestätigung (PDF)** und klicken Sie das Symbol .

Nun wählen Sie auf Ihrem Computer die gewünschte Datei aus und ziehen diese auf den dargestellten rechten Bildbereich mit der Überschrift **Drag & Drop: Bitte ziehen Sie Ihre Dateien auf das freie Feld**. Der Dateipfad und der Dateiname werden im Feld angezeigt. Bestätigen Sie das Dialogfenster mit der Schaltfläche (**Weiter**). Das Dokument wird in das SAP-System bzw. in das integrierte Dokumentenverwaltungssystem geladen.

Mithilfe der Funktion **Anlegen... ▸ Barcode** können Sie Verknüpfungen zu Dokumenten erstellen, die bereits eingescannt und im optischen Archiv abgelegt wurden. Anhand des Barcodes wird die Verknüpfung zum eingescannten Dokument erstellt.

Auch der Menüpunkt **Anlagenliste** kann hilfreich sein. Wenn Sie diesen aufrufen, wird eine Liste der hinzugefügten Dokumente angezeigt. Sie können die Dokumente per Doppelklick aufrufen. In der Anlagenliste werden Ihnen auch die erzeugten ausgehenden Dokumente, die als Druckbeleg archiviert wurden, angezeigt (im vorliegenden Beispiel die Bestellung).

Über **Senden ▸ Objekt mit Notiz senden** können Sie mit SAP Mail eine Nachricht an Mitarbeiter versenden. Der Anhang der Nachricht enthält eine Verknüpfung zur Beispielbestellung. Per Klick kann der Mitarbeiter die Bestellung öffnen und einsehen.

Mithilfe des Menüpunkts **Verknüpfungen** können Sie sich die IDocs anzeigen lassen. In der Beispielbestellung sehen Sie die Ausgangs-IDocs, die als Ausgangsdokument an den Lieferanten gesendet wurden, oder die Bestellbestätigung, die als Eingangs-IDoc zur Beispielbestellung im System eingebucht wurde.

In diesem Beispiel ist ein Genehmigungs-Workflow für Bestellanforderungen im System aktiv. Über den Menüpunkt **Workflow ▸ Workflow-Übersicht** können Sie Informationen wie den aktuellen Workflow-Status, aktuellen Bearbeitungsschritt, aktuellen Bearbeiter usw. abrufen.

Über den Menüpunkt **Workflow ▸ Workflow starten** können Sie SAP-Workflow-Schritte integrieren. Der Anwender kann diese SAP-Workflows bei Bedarf manuell starten. Voraussetzung ist, dass der Anwender ausreichend Berechtigungen hat und dass der SAP-Workflow nur den Objekttyp (im Beispiel ist das Objekt vom Typ Bestellung) als obligatorischen Import-Parameter besitzt.

Über den Menüpunkt **Meine Objekte ▸ Meinen Objekten hinzufügen** können Sie Objekte wie beispielsweise Bestellung, Lieferantenstamm oder Kontrakte zu Ihrer Favoritenliste hinzufügen. Es genügt, die Option **Meine Objekte hinzufügen** auszuwählen, um ein Objekt den Favoriten hinzuzufügen. Anschließend können Sie sehr schnell auf die Objekte zugreifen. Rufen Sie dazu einfach den Pfad **System ▸ Meine Objekte ▸ Objekte bearbeiten** auf. Das Dialogfenster **Meine Objekte** wird angezeigt. Per Doppelklick auf die Nummer der Beispielbestellung rufen Sie Transaktion ME23N auf.

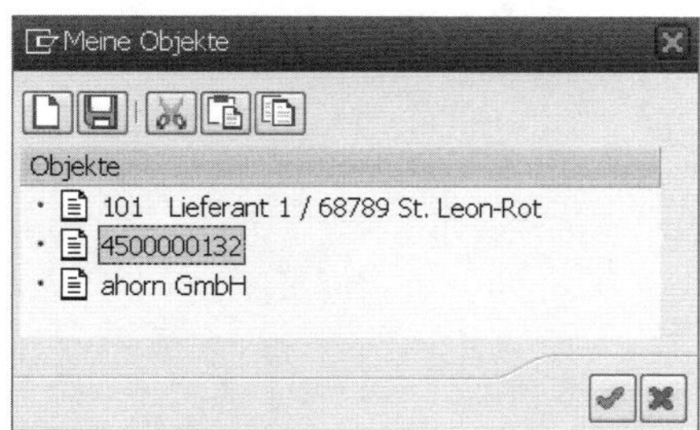

Meine Objekte: Übersicht

Wenn Sie viele Objekte zu Ihren Favoriten hinzugefügt haben, können Sie im Dialogfenster **Meine Objekte** Ordner und Mappen anlegen, um die Objekte besser zu organisieren.

Wenn Sie über Änderungen an der Beispielbestellung per SAP Mail informiert werden möchten, wählen Sie den Menüpunkt **Meine Objekte ▸ abonnieren/kündigen** aus. Zukünftig erhalten Sie eine Benachrichtigung, wenn eine Änderung an der Beispielbestellung durchgeführt wird. SAP Mail kann als E-Mail weitergeleitet werden, sodass Sie die Information auch in Ihrem E-Mail-Posteingang erhalten können. Um die Funktion zu deaktivieren, klicken Sie erneut auf den Menüpunkt **Meine Objekte abonnieren / kündigen**.

Bestätigen Sie die angezeigte Informationsmeldung »Sie sind zur Zeit als Abonnent eingetragen. Wollen Sie sich austragen?« mit der Schaltfläche **Austragen**.

Wie Sie sehen, stehen Ihnen im Standard bereits zahlreiche Funktionen zur Verfügung. Sie können Dienste zum Objekt (auch als *Generische Objektdienste* oder *GOS* bezeichnet) aber auch noch zusätzlich erweitern. Die zentrale Transaktion zur Steuerung der Dienste ist SGOSM. Beispiele für beliebte Erweiterungen sind die Integration von Records Management oder dem Dokumentenmanagement.

Tipp 97

Dokumentinfosätze in der Beschaffung verwenden

Sie möchten wissen, welche Dokumente an den Lieferanten zusammen mit einer Bestellung versendet worden sind? Sie suchen eine Steuerungsmöglichkeit, auf deren Basis Dokumente automatisch an den Lieferanten versendet werden können? Dann lesen Sie diesen Tipp!

Wenn Sie das SAP-Dokumentenmanagementsystem einsetzen, können Sie Einkaufsbelege mit Dokumentinfosätzen verknüpfen (Objektverknüpfung). Mithilfe von Dokumentinfosätzen werden Dokumente und Dateien in SAP verwaltet. Dies können Office-Dokumente, PDF-Dokumente oder Konstruktionszeichnungen aus einem CAD-System sein. Dokumentinfosätze haben ähnlich wie ein Einkaufbeleg eine Dokumentart, die steuernde Funktion hat.

Der Schlüssel eines Dokumentinfosatzes setzt sich aus vier Teilen zusammen:

- Dokumentart
- Dokumentnummer
- Teildokument
- Dokumentversion

Wenn Sie eine Verknüpfung zu einem Einkaufsbeleg erstellen, müssen Sie diese vier Felder belegen. Im Folgenden zeige ich Ihnen, welche Einstellungen Sie im Dokumentinfosatz vornehmen müssen, um eine Verknüpfung mit einer Bestellposition anzulegen.

› Und so geht's

Im folgenden Beispiel verwende ich in den Bestellungen Dokumentinfosätze mit der Dokumentart BVV (Vertrag). Um die Objektverknüpfung zwischen

Bestellung und Dokumentinfosatz anlegen zu können, muss diese für die jeweilige Dokumentart freigeschaltet sein. Rufen Sie dazu folgenden Customizing-Pfad der Dokumentart auf:

Anwendungsübergreifende Komponenten ▸ Dokumentenverwaltung ▸ Steuerungsdaten ▸ Dokumentarten definieren

In der angezeigten Übersicht markieren Sie die Dokumentart BVV (Spalte **Art**) und klicken doppelt auf den Ordner **Objektverknüpfung festlegen**.

Sicht "Dokumentarten definieren" ändern: Übersicht

Neue Einträge

Dialogstruktur
- Dokumentarten definieren
  - Dokumentarten sprachabhängig beschreiben
  - Dokumentstatus definieren
    - Dokumentstatus sprachabhängig anzeigen
  - Objektverknüpfung festlegen

Art	Dokumentarttext	Statuswechsel	Rev.Verg.	Vers.Verg.	Änd.Beleg	ArchivBer.
B2X	Col.Engin&ProjMan.	☐	☐	☐	☐	☐
BVO	Objektstamm CH	☐	☐	☐	☑	☐
BVV	Vertrag	☐	☐	☐	☑	☑

Customizing: Dokumentart

Da für Einkaufsbelegpositionen noch kein Eintrag für diese Dokumentart vorhanden ist, klicken Sie in der angezeigten Sicht **»Objektverknüpfung festlegen« ändern: Übersicht** auf die Schaltfläche **Neue Einträge**.

Im Feld **Objekt** erfassen Sie den Wert EKPO (Positionstabelle der Einkaufsbelege) und drücken [↵]. Das Feld **Dynpronummer** 248 wird automatisch ergänzt. Speichern Sie die Daten.

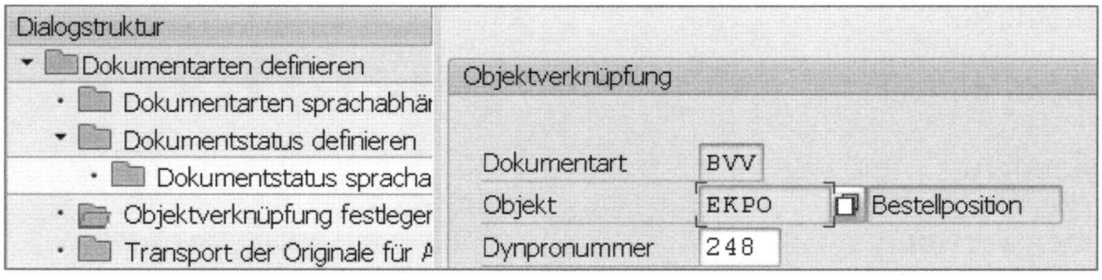

Customizing: Objektverknüpfung festlegen

Weitere Objekte in der Materialwirtschaft sind:

- EBAN: BANF-Position
- MARA: Materialstamm
- MARC: Materialstamm (Werkssicht)
- LFA1: Lieferantenstamm

Starten Sie Transaktion ME21N und erfassen Sie Beispieldaten, sodass Sie eine fehlerfreie Bestellung erhalten.

Transaktion ME21N: Dokumentinfosatz hinzufügen

Um einen Dokumentinfosatz mit der Bestellung zu verknüpfen, markieren Sie die Position und klicken auf die Schaltfläche (**Dokumente**).

Im Bildbereich **Verknüpfte Dokumente** wählen Sie den Dokumentinfosatz mit der Dokumentart BVV (Spalte **Art**) aus. Anschließend bestätigen Sie die Eingabe mit ↵.

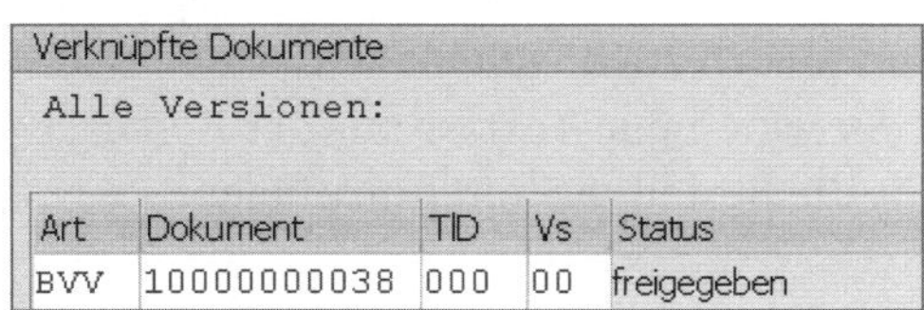
Verknüpfte Dokumente

Alle Versionen:

Art	Dokument	TID	Vs	Status
BVV	10000000038	000	00	freigegeben

Transaktion ME21N: Objektverknüpfung anlegen

Wenn Sie die Bestellungen speichern, ist die Objektverknüpfung zwischen Bestellposition und Dokument angelegt.

Sie sehen die Objektverknüpfung auch im Dokumentinfosatz. Starten Sie dazu Transaktion CV03N. In der Einstiegsmaske erfassen Sie die Dokumentnummer (Feld **Dokument**), die **Dokumentart** BVV, das **Teildokument** 000 sowie die **Dokumentversion** 00 des Dokumentinfosatzes und drücken anschließend ↵.

Wechseln Sie in die Registerkarte **Objektverknüpfungen** und klicken Sie darin wiederum auf die Registerkarte **Bestellposition**. In der Tabelle wird die Einkaufsbelegnummer (Spalte **EinkBeleg**) und die Positionsnummer (Spalte **Pos**) angezeigt, zu der Sie zuvor den Dokumentinfosatz verknüpft haben.

Aufbauend auf der Objektverknüpfung können Sie nun Lösungen integrieren, um beispielsweise die verknüpften Dokumente dem Lieferanten auf einer Internetplattform bereitzustellen oder diese per E-Mail an den Lieferanten zu übertragen.

Tipp 98

Erweiterung der Textarten in der Materialwirtschaft

Möchten Sie in den Einkaufsbelegen weitere Textarten für Langtexte wie zum Beispiel Baugruppeninformationen oder Exportinformationen festlegen? Wenn Ihnen die im Standard angebotenen Textarten nicht genügen, hilft Ihnen dieser Tipp garantiert weiter.

In den Einkaufsbelegen wird Ihnen eine Reihe von Textarten auf Kopf- und Positionsebene angeboten. Sie können jedoch auch weitere Textarten hinzufügen. Im Tipp zeige ich Ihnen, wie Sie eine neue Textart mit der Beschreibung »Baugruppeninformationen« für die Bestellposition hinzufügen.

› Und so geht's

Um die Textart zu definieren, starten Sie Transaktion SE75. Im Startbildschirm markieren Sie den Auswahlknopf **Textobjekte und IDs** und klicken auf die Schaltfläche **Ändern**. Bestätigen Sie die angezeigte Informationsmeldung mit [↵].

In der Sicht **Textobjekte ändern** wird Ihnen eine Übersicht aller vorhandenen Textobjekte angezeigt. Die Namen der Textobjekte entsprechen in der Regel den Namen der jeweiligen Datenbanktabellen. Das Textobjekt für die Bestellposition ist EKPO. Suchen Sie daher in der Spalte **Objekt** nach dem entsprechenden Eintrag.

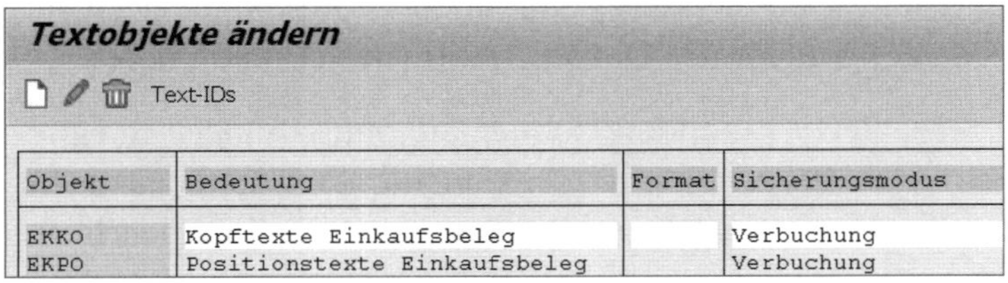

Textobjekte ändern

Text-IDs

Objekt	Bedeutung	Format	Sicherungsmodus
EKKO	Kopftexte Einkaufsbeleg		Verbuchung
EKPO	Positionstexte Einkaufsbeleg		Verbuchung

Transaktion SE75: Textobjekte

Klicken Sie auf die Zeile mit Objekt EKPO und anschließend auf die Schaltfläche **Text-IDs**.

In der Sicht **Text-IDs zu Objekt EKPO ändern** werden alle Textart-IDs zur Bestellposition aufgelistet. Die ID-Konvention der Text-IDs der Einkauf-Textobjekte EKKO (Bestellkopf) und EKPO (Bestellposition) können Sie der folgenden Tabelle entnehmen:

Anfangsbuchstabe der Text-ID	Beschreibung
A	Text-IDs für Anfragekopf, Angebotskopf bzw. Anfragepositionen und Angebotspositionen
F	Text-IDs für Bestellkopf und Bestellpositionen
K	Text-IDs für Kontrakte und Kontraktpositionen
L	Text-IDs für Lieferplankopf und Lieferplanpositionen

ID-Konvention der Text-IDs

Da Sie für die Bestellposition eine weitere Textart hinzufügen möchten, wählen Sie als neue Text-ID eine ID mit dem Anfangsbuchstaben F. Die nachfolgende Nummer beginnt mit 9, da dies der SAP-Kundennamensraumkonvention entspricht. Dazu klicken Sie auf die Schaltfläche **Anlegen**.

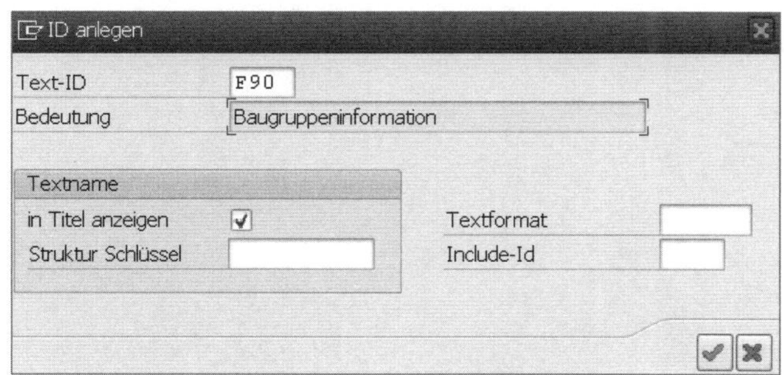

Transaktion SE75: Neuanlege Text-ID

Im Dialogfenster **ID anlegen** erfassen Sie die neue **Text-ID** F90 und im Feld **Bedeutung** eine Beschreibung und bestätigen die Eingabe mit [↵]. Anschließend speichern Sie die Einstellung und bestätigen die angezeigten Informationsmeldungen.

Um die Einstellung zu prüfen, starten Sie Transaktion ME22N und legen eine Bestellung mit Beispieldaten an. Wenn die erfassten Daten soweit fehlerfrei sind, klicken Sie im **Bildbereich Positionen** auf die Registerkarte **Texte**. In der Spalte **Positionstexte** wird die neue Textart **Baugruppeninformation** angezeigt.

Wenn Sie die Texte der neuen Textart auch ausgeben möchten, müssen Sie zusätzlich das Customizing **Texte für Bestellung festlegen** in der Nachrichtensteuerung anpassen.

Materialwirtschaft ▸ Einkauf ▸ Nachrichten ▸ Texte für Nachrichten ▸ Texte für Bestellung festlegen

Tipp 99

Massenänderungen in der Materialwirtschaft

Sie müssen sehr viele Bestellungen oder Materialstämme ändern? Dann sollten Sie sich unbedingt mit den Transaktionen in diesem Tipp vertraut machen.

Manchmal ist es notwendig, viele Geschäftsobjekte wie beispielsweise Stammdaten im Materialstamm massenhaft zu ändern. SAP ERP stellt für manche Geschäftsobjekte in der Materialwirtschaft eine Transaktion zur Massenänderung bereit.

Sie können entweder die zentrale Massenänderungstransaktion MASS verwenden oder die Transaktion für das jeweilige Geschäftsobjekt – die folgende Tabelle gibt eine Übersicht:

Massenänderungs-transaktion	Geschäftsobjekt	Objekttyp
MEMASSIN	Einkaufsinfosatz	BUS3003
MEMASSPO	Bestellung	BU2012
MEMASSRQ	Bestellanforderung	BUS2105
MM17	Materialstamm	BUS1001
MEMASSCONTRACT	Kontrakt	BUS2014
MEMASSSA	Lieferplan	BUS2013
XK99	Lieferant	LFA1

Massenänderungstransaktionen

Im folgenden Beispiel zeige ich Ihnen, wie Sie die Einkäufergruppe mithilfe von Transaktion MASS in einigen Materialstämmen ändern.

› Und so geht's

Starten Sie Transaktion MASS und rufen Sie zum Feld **Objekttyp** mit [F4] die Wertehilfe auf. In der angezeigten Liste möglicher Objekttypen wählen Sie mit einem Doppelklick den Objekttyp BUS1001 (Material Industrie) aus. Der Wert BUS1001 wird in das Feld **Objekttyp** übernommen und Sie starten die weitere Verarbeitung mit der [F8]. Das Feld **Variantenname** lassen Sie leer, da Sie noch keine Variante für diesen Objekttyp angelegt haben. Das angezeigte Dialogfenster **Information** bestätigen Sie mit [↵].

In der Registerkarte **Tabellen** werden die Tabellen angezeigt, deren Werte Sie ändern können. Das Feld **Einkäufergruppe** ist in der Tabelle MARC (Werksdaten zum Material) abgelegt. Markieren Sie daher die Zeile mit dem Tabellennamen MARC.

Transaktion MASS: Massenpflege Materialstamm

Anschließend klicken Sie auf die Registerkarte **Felder**, um die Felder auszuwählen, die Sie ändern möchten. Markieren Sie die Zeile mit der **Bezeichnung** Einkäufergruppe (**Feldname** MARC-EKGRP). Über die Schaltfläche [Suchen-Symbol] (**Suchen**) können Sie nach der Bezeichnung oder dem Namen des gewünschten Feldes suchen.

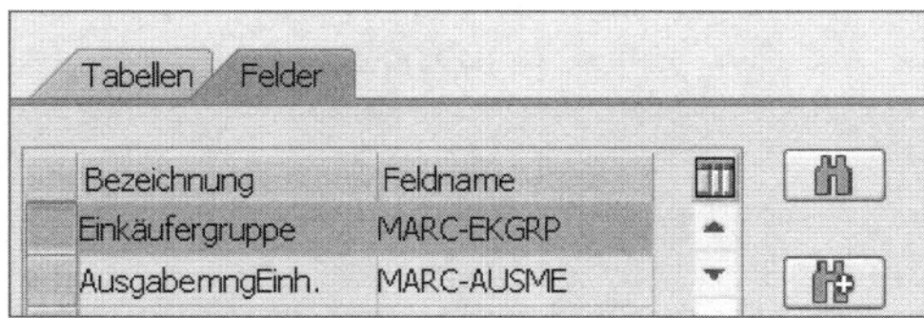

Transaktion MASS: Feldauswahl Einkäufergruppe

Drücken Sie [F8]. In der folgenden Sicht können Sie in der Registerkarte **Zu ändernde Sätze** den Selektionsumfang bestimmen. Es werden die Schlüsselfelder vorgeschlagen. Weitere Selektionsfelder können Sie mit der Schaltfläche (**Selektionsfelder auswählen**) hinzufügen.

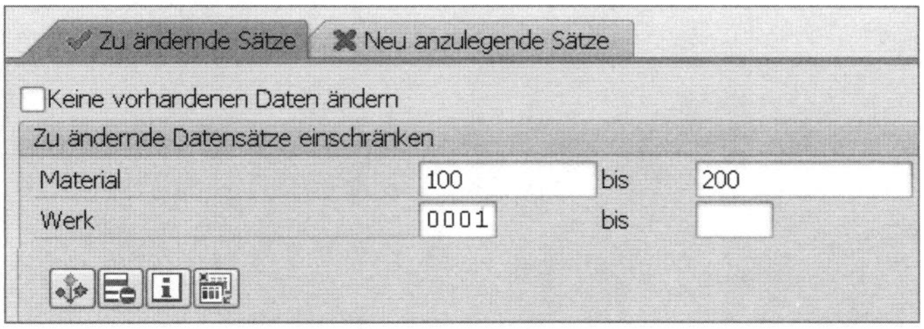

Transaktion MASS: Selektionsumfang festlegen

Für dieses Beispiel erfassen Sie in der Selektion im Feld **Werk** das Werk 0001 und in der Selektion zum **Material** einen beliebigen Umfang an Materialnummern (hier 100 bis 200). Da im System nur wenige Datensätze in der Tabelle MARC vorhanden sind, ist diese gewählte Selektion kein Problem. In einer produktiven Umgebung ist es sehr wichtig, dass Sie prüfen, dass der Selektionsumfang korrekt gewählt ist und nur die gewünschten Geschäftsdokumente umfasst, da es ansonsten zu langen Laufzeiten und zu einer hohen Systembelastung kommen kann.

Sie starten die Datenselektion mit [F8]. Im Dialogfenster **Bearbeitungsmodus** wird Ihnen die Anzahl der selektierten Datensätze angezeigt. Klicken Sie auf die Schaltfläche **Alle Sätze anzeigen**. In der angezeigten Sicht pflegen Sie in der oberen Tabelle die Werte, die Sie setzen möchten. In der unteren Tabelle sehen Sie die Sätze, die selektiert wurden. Sie können nun die Selektion nochmals prüfen und einzelne Sätze durch Löschen der Zeilenmarkierung aus der Selektion entfernen.

Für dieses Beispiel setzen Sie die Einkäufergruppe 002 in allen Materialwerkssichten, in der noch eine Einkäufergruppe gepflegt ist. Dazu klicken Sie auf die Schaltfläche **Einschränkungen**. Es wird nun in der oberen Tabelle eine neue Zeile mit dem Wert »Ersetze nur« in der Spalte **Material** angezeigt. In der Zeile mit dem Wert »Neue Werte« in der Spalte **Material** erfassen Sie in der Spalte **Einkäufergruppe** den neuen Wert 002. Den Wert in der Spalte **Einkäufergruppe** in der Zeile **Ersetze nur** lassen Sie leer. Klicken Sie auf die Schaltfläche (**Massenänderung durchführen**).

In der unteren Tabelle wird nun die **Einkäufergruppe** 002 in den Zeilen gesetzt, bei denen noch keine Einkäufergruppe vorhanden ist. In diesem Beispiel ist bei mehreren Datensätzen die **Einkäufergruppe** 001 gepflegt. Diese Datensätze werden nicht geändert.

Massenpflege: Material Industrie

Einschränkungen Alte Werte

Werksdaten zum Material

143 Einträge

Material	Werk	Bezeichnung	Einkäufergruppe
Neue Werte			002
Ersetze nur			

Material	Werk	Bezeichnung	Einkäufergruppe
65	0001	P-TOUCHBÄNDER Set 8810	002
67	0001	P-TOUCHBÄNDER, 213211716008	002
68	0001	P-TOUCHBÄNDER, 432764873242	002
69	0001	P-TOUCHBÄNDER, 478868768	001
72	0001	Logikchip Super	001
79	0001	P-TOUCHBÄNDER, 9840284303284 HALB	001
80	0001	Tipp Dipo Ausschluss Lagerort	002

Transaktion MASS: Durchführen Massenänderung

Mit einem Klick auf die Schaltfläche (**Änderungen testen**) können Sie testen, ob die Änderungen durchführbar sind. Speichern Sie die Änderungen. Abhängig von der Anzahl selektierter Datensätze kann das eine gewisse Zeit in Anspruch nehmen.

In der Sicht **Meldungen aus der Verbuchung** werden die Meldungen bei der Durchführung der Änderung angezeigt. In diesem Beispiel werden alle 72 selektierten Datensätze aktualisiert. Es werden 72 Informationsmeldungen ausgegeben.

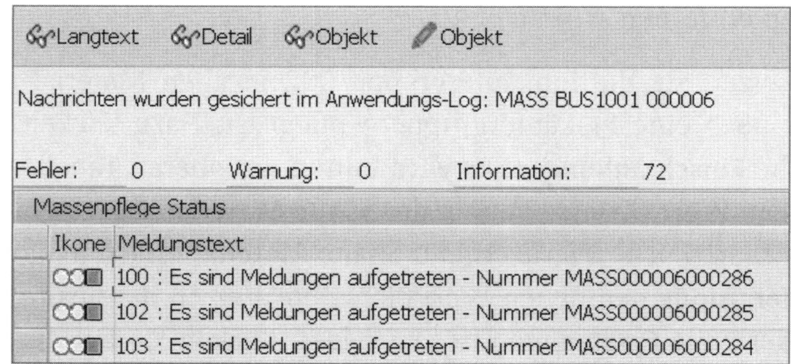

Transaktion MASS: Meldungen aus der Verbuchung

Tipp 100
Volltextsuche einsetzen

Sie möchten Materialien finden, in deren Langtexten bestimmte Begriffe vorkommen. Sie möchten nach mehreren Begriffen suchen, deren Reihenfolge in der Datenbank Ihnen nicht bekannt ist. Sie möchten nach Begriffen und Ausdrücken suchen und wissen nicht, wie diese im System abgelegt sind. Kurz gesagt: Sie möchten so suchen, wie Sie es von Google & Co. gewohnt sind.

Ähnlich wie die bekannte Web-Suchmaschine ermöglicht SAP mit seinem TREX-Server (Text Retrieval and Information EXtraction Server) eine schnelle und effiziente Suche in strukturierten wie unstrukturierten Datenbeständen.

Die schnellste und einfachste Art, die Indizierung und Suche von SAP-ERP-Geschäftsobjekten durchzuführen, ist die Verwendung des Suchmaschinenservice SES (Search Engine Service). Dieser Dienst ist in SAP ERP implementiert und hat folgende Hauptaufgaben:

- Steuerung der Voll- und Delta-Indizierung des jeweiligen Geschäftsobjekte
- Selektion der Daten und Übergabe an den TREX-Server
- Festlegung und Befüllung der Attribute je Indexeintrag
- Überwachung der Indizierung

Im folgenden Beispiel möchte ich Ihnen zeigen, wie Sie die Indizierung für den Materialstamm im SES einstellen. Voraussetzung ist, dass TREX installiert und mit SAP ERP per RFC-Verbindung verbunden ist.

Alternativ können Sie auch die Embedded Search in SAP ERP verwenden. Diese basiert ebenfalls auf TREX. Dazu müssen Sie die Business Function ERP_ENTERPRISESEARCH aktivieren und die Konfiguration in der Transaktion ESH_COCKPIT durchführen. Die Embedded Search umfasst weitere Funktionen wie Berechtigungsprüfungen und objektübergreifende Suchfunktionen, jedoch ist die Konfiguration komplexer als jene des SES.

› Und so geht's

Im ersten Schritt legen Sie fest, welche Geschäftsobjekte indiziert werden sollen. Starten Sie die Transaktion SES_ADMIN und wählen Sie anschließend **Index ▸ Indizes anlegen/aktivieren** aus dem Menü aus.

Im Dialogfenster **Suchmaschinenservice: Administration** werden alle möglichen Geschäftsobjekte aufgelistet, zu denen Sie einen Index anlegen können. In der Spalte **Business-Objekt** markieren Sie die Zeile mit dem Wert BUS1001006 (**Bezeichnung** Standard Material) und drücken [↵].

Business-Objekt	Objekttyp	Bezeichnung	A	Letzte Indizrg.	Startzeit	Endzeit	Status
BUS1001006	1	Standard Material	X		00:00:00	00:00:00	0 - Initial

Transaktion SES_ADMIN: Index-Monitor

Der Index zum **Business-Objekt** BUS1001006 wurde angelegt und hat den **Status** »0 – Initial«. Um die Indizierung sofort zu starten, klicken Sie auf die Schaltfläche **Sofort indizieren**. Im angezeigten Dialogfenster **Sofort indizieren** klicken Sie auf die Schaltfläche **Voll**, um dafür zu sorgen, dass alle Materialstämme des Systems indiziert werden. Es erscheint die Meldung »Indizierung für Business-Objekt BUS1001006 1 im Hintergrund gestartet«. Alle Datenfelder und Langtexte des Materialstamms werden zum Aufbau des Volltextindex verwendet. Wenn die Indizierung erfolgreich durchgelaufen ist, wird der **Status** auf »3 – Beendet« gesetzt.

Index-Monitor

Business-Objekt	Objekttyp	Bezeichnung	A	Letzte Ind	Startzeit	Endzeit	Status	Anzahl Objekte	In B...	F...	Optimiert
BUS1001006	1	Standard Material	X	09.08.2016	16:44:44	16:44:45	3 - Beendet	157			158

Transaktion SES_ADMIN: Indizierung erfolgreich beendet

Um den Index aktuell zu halten, planen Sie periodisch den Report COM_SE_DISPATCHER ein. Markieren Sie in den Selektionsparametern den Auswahlknopf **Delta-Indizierung**, damit nicht jedes Mal der vollständige Index neu aufgebaut wird. Um die Indizierung zu testen, starten Sie Transaktion MM02.

Testen Sie nun die neue Suchmöglichkeit: Starten Sie die Wertehilfe zum Feld **Material**, indem Sie [F4] drücken. Im Standard stehen Ihnen auf zwei Registerkarten zwei Suchhilfen mit TREX-Integration zur Verfügung:

- Einfache Suche Material über Suchmaschine
- Erweiterte Suche Material über Suchmaschine

In der erweiterten Suche können Sie eine kombinierte Suche aus Volltextsuche und Suche nach Attributen durchführen. Beispielweise können Sie eine Suchanfrage starten, in der Sie nur nach Materialien mit der **Warengruppe** 21000000 und in der **Volltextsuche** nach den Begriffen »Schraube« und »DIN« suchen. In welcher Reihenfolge Sie die Begriffe eingeben ist nicht relevant. Auch Groß- und Kleinschreibung spielen keine Rolle.

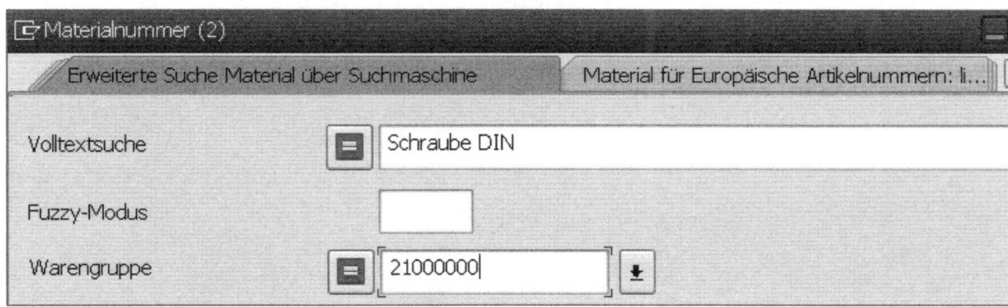

Transaktion MM02: »Erweiterte Suche Material über Suchmaschine«

Sie können auch eine fehlertolerante Suche durchführen, indem Sie das Kennzeichen **Fuzzy-Modus** aktivieren. In diesem Fall findet das System den Begriff »Schraube« auch dann, wenn Sie anstelle von »Schraube« z.B. »Schaube« im Feld **Volltextsuche** eingeben.

Im vorliegenden Beispiel erhalten Sie genau einen Treffer. Die Warengruppe des Materials ist 21000000 und im Grunddatentext des Materials sind die beiden Begriffe »Schraube« und »DIN« gepflegt.

Über den Autor

Stefan Bäumler arbeitet seit mehr als 20 Jahren mit SAP ERP Materials Management und hat zahlreiche Einführungsprojekte als Berater und Projektleiter begleitet. Nach dem Studium in Karlsruhe startete der Diplom-Wirtschaftsingenieur seine Karriere als Inhouse-Berater bei der Leica AG in der Schweiz. 1996 wechselte er zur SAP AG nach Walldorf und war bis Mitte 2001 in den Bereichen Materialwirtschaft sowie Stammdatenmanagement und -verteilung als Berater tätig. 2001 machte er sich als SAP-Berater selbständig. Seit 2008 ist er Geschäftsführer der conarum GmbH & Co KG. Seine Schwerpunkte sind die Projektleitung, die Beratung in der SAP-Materialwirtschaft und in SAP SRM, das Stammdatenmanagement und das Product Lifecycle Management. Stefan Bäumler betreut hierbei auch hochintegrative Prozesse als Lösungsarchitekt. Die Integration von Geschäftsprozess, IT-Prozess und technischen Belangen steht dabei stets im Mittelpunkt.

Index

A

B

C

I

K

L

M

N

O

P

Q

R

S

T

U

V

W

Z